미용경락학

한채정·박미은 지음

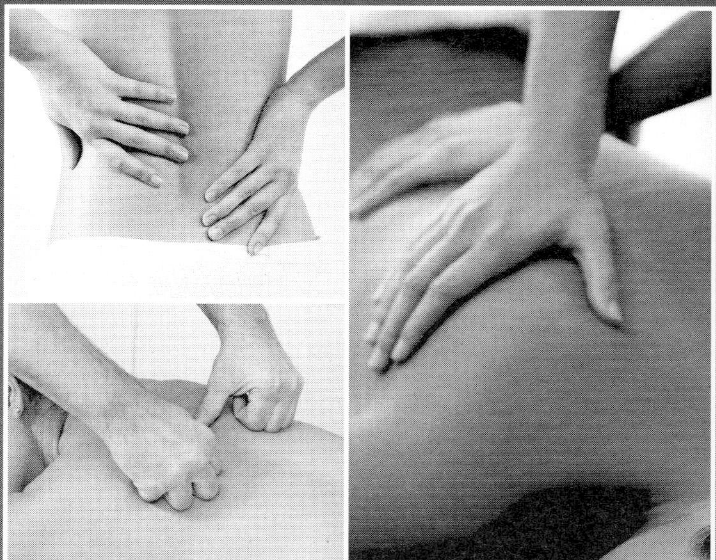

청구문화사

머리말

미용경락은 고대 한의학의 기본이론 음양오행과 경락학설을 토대로 전신에 흐르는 에너지의 길인 경락의 흐름을 원활하게 하여 건강하고 아름다움을 유지하기 위한 학문이다.

경락이론을 피부미용에 적용하여 경혈 부위를 수기요법을 이용하여 인체의 기와 혈이 흐르는 통로를 장부와 사지, 관절을 연결하고 근육을 자극하여 긴장과 불안, 스트레스를 감소시켜 질병을 예방하고 자연치유력을 높일 수 있는 대체요법이다.

한의한은 침, 뜸, 약물을 사용하여 내적인 생명력을 기르고 생리적인 조절을 균형있게 하는 의술로서, 미용경락마사지는 이러한 한의학을 기초로 하고 있지만, 경락마사지를 통해 인체경락계통의 균형과 기혈 순행을 조절하고 오장육부의 생리적 기능과 상호관계를 원활히 조절하는 수기요법으로 경락의 개념과 동양철학을 바탕으로 우주와 인체가 서로 상응의 관념으로 이해할 수 있다.

미용경락학을 통해 경락수기요법을 다양한 방식과 형태로 기본이론에서부터 경험을 바탕으로 지식과 정보를 체계적인 교육내용으로 담고자 한다. 또한, 현장실무에 있어 필요한 실무능력의 향상을 위한 이론과 실기의 접목을 위한 이론서의 역할을 할 수 있도록 하였다. 미용경락을 보다 쉽게 이해하고 활용할 수 있도록 하는데 중점을 두었으며, 미용경락이 보다 많은 관심과 체계적인 연구와 교육이 되었으면 한다.

끝으로 한권의 책이 많은 이들에게 지침서가 되기를 간절히 바라며, 이 책이 나오기까지 수고해 주신 청구문화사 이상태 사장님, 직원 선생님. 그리고 와이즈유(영산대학교) 교비지원이 있었기에 출판되었음을 함께 감사드린다.

2017년 10월

저자일동

Contents

제1장 미용경락 이론

제2장 음양오행의 응용

제3장 14경락의 경로와 미용적 효과

제1장
미용경락 이론

1. 경락(經絡)

경락은 체내 기혈(氣血)의 운행 통로이며, 인체 내부는 오장육부, 외부는 사지백회(털, 근육, 표피)가 인체 전신에 연결되어 영양과 생명 활동을 유지시켜주는 독특한 계통으로 전신을 순환하는 노선으로 체내 장부 및 조직을 자양(滋養)하며, 인체의 오장육부 및 모든 조직기관이 경락으로 기밀하게 연결되어 하나의 유기적인 정체를 이루어서 생명활동을 유지하고 있다. 기(氣)는 혈(血)을 이끄는 보이지 않는 힘(energy)을 말한다.

경락 미용은 지압이나 마사지를 통해 병변을 개선시켜 그에 따른 외적표현을 정상화시키는 것 중에서 수기를 통한 마사지기법으로 각 경맥으로 흐르는 기를 소통시켜 체액의 정상적 순행을 도와 자연치유력을 증강시켜 기(氣)의 효과를 강화시키는 것이다.

1) 경락의 구성

① **경맥(經脈)** : 경락의 큰 줄기, 인체 상하로 종행, 대체로 몸 속 깊이 분포되어 있다.

② **낙맥(絡脈)** : 경맥에서 갈라져 나간 분지, 인체 옆으로 비스듬히 횡사행하면서 대체로 표층에 분포되어 있다.

③ **경맥의 분류**

· 십이경맥(十二經脈)

수삼음(手三陰): 수태음폐경, 수소음심경, 수궐음심포경

수삼양(手三陽): 수양명대장경, 수태양소장경, 수소양삼초경

족삼음(足三陰): 족태음비경, 족소음신경, 족궐음간경

족삼양(足三陽): 족양명위경, 족태양방광경, 족소양담경

· 기경팔맥(氣經八脈)

대부부 12경맥에서 갈라져 나온 것, 8개의 기경맥이 있다.

음맥(陰脈): 임맥, 대맥, 음유맥, 양유맥

양맥(陽脈): 독맥, 충맥, 양유맥, 양교맥

· 십이경별(12경맥에서 분지된 맥) 12경근, 12피부

· 낙맥(絡脈)

큰 지맥(맥과 경맥)에서 나와 퍼져있는 가지낙맥

손락(孫絡): 가장 가늘고 작은 맥 전신에 분포

부락(浮絡): 표피에 가장 얕게 분포 가장 말초부위

혈락(血絡): 부락에서 갈라져 나온 피부에 노출된 아주 가늘고 작은 지맥

* 표피에서부터 혈락 – 부락 – 손락 – 낙맥 – 대락 – 경맥 순으로 분포되어 있다.

(1) 십이경맥

기혈의 흐름 중 12가닥의 큰 줄기를 일컬어 십이경맥이라 한다. 십이경맥은 각각 손끝 발끝에서 시작되나 손끝 발끝에 도달하여 다른 경맥으로 이어져, 시작되거나 끝나는 부위에 따라 경맥의 이름 앞에 수(手)와 족(足)의 이름이 붙는다.

(2) 순행에 따른 십이경맥이 명칭

머리는 양(陽)의 기운이 모이는 곳으로 수·족 삼양경 6개 양경락은 모두 머리에 모이게 되고, 6부에 속하고, 신체 바깥과 수족의 외측에 분포한다. 삼양경 중 소양경은 머리의 양 옆쪽을 순행하며, 양명경은 얼굴은 순행, 족의 태양경은 뒷머리와 목뒤를 순행하고 수의 태양경은 견갑골 부위를 지나 귀 앞을 순행한다.

수·족 삼음경 6개의 음경락은 6장에 속하고, 수족 내측에 분포한다. 태음·소음경은 신체전·후면, 궐음경은 신체 측면을 순행한다.

표 1-1 십이경맥의 명칭과 표리관계

순행경로	내측(리)	외측(표)
신체전면(前)	태음경 (음기가 성할 때, 폐/비장)	양명경 (양기가 극에 달할 때, 대/위장)
후면(後)	소음경 (음기가 생성될 때, 심/신장)	태양경 (양기가 성할 때, 소장/방광)
중간(中)	궐음경 (음기가 소멸될 때, 심포/간)	소양경 (양기가 생성될 때, 삼초/담)

【음】 소음: 음기가 처음 일어날 때
태음: 음기가 왕성할 때 〈한밤중〉
궐음: 음기가 소멸할 때 〈새벽〉
【양】 소양: 양기가 발생할 때 〈해돋이〉
태양: 양기가 왕성할 때 〈정오에서 오후2시〉
양명: 양기가 극에 달 할 때

수태음폐경 → 수양명대장경 → 족양명위경 → 족태음비경 → 수소음심경 → 수태양소장경 → 족태양방광경 → 족소음신경 → 수궐음심포경 → 수소양삼초경 → 족소양담경 → 족궐음간경 → 수태음폐경(반복순환)

(3) 십이경맥의 유주(流注)방향

십이경맥의 흐르는 기·혈 방향을 유주라 하며 각 경맥은 순차적으로 끊임없이 순환하는데 건강한 사람의 경우는 하루 50회씩 운행한다.

(4) 십이경맥 유주시간에 따른 작용

· 인시(寅時): 03~05시- 수태음폐경(호흡작용)
· 묘시(卯時): 05~07시- 수양명대장경(배설작용)
· 진시(辰時): 07~09시- 족양명위경(소화작용)
· 사시(巳時): 09~11시- 족태음비경(저장작용)
· 오시(午時): 11~13시- 수소음심경(순환작용)
· 미시(未時): 13~15시- 수태양소장경(전환작용)
· 신시(申時): 15~17시- 족태양방광경(청정작용)
· 유시(酉時): 17~19시- 족소음신경(정기작용)
· 술시(戌時): 19~21시- 수궐음심포경(보호작용)
· 해시(亥時): 21~23시- 수소양삼초경(정혈작용)
· 자시(子時): 23~01시- 족소양담경(발효작용)
· 축시(丑時): 01~03시- 족궐음간경(배분작용)

2) 피부건강을 위한 경락의 유주 활용법

(1) 인시(새벽 3시~5시)

폐의 기운이 왕성한 시기로써 전신에 기운을 골고루 전달시켜 주며 폐의 기능이 좋은 사람은 일찍 일어나며 또한 일찍 일어나는 습관은 폐의 기능을 왕성하게 한다.

폐는 혈액에 산소를 공급하고 이산화탄소를 제거함으로써 혈액을 정화시킨다.

동양의학에서는 산소의 흡입에 기 또는 생명력을 취하는 것이라 말한다.

(2) 묘시(아침5시~7시)

대장의 기운이 왕성한 시간이다. 대장은 소화기계 중에서 배설과 찌꺼기를 제거하는 기관으로 폐의 기능이 활발한 경우 대장의 기능을 왕성하게 움직이도록 영향을 준다.

대장은 폐와 보완적인 관계를 갖는다.

대장의 문제는 자주 폐와 부비동에 영향을 미친다.

동양의학에서는 몸속에 있는 혈액, 호르몬 등과 같은 영양액을 진액이라 총칭하며 진액에는 몸속으로 공급되는 내부 진액과 몸 밖으로 공급되는 외부 진액이 있다.

내부 진액은 소장을 통해 오장육부와 뼈, 근육 등에 공급되며 외부 진액은 대장을 통해 피부, 모발, 손톱 등에 공급된다.

(3) 진시(아침7시~9시)

위장의 기운이 왕성한 시간이다. 위장은 음식물을 소화시키고 소장에 도달했을 때 혈액으로 더 쉽게 접근하게 만드는 위산을 분비한다.

진시에는 꼭 아침을 먹어야 한다. 밥을 지칭하는 진지는 진시에 음식물을 섭취하였는가 하는 뜻에서 유래된 말이며 진시에 어떤 식사를 했는가에 따라 혈액과 진액들의 영양상태가 결정된다고 할 수 있다.

특히, 저녁에는 오장육부가 피로한 상태이므로 가볍게 식사를 하는 것이 피부미용에 기본 요소로 올바른 식생활 습관을 갖도록 한다.

(4) 사시(오전9시~11시)

비장의 기운이 왕성한 시간이다. 인체에서 가장 큰 림프기관인 비장은 섭취한 음식물에서 하루 동안 필요한 피의 원료와 각종 영양분을 각 기관으로 보내는 역할을 한다. 비장에서 만들어지는 진액들이 없으면 아무리 많은 음식을 먹더라도 영양실조에 걸린다.

비장은 위장에서 나온 액 중에서 피가 될 것은 심장으로 보내고 점액이 될 것은 신장으로 보내주고 기운이 될 것은 폐로 보내주고 간의 기운을 돕는 원료는 간으로 보내준다.

비장은 각 기관에 보내주는 원료의 나름대로 맛을 지니고 있다. 즉 심장으로 가는 것은 쓴맛, 신장으로 가는 맛은 짠맛, 폐로 가는 것은 매운맛, 간으로 가는 것은 신맛, 비장은 단맛을 스스로 섭취한다.

(5) 오시(11~1시)

심장의 기운이 왕성하다. 심장은 비장으로부터 받은 피를 원료를 뜨겁게 붉게 만들어 끊임없이 펌프질 하여 온 몸에 혈액을 공급한다. 이 시간에는 격한 운동을 피하고 편안한 마음가짐으로 균형 있는 식사와 휴식이 필요하다.

건강한 심장을 갖기 위해서는 마음을 편하게 하며 체중이 늘어나지 않도록 몸을 잘 관리하고 과잉지방과 흡연, 알코올을 줄여야 하며 몸과 마음을 평안하게 유지시켜야 심장이 건강하다.

(6) 미시(오후1시~3시)

소장의 기운이 왕성한 시간이다. 소장은 우리 몸속에서 정교한 역할을 하고 있다. 즉, 필요한 것을 흡수하여 각 기관에 공급한다. 소장의 활동이 왕성한 이 시간에는 간장, 심장, 비장을 대신하는 역할을 한다.

위장에서 내려온 모든 물질 가운데 피가 될 것은 간으로 보내고 기운이 될 것은 심장으로 진액은 비장으로 보내주어 모든 영양분을 각 기관에 골고루 공급해 준다. 소장의 왕성한 활동이 끝나는 시간인 오후 3시경일 때 우리 몸도 피로가 찾아오며 기운이 빠진다.

(7) 신시(오후3시~5시)

방광의 기운이 왕성한 시간이다. 방광은 우리 몸의 정화작용으로 방광기능이 왕성한 이 시간에는 위장과 폐도 방광을 도와서 내부의 모든 잔재를 깨끗이 처리하고 몸속의 기운과 피를 서서히 정리하는 것이다. 신시의 시간 때에는 지나친 활동은 폐수처리기능의 방광이 나빠지게 되므로 삼가야 하며, 오장육부의 피로를 푸는 시간이므로 적당한 휴식은 몸의 흐름에 따라 기운이 왕성해진다.

(8) 유시(오후5시~7시)

신장의 기운이 왕성한 시간이다. 신장은 수분, 염류, 혈압 등을 조절하고 노폐물을 여과 정화하여 우리 몸을 깨끗하게 하는 기능을 한다. 신장기능이 왕성한 유시에는 해가 지고 어둠이 깔리기 시작하는 시간이다.

활동은 줄이고 휴식을 취해야 하며 피부 또한 외부조건에 약해진 상태이므로 몸을 따뜻하게 해줘야 하며 가벼운 소식과 충분한 휴식이 유시에 지켜야 할 필수 사항이다.

(9) 술시(오후7시~9시)

심포의 기능이 왕성한 시간이다. 심포는 동양의 장기이며 실제 하지 않는 장기 이다. 심포는 심장을 보호해주고 심장이 하는 역할을 대신해 주기도 하는 장기이다. 심장은 오장육부의 장기 중에서 왕(王)에 해당하는 장기이므로 지나친 활동은 삼가 해야 하며 중요한 심장의 장기 옆에서 보필을 해야 하므로 술시 이후에는 무리하게 일을 많이 한다든지 음식을 많이 먹는 것도 체내의 기관에 부담을 주어 몸이 마르고 허약해진다.

(10) 해시(밤9시~11시)

삼초의 기능이 왕성한 시간이다. 삼초도 심포와 같이 동양의 추상적인 장기에 속하고 있으므로 실제 하지 않는 장기이다. 삼초의 기능은 항상 일정하게 우리 몸의 체온을 유지시켜주며 일을 하지만 형태가 없다고 말하며 인체를 상, 중, 하로 3등분하여 상초는 호흡을 주관하고 중초는 소화를 주관하고 하초는 대사를 주관하는 호흡, 소화, 대사의 신진대사를 주관하는 주요한 경맥이다.

(11) 자시(밤11시~1시)

자시에는 생리적으로 가장 중요한 시간이다. 영양의 배분과 소화선과 관련하여 내분비작용을 관계하기 때문에 편안한 마음으로 따뜻하게 잠을 자야 한다. 건강한 삶과 아름다운 피부를 위해서는 반드시 자시에 잠을 자은 습관을 들여야 할 것이다.

(12) 축시(새벽1시~3시)

간 기능이 왕성한 시간이다. 간 기능은 정서를 주관한다. 간은 혈액을 깨끗하게 해주고 몸에 나쁜 물질을 해독작용과 영양분을 저장하고 각 기관에 배분하는 기능을 한다. 해시부터 잠을 충분히 자면 자시와 축시에 간과 담이 기운을 잘 활용한다. 새벽시간 인신에 잠에서 깨면 쾌적하게 하루 종일 활기찬 생활을 해 나갈 수 있다. 건강한 몸과 아름다운 피부를 유지하기 위해 충분한 수면을 취해야 함을 물론이다.

십이경맥 유수시간에 따른 작용적어보기

3) 경락의 작용 및 특징

경락은 동양철학에 근거를 둔 한의학으로 동양의학이라고도 하는데, 생명관과 질병관을 기(氣)의 흐름에 따라 밀접한 관계가 있다고 보고, 일원론(一元論)인 태극론(太極論)과, 이원론(二元論)인 음양론(陰陽論), 다원론(多元論)인 오행론(五行論)에 바탕을 두고 있으며, 서양의학은 과학에 근거를 둔 의학으로 외과적으로 발달되어 있고, 사회 의학적으로 예방의학에 뛰어나 특징을 갖고 있다.

(1) 자동대응작용

자율신경 활동의 조화를 정상적으로 맞추어 준다.

① 교감신경계: 전신적 동화작용, 활동적 에너지 소비촉진

② 부교감신경계: 세부적 이화작용, 비활동적 에너지 축적

(2) 피부 보호작용

체표의 심부 깊숙한 순환으로 음양의 에너지 조화를 이루어 피부를 보호한다.

(3) 생리적 작용

생리적, 작용 신체 상하·좌우·내외를 순환하여 음양의 조화가 심신의 생리기능을 원활히 하여 자연치유력의 기능을 강화시킨다.

(4) 병리적 작용

음양의 부조화로 인하여 기능이 쇠하여 질병을 유발하게 된다.

(5) 진단기능 작용

경혈점 반응이 신체 이상의 징후를 나타내 진단 기능에 도움을 준다.

(6) 청수작용

기(氣)순환의 원활한 소통으로 신체를 자양(영양공급/정화) 시켜준다.

(7) 대류작용

각 장부와의 연계 활동으로 전이(轉移)되어 건강과 질병 현상으로 나타나게 되는 작용을 한다.

표 1-2 동/서양 의학 비교

서양의학	동양의학
과학적	철하적
분석적	종합적
외과적	내과적
기초적	임상적
외인중시	내인중시

4) 경혈(經穴)

경락상에 존재하는 공혈(孔穴)이다. 12경맥과 독맥, 임맥을 포함한 14경락의 구성 기본위치인 각 혈위를 지칭하는 말, 따라서 기가 흐르는 순환통로에 있고 경맥과 체표가 연결되어 모든 병의 반응점이 되기도 한다. 경락의 흐름이 나쁠 때 해당 경혈 부위가 평소보다 몹시 아플 때가 있다. 내경(황제내경-현존하는 한의학 고서)에는 기가 모이거나 들어오고 나가는 곳으로 설명되어 있다. 365개의 혈위가 있으며 해당 경혈의 자극만으로도 오장 육부와 경락 기능조절 이상을 다스리기도 한다.

경락부위의 직경 1cm 이내의 넓은 반응 부위를 감각적인 반응과 경험에 의해 오감을 통해 알 수 있게 된다.

(1) 경혈의 명칭

혈(穴)의 형태, 효능, 천문, 기상, 해부, 생리 등에 기준하여 혈명만 보고도 혈의 위치, 병의 치료 효과 등을 알 수 있다.

① 쌍혈 : 이름은 하나, 위치는 두 곳

② 단혈 : 이름과 위치가 하나뿐, 임맥, 독맥의 혈명, 혈위가 하나인 단혈

③ 아시혈 : 아픈 부위 중 제일 통증을 느끼는 혈

④ 신혈 : 새로 발견되어 활용하는 혈

⑤ 오수혈(五輸穴): 경락상의 12경맥에는 경혈 중 특정 오행 성격이 강하게 나타나는 것을 오수혈 또는 오행혈(五行穴)이라고도 한다. 모두 손발끝에서 팔꿈치 및 슬관절의 사이에 있다. 크게 음경과 양경으로 구분한다.

음경 : 정목(井木), 형화(滎火), 수토(輸土), 경금(經金), 합수(合水)

양경 : 정금(井金), 형수(滎水), 수목(輸木), 경화(經火), 합토(合土)

★ 오수혈의 작용

정(井) : 샘이 솟아남, 용천

형(滎) : 샘이 고임, 용천수 넘치지 않게 둑을 쌓음

수(輸) : 샘을 흘려보내기 위한 파문(波紋), 용천이 수문으로 쏟아져 들어가는 것

경(經) : 샘이 유유히 흐름, 경맥의 종선으로 유유히 흐름

합(合) : 샘이 유유히 수평으로 흐르거나 흘러서 되돌아오는 것 상징

⑥ 원혈 : 자연치유력 증가 혈, 삼초의 원기가 가장 많이 나타나는 곳

⑦ 극혈 : 급성병에 잘 듣는 혈, 틈 구멍의 뜻. 침이나 사혈로 치료

⑧ 낙혈 : 만성병에 잘 듣는 혈, 경결 팽창 압통이 잘 나타나는 혈. 보사를 통한 치료 혈

⑨ 모혈 : 흉 복부에 위치, 양병에 잘 듣는 혈. 미용적 변이 진단 혈.
응결 압통 반응으로 나타남, 주로 치료 혈점으로 택함

⑩ 유(수)혈 : 배(등) 요부에 위치, 음병에 잘 듣는 혈, 병이 나면 음경부위
응결 압통으로 나타남

그림 1-1 경혈 반응점

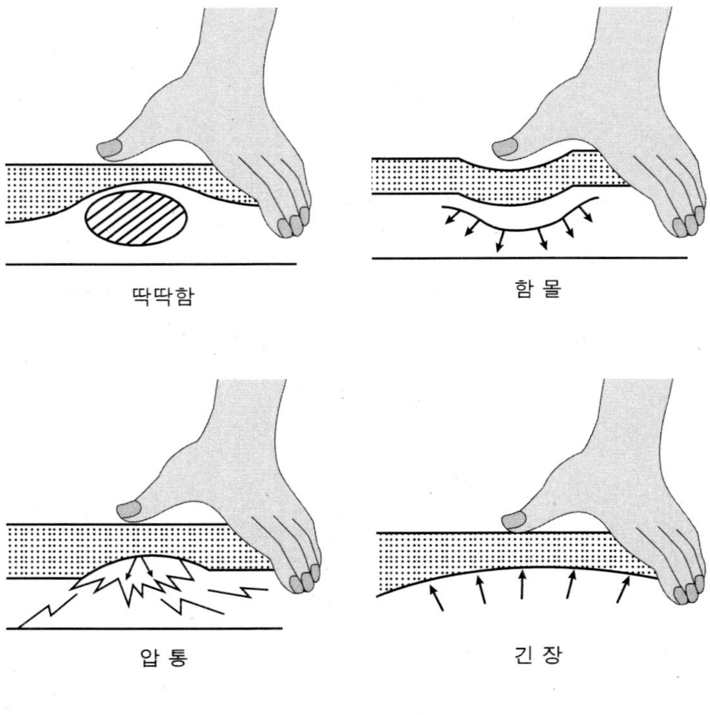

(2) 취혈법(경혈 잡는법)

혈의 위치가 정확해야 상응하는 효과가 나타나므로 혈을 잡는 방법을 알아야 한다.

*** 골도 분촌법(골도법)**

다소 먼 거리 측량법으로 일정 부위를 등분하여 취혈하는 것.

신체부위에 따라 신축성 있게 취혈이 가능하다.

① 두부 : 전발제에서 후발제 12촌

② 경부 : 목길이(직촌, 천돌에서 4촌)
목넓이(횡촌, 양쪽 인영혈 사이 3촌)

③ 흉복부 : 액와 중앙에서 늑골 끝(직촌, 극천에서 장문 12촌), 양쪽 유두사이(횡촌, 8촌)

④ 요배부 : 등길이(직촌, 대추에서 장강 30촌)
어깨넓이(횡촌, 척추에서 어깨끝 8촌)

⑤ 상지 : 상완길이(직촌, 어깨에서 팔꿈치 17촌)

⑥ 하지 : 대퇴 외측 길이(직촌, 환도에서 독비 19촌)
내측 길이(직촌, 독비에서 외과첨 16촌)
소퇴내측 길이(직촌, 음릉천에서 내과첨 13촌)
발바닥 길이(횡촌, 12촌)

*** 체표 표식법**

① 정형적 표식 : 양 미간(인당혈), 양 유두간(단중혈)

② 활동적 표식 : 주름 혹은 근육의 함몰된 부위혈, 즉 일정 동작에 의해 함몰부위 취혈.

예) 곡지-주관절 굽혀 주름 끝에서 취혈

그림 1-2 신체부위에 따른 골도법

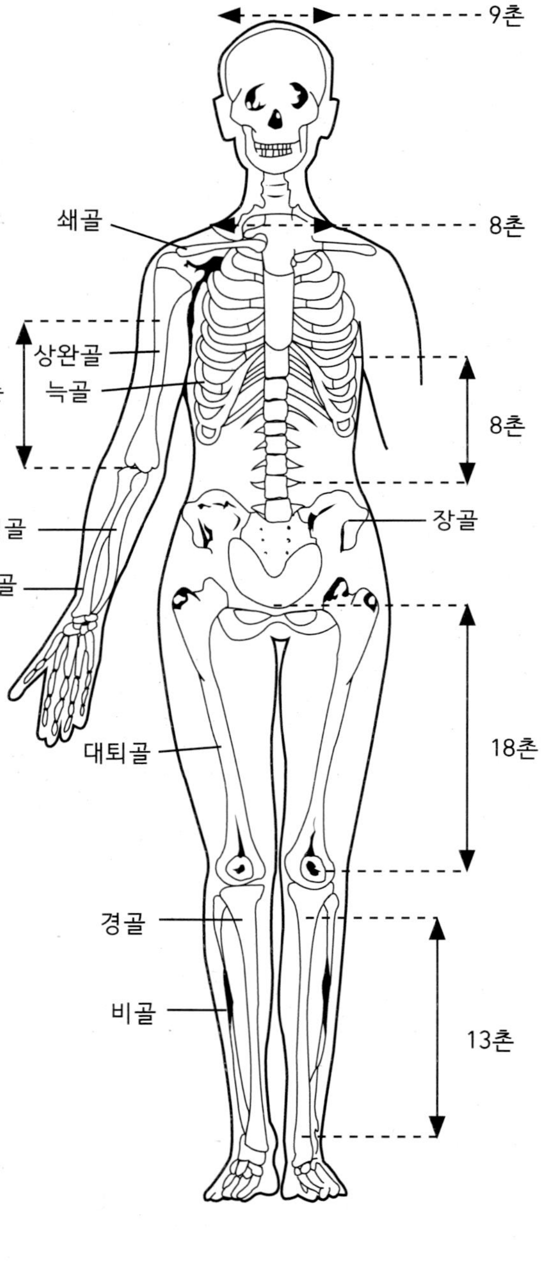

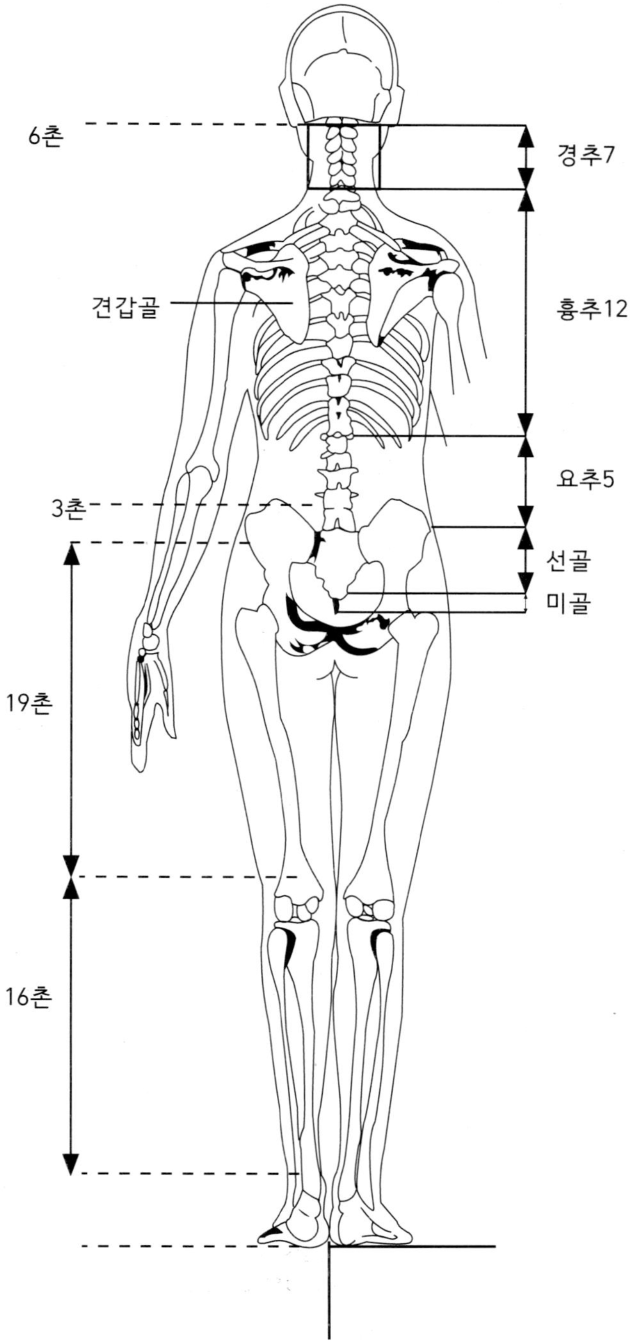
6촌
경추7
견갑골
흉추12
요추5
3촌
선골
미골
19촌
16촌

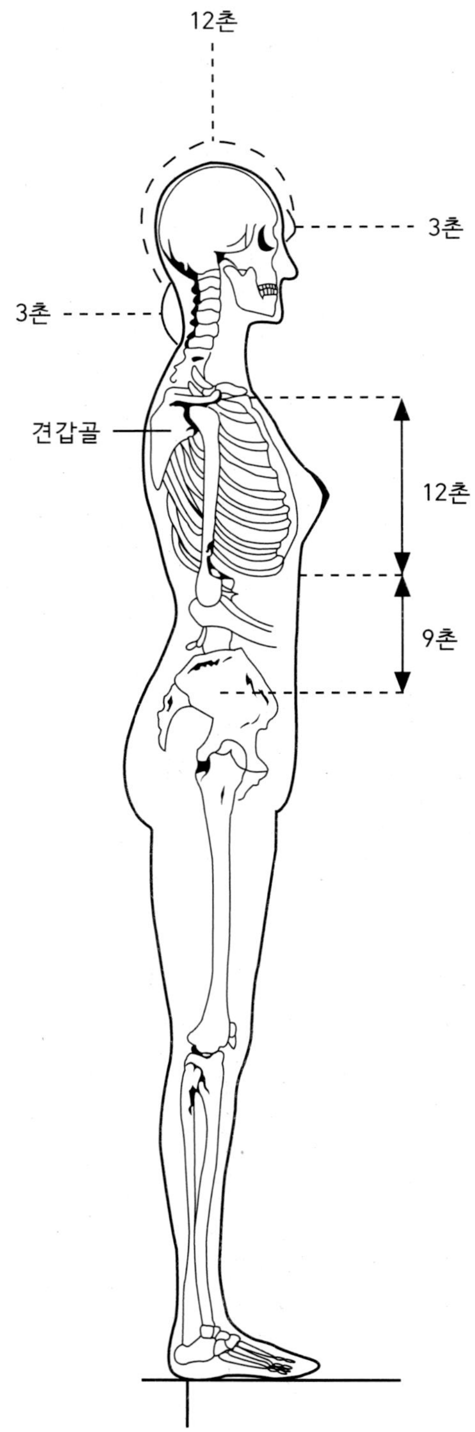
12촌
3촌
3촌
견갑골
12촌
9촌

*** 수지비량법(지촌법)**

손가락 기준으로 취혈

① 모지동신촌법 : 엄지 끝 마디 횡문 폭을 1촌으로 한다.

② 중지동신촌법 : 중지 2번째 마디 안쪽 횡문 폭을 1촌으로 한다.

③ 횡지동신촌법 : 중지의 2번째 관절 기준으로 4횡지 합한 폭 길이를 3촌이라 한다.

*** 약식취혈법**

간편하게 찾는 방법

예) 노궁 : 주먹 쥐어 손바닥에 중지 끝이 닿은곳

풍시 : 대퇴골 외측 중앙

장문 : 늑골 끝

그림 1-3 지촌법(3가지)

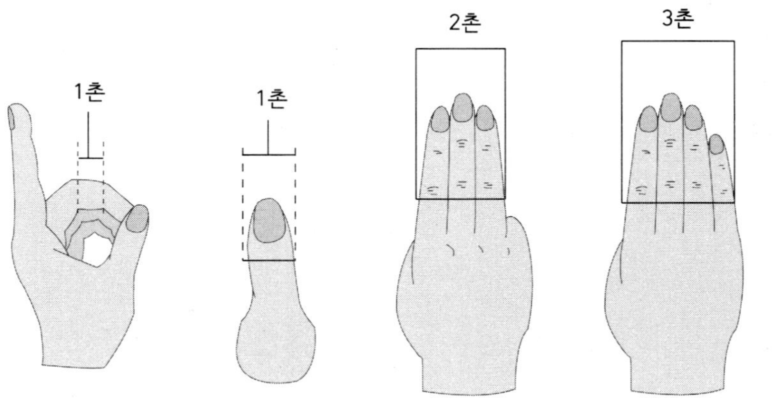

5) 기경팔맥

기경팔맥은 12경맥처럼 규칙적이지 않고 오장육부와 직접 관계가 없으며 경맥 간에 표리관계를 가지고 있지 않아 기경이라 부른다.

(1) 기경팔맥의 종류와 특징

기경팔맥은 각 경락과 밀접한 연계를 통해 그 기능을 통솔하고 연합하며 각 경락의 기혈성쇠를 조절하는 작용과 음양의 조화를 유지하며 12경맥의 작용을 보충하고 영위기혈(營衛氣血, 신체영양/위기기능/기혈순환 작용)을 조절하는 역할을 한다.

① 독맥 : 신체 후면 정중선에 분포하며 6개의 양경맥과 관련하여 '양의 바다'를 칭하며 전신의 양경락에 기를 조절하는 아버지와 같은 기능을 한다.

② 임맥 : 신체 전면 정중선에 분포하며 6개의 음경맥과 관련하여 '음의 바다'를 칭하며 전신의 음경락에 기를 조절하는 어머니와 같은 기능을 한다.

③ 충맥 : 복부에 분포하며 '피(血)의 바다'라고 부르며 12경맥의 기혈을 주관 한다.

④ 대맥 : 허리와 복부 사이의 가로 방향으로 순행하며 전신경락을 통제 한다.

⑤ 양교맥 : 발뒤축에서 하지 외측 및 어깨, 머리 분포, 인체 활동과 수면에 관계한다.

⑥ 음교맥: 하지 내측과 흉복부 및 눈과 인후 순행, 인체 활동과 수면에 관계한다.

⑦ 양유맥: 하지 외측과 옆구리 및 어깨, 머리 뒷목, 귀 뒤, 볼 분포.

⑧ 음유맥: 복부, 흉부에 순행하고 심장과 위를 다스린다.

2. 음양오행론(陰陽五行論)

음양오행은 동양의학의 중요한 기초 이론으로, 고대 중국에서 발생하여 자연관과 인간관에서 출발한다.

일원론인 태극에서 이원론인 음과 양의 두기(氣)가 발생하여 우주 삼라만상 전부가 음과 양 2가지 기(氣)의 변화와 오행의 조화에 의해 이루어진다고 본다. 인간은 대우주(大宇宙)의 소산이며 인간을 소우주(小宇宙)라 한다.

1) 음·양의 개념

우주생성의 근본은 음·양에 있다고 본다. 주역에 음·양은 이원론으로 한 물체 속에 두 가지 기능, 즉 작용이 있음을 말한다.

인간과 삼라만상의 병은 반드시 음·양의 조화를 통해 발생한다. 음·양 관계론은 함께 존재하나 성질은 상반되는 것, 또는 서로 변화해 가려는 속성을 지닌 모든 것을 말한다.

음은 정(靜), 양은 동(動)을 의미하며, 음은 소극적, 양은 적극적인 속성을 지니며, 음·양이 잘 조화를 이루어야만 꾸준하게 건강한 생리 상태를 유지할 수 있고, 부조화되면 생리조절 균형을 잃어 병적 현상이 발생하게 되는 것이다.

(1) 개념적 특성

· 음과 양은 우주가 스스로를 지키기 위해 만든 하나의 질서이다.
· 음과 양은 상대적인 두 개의 힘(상대성)과 일원성의 성질을 갖고 있다.
· 모든 구체적 추상적 사물도 음과 양으로 구분하여 나눈다.
· 음은 양으로 양은 음으로 변화한다.
· 각각 극한까지 발전하면 대립하는 방향으로 바뀐다.
· 음·양은 완전히 나눌 수 없으며, 상호 의존적이며 상대적으로 증감한다.
· 음·양은 상대적으로 평형을 유지하려는 속성을 갖고 있다.
· 사람의 몸과 마음도 음과 양으로 이루어져 있다(선과악).
· 음과 양이 화합하여 조화를 이루면 창조가 일어난다.

(2) 음·양 개념

표 1-3 음·양의 개념

음	어두움	아래	찬것	온순함	밤	땅	달	유순함	여	짝수	우	간, 심장, 비장, 폐, 신장
양	밝음	위	더운것	활발함	낮	하늘	해	강건함	남	홀수	좌	담, 소장, 위, 대장, 방광

(3) 미용적 음·양

안면피부미용 음·양: 안면피부의 미용적 변이는 위경과 심경의 영향이 크다. 심경은 심장뿐 아니라 정신적 문제에도 관여한다. 얼굴의 좌측은 양(木), 우측은 음(金)의 영역이다.

표 1-4 안면피부미용의 음·양

	음(우측)	양(좌측)
부위	코 아래, 턱선, 입술, 인중부위	이마, 눈, 미간
형태	· 턱 단단한 굵은 여드름(개선 어렵다) · 기미, 주근깨, 단단한 낭종(순환장애) · 입술 트고 갈라짐, 세포재생 잘 안됨 · 창백, 탁함, 각질 두꺼워짐	· 좁쌀 같은 여드름(신경성), 미간 모공 확장 · 눈의 충혈(눈꼽) · 이마 여드름(붉음, 심장, 폐열로 인함) · 화농성, 건조, 볼 주위 민감
해당 경락	신장, 방광, 대장, 위	폐, 심장, 소장, 위

인체미용 음·양: 신체도 음과 양으로 구분하여 미용관리는 유(수)혈과 모혈을 동시 관리해 주어야 한다.

예) 등이 굽거나 복부가 나왔을 경우 한쪽 면만 관리하는 것이 아니라 음과 양의 균형을 위해 등과 앞면 함께 관리하는 것이다.

표 1-5 인체미용의 음·양

	음	양
부위	· 앞(흉·복부) · 모혈 진단점 · 배꼽 아래(음의 영역) · 배꼽 위(양의 영역)	· 등(배부) · 유(수)혈 진단점 · 명문 아래(음의 영역) · 명문 위(양의 영역)

그림 1-4 음·양의 상징인 태극도

두 가지 상반된 기운의 상호작용을 의미하고 있다. 검은 부분은 음, 밝은 부분은 양을 나타내며, 음·양의 구별 곡선은 두기운의 끊임없는 변화를 나타내고 있으며, 작은 원은 음·양 각각의 다른 기운들을 포함하고 있음을 의미한다.

2) 시간의 개념

- 시간은 원 운동을 한다. (日. 月. 年)
- 공간의 개념에서는 형체, 시간의 개념에서는 내부 질서를 이룬다.
- 자연계에 존재하는 생물과 무생물의 기본 조건은 형체와 내부질서로 이루어진다.
- 음과 양이 변화는 끝나는 것이 아니고 곡선 상태로 끊임없이 이어진다.
  즉 살아 있는 생명을 뜻하는 것이다.
- 태극(太極) 속의 곡선은 시간을 의미하며 시간은 직선이 아니고 곡선운동을 한다.

3) 땅과 하늘의 조화

땅의 기본적 존재에는 수(水)·화(火)·토(土)·석(石)이 있고, 하늘의 기본적 존재에는 일(日)·월(月)·성(星)·신(辰)이 있다. 따라서 인간은 소우주이기 때문에 인체에도 수(水)·화(火)·토(土)·석(石)·일(日)·월(月)·성(星)·신(辰)이 있다고 본다.

① 수(水): 血에 해당, 달에 의해 만들어지고 변화함, 물질적 상태를 의미
② 화(火): 氣에 해당, 태양 에너지와 빛에 의해 생성, 느낄 수는 있어도 찾을 수 없다.
③ 토(土): 육부(六腑) 담, 소장, 위, 대장, 방광, 삼초 등 양(陽)의 장기 의미
④ 석(石): 육장(六臟) 간, 심, 비, 폐, 신, 심포 등 음(陰)의 장기
⑤ 일월(日月): 일(日)은 두뇌에 해당, 태양, 감성, 예술적사고, 양의 영역, 월(月)은 달, 논리적, 체계적, 수학적, 언어능력, 음의 영역이다.
⑥ 성신(星辰): 자율신경계에 해당, 성(星)은 교감신경계 영역으로 전신적, 활동적 및 동화작용을 담당하며, 신(辰)은 부교감신경계 영역으로 세부적, 비활동적 및 이화작용을 담당한다.

4) 오행(五行)

오행이란 개념은 추상적 철학개념으로 『상서홍범』에 의하면 **나무(木), 불(火), 흙(土), 쇠(金), 물(水)** 등 5가지 영역이 있는데, 물은 아래로 흘러 내려 땅을 윤택하게 하고, 불은 타서 위로 오르고, 나무는 구부러지기도 하고 곧기도 하며, 쇠는 부드럽게 순종하기도 하며 또한 변형하기도 하고, 흙은 오곡을 심고 거두게 한다. 물은 흘러내려 결국 바다에 이르러 그 맛이 짜며, 불은 타서 위로 오르기에 그 맛이 쓰고, 나무는 구부리고 곧게 펴기에 그 맛이 시고, 쇠는 순종하고 변형하기에 그 맛이 맵고, 흙은 곡식을 심고 거두기에 그 맛이 달다고 본다.

오행론과 음양론은 한의학의 기반이 되어 삶의 생리와 병리를 설명하는 이론의 틀이 되었다.

· 오행 안에는 자연현상, 사물, 신체, 감정 등 우주 안의 모든 것들이 배속되어 있다.
· 장부와 경락이 배속되며 상생과 상극의 법칙에 의해 치료 효과를 가지게 된다.
· 오행은 상생과 상극의 규칙을 가지고 서로 보완하며 견제하게 된다.

(1) 오행 상생론

상생론은 모자(母子)관계에 비유한다. 상호 일으키고 기른다는 뜻이다.

목은 화를 살리고(木生火), 화는 토를 살리고(火生土), 토는 금을 살리고 (土生金), 금은 수를 살리고(金生水), 수는 목을 살린다(水生木).

(2) 오행 상극론

상극론은 부부(夫婦)의 관계로 비유하며, 서로 억제하고 제약한다는 뜻이다. 한쪽이 다른 한쪽을 지배하는 형상으로 가정의 위계질서를 나타낸다.

직장의 상하 관계로도 볼 수 있다.

나무는 땅에 뿌리 내려 양분을 흡수하고(木克土), 흙은 논의 물꼬를 막아 흐름을 막고(土克水), 물은 불을 끄며(水克火), 불은 금을 녹여 단련시켜 강하게 하며(火克金), 쇠는 도구로 나무를 베어낸다(金克木)

(3) 오행의 특성

· 오행은 음과 양이 걸어가는 5가지 걸음걸이이다.

· 오행은 원(圓)을 순환하는 행동규범이며 동시에 진리의 뿌리로 들어가는 문이다.

· 오행은 음(陰)과 양(陽)이 맞물려(태극체=太極體) 양(陽)의 과정에서는 팽창하여 물질과 에너지를 소비하고 음의 과정에서는 물질과 에너지를 모으고 있다.

그림 1-5 오행 생극도

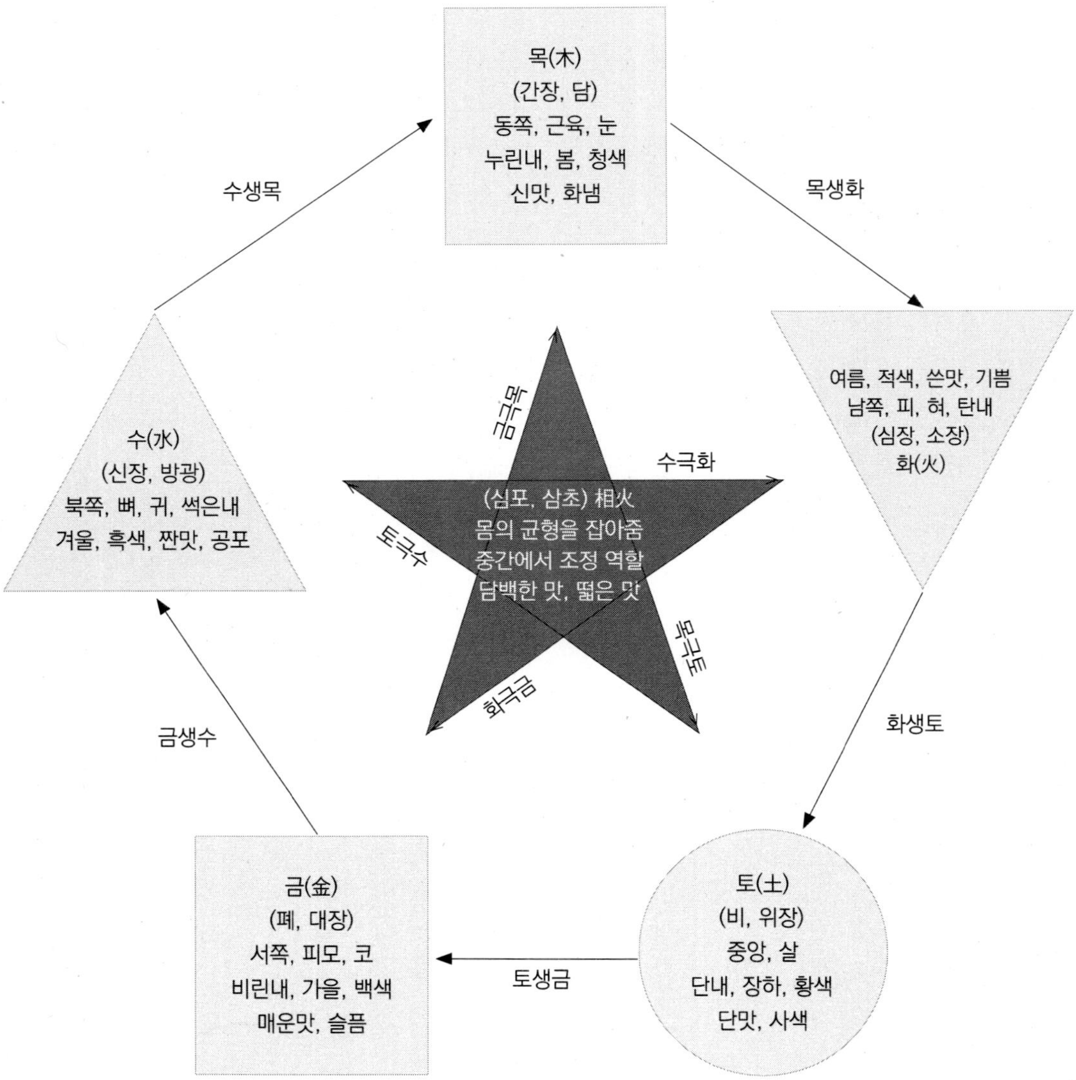
목(木)
(간장, 담)
동쪽, 근육, 눈
누린내, 봄, 청색
신맛, 화냄
목생화
여름, 적색, 쓴맛, 기쁨
남쪽, 피, 혀, 탄내
(심장, 소장)
화(火)
화생토
토(土)
(비, 위장)
중앙, 살
단내, 장하, 황색
단맛, 사색
토생금
금(金)
(폐, 대장)
서쪽, 피모, 코
비린내, 가을, 백색
매운맛, 슬픔
금생수
수(水)
(신장, 방광)
북쪽, 뼈, 귀, 썩은내
겨울, 흑색, 짠맛, 공포
수생목
금극목
수극화
토극수
목극토
화극금
(심포, 삼초) 相火
몸의 균형을 잡아줌
중간에서 조정 역할
담백한 맛, 떫은 맛

(4) 오행에 따른 체질분석

생·년·월·일·시를 기초로 하여 분석한다.

❙ 목형

· 특징- 온화, 정신적 노동 많음, 두뇌회전 빠름, 계획적, 교육적, 칭찬, 재주, 어깨/등 곧음, 한숨, 교만, 화를 잘 냄, 근심, 일에 시달림. 기미, 예민, 건조, 코피지, 탄력부족, 닭살, 모공비대, 허벅지내부 늘어짐, 허벅지외부 단단

· 관리- 등(견갑골), 눈(간경, 담경)풀어주기

❙ 화형

· 특징- 차분, 화려, 여성스러움, 상냥, 감각적, 예절(질서), 중시, 예술적, 정열적, 희생적, 움직임 선호, 빠른 걸음, 콧등, 볼, 부위 면포, 붉음, 상체비만, 하체부실, 가슴비대, 혈압 고, 심장약, 인내부족

· 관리- 등, 복부, 가슴, 얼굴, 팔 경락 풀어주기

❙ 토형

· 특징- 둥근형, 묵직, 차거움, 고집, 외골수, 신용, 의리, 엄살, 게음름, 흥분, 손발작음, 긍정적, 적극적사고, 독서, 커피금지, 색소침착, 하체비만, 하복부 볼록, 위장문제, 부스럼, 구취, 무릎소리, 통증, 발목과 다리 약함.

· 관리- 등, 다리, 풀기, 복부 보온유지.

❙ 금형

· 특징- 자존심, 지도력, 추진력, 지조, 형식, 규율 선호, 용감, 냉정, 피부건조, 척추휨, 엉거주춤형, 금속알러지, 가슴(등)화농성 여드름, 천식, 승모근비대, 견통, 상완 셀룰라이트, 상체비만.

· 관리- 폐, 대장경 풀기, 방광경 강한관리, 잇몸마사지

❙ 수형

· 특징- 미스테리형, 추위 예민, 꿈 잘굼, 예지력, 잠이 많음, 자손번성, 속말안함, 어두운 표정, 귀속말, 지혜, 저장성, 정력강, 흥분시 말 많음, 빈뇨, 짜증, 관절 약함, 목욕 싫음, 쉽게 피로, 지성 높음, 학자대성 가능, 하지부종, 신기능저하.

· 관리- 신경, 방광경 풀기, 등, 하지경락마사지, 복부보온유지

그림 1-6 오행상극화도

木 [간장] : 나무줄기 → 근육을 주관
火 [심장] : 나뭇잎 → 심장을 주관
土 [비장] : 꽃 → 살이 찌고 빠짐을 주관
金 [폐장] : 열매 → 뼈, 피부를 주관
水 [신장] : 뿌리 → 피를 주관

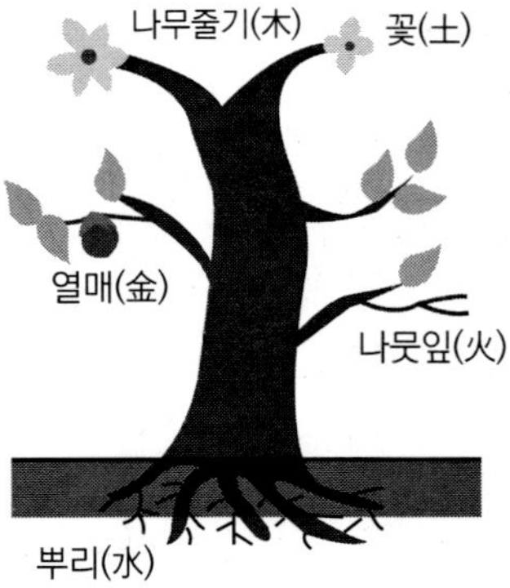

표 1-6 오행 배속표

오행	목(木)	화(火)	토(土)	금(金)	수(水)
오장	간	심	비	폐	신
오부	담	소장	위장	대장	방광
오방	동	남	중앙	서	북
오시	아침	낮	한낮	저녁	밤
오상	인(仁)	예(禮)	신(信)	의(義)	지(智)
오성	호(呼)	소(笑)	가(歌)	울곡(哭)	신음(呻)
오품	노기	희락	우울	우수	경악
계절	봄	여름	환절기늦여름	가을	겨울
색깔	파랑	빨강	노랑	흰색	검정
맛	신맛	쓴맛	단맛	매운맛	짠맛
감성	화냄	기쁨	생각	슬픔	공포
냄새	누린	탄내	단내	비린	썩은
분비물	눈물	땀	침	콧물	가래
감각기	눈	혀	입	코	귀
기운	바람	열	습기	건조	추위
주관부	힘줄	피	근육	피부	뼈

오행 생극도 그리기

오행 배속표 그리기

오행	목(木)	화(火)	토(土)	금(金)	수(水)

3. 기의 분류와 기기의 기능

인체의 기는 기본적으로 신의 정기(精氣)와 비의 운화에 의해 화생된 수곡정기와 폐로 흡입된 청기로 이루어진다. 신, 비, 위 등의 종합적 생리작용에 의해 생성된 것이 전신에 골고루 유포한다.

원기(元氣)는 인체의 기본이 되는 중요한 기로써 생명활동의 원동력이다.

원기(元氣)는 곧 원기(原氣)이며 진기(眞氣)라고도 한다.

원기는 신의 정기로 이루어지며 화생(化生)한다. 후천적으로 비위에서 생성된 수곡정미의 자양을 받으며 명문(命門)은 모든 정신이 보이는 곳이며 원기가 모여 있는 곳이다. 선천의 정이 부족하여 원기기 허약하면 후천적 배양으로 선천적 결핍을 보충할 수 있다.

원기는 체내에서 혈, 진액 등의 매개물에 의지하여 삼초를 따라 오장육부와 공규로 분포하여 전신의 모든 부위에서 생리활동을 촉진한다.

1) 주요기능

(1) 원기

원기는 주로 인체의 생장, 발육, 생식 및 각종 생리 활동을 추진하는 작용을 한다.

원기의 운동과 변화를 통해 필요한 에너지를 얻어서 이루어진다.

원기는 생명활동의 원동력이며 에너지의 근원을 유지한다.

원기는 심신의 흥분과 안정을 조절하고 기화작용 및 온후작용을 촉진한다.

원기는 양에 속하는 기능으로 전신의 양을 조절한다.

인체의 모든 생명활동은 원기의 추동운동에 의해서 진행되며 생명의 원동력이라 한다.

(2) 종기

종기는 흉부에 쌓인 기이다. 흉부의 전중(단중)이라는 경혈에는 전신의 기가 가장 많은 곳이다. 기의 바다, 즉 기해(氣海)라고도 한다.

종기는 폐가 자연계에서 흡입한 청기와 음식물은 위에서 소화 흡수된 후 노폐물은 배출되고 진액은 내부로 보내며 종기는 흉중으로 나뉘어서 운행 분포한다.

소화된 정미한 물질은 상·하초로 거쳐 오장에 영양물질을 공급하여 영기, 위기가 운행하는 통로로 나뉘어 흐른다.

종기는 기도를 통해 호흡하여 심맥을 관통하여 기혈을 운행한다.

종기는 동(動)적인 기이다.

운동과 근골의 강약은 종기의 작용이다.

종기가 허하면 기운이 없고 숨이 차며 종기가 실하면 가래가 끓고 가슴이 답답해진다.

(3) 영기(營氣)

영기는 맥 중의 흐르는 기로서 밤낮을 쉬지 않고 운행하므로 영기하고 한다.

영양물질이 풍부하므로 영기라고 표현하며 혈액과 불가분의 관계에 있으므로 영혈이라고 한다.

영기는 수곡의 정기이며 오장에서 조화롭게 하여 육부에서 새롭게 바뀌어 맥으로 들어간다.

영기는 중초에서 나와 수양명대장경 → 족양명위경 → 족태음비경 → 수소음심경 → 수태양소장경 → 족태양방광경 → 족소음신경 → 수궐음심포경 → 수소양삼초경 → 족소양담경 → 족궐음간경 → 독맥 → 임맥 → 수태음폐경으로 끊임없이 순환하며 영기는 혈액을 구성하는 주요성분 중의 하나이며 중초에서 나와 손맥으로 스며들고 진액과 조화된 후에 붉은 혈액으로 변화한다.

영기는 혈액을 구성하는 성분이며 오장육부 사지백해는 모두 영기의 자양을 받아야 생존 할 수 있으며 생리 활동의 주요 물질 기초이다.

(4) 위기(衛氣)

위기는 맥의 오부에서 흐르는 기이다.

인체를 호위하면서 외사가 침범하지 못하는 기능으로 위기하고 한다.

위기는 수곡에서 화생된 날렵한 기이다.

성질이 급하고 매끄러워서 맥 속으로 들어가지 못하고 피부를 돌면서 근육의 경계를 순행하면서 흉복부에 퍼져 있다.

① 신체의 표면을 보호하며 외사의 침입을 막는다.

② 장부, 기육, 피모 등을 온양한다.

③ 주리를 열고 닫음으로써 땀의 분비를 조절하고 통제한다.

위기의 3가지 기능이 서로 결합되어 외사의 침입을 막아낸다. 외사의 침입을 막는 기능은 위기의 방어 작용, 주리(腠理) 개합작용과도 관계가 있다.

주리(살과 피부)가 열려 있으며 외사가 쉽게 침입하고 주리가 치밀하면 외사가 침입하기 어렵다.

평소에 땀을 흘리면 쉽게 감기에 걸리는 것은 이런 연유에서 기인한다.

2) 장부의 기와 경락의 기

장부와 경락의 기는 선천의 기, 자연계의 청기 및 비위에서 화생된 수곡정기 폐, 비, 위, 신의 공통작용에 화생된 것이다.

장부경락의 기는 장부경락을 구성하는 기본물질이며 생리활동을 유지하는 에너지원이다.

3) 기기승강의 기본 규율

(1) 승강출입

승은 기가 아래로부터 위로 운동하는 것이고 강은 기가 위에서부터 아래로 운동하는 것이며 출은 기가 체내에서 밖으로(자연계) 운동하는 것이고 입은 기가 밖에서 안으로 운동하는 것이다.

4. 허실론(虛實論)

허란 몸의 기혈(정기)이 소통되지 않아 정기가 부족한 상태, 식욕부진, 기운 없음, 미열 통증을 허증이라 하고, 실이란 사기(邪氣)가 성한 것으로 격렬한 통증, 고열 등을 실증이라 한다. 외부의 어떤 사기로부터 침범을 받아 싸우는 면역력이 저하되면 정기허(正氣虛)가 되고, 외부의 사기(병원체)가 침범해 질병을 일으키는 힘이 충분하게 되면 사기실이라 한다. 증과 관계없이 실하다 함은 건강하다라는 의미로 쓰이기도 한다.

실할 때는 사(瀉)해주고 허함은 보(補)하는 것을 원칙으로 한다.

5. 보사(補瀉)원리

보사란 치료방법에 따라 효과가 다르게 나타나므로 증상이 같아도 사람마다 원인이 다르므로 혈 자리를 구분하여 치료하는 방법이다.

보법은 정기가 허한 사람, 내적 원인으로 만성적일 때 경락 유주의 정방향으로 약한 압으로 마사지 하다. 사법은 사기가 실한 사람, 외적 원인으로 급성일 때 적용하고 경락 유주의 역방향으로 약간의 압을 가하여 마사지 한다.

오랫동안 차곡차곡 살이 찐 경우에는 보법으로 관리하고, 갑자기 살이 찐 경우에는 사법으로 관리해야 효과가 빠르다.

1) 보법이 사용되는 경우

· 전신 근육 피부 무기력, 강한 압력에 의한 피로감, 급속한 체력 소모시
· 어느 한 부위 특정 예민 반응(모혈 : 장부와 직접 관련부위)
· 경혈 부위 피부나 근육이 함몰되거나 모래알 조직이 만져질 때
· 근육의 탄력이 부족할 때
· 압이나 자극이 매우 불쾌한 느낌이 들 때

① 방법

· 압과 자극을 일정하고 지속적으로 한다.
· 초기 느린 속도의 약압으로 시작, 점진적으로 강해지다가 차차 약압으로 마무리한다.
· 부위에 한정된 압 보다는 넓게 방산하는 느낌으로 누른다.
· 경락 유주의 방향대로 실시하며, 경우에 따라 관리 전 국부적 온열요법도 필요하다.

2) 사법이 사용되는 경우

· 미용적 실증은 피하지방층이 두껍고 각질층이 부분적 뭉친 듯 두껍고, 모공이 큼
· 피부 근육이 강한 자극에 순간적 압통이 있으나 곧 사라져 전체 시원한 느낌
· 특정 부위 경결 자극에 통증 반응 시
· 객관적 판단에 사법이 필요할 때
· 각 경맥이 유(수)혈 부위, 즉, 등, 허벅지 외측은 강한 압으로 유주방향으로 실시한다.

① 방법

· 장악추법(주먹), 주압법(팔꿈치)을 이용하여 반복 자극한다.
· 처음부터 강한 압으로 빠른 속도로 한다.
· 한 부위에 강한 압이 집중되도록 한다.
· 경락 유주 반대방향으로 실시한다.
· 누를 때는 급 강압, 떼어 낼 때는 급 감압, 같은 방법 2~3번 단속적으로 행하는 압으로 실시한다.

6. 표(表)와 리(裏)

병변 발생 부위를 구별하여 외부와 접해있는 피부와 근육을 표로 보고 장기에 속해있는 것을 리로 본다. 환경적 요인에 의한 병변을 표증이라고 하고, 점점 진행하여 장부까지 미치는 증상을 리(裏)증이라 한다.

예) ① 피부나 근육 문제 비만(표증 비만) : 약간의 자극에도 단단해짐, 셀룰라이트 비만

② 부종/근육 무력감 즉, 내부표현 비만(리증 비만): 지압에 큰 느낌 없고 근육 피부의 외면이 무력함

7. 사진법

1) 망진(望珍)

눈으로 진단하는 법으로 걷는 모습에서 체중을 느껴보고, 어느 장기에 문제점이 있나 관찰한다.

① 간: 눈 관찰, 붉은(눈꼬리)/청(홍채)/노란(눈꺼풀)/검은(동공)/흰(흰동자)색은 정상
② 위 : 복부 허벅지 비만, 식욕왕성, 이중턱
③ 폐 : 등이 굽고 볼 예민
④ 대장 : 아랫배가 비대하고, 팔이 굵고 닭살
⑤ 신장 : 노화 주름 건조, 피부색이 검고 거칠다.
⑥ 꼬는 좌식 시 : 왼쪽 다리 위로 올라가면 비, 위 문제, 오른쪽일 경우 간이 문제
⑦ 복진법

그림 6-1 복진법

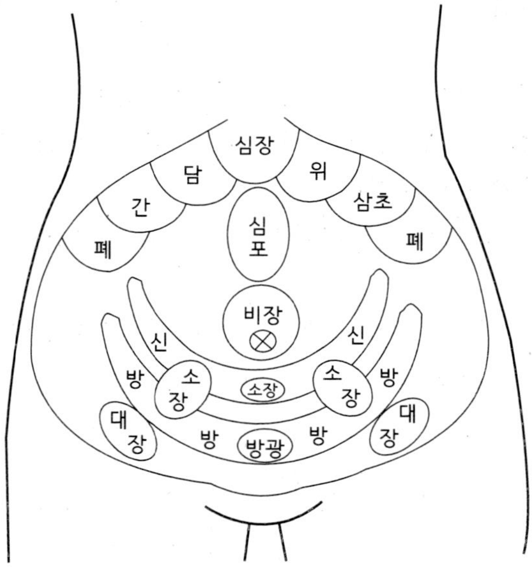

2) 문진(聞珍)

목소리를 들어 진단 한다(언어/음성/호흡/기침소리).
예) 土(토)형 소리 : 울려나오는 안정감 있는 소리, 중저음

3) 문진(問珍)

질문을 함으로써 진단하는 법
예) 가격대별 관리 상품 설명 후 선택 질문한다.
내부 장기이상 질문과 외적 피부문제 질문 시 고객 반응 점검 확인

4) 절진(切珍)

세밀히 관찰하는 진단법
예) 피부 : 우드램프, 확대경, 측정기기 이용하여 피부타입 진단
전신 : 수혈, 모혈 눌러보기, 뭉친 부위 점검, 언제부터인지 점검

위와 같은 문제점 파악 후 카드 작성하고 근본적 근원적 관리가 경락임을 설명하고, 맞춤식 관리에 들어간다.

항상 고객의 입장에서 상담하여 관리한다.

8. 경락 마사지 주의사항

1) 기본원칙

① 점에서 선으로, 선에서 면으로 질서를 가지고 진행한다(두부혈 - 경추선 - 등면).

② 압의 세기는 대상자가 견딜 수 있는 정도의 압으로 약압 - 강압 - 약압 순으로 진행한다.
초기에는 얕게, 단계적으로 깊게, 체중을 실어 조직 깊숙이 압이 전달되도록 한다.

③ 속도는 초기에는 느리게 시작하여 점차 빠르게 진행한다.

④ 등/복부 마사지 시 대상자와 호흡을 맞추어 탁기를 배출하도록 한다.

⑤ 시술 순서를 정하여 실시한다.
머리지압 → 유/모혈 풀기 → 등 → 하지후면 → 앞면 →복부 →팔 →가슴 →안면 경락 마시지 → 관련 경맥 풀어주기 → 보사관리

2) 금지사항

① 만성병, 염증성 피부질환, 열성질환, 전염병, 궤양성 질환

② 임산부, 정맥류, 종양

③ 생리 2~3일. 식후1시간 이내는 피한다.

④ 심한 쇠약자는 피한다. 현기증 우려가 있다.

9. 체질이란?

우리 인체는 천부적으로 타고난 태생적, 유전적 특징과 오장육부의 허실이 사람마다 각각 체질이 다르며 체질이란 몸의 본바탕이며 기질 또는 기의 본바탕이라고도 한다.

우리나라 조선말기 철학자이면서 의학자로 동무이제마(1837~1900) 선생의 사상체질과 장부섭리 특징을 발견하여 의학에 적용 질병의 예방과 치료에 적용하였으며, 동양의학의 한의학의 최고원전인 황제내경에도 체질론을 기록하고 있고 서양의학에서는 의학의 시조라 불리는 히포크라테스도 체질에 관해 논술하였다. 좋은 체질, 나쁜 체질, 강한 체질, 약한 체질, 비만 체질, 마른 체질, 건조한 체질, 습윤 체질, 알레르기 체질, 발육부진성 체질 등 열거하기도 힘들다.

인체는 유전적 기반위에 체형학적, 기능학적, 기질학적 유기체로서 특성이 각각 다르기 때문이다. 체질은 올바른 정신과 편견의 극복을 통해 자신 스스로 체질을 감별할 수 있도록 체질에 따른 신체적 정신적 장단점을 파악하여 일상생활에서 활용하여 자신의 건강을 지키기 위해 예방의학적 이용이 필요하다.

표 1-8 양인·음인의 특징

양 인	음 인
· 상체가 건강하고 하체가 약하다. · 몸이 따뜻한 편 · 눈에 광채가 있다. · 성질이 조급하며 말이 빠르다. · 음성이 크다 · 행동이 민첩, 걸음걸이 빠름 · 활동적이며 밖에 일을 더 중요시 한다. · 추진력이 있거나 용두사미일 수 있다. · 손해 보는 것을 두려워하지 않는다.	· 상체는 약하고 하체가 실하다. · 몸이 차갑다(따뜻한 것을 좋아함) · 눈에 광체가 없다 · 성질이 침착하며 말이 느리고 음성이 적다 · 행동이 둔하고 걸음걸이가 느리다. · 사교성이 적다. · 너무 치밀하여 일을 쉽게 시작하지 못함. · 이해타산이 빠르다.

1) 사상체질의 특성

사상체질은 동무 이제마 선생의 1894년 동의수세보원(東醫壽世保元)에 나타나 있듯이 사상이란 음양의 4가지 변화 활동인 대소음양에 체질에 따라 욕심과 희로애락 선천적인 장부의 대소편차에 있다.

태음인은 간대폐소의 생리적 특성과 호흡기 순환기가 약해져 고혈압 중풍의 질병이 발생할 수 있으며 소음인은 신대비소의 생리적 특성으로 소화기가 약하고 히스테리 불면증 신경계 질환이 발생할 수 있다.

소양인은 비대신소의 생리적 특성과 비뇨기 생식기 내분비(호르몬)기능이 약하며 신장 기능, 성기능 장애가 나타난다.

태양인은 폐대간소의 생리적 특성이 있어 위장기능이 약하기 때문에 위장병의 질병이 나타난다. 한의학에서 체질을 분석하여 4가지 체질로 분류하였다.

태양인, 태음인, 소양인, 소음인, 각 체질에 따른 장부허실이 상대적으로 작용하고 만일 이것이 위화(違和)로 인해 허한 것이 더욱 허하거나 실한 것이 실할 때 병적상태로 나타난다는 지론이다. 세계보건기구 WHO에서도 사상의학은 위대하다라고 인정하고 있다.

10. 인간의 4가지 체질

1) 태양, 소양, 태음, 소음

각 체질에 따른 장부허실이 상대적으로 작용하고, 만일에 이것이 위하(違和)로 인해 허한 것이 더욱 허하거나, 실한 것이 실할 때 병적 상태로 나타난다는 지론이다.

표 1-9 양인 음인의 특징

구 분	대(大)	소(小)
태양인	폐(肺)	간(肝)
소양인	비(脾)	신(腎)
태음인	간(肝)	폐(肺)
소음인	신(腎)	비(脾)

11. 사상체질론

1) 사상체질

(1) 태양인

폐의 기능이 좋고 간 기능이 약하다. 오래 앉거나 오래 걷지 못한다. 소변량이 많다. 용(龍)의 성격이다.

① 장　점 : 사고가 뛰어나며 과단성이 있어 사회적 관계를 잘 맺는다.

② 단　점 : 자기 멋대로 하는 편이며 세심하지 못하고 치밀하지 못함, 독재자의 성격이다.

③ 체질병 : 변비로 고통

(2) 태음인

간 기능이 좋고, 폐·심장·대장·피부기능이 약함. 땀이 많이 나는 것이 좋다. 허리 부분의 상·하에 살이 찌고, 대륙성 체질, 손발이 크고 얼굴 윤곽이 뚜렷하다. 눈매가 매서워 공명정대해 보임, 고집이 세고 욕심이 많다. 정직하고 과묵한 편이며 앉은 자리를 지키고 사회적 활동은 싫어한다. 자기일 외에는 관심이 없다. 소(牛)의 품성이다.

① 장　점 : 꾸준하고 침작하며 맡은 바 책임이 있다

② 단　점 : 의심이 많아 음흉하고 둔하며 게으른 편이다.

③ 체질병 : 간경화, 중풍, 대장질환에 조심할 것

(3) 소양인

비위의 기능이 좋고 신장기능이 약하고 소화력이 왕성하며 땀이 없고 시각이 발달하며 가슴이 발달하고 엉덩이가 작다. 어깨골격이 크며 하체가 약하고 외모가 날카롭게 보인다. 눈이 크며 음성이 낭랑하고 의리가 있고 용감하다. 경솔하고 실수가 많으며 싫증을 잘 낸다. 사사로운 정에 얽매일 수 있고, 호걸형, 낙천적, 사회형, 정치가형이다. 말(馬)의 성격이다.

① 장　점 : 굳세고 날렵하여 일을 꾸리고 추진력이 있으며 시원시원하다.

② 단　점 : 쉽게 시작하는 반면에 마무리가 서툴다.

③ 체질병 : 만성신부전, 요통

(4) 소음인

당나귀 품성으로 아담한 미남 미녀형, 애교가 많으며 재주가 있고, 여자인 경우 현모양처형이며, 외관상 발달한 부분이 엉덩이가 크고 앉은 자세가 안정되어 있다. 작은 일에 많은 신경을 쓰며 추진력이 없고, 개인주의와 이기적이며 질투와 시기심이 많다. 한번 감정이 상하며 오래간다.

① 장　점 : 유순하고 침착하여 학구적이다.

② 단　점 : 내성적 소극적 안일한 마음가짐이다.

③ 체질병 : 신장 기능이 좋고 비위의 기능이 약하고, 피부가 부드러우며 무의식중에 한숨을 잘 쉰다. 허약체질 냉성체질(아래배가 얼음 같이 차다.)

2) 사상체질에 따른 유익한 식품과 해로운 음식

(1) 태양인

태양인은 육식을 싫어하고 해산물을 잘 먹는다. 시원하고 담백한 음식을 좋아해서 야채를 많이 먹고 맵거나 짠 음식은 잘 먹지 않으며 술을 좋아하지는 않는다.

① 유익한 음식

더운 식품보다는 조금 찬 식품이 좋다. 그리고 지방질과 자극성이 적은 담백한 맛의 음식이 적합하다. 특히 지방질이 적은 해산물이나 야채류가 좋다.

태양인은 간 기능이 약하므로 간을 보호하는 음식이 좋다.

- 곡류 : 쌀, 통밀가루, 보리, 검은팥, 호밀, 검은깨, 들깨, 메밀, 메조, 냉면
- 해물 : 미역, 다시마, 새우, 조개류(굴, 전복, 소라), 게, 해삼, 오징어, 청어
- 육류 : 모두 나쁘다.
- 채소 : 배추, 양배추, 케일, 푸른 상추, 푸른 야채, 취나물, 가지, 토마토, 솔잎
- 과일 : 배, 감, 포도, 머루, 다래, 앵두, 모과, 귤, 오렌지, 복숭아, 딸기
- 기타 : 비타민C, 포도당, 오가피, 녹차, 곶감

② 해로운 음식

맵고 뜨거운 음식이나 지방질이 많은 음식은 좋지 않다. 칼로리가 높고 고단백의 중후한 식품을 즐겨 먹으면 간에 부담을 주어 간염과 같은 질병이 생길 수도 있다.

- 곡류 : 찹쌀, 차조, 수수, 흰 밀가루, 흰콘, 율무, 땅콩, 적두, 참깨
- 육류 : 모든 육류, 계란, 기름진 음식
- 채소 : 무, 당근, 도라지, 더덕, 마, 열무, 미나리, 샐러리, 유색상추

- 과일 : 사과, 대추, 밤, 호두, 은행, 멜론, 수박
- 기타 : 꿀, 로얄제리, 화분, 인삼, 녹용, 영지, 홍차, 커피, 요구르트, 베지밀
- 술 : 간이 비교적 약하고 열이 많기 때문에 술이 잘 받지 않지만 술을 좋아하는 사람도 많다. 건강이 좋지 않을 경우에는 화를 잘 내고 다른 사람의 의견을 무시하는 경우가 많으므로 술자리에서는 주의가 필요하다. 술은 생맥주가 괜찮은 편이고, 소주, 양주 등은 좋지 않다.

  태양인은 알코올 함량이 높은 술을 많이 마시면 음식을 토하거나 거부하는 증상인 반위증이 잘생기고 혹은 다리에 힘이 빠져 걸음이 불안전해지는 수가 있다.

(2) 태음인

① 유익한음식

- 곡류 : 보리밥, 밀가루음식, 팥죽, 된장국, 토란국
- 육류 : 닭고기(달걀), 오리(오리알)
- 과일 : 포도, 참외, 감귤
- 기타 : 인삼차, 커피, 막걸리, 맥주, 어패류, 마른오징어

② 해로운음식

- 육류 : 돼지고기
- 어류 : 어류 및 어패류 특히 고등어, 청어, 삼치, 조기 등 기름기가 많은 생선류,
- 채소 : 양배추, 상추, 오이, 가지, 우엉, 토란, 근대, 숙주나물, 케일, 들깨잎
- 곡물 : 통밀가루, 메밀, 흑태, 팥, 녹두, 육색 강낭콩
- 과일 : 앵두, 포도, 참외, 배, 멜론, 단감
- 음료 : 커피, 홍차, 녹차, 알로에, 결명자
- 해조류 : 다시마
- 기타: 맥주

(3) 소양인

소양인은 뜨거운 음식보다 찬 음식을 좋아한다. 생강, 마늘, 겨자와 같은 맵고 더운 성질의 양념은 별로 좋아하지 않는다. 또한 날 음식을 좋아하며 돼지고기를 좋아하고 과일은 별로 좋아하진 않으나 물이 많은 과일만을 즐겨 먹는 편이다.

① 유익한 음식

소양인은 비위가 튼튼해서 음식을 잘 소화시킨다. 또한 비위에 열이 많은 체질이기

때문에 한 겨울에도 냉면 같은 찬 음식을 즐기고 냉수를 마셔도 탈이 나지 않는다. 싱싱하고 찬 음식이나 야채류, 해물이 좋고, 음미하기 쉽기 때문에 보음하는 식품이 좋다.

- 곡류 : 쌀, 녹두, 보리, 검은팥, 통밀가루, 유색 콩, 메일, 검은깨, 들깨, 땅콩
- 육류 : 돼지고기, 소고기, 오리고기
- 해물 : 대부분의 어패류
- 채소 : 배추, 푸른 상추, 푸른 야채, 열무, 시금치, 미나리, 샐러리, 신선초, 취나물, 오이, 마늘, 무, 연근, 토란, 우엉, 가지, 호박
- 과일 : 배, 감, 포도, 곶감, 참외, 수박, 딸기, 멜론, 바나나, 파인애플

② 해로운 음식

소양인의 열이 많은 체질이므로 열을 내는 식품을 피해야한다. 고추, 생강, 파, 마늘, 후추, 겨자, 카레 등 맵거나 자극성 있는 조미료와 닭고기, 개고기, 노루고기, 염소고기, 꿀, 인삼은 좋지 않다.

- 곡류 : 찹쌀, 차조, 수수, 흰 밀가루, 적두, 흰콩, 율무, 현미, 옥수수
- 육류 : 닭, 돼지, 노루, 양고기
- 해물 : 조기, 미역, 김, 다시마
- 채소 : 감자, 고구마, 참깨, 파, 양파, 당근, 도라지, 더덕, 마, 생강, 후추, 겨자
- 과일 : 사과, 귤, 오렌지, 레몬, 밤, 대추, 호두
- 주류 : 소양인은 열이 많고 음이 부족하기 쉬운 체질이므로 생맥주가 좋으며, 양주나 고량주는 많이 마시면 좋지 않다.

(4) 소음인

찬 것보다는 더움 음식물이 좋은 편이다.

① 유익한 음식

- 곡류 : 팥, 현미, 찹쌀, 차조, 통밀가루, 흰콩, 유색콩, 옥수수
- 육류 : 닭고기, 개고기, 소고기, 양고기, 염소고기
- 어류 : 보통생선
- 해물 : 김, 미역, 다시마, 파래
- 채소 : 푸른, 상추, 양배추, 시금치, 파, 양파, 생강, 마늘, 고추, 취나물, 토마토
- 과일 : 사과, 귤, 오렌지, 복숭아, 대추
- 기타 : 인삼, 꿀, 구연산, 비타민 B.C

② **해로운 음식**

- 곡류 : 보리, 팥, 흰 밀가루, 메밀, 수수, 검은콩, 녹두, 율무, 땅콩, 검은깨, 들깨
- 육류 : 돼지고기
- 어류 : 조개, 새우, 게, 굴, 오징어, 낙지, 갈치, 고등어, 청어
- 채소 : 배추, 케일, 유색 상추, 미나리, 샐러리, 도라지, 더덕, 당근, 오이, 신선초
- 과일 : 참외, 수박, 멜론, 배, 바나나, 감, 포도
- 기타 : 영지, 결명자, 오미자, 찬음식, 얼음, 맥주, 밤, 잣

표 1-10 사상체질에 따른 질병의 상태

구 분	질병의 상태
태양인(太陽人)	간장질환, 소화불량(신트림), 식도경련, 불임증, 안질, 각약, 상기등
태음인(太陰人)	소화장애, 뱃속이 부글부글 속쓰림, 신트림, 배탈, 설사, 두통, 혈압상승, 대변이상 등
소양인(少陽人)	신장병, 방광염, 요도염, 조루증(정력부족), 불임증, 상습요통, 협심증, 주하증(여름을 타는 병)
소음인(少陰人)	소화불량 위염, 위하수, 위산과다증, 상습 복통등의 급만성 위장병, 우울증, 신경성질환, 수족냉증, 차멀미, 외한증(추워하는 병)

제2장
음양오행의 응용

1. 장과 장 사이의 관계

1) 상호생성관계

장과 장 사이의 상호간에 생성과 계약의 관계가 있다.

간은 근을 낳고 근은 심을 낳고 심은 혈을 낳고 혈은 비를 낳고 비는 육을 낳고 육은 폐를 낳고 폐는 피모를 낳고 피모는 신을 낳고 신은 골수를 낳고 골수는 간을 낳는다. 장과 장 사이의 생성관계, 상호원조관계가 있다.

2) 상호제약관계

신은 심의 주이며 심은 폐의 주이며 폐는 간의 주이며 비는 신의주이다. 주는 제약의 의미가 있어 장과 장 사이에 상호제약이 있다.

2. 오체와 허실

인체에 해당되는 부분으로 내부의 소화순화에서 외부의 시각, 청각, 언행까지 모두를 의미한다.

1) 간

간과 결합되어 있는 것은 근(筋), 힘줄이고 간의 왕성한 정도는 조(爪)손톱으로 알 수 있다.

① 간허 : 근이완, 경련

② 간실 : 근이 당기거나 굳어지는 증세

2) 심

심과 결합되어 있는 것은 혈맥으로 심의 왕성한 정도가 면(面), 얼굴에 나타난다.

① 심허 : 어혈, 출혈(인삼, 숙지황, 당귀, 산조인)

② 심실 : 충혈, 상기(황련, 치자, 목통, 적복령)

3) 비

비와 결합되어 있는 것은 기육(肌肉), 살이다. 그 왕성한 정도는 순(脣), 입술로 알 수 있다.

① 비허 : 기육 허약(인삼, 백출, 감초, 황기, 대조)
② 비실 : 비대(자약, 황금, 대황, 지모, 지실)

4) 폐

폐와 결합되어 있는 것은 피부로 폐의 왕성한 정도가 모(毛),피부의 솜털로 알 수 있다.
① 폐허 : 피부건조, 가려움증(인삼, 황기, 감초, 산약, 백합, 맥문동)
② 폐실 : 알레르기 반응(상백피, 백복령, 지모, 행인)

5) 신

신과 결합하고 있는 것은 골(骨), 뼈이다. 왕성한 정도는 발(發), 머리털로 알 수 있다.
① 신허 : 기허(인삼, 숙지황, 산약, 구기자)
② 신설 : 골근통(骨筋痛) (복령, 차전자, 황백)

3. 오규(오관)

1) 간

간은 목(目), 눈에 개규(開竅)한다.
① 간허 : 난시, 근시, 원시, 백내장, 색맹
② 간실 : 건조, 시력감퇴, 충혈, 다래끼

2) 심

심은 설(舌), 혀에 개규(開竅)한다.
① 심허 : 언어장애, 구내염, 설염, 설병

3) 비

비는 구(口), 입에 개규(開竅)한다.
① 비허 : 입술이 얇고 청, 흑색, 입술이 마르고 부르트며 떨린다.
② 비실 : 입술이 두텁고 충혈, 적색

4) 폐

폐는 비(鼻), 코에 개규(開竅)한다.
① 폐허 : 코가 막힌다. 냄새를 못 맡는다.
② 폐실 : 축농증, 알레르기성 비염, 콧물, 감기 등

5) 신

신은 이(耳), 귀에 개규(開竅)한다.
① 신허 : 소리를 잘 못 듣는다. 난청
② 신실 : 이명, 중이염, 난청, 귀머거리

4. 오지

사람은 외계로부터 자극을 받거나 충격을 받으면 감정의 변화를 일으키고 이것은 오장의 기능과 직접적이고 또 밀접한 관계가 있다. 오지란 오장의 감정변동, 정서의 변화를 의미한다.

1) 간

노(怒), 화내는 것이 과도하면 간을 상하게 한다.
① 간실 : 분노를 잘한다.
② 간허 : 노하지 않는다.
정기가 간에 합병이 되면 걱정을 한다.

2) 심

희(喜), 기쁘고 좋아하는 것이 과도하면 심을 상하게 한다.
① 심실 : 잘 웃는다.
② 심허 : 잘 웃지 않는다.
정기가 심에 합병되면 즐겁다.

3) 비

사(思), 깊이 생각하는 것이 과도하면 비를 상하게 한다.
① 비실 : 깊은 생각을 별로 하지 않는다.
② 비허 : 깊은 생각을 하면 고민을 많이 한다.
정기가 비에 합병되면 두렵다.

4) 폐

비(悲), 슬퍼하는 것이 과도하면 폐를 상하게 한다.
① 폐실 : 깊은 생각을 별로 하지 않는다.
② 폐허 : 깊은 생각을 하며 고민을 많이 한다.
정기가 폐에 합병되면 슬프다.

5) 신

공(恐), 무섭고, 두려워하고 불안해 하는 것이 과도하면 신을 상하게 한다.
① 신설 : 두려움, 공포, 불안, 초조하다.
② 신허 : 안정성을 잃는다.
정기가 신에 합되면 무섭다.

5. 오미

오장에 들어가는 다섯 가지의 맛을 의미한다.

1) 간

신(酸), 신맛은 간으로 들어가고 신맛은 근을 달아나게 하니 근병에는 많이 먹지 않아야 하다. 한편 신맛은 심장의 동력을 절약하고 축적하고 수렴하는 역할을 한다.
신맛은 수렴성을 지녀 에너지 손실을 막는 힘이 있다.
① 간실 : 신맛을 싫어한다.
② 간허 : 신맛을 좋아한다.

2) 심

고(苦), 쓴맛은 심장의 동작을 억제하고 가라앉히는 한편 심에 들어가고 골로 달아나니 골병에는 많이 먹지 말아야 한다.

심장이 과로하면 입맛이 쓰고 심장활동이 왕성한 사람은 씀바귀, 두릅 같은 쓴 음식을 잘 먹지만 몸에 열이 부족한 사람은 잘 먹지 못한다.

① 심실 : 쓴맛을 싫어한다.

② 심허 : 쓴맛을 좋아한다.

3) 비

감(甘), 단맛은 영을 돕고(보혈), 소화기를 부드럽게 하고 비에 들어가서 단맛은 살로 달아나니 살에 관련된 병에는 많이 먹지 말아야 한다.

① 비실 : 단맛을 싫어한다.

② 비허 : 단맛을 좋아한다.

4) 폐

신(辛), 매운맛은 폐로 들어가고 혈액순환을 왕성하게 하고 호흡을 깊게 한다. 한편 매운맛은 기(氣)로 달아나니 기병(氣丙)에는 많이 먹지 않는다.

호흡이 느린 사람은 대체로 매운 음식을 좋아한다. 감기 걸리고 기침이 날 때는 땀을 내고 대체로 맵고 더운약을 쓴다.

폐병에 걸린 사람은 매운 음식을 싫어하고 담백하고 신 음식을 좋아하는 경향이 있다.

① 폐실 : 매운맛을 싫어한다.

② 폐허 : 매운맛을 좋아한다.

5) 신

함(鹹), 짠맛은 신에 들어가 피를 부드럽게 굳히고 굳은 것을 연하게 하고 급한 것을 늦춘다. 짠맛은 피로 달아나니 혈병(血丙)에는 많이 먹지 말아야 한다.

① 신실 : 짠맛을 싫어한다.

② 신허 : 짠맛을 좋아한다.

6. 오영

오장이 기르는 부위를 의미한다.

1) 간

조(爪), 손톱, 발톱

① 간실 : 손톱에 잔줄이 생기고 굳어지며 거칠다. 청색, 적색, 암적색등이 있다.

② 간허 : 손톱이 얇아진다.

2) 심

색(色), 얼굴의 혈색

① 심실 : 혈색이 좋고 충혈색이다.

② 심허 : 혈색이 부족하다.

3) 비

순(脣), 입술

① 비실 : 입술포진, 습진, 붉힘 등

② 비허 : 입술건조, 갈라짐 등

4) 폐

모(毛), 솜털

① 폐실 : 솜털, 피부털이 좋다.

② 폐허 : 털이 초췌해진다.

5) 신

발(髮), 모발

① 신실 : 머리털이 윤기가 있고 빠지지 않는다.

② 신허 : 윤기가 없고 자꾸 빠진다.

7. 오색

오장에서 풍기는 색을 말하는데 청, 적, 황, 백, 흑, 다섯 가지를 가리킨다. 인체가 정상적인 상태에서는 오장정기의 광채는 안면과 눈썹, 눈에 나타난다. 건강한 사람은 얼굴색에 얼룩이 없으나 내장에 병변이 생기면 안색의 변화가 온다.

단 오색이 윤기가 있으면 충실하다.

1) 간

간의 병변은 청색으로 많이 나타나는 것은 일반적인 병리현상이다.

간병이 오히려 백색을 나타내면 (금극목)질병의 예후가 불량하다. 간실은 청색이다.

2) 심

기쁜 감정, 신열, 술을 먹을 때 등, 심장이 활동이 왕성하면 얼굴이 붉어진다. 붉은 색이 드러난다고 건강색이 아니다.

심의 병변은 적색으로 나타나는 것이 일반적인 병리현상이다.

심병이 오히려 흑색을 나타내면 (수극화) 질병의 예후가 불량하다.

① 심실 : 적색

② 심허 : 허열

3) 비

소화기가 튼튼한 사람은 얼굴에 황색을 띠고 윤택하고 소화기에 병이 있는 사람은 얼굴에 황색이 돌며 수척하거나 피곤해한다.

비의 병변은 황색으로 나타나는 것이 일반적인 병리현상이다.

비병이 오히려 청색을 나타내면(목극토) 질병의 예후가 좋지 않다.

비허는 황색이다.

4) 폐

근심이 많은 사람은 늘 한숨을 쉬고 안색이 희고, 선천적으로 폐가 약한 사람은 얼굴이 희다.

폐의 병변을 백색으로 나타나는 것이 일반적인 병리현상이다.

폐병이 오히려 적색(홍조)을 나타내면 (화극금) 질병의 예후가 불량하다. 폐허는 백색이다.

5) 신

신의 병변은 흑색으로 나타나는 것이 일반적인 병리현상이다.
신병이 오히려 황색을 나타내면 (토극수)질병의 예후가 좋지 않다.
심실은 흑색이다.

8. 오성

오장에서 나타내는 말의 어약을 가리킨다.

1) 간

호(呼), 부르짖는 소리, 간실은 호성(呼聲)이다.

2) 심

소(笑), 웃는 소리, 심실은 소성(笑聲)이다.

3) 비

가(歌), 노래하는 소리, 비실은 가성(歌聲)이다.

4) 폐

곡(哭), 슬피우는 소리, 폐실은 곡성(哭聲)이다.

5) 신

신(呻), 웅얼거리는 소리, 신실은 신성(呻聲)이다.

9. 오기

오장에서 나타내는 기운

1) 간

풍(風), 바람, 기후, 혈행 불순과 열성병, 모은 풍병은 간이 주관하고 (어지러움 병) 풍을 싫어한다.

2) 심

열(熱), 체온이 높은 것, 모든 열병은 심이 주관하고(통증, 가려움증, 부스럼)열을 싫어한다.

3) 비

습(濕), 수분을 말한다. 모든 습병을 비가 주관하고 (종창, 그득한 것, 마비)습을 싫어한다.

4) 폐

조(燥), 마른 것, 건조, 모든 조병(답답하고 건조한 것)은 폐가 주관하고 마른 것을 싫어한다.

5) 신

한(寒), 찬 기운, 모든 한병은 신이 주관하고(수족이 땅기는 것) 찬 기운을 싫어한다.

10. 오계

오장을 주관하는 계절

인체는 내장 상호 간에서만 아니고 내장과 체(體), 오관칠규(五官七竅: 5개의 기관과 7개의 구멍)에도 협조통일 되어 있다. 또한 대개 외계의 환경변화에도 적응한다. 사계의 이상 기후는 오장을 상하게 한다.

1) 간

봄과 통하고 목기가 왕성한 절기이다. 봄에 풍(風)에 상하여 사기가 장에 침입하면 설사가 된다.

2) 심

여름과 통하고 화기가 왕성한 절기이다. 여름에 서(暑)에 상하면 가을에 학질이 된다.

3) 비

장마철(늦여름)과 통하고 토기(土氣)가 왕성한 절기이다.

4) 폐

가을과 통하고 금기가 왕성한 절기이다. 가을에 습(濕)에 상하면 상역(上逆)해서 해가 되고 외발(外發)하여 수족이 위궐(痿厥)손발이 여위고 힘이 없으며 싸늘해진다.

5) 신

겨울과 통하고 수기가 왕성한 절기이다. 겨울에 한(寒)에 상하면 반드시 온병이 온다.

11. 병증

오장이 주로 병을 일으키는 부위

① 간 : 근, 힘줄의 병

② 심 : 오장, 내장의 병

③ 비 : 설본, 혀 끝의 감각

④ 폐 : 견, 어깨병

⑤ 신 : 계(谿), 뼈 마디, 뼈 사이의 병

12. 오축

오장에 속하는 가축

① 간 : 계(鷄), 닭, 간허에 좋다.

② 심 : 양(羊), 심허에 좋다.

③ 비 : 우(牛), 소 비허에 좋다.

④ 폐 : 마(馬), 말, 폐허에 좋다.

⑤ 신 : 돈(豚), 돼지, 신허에 좋다.

13. 오곡

오장에서 주로 받아들이는 곡식

① 간 : 맥(麥), 보리, 간허에 좋다.

② 심 : 서(黍), 수수, 심허에 좋다.

③ 비 : 직(稷), 메기장, 피, 비허에 좋다.

④ 폐 : 도(稻), 벼, 폐허에 좋다.

⑤ 신 : 두(豆), 콩, 신허에 좋다.

14. 오취

오장에 배속되어 있는 조초향성부(臊焦香腥腐)의 다섯 가지 냄새.

1) 간

조(臊)내, 지린내, 간실은 싫어하고 누린내를 풍기기고 간허는 좋아한다.

2) 심

초(蕉), 신내, 피로하고 열이 있을 때 코에 단내가 나는 것은 피로와 열은 심장과 직접 관계가 있고, 단내도 심에 관계된다. 심실은 단내를 싫어하고 신내를 풍기고 심허는 좋아한다.

3) 비

향(香), 단내, 비실은 싫어하고 단내를 풍기고 비허는 좋아한다.

4) 폐

성(腥), 비린내, 폐병환자는 자각적으로 목에서 비린내를 느끼는 경우가 많다. 폐실은 싫어하고 성취를 풍기고 폐허는 좋아한다.

5) 신

부(腐), 썩는냄새, 신실은 싫어하고 부취를 풍기고 신허는 좋아한다

15. 오액

오장에서 주관하는 액체

① 간 : 읍(泣)울음, 눈물, 간실은 눈물을 많이 흘린다.

② 심 : 한(汗)땀, 심허는 땀을 많이 흘린다.

③ 비 : 연(涎)침, 비실은 침을 많이 흘린다.

④ 폐 : 체(涕), 콧물, 폐실은 콧물을 자주 흘린다.

⑤ 신 : 타(唾), 침, 신허는 침을 자주 뱉는다.

16. 변동(變動)

오장의 부조화로 나타나는 증상

① 간 : 악(握), 웅크리는 것, 간병은 근수축이 된다.

② 심 : 우(憂), 근심, 심병은 근심을 한다.

③ 비 : 홰(噦), 재채기, 구토, 비병은 구역질을 한다.

④ 폐 : 해(咳), 기침, 폐병은 기침을 한다.

⑤ 신 : 율(慄), 떤다. 신병을 추워서 떨리는 상태이다.

제3장

14경락의 경로와 미용적 효과

1. 수태음폐경(手太陰肺經)

중부-운문-천부-협백-척택-공최-열결-경거-태연-어제-소상

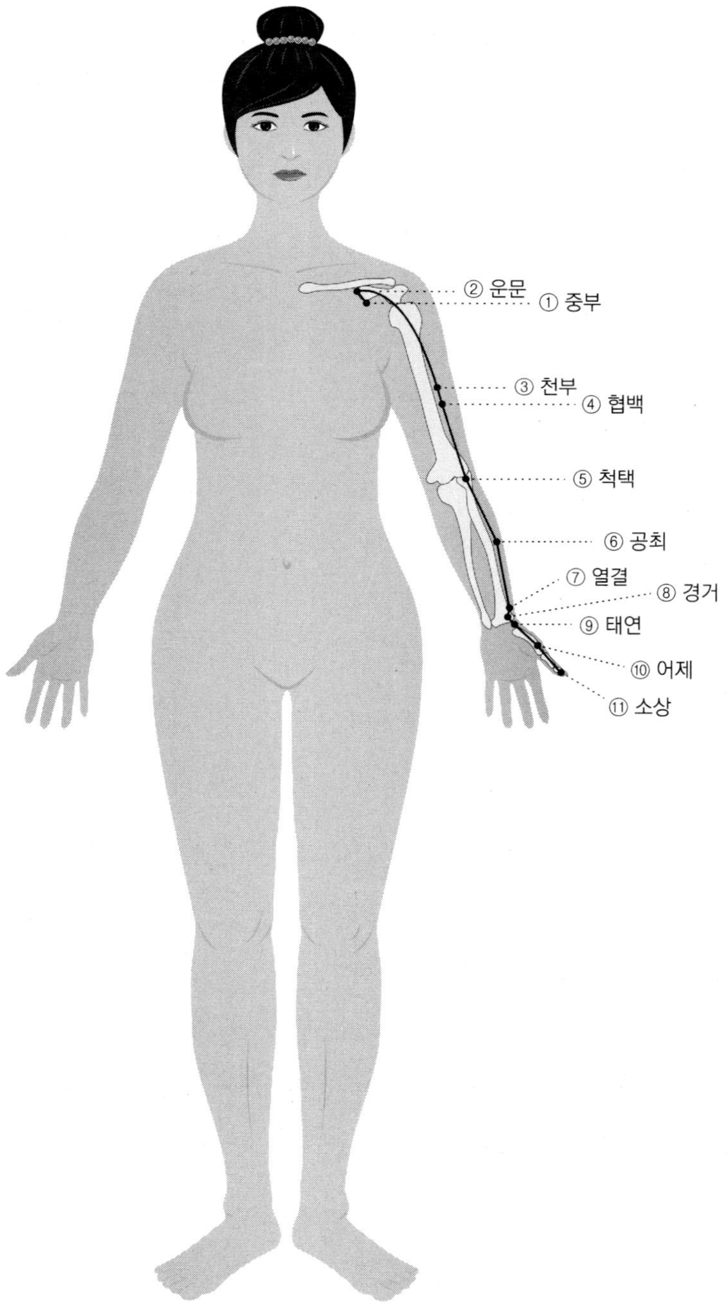

1) 폐경의 기능

폐경은 호흡기 조절과 보습기능 및 기(氣)의 조절을 담당하며 인체 내부와 외부 상호의 기를 교환해준다. 산소를 공급하면서 체내의 이산화탄소를 배출시켜 표피의 보호기능에 균형을 더해주며 피부와 모발을 다스리므로 피부 색소침착 및 다양한 피부질환, 두피질환에 효과를 발휘한다. 또한 폐는 선발(宣發)과 숙강하는 기능을 주관하며 수도(水道)를 소통시키고 조절하여 전신의 혈맥이 폐로 모이며 치절(治節)을 조관한다.

2) 순환 경로

제 2늑골 밑의 중부혈에서 시작하여 대장~횡경막을 거쳐 폐장에 소속된다. 다시 기관을 따라서 액와 천부혈을 지나 상박 안쪽을 흘러 수소음경과 수궐음경의 두 맥 앞을 지나 엄지손톱 밑의 소상으로 흘러간다.

3) 미용적 증상과 병증

폐경의 기능과 흐름이 원할치 못하면 피부 신진대사율이 떨어지고 피지막이 잘 형성되지 않아서 표피층이 얇아지고 피부건강이 급격히 저하되어 조기노화가 발생되며 잔주름과 표정주름이 눈이 띄게 된다. 피부가 극도로 예민해져서 자외선을 비롯한 외부환경에 민감하게 반응하고 색소침착과 피부건조증이 유발되기 쉽다.

(1) 중부(中府)

중(中)은 중기, 중초, 흉중, 중간, 부(府)는 경맥의 창고를 의미하고 중초의 기가 중부에 모인다는 뜻으로 순환계 중에서 중요한 혈이다.

① 위치: 쇄골 밑 흉부의 정중앙선 6촌 제 2늑골 아래

② 주요 증상: 견비통, 천식 호흡기계 질환, 소화불량, 원기부족, 흉통, 피부 질환, 감기

③ 미용증: 여드름, 안면부종

(2) 운문(雲門)

운(雲)은 천지의 기가 합하는 것. 문(門)은 출입하는 곳을 의미한다. 대기(大氣)의 운무가 만물을 자생하듯이 기와 혈이 사람을 자생한다는 뜻으로 천지의 기가 오르내리는 문이며 인체의 기혈은 폐경의 운문에서 몸속을 순행하여 간경의 기문에서 끝난다.

① 위치: 쇄골 외측단 바로 아래 움푹 들어간 곳

② 주요 증상: 천식, 흉통, 어깨통, 편도선, 기침, 오십견, 알러지성 피부 질환

③ 미용증: 여드름

(3) 천부(天府)

천(天)은 천기, 인체의 장부, 부(府)는 주거하는 곳을 의미하고 천기를 주관하는 곳으로 폐기가 모인다는 뜻이다.

① 위치: 상완 이두박근의 외연 액와 끝 옆으로 1촌

② 주요 증상: 류마티즘, 호흡기 질환, 뇌출혈, 요통신경통, 천식, 코피

③ 미용증: 팔의 통증, 팔의 부종

(4) 협백(俠白)

협(俠)은 끼는 것, 겨드랑이, 백(白)은 백색(폐)을 의미한다.

① 위치: 천부혈 밑 1촌

② 주요 증상: 천식, 구토, 류마티즘, 호흡기질환, 심장질환

③ 미용증: 여드름, 팔의 비만, 민감성 피부

(5) 척택(尺澤)

척(尺)은 길이, 택(澤)은 물이 모이는 곳을 의미한다.

① 위치: 주관절 외측 주횡문내 팔꿈치의 주름부분

② 주요 증상: 기침, 천식, 인후질환, 편도선염, 객혈, 인후종통, 소아경기, 호흡기 질환, 대장 질환, 피부질환, 치질, 손과 팔의 통증이나 저림

③ 미용증: 노인성 반점, 색소침착

(6) 공최(孔最)

공(孔)은 혈자리, 구멍, 최(最)는 가장 중요한 것을 의미하고 막힌 곳을 통하게 하는 효능이 있는 혈이라는 뜻으로 급성 증세에 효과적이다.

① 위치: 척택 밑 3촌

② 주요 증상: 천식, 객혈, 기침, 치질, 인후통증통, 팔꿈치 관절통, 폐염

(7) 열결(列缺)

열(列)은 진열하는 것, 결(缺)은 터진 입을 의미한다. 혈이 손목 위 가장 자리 선에 있다는 뜻이다.

① 위치: 요골근의 기시점

② 주요 증상: 두통, 편도선염, 손과 팔꿈치 통증, 정신질환, 심장질환, 안면신경마비, 소변불통
③ 미용증: 안면부종

(8) 경거(經渠)

경(經)은 경맥, 지나감, 거(渠)는 도랑을 의미하고 경맥과 경기가 만나서 도랑이 된다. 경기(經氣)가 지나가는 거조와 수로가 된다는 뜻이다.

① 위치: 손목 횡문 위로 1촌 요골 동맥 응수처
② 주요 증상: 천식, 기침, 흉통, 인후염, 구토, 요통, 손목통증, 코피, 빈혈, 식도경련, 발열

(9) 태연(太淵)

태(太)는 크다. 연(淵)은 깊은 것을 의미하고 맥기가 모이는 원천이라는 뜻이다.

① 위치: 엄지손가락 쪽 손목관절 위로 0.5촌 요골 동맥 응수처
② 주요 증상: 토혈, 객혈, 기침, 천식, 흉통, 손목통증, 감각둔화, 호흡기질환, 순환기질환, 기 저하, 설사, 변비, 두통, 결막염
③ 미용증: 여드름, 민감성 피부, 피부혈색 저하

(10) 어제(漁際)

어(漁)는 엄지손가락 바닥 살의 형상, 제(際)는 가장자리를 의미하고 물고기 모양의 살 가장자리에 혈이 있다는 뜻이다.

① 위치: 손바닥 모지구 중앙 제 1지골 옆
② 주요 증상: 기침, 천식, 각혈, 손 떨림, 발열, 히스테리, 폐 질환, 코 질환, 피부 질환
③ 미용증: 여드름, 피지 과잉분비, 모발 손상

(11) 소상(少商)

소(少)는 어리고 작다. 상(常)은 오음(五陰) 중 하나이며, 금, 폐에 속한 다는 의미이다. 금기(金氣)가 시작되는 곳이라는 뜻이다. 수태음경의'정'혈로써 응급처치 효과가 있고 이곳을 사혈해 피를 내면 즉시 효능을 발휘한다.

① 위치: 엄지손톱 근부 요측 1촌
② 주요 증상: 해수, 인후통, 기침, 감기, 식체, 뇌출혈, 코피, 정신 혼미 발열
③ 미용증: 여드름 얼굴부정

2. 수양명대장경(手陽明大腸經)

상양-이간-삼간-합곡-양계-편력-온류-하렴-상렴-수삼리-곡지-주료-수오리-비노-견우-거골-천정-부돌-화료-영향

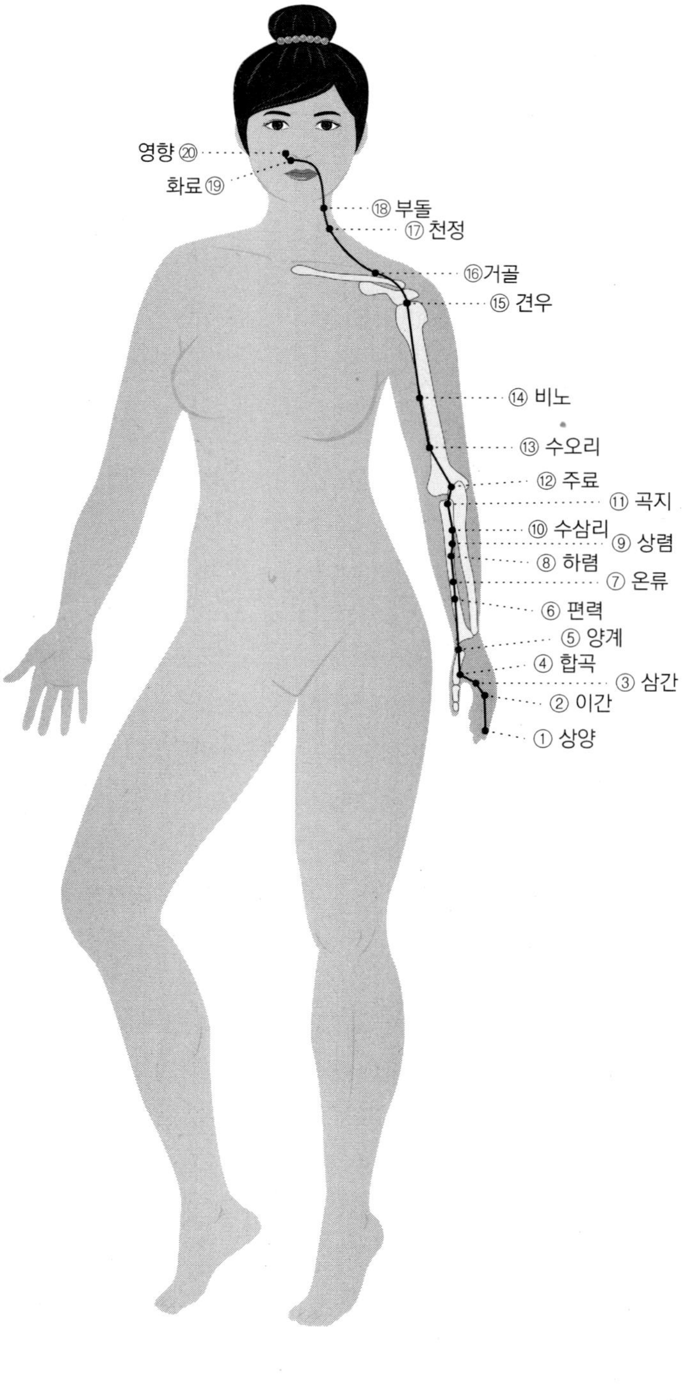

1) 대장경의 기능

대장경은 폐를 돕고 배설기능을 다스리고 대장경에 이상이 생기면 구완, 와사, 비염, 치질 등의 증상이 나타난다. 기의 정체를 막는 작용을 하며, 대장경의 이상 유무에 따라 탈모의 결과를 초래할 수도 있다.

2) 순환경로

검지손톱 밑 상양에서 시작하여 식지 가장자리를 따라 원혈인 합곡혈에서 위로 나와 두 힘줄 사이의 양계혈을 따라 팔꿈치 바깥쪽 곡지혈로 들어간다. 상완 앞쪽 가장자리를 따라 어깨로 올라가 견우혈 앞쪽으로 나왔다가 다시 대추혈로 모인다. 그런 다음 결분혈에 들어가 폐를 지나 횡경막 밑으로 내려가 대장에 속한다. 또한 결분에서 목으로 올라가 뺨을 거쳐 치아 속으로 들어갔다가 입술을 돌아 양쪽 콧망울 영향혈로 흐른다.

3) 미용적 증상과 병증

대장에 이상현상이 발생되면 변비가 생기고 변비로 인해 복잡하고 다양한 문제들이 나타난다. 변비 증상이 장기화되면, 색소침착과 함께 대장기능 저하로 피부 트러블이 생기고 코와 턱 주변에 여드름이 자주 발생한다. 아토피성 피부질환과 피부결의 거칠어짐, 잔주름까지 눈에 띄게 된다.

(1) 상양(商陽)

상양은 고대 오음의 하나이고 금(金)의 음(陰), 폐에 속한다. 대장경의 정혈(井穴)이며 대장과 폐는 서로 표리관계로써 경기(經氣)가 상승한다는 뜻이다.

① 위치: 검지 손가락 손톱 근처의 요측 0.1촌

② 주요 증상: 편도선염, 치통, 눈병, 중풍, 인후종통, 의식 혼미, 체증, 손가락 저림증, 고열, 소화불량, 대장질환

(2) 이간(二間)

이(二)는 둘째, 간(間)은 장소를 의미하고 둘째 손가락의 제 2절에 위치 하는 혈이라는 뜻이다.

① 위치: 제 1 지골과 2지골의 움푹 들어간 곳

② 주요 증상: 코피, 치통, 인후종통, 열병, 두통, 소화불량, 안면 신경마비, 요통, 중풍

(3) 삼간(三間)

삼(三)은 셋째, 간(間)은 장소를 의미하고 시지(示指)의 제 3절에 위치한다.

① 위치: 주먹 쥐었을 때 기절골과 중수골의 사이

② 주요 증상: 치통, 편도선염, 인후염, 발열, 구취

③ 미용증: 얼굴 주름, 거친 피부결, 여드름

(4) 합곡(合谷)

합곡은 결합, 합(合)은 물이 솟아나와 흐르는 것을 의미한다. 수태음폐경과 수양명대장경이 만나는 곳으로 골짜기의 모양을 하고 있다는 뜻이다. 기가 막힌 사람에게 사관을 터주어'기'가 순환이 제대로 되게 하는 곳이다.

엄지손가락과 둘째손가락을 벌렸을 때 꺼져 들어간 모습이 골짜기 닮았기 때문에 합곡이라 하였다.

① 위치: 엄지와 검지 사이 갈라진 곳의 움푹한 부분

② 주요 증상: 감기, 비염, 기침, 두통, 코피, 눈병, 치통, 신경통, 신경성질환, 중풍, 안면신경마비. 손의 감각 둔화, 청각장애, 소화기계 질환

③ 미용증: 주름, 탈모, 거친 피부결, 군살 및 셀룰라이트, 여드름, 피부수분정체, 부종, 피부윤기. 색소침착

(5) 양계(陽谿)

양(陽)은 양경, 손등, 계(谿)는 산의 시내를 의미한다. 손목 위의 양쪽 옆에 움푹들어간 곳이 마치 산 사이의 작은 계곡과 닮았다는 뜻이다.

① 위치: 손가락을 쫙 펼 때, 손목이 접히는 부분

② 주요 증상: 두통, 이명, 치통, 비염, 감기, 눈병, 안면신경마비, 청각장애. 견갑통, 중풍, 반신불수, 손목통증

(6) 편력(偏歷)

편(編)은 측방, 경사, 력(歷)은 주행, 경과를 의미한다. 경혈이 측면에 위치한다는 뜻이다.

① 위치: 양계혈 위로 3촌

② 주요 증상: 눈병, 코피, 편도선, 안면신경마비, 인후통, 수종, 주비통

(7) 온류(溫溜)

온(溫)은 따뜻한 것, 류(溜)는 흐르는 것을 의미하고 양기가 이 혈로 흐르고 경맥을 따뜻하게 하고 땀을 내게 한다는 뜻이다(온경상한).

① 위치: 양 손의 엄지와 검지를 교차시켜서 중지가 닿는 곳, 양계혈 위 5촌
② 주요 증상: 두통, 얼굴부종, 인후종통, 장명복통, 견비통, 치통, 잇몸질환
③ 미용증: 안면부종

(8) 하렴(下廉)

하(下)는 낮고 렴(廉)은 가장자리, 모서리, 좁은 곳을 의미하고 혈이 측면의 가장자리, 모서리 같은 곳에 있다는 뜻이다.

① 위치: 곡지혈 아래 4촌
② 주요 증상: 두통, 현기증, 복통, 주비통, 유두 통증

(9) 상렴(上廉)

상렴은 혈이 하완의 외측에 있으며 하렴혈 윗부분에 위치해 있다는 뜻이다.

① 위치: 곡지혈 아래 3촌
② 주요 증상: 두통, 반신불수, 손과 팔의 마비, 장명복통

(10) 수삼리(水三里)

리(里)는 거주한다는 의미이고 수삼리는 팔꿈치 끝을부터 3촌 되는 곳에 있다는 뜻이다.

① 위치: 곡지혈 아래 2촌
② 주요 증상: 견비통, 치통, 복통, 견비통, 설사, 위와 장의 통증, 소화불량, 뇌빈혈, 뇌출
③ 미용증: 안면부종, 염증성 여드름

(11) 곡지(曲地)

곡(曲)은 구부러진 것, 지(池)는 물이 모이는 곳을 의미하고 혈 부위가 주관절의 구부러진 곳의 약간 들어간 것을 마치 얕은 연못과 같다는 뜻이다.

① 위치: 팔을 굽힌 상태에서 주름이 끝나는 곳, 주름의 바깥쪽 가장자리
② 주요 증상: 인후종통, 발열, 치통, 구토, 설사, 변비, 반신불수, 어깨통증, 고혈압, 피부병, 습진, 위경련, 상지 관절통, 알러지성 질환

③ 미용증: 탈모, 색소침착, 거친 피부결, 여드름

(12) 주료(肘髎)

주(肘)는 팔꿈치, 료(髎)는 깊은 구멍을 의미한다. 팔의 바깥쪽, 오목한곳에 혈이 있다.

① 위치: 직각으로 팔을 굽힐 때 곡지혈 후방 1.5촌

② 주요 증상: 견비통상완부나 팔꿈치, 팔 부위 통증, 상완부 경련, 마비증상

(13) 오리(五里)

오(五)는 길이, 오장의 안쪽을 의미한다. 팔꿈치의 외측 상과에서 5촌 떨어진 거리에 있기 때문에 비교적 멀고 오장의 안쪽과 서로 통한다는 뜻이다.

① 위치: 곡지 위 3촌

② 주요 증상: 상완골 중간 부분의 통증, 객혈, 폐렴, 복막염, 주비통, 경부임파결핵

(14) 비노(臂臑)

비(臂)는 상지의 통칭, 노(臑)는 어깨 아래쪽 살을 의미하고 혈이 팔의 삼각근 융기된 곳의 끝에 있다는 뜻이다.

① 위치: 견우혈 아래 3촌, 곡지혈 위로 7촌, 상완골 외측 대장경상

② 주요 증상: 견비통, 경통, 경항구련, 상지마비, 손목통증, 눈병, 오십견

③ 미용증: 팔의 비만, 체내 수분정체로 인한 비만, 노폐물 정체, 닭살피부

(15) 견우(肩髃)

견(肩)은 어깨, 우(髃)는 뼈 사이의 오목한 틈을 의미하고 견관절에서 일어나는 모든 질환에 효과가 있다.

① 위치: 팔의 수평으로 들 때 어깨 끝 움푹 들어간 곳, 견관절 내측 오목한 곳

② 주요 증상: 상지불수, 견비통, 견갑통, 뇌졸중, 고혈압. 치통, 습진, 팔의 마비

③ 미용증: 다양한 피부질환

(16) 거골(巨骨)

거(巨)는 큰 뼈, 어깨 부위의 뼈, 짐을 어깨에 멜 때 뼈에 걸린다는 의미이다. 즉쇄골을 뜻한다.

① 위치: 쇄골 견봉 끝과 견갑골이 만나는 곳의 오목한 곳

② 주요 증상: 치통, 견갑골, 상지불수, 중풍, 신장질환, 임파선염, 견비통, 간질환

(17) 천정(天鼎)

천(天)은 하늘, 양, 머리라는 의미이고 천정은 천의 생기가 몸 안으로 들어온다는 뜻이다.

① 위치: 부돌혈 밑 1촌, 흉쇄유돌근의 갈피

② 주요 증상: 기침, 폭음기경, 인후종통, 이하선염, 설골근 마비, 경부 임파결핵

(18) 부돌(扶突)

부(扶)는 돕는다. 돌(突)은 돌출하는 것을 의미한다.

손가락 4개를 나란히 할 때의 길이를 부라고 했다. 그 길이는 동신촌으로 3촌이다.

① 위치: 후두골 돌기 옆 흉쇄 유돌근의 갈피

② 주요 증상: 기침, 천식, 인후염, 편도선염, 이하선염, 하치통, 목병, 혈압항진

(19) 화료(禾髎)

화(禾)는 벼나 보리의 이삭, 료(髎)는 모서리를 의미하고 위에 통하는 입의 모서리를 뜻한다. 코는 냄새를 맡고 입은 먹는 곳으므로 화료라 하였다.

① 위치: 인중 위 좌우

② 주요 증상: 코막힘, 코피, 구치병, 안면신경마비, 상치통, 의식혼미

③ 미용증: 탈모

(20) 영향(迎香)

영(迎)은 맞이한다, 향(香)은 향기롭다는 의미이고, 냄새를 맡을 수 없는 증상에 효과적이며 후각이 회복된다는 뜻이다(선통폐규).

① 위치: 콧망울의 좌우, 비익근의 양 옆 5푼

② 주요 증상: 코 질환, 코피, 코막힘, 콧물, 냄새를 못 맡는 것, 축농증, 안면신경마비, 치통, 결막염

③ 미용증: 면포성 여드름, 안면부종, 주름, 피부 윤기

3. 족양명위경(足陽明胃經)

승읍-사백-거료-지창-대영-협차-하관-두유-인영-수돌-기사-결분-기호-고방-옥예-응창-유중-유근-불용-승만-양문-관문-태을-활육문-천추-외릉-대거-수도-귀래-기충-비관-복토-음시-양구-독비-족삼리-상거허-조구-하거허-풍륭-해계-충양-함곡-내정-여태

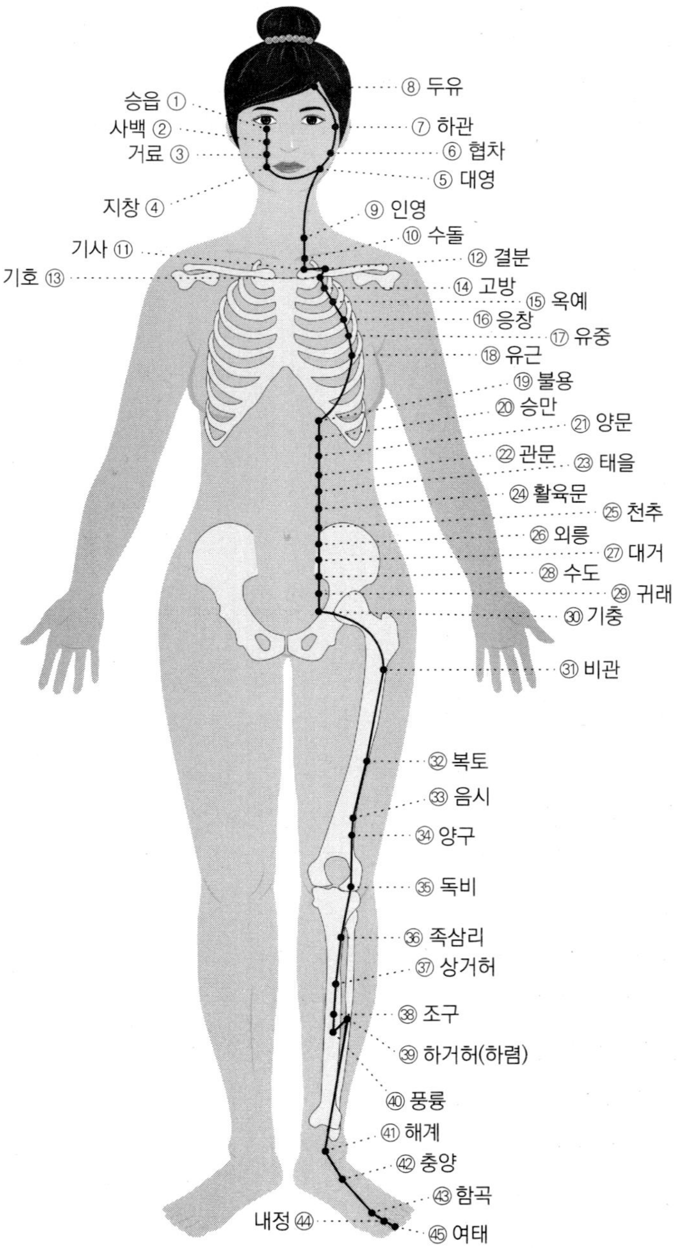

1) 위경의 개요

위는 '수곡의 바다'로 불리는데 수곡을 잘 받아들이고 인체를 생장 발육 시킨다는 뜻이다. 위는 밖으로부터 들어오는 수곡을 받아들일 뿐만 아니라 소화를 잘 시키는 기능을 수행하고 있다. 후천적으로 영양을 공급하는 근원이다.

비와는 표리로 되어 있다. 위는 주로 음식물을 받아들여 소화시키는 기능이 있고 비는 주로 진액을 전신에 운반하는 작용을 함으로써 이 두 개의 장기는 서로 공동으로 후천적인 영양을 공급하는 임무를 수행하는 과정에서 상호 의존하는 관계이다.

위는 비와 토(土)에 속하며 오행상 오행을 아우르게 하는 작용을 하여 인체 모든 장부를 편안하고 균형있게 유지시켜주는 역할을 한다.

2) 순환경로

얼굴의 눈 밑에서 시작하여 얼굴 전면을 지나 가슴과 하복부를 거쳐서 대퇴부 무릎에서 정강이 외측으로 내려와 발등을 거쳐 두 번째 발가락 외측으로 흐른다.

3) 미용적 증상과 병증

기·혈·진액은 음식물을 소화한 영양물질에서 나오므로 피부와 모발에 관여한다. 경맥이 안면부와 흉부를 지나기 때문에 안면 피부색, 유방 풍만, 유선발육촉진 등에 효과가 있고 불면, 소화불량, 비만개선 등을 치료하는 데도 응용된다.

(1) 승읍(承泣)

승(承)은 이어 받는 것, 읍(泣)은 눈물의 의미이다. 눈 아래의 눈물을 받는 혈이라는 의미이고 모든 눈 질환을 치료한다는 뜻이다. 안면 신경과 삼차 신경의 분지가 분포되어 있다. 이 혈은 바람을 쐬이면 눈물이 흐르는 질환에 아주 좋은 효과가 있기 때문에 승읍이라 한다.

① 위치: 동공의 바로 아래 눈구멍 위쪽에 위치, 똑바로 보게 하고 동공에서 직선에서 내려와 안와 하연의 변두리 가운데가 있다.

② 주요 증상: 각막염, 야맹증, 구안와사, 근시, 안륜근 경련, 눈이 붉으면서 아플 때, 이명, 시력장애

③ 미용증: 눈가 주름 완화, 눈가 늘어짐 방지

(2) 사백(四白)

사(四)는 사방, 백(白)은 희다의 뜻으로 안륜근의 흰 부분에 해당한다. 안면 신경과 삼차신경의 분지가 분포가 되어 있다.

눈의 충혈과 시력을 회복시켜 주는 혈이다.

① 위치: 동공 아래의 1촌

② 주요 증상: 결막염, 구안와사, 두통, 삼차신경, 언어장애, 비염, 눈이 가렵고 아플때

③ 미용증: 안면근육의 경직, 눈꺼풀 떨림, 눈가 주름 완화, 눈가 늘어짐

(3) 거료(巨髎)

거(巨)는 크다. 볼록 튀어 나오다라는 뜻으로 상악골(얼굴 중앙의 튀어 나온 뼈)의 전면, 뼈 밑의 함요부에 있다. 안면신경과 삼차 신경의 분지가 분포되어 있다.

① 위치: 콧구멍 옆으로 8푼 떨어진 곳

② 주요 증상: 구안와사, 안검경련, 치통, 삼차신경통, 입술과 뺨아 부을 때, 시력장애, 콧마루가 붓고 아플 때

③ 미용증: 볼처짐 방지, 얼굴형 정돈

(4) 지창(地倉)

지(地)는 곡식을 생산하는 토지, 창(倉)은 창고를 의미한다. 원기의 근원이며 곡식을 저장하는 창고, 구각의 외측 구륜근 중에 있다.

① 위치: 구각 외측 4푼

② 주요 증상: 안검경련, 구안와사, 야맹증, 중풍에서 오는 언어장애, 삼차신경통, 눈이 가려울때

③ 미용증: 입꼬리 처짐 방지

(5) 대영(大迎)

크다는 대(大)와 맞아들이는 영(迎)의 의미로 '높이 우러러 맞이한다'는 뜻이다. 맥기(脈汽)가 왕성한 경맥이다.

① 위치: 하악각의 전연, 뼈가 약간 우묵한 곳에서 촉지하여 맥이 뛰는 곳

② 주요 증상: 치통, 입을 다물고 벌리지 못할 때, 삼차 신경통, 구안와사, 혀가 뻣뻣하여 말을 못할 때, 경부 임파염, 안면부종, 하품

③ 미용증: 입냄새 제거, 볼 늘어짐 방지

(6) 협차(頰車)

협(頰)은 뺨, 상악골, 차(車)는 차의 바퀴, 하악골을 의미한다. 광대뼈와 턱이 서로 의지하며 운동하는 곳이라는 뜻으로 안면신경과 삼차신경 제3지가 분포되어 있다.

① 위치: 대영의 5푼 위에 있으며 입을 굳게 다물 때 융기되는 곳

② 주요 증상: 구안와사, 목이 쉴 때, 삼차신경통, 갑상선종, 목을 돌리지 못할 때

③ 미용증: 턱선을 아름답게, 턱선 여드름 및 늘어짐

(7) 하관(下關)

하(下)는 아래, 관(關)은 열고 닫는 것, 기관, 관절을 의미한다. 치아가 열리고 닫히는 것과 관계가 있고, 관골궁의 하연, 교근과 외익상근 중에 있다. 하학골을 움직이는 기관이므로 하관이라 하였다.

① 위치: 귀 앞쪽의 관절의 가장 돌출된곳 아래에 위치

② 주요 증상: 이명, 구안와사, 이통, 치통, 하악골 탈구, 삼차신경통, 중이염

③ 미용증: 얼굴 근육 뭉치 방지, 볼 늘어짐

(8) 두유(頭維)

두(頭)는 수령의 뜻이고 유(維)는 연결을 뜻한다. 또한 모서리라는 의미가 있어 측두근 상연 전두근 중에 있고 안면 신경과 삼차 신경 제 1지, 제 2지, 제 3지가 분포되어 있다.

① 위치: 이마 모서리의 머리털 난 부분에서 0.5촌 들어간 곳

② 주요 증상: 편두통, 뇌출혈, 삼차신경, 결막염, 시력감퇴, 눈이 아파 빠질 듯 할 때

③ 미용증: 여드름, 두통으로 인해 얼굴이 푸석 푸석 할 때

(9) 인영(人迎)

인(人)은 인체, 생명, 영(迎)은 영접함, 접수함을 의미하는데 오장의 기를 맞아들여 사람을 영양시킬 수 있다는 뜻이다(천(天), 지(地), 인(人)).

① 위치: 목의 후두결절 외측 1.5촌으로 박동이 촉지되는 곳이다.

② 주요 증상: 갑상선 기능 조절, 편도선염, 이명, 자궁 위치 이상, 요통, 고혈압, 저혈압

③ 미용증: 부종에 의한 비만, 피부윤택, 열성 여드름

(10) 수돌(水突)

수(水)는 수곡의 기, 돌(突)은 찌른다. 튀어나오는 것을 의미한다. 음식물을 삼킬 때 이 혈이 위로 치고 올라오는데 기(氣)가 위로 향해 부딪힌다는 뜻이다.

① 위치: 흉쇄유돌근 전연으로 인영 아래 2촌 되는 곳
② 주요 증상: 갑상선 장애, 인후종통, 인두염, 천식, 기관지염, 백일해
③ 미용증: 목이 부을 때. 피부 알레르기, 목소리 변성

(11) 기사(氣舍)

기(氣)는 호흡의 기를, 사(舍)는 편안히 살고 편안히 쉴 수 있는 곳을 의미한다. 사람들이 들이마신 폐기가 이 혈에서 머물러 거주한다는 뜻.

① 위치: 쇄골과 흉골의 관절부 상연 오목한 곳
② 주요 증상: 후두염, 후비, 기관지염, 해수, 천식 경부임파 결핵
③ 미용증: 목덜미 경직, 목의 주름, 목 부종, 어깨 강직

(12) 결분(缺盆)

결(缺)은 공간이 빈 것, 오목하고 비어 있는 것, 분(盆)은 주둥이를 넓게 만든 그릇을 의미한다. 쇄골 위쪽은 깊게 패여 있으므로 쇄골 상와를 결분이라 한다.

① 위치: 쇄골 상연의 중간 오목한 곳
② 주요 증상: 늑간신경통, 흉만, 각혈, 고혈압, 위염, 위통, 불면, 신경쇠약
③ 미용증: 어깨 비대, 열성 여드름, 위기능 저하로 인한 미용증

(13) 기호(氣戶)

기(氣)는 호흡의 기, 호(戶)는 출입구, 보호하는 것을 의미한다. 호흡하는 기는 이 혈을 지나 출입하고 머무르고 살고 저장되고 보호될 수 있다라는 뜻으로 폐기나 종기가 출입하는 문호이다.

① 위치: 쇄골과 제 1늑골 사이 오목한 곳
② 주요 증상: 폐울혈, 기관지염, 흉통, 해수, 식욕부진, 월경장애, 사지부종, 견갑통, 늑간신경통
③ 미용증: 열성 여드름, 흉부피부조직 이상

(14) 고방(庫房)

고(庫)는 집, 만물이 깃드는 곳, 방(房)은 옆, 방을 의미한다. 가슴의 옆에 있는 폐기를 저장하는 창고라는 뜻이다.

① 위치: 제 1.2 늑골 사이로 기호 아래 1.6촌 되는 곳
② 주요 증상: 폐울혈, 기관지염, 흉통, 해수, 식욕부진, 월경장애, 사지부종, 견갑통, 늑간신경통
③ 미용증: 미간 부위 여드름, 모공확장

(15) 옥예(屋翳)

옥(屋)은 지붕, 예(翳)는 가리는 것을 의미한다. 이 혈이 흉부를 덮어 가리며 가슴을 방어하는 중요한 곳이 된다는 뜻이다.

① 위치: 제 2,3 늑골 사이로 고방 아래 1.6촌 되는 곳
② 주요 증상: 폐울혈, 가관지염, 흉통, 해수, 식욕부진, 월경장애, 사지부종, 견갑통, 늑간신경통
③ 미용증: 피부의 예민, 안면 근육 경직, 안면 붉어짐

(16) 응창(膺窓)

응(膺)은 앞가슴, 막는 것, 창(窓)은 창문, 채광하는 통로를 의미한다. 가슴의 창문을 뜻하고 흉부를 맑게 하는 혈이다.

① 위치: 제 3,4 늑골 사이로 옥예 아래 1.6촌 되는 곳
② 주요 증상: 폐울혈, 기관지염, 흉통, 해수, 식욕부진, 월경장애, 사지부종, 견갑통, 늑간신경통
③ 미용증: 흉부의 비대, 늑간 부위 비대

(17) 유중(乳中)

유(乳)는 유두, 중(中)은 중앙의 의미한다. 혈이 유두 한가운데 있다는 뜻이다.

① 위치: 유두 한가운데 있다.
② 주요 증상: 기관지염, 흉통, 식욕부진, 월경장애, 사지부종, 견갑통, 늑간신경통
③ 미용증: 유방의 위축, 비대

(18) 유근(乳根)

유(乳)는 젖가슴, 근(根)은 밑바닥을 의미한다. 혈이 젖가슴의 아랫변에 있다.

① 위치: 유중 아래 1.6촌 되는 곳이다.
② 주요 증상: 유즙분비 부전, 유선염, 기관지염
③ 미용증: 유즙 분비 이상으로 오는 가슴 비대 또는 위축

(19) 불용(不容)

불(不)은 할 수 없는 것, 용(容)은 받아들이는 것, 감싸는 것을 의미한다. 수곡(水穀) 수납능력에 한계가 있으며 이 혈의 높이까지 음식물이 이르면 수용 불가능하다는 뜻으로 불용이라 한다.

① 위치: 배꼽에서 위로 6촌 그 영 옆으로 2촌 되는 곳
② 주요 증상: 위염, 식욕부진, 고창, 구토, 늑간 신경통, 기관지염, 천식
③ 미용증: 불면, 상복부 비대

(20) 승만(承萬)

승(承)은 담당하는 것, 이어 받는 것, 만(萬)은 가득 찬 것, 충만한 것을 의미한다. 복부의 팽만감에 주요한 혈이다. 위가 수곡을 수납하는 뜻이다.

① 위치: 배꼽 위 5촌에서 양 옆 2촌
② 주요 증상: 위통, 급·만성 위염, 산통, 소화불량
③ 미용증: 상복부 비대, 명치 팽만

(21) 양문(梁門)

양(梁)은 가로로 놓인 나무, 대들보, 문(門)은 출입, 관리를 의미한다. 오곡이 위로 들어가는 통로가 되며 아랫배가 그득하고 배꼽 주위가 아픈 증상을 치료할 수 있다는 뜻이다.

① 위치: 배꼽 위로 4촌 그 양 옆 2촌 되는 곳
② 주요 증상: 위통, 궤양질환, 급 만성 위염, 위신경증
③ 미용증: 상복부 비대, 명치 아래 비대

(22) 관문(關門)

위와 장의 경계에 있으며 식욕부진으로 문이 닫혀 음식물을 받을 수 없는 질환에 효과적인 혈이다.

① 위치: 천추 상3촌 양문 아래 1촌 복직근
② 주요 증상: 급만성위염, 식욕부진, 소화불량, 장질환, 변비, 복통
③ 미용증: 얼굴색 창백

(23) 태을(太乙)

태(太)는 큰 것, 을(乙)은 구부러진 것을 의미하고 대장이 굽은 것을 상징하고 대장의 모든 병을 치료할 수 있다는 뜻이다.

① 위치: 배꼽 위 2촌, 그 양 옆 2촌 되는 곳
② 주요 증상: 위통, 장산통, 각기, 유뇨(遺尿)
③ 미용증: 복부의 늘어짐, 상복부 비만

(24) 활육문(滑肉門)

활(活)은 반들반들하고 매끄러운 것, 육(肉)은 살, 문(門)은 통과하고 지향하다는 의미이다. 장은 뱃속에서 가장 반들반들하고 미끄러지기 쉬운 곳을 뜻한다.

① 위치: 배꼽 위로 1촌 그 양 옆2촌 되는 곳

② 주요 증상: 급·만성위장염, 정신질환

③ 미용증: 허리 비대, 피부의 건조

(25) 천추(天樞)

천(天)은 천지, 인체의 상·하반신, 추(樞)는 움직이게 하는 기구, 중요한 관건을 의미한다. 인체의 상반신을 천기가 주관하고 하반신은 지기가 주관하는데 그 중간 지점에 천추가 있어 천지의 기를 움직이게 하는 곳이다.

① 위치: 배꼽에서 양 옆2촌 되는 곳

② 주요 증상: 만성위염, 만성장염, 이질, 장마비, 복막염, 자궁내막염, 변비, 요통

③ 미용증: 여드름, 피부 윤택, 턱주변 여드름, 복합성 피부

(26) 외릉(外陵)

외(外)는 신체 표면, 릉(陵)은 융기된 언덕을 의미하여 불룩하게 솟아 오른 곳을 의미한다.

① 위치: 배곱 아래 1촌 그 양옆 2촌 되는 곳

② 주요 증상: 복통, 산기, 월경통

③ 미용증: 하복부 비만, 냉증에 의한 하지 비만

(27) 대거(大巨)

대(大)는 크다, 거(巨)는 크고 풍부한 것을 의미한다. 혈이 복부의 가장 높고 충실한 곳에 있으므로 하복부의 중요한 혈로 쓰인다.

① 위치: 배곱 아래로 2촌 그 양 옆 2촌

② 주요 증상: 복통, 장경련, 고창, 월경곤란, 배뇨곤란, 변비, 조루

③ 미용증: 하복부 비만, 하체 비만

(28) 수도(水道)

수(水)는 수액, 진액, 도(道)는 도리와 통로를 가리킨다.

① 위치: 배꼽 아래 3촌 그 양 옆 2촌 되는 곳

② 주요 증상: 신염, 방광염, 복수, 고환염
③ 미용증: 하복부 팽창, 턱 부위 여드름

(29) 귀래(歸來)

귀래(歸來)는 근본으로 돌아간다는 의미이다. 돌아가지 않는 기를 본래의 위치로 돌아가게 한다는 뜻이다.

① 위치: 배꼽 아래 4촌 그 양 옆 2촌 되는 곳
② 주요 증상: 월경부조, 자궁부족기염, 자궁내막염, 고환염
③ 미용증: 서혜부 경직, 허벅지 비대, 입주변 탄력 저하 및 색소변이

(30) 기충(氣衝)

기(氣)는 하복부에 막혀서 가득한 기, 충(衝)은 충동, 위로 상충하는 것을 의미하고 기가 위로 치받아 오르는 모든 병을 다스린다.

① 위치: 치골결합 상연에서 외측 2촌으로 박동이 촉지되는 곳
② 주요 증상: 남·녀 생식기 질환
③ 미용증: 복부 비대, 허벅지 비대, 입주변 조직의 탄력 저하

(31) 비관(髀關)

비(髀)는 넓적다리, 하지, 관(關)은 관절을 의미한다. 혈이 하지를 운동시키는 기관에 있다는 뜻이고 하지 동통의 모든 병에 효과가 있다.

① 위치: 무릎 위 12촌 되는 대퇴골 소전자 부위에 있다.
② 주요 증상: 고관절염, 서혜임파선염, 하지의 운동, 감각마비, 슬통, 위통, 위경련, 편두통, 요통
③ 미용증: 대퇴부 경직, 복부 비대

(32) 복토(伏兎)

복(伏)은 엎드리는 것, 토(兎)는 동물 이름으로 혈이 있는 곳의 형상이 엎드린 토끼와 같다는 뜻이다(대퇴사 두근 융기된 것).

① 위치: 무릎 위 6촌 되는 것
② 주요 증상: 하지의 감각, 운동마비, 슬관절염
③ 미용증: 허벅지 상단 경직, 복부 비대, 무릎 안쪽 비대

(33) 음시(陰市)

음(陰)은 그늘, 시(市)는 도시를 의미로 음의 사기가 모이는 곳이라는 뜻이다. 무릎이 얼음같이 찬 것을 주치(主治)한다.

① 위치: 무릎 위3촌 되는 오목한 곳
② 주요 증상: 슬관절염, 하지마비, 고환염, 월경부조, 당뇨병
③ 미용증: 한성 여드름, 복부 비대, 복합성 피부

(34) 양구(梁丘)

양(梁)은 양식, 대들보 구(丘)는 언덕을 가르킨다. 위는 양식의 창고인데 이 혈이 위의 극혈이고 양곡이 쌓여서 된 언덕과 같다는 뜻이다.

① 위치: 무릎 위 2촌으로 두 근육 사이에 있다.
② 주요 증상: 위염, 위통, 설사, 유선염, 슬관절염
③ 미용증: 하체 비만, 대퇴부 비만 방지

(35) 독비(犢費)

독(犢)은 어린 소, 비(費)는 입과 코를 가르킨다. 무릎 모양이 소의 코와 같으며 혈이 슬개골 내에 있다. 송아지의 코와 비슷하기 때문에 독비라 하였다.

① 위치: 무릎 아래로 슬개 인대 외측에 생기는 오목한 곳
② 주요 증상: 각기, 슬통, 족부종, 족관절 류마티즘, 굴신불리, 통풍, 슬무력
③ 미용증: 무릎 상부 비대, 오금 비대, 혈해 부위 비대

(36) 족삼리(足三里)

족(足)은 하지, 삼(三)은 길이, 천(天), 지(地), 인(人)을 가리키고 리(里)는 인체의 위장을 가리킨다(위경의 질환).

① 위치: 무릎 아래 3촌, 전경골근과 장지신근의 두 근육 사이에 있다.
② 주요 증상: 급·만성 위염, 궤양성 질환, 급·만성 장염, 소아 소화 불량 등의 소화기 질환, 편마비, 쇼크, 허약체질, 빈혈, 고혈압, 비뇨·생식기 질환
③ 미용증: 체지방 연소, 비만, 알레르기 피부 질환, 복합성 피부

(37) 상거허(上巨虛)

상(上)은 하(下)와 상대가 되며 거(巨)는 거대한 것, 허(虛)는 공허한 것을 의미한다. 혈이 경골 외측으로 크게 비어있는 오목한 곳의 상단에 있다는 뜻으로 대장의 여러 질환을 치료한다.

① 위치: 무릎 아래 6촌으로 전경골근 외측
② 주요 증상: 복통, 설사, 충수염, 장염, 위염, 편마비, 각기
③ 미용증: 하퇴부 비대, 여드름, 복부 이완

(38) 조구(條口)

조(條)는 바람 이름으로 북동풍을 가리키며 구(口)는 구멍을 의미한다. 바람을 치료하는 구멍이라는 뜻으로 하지풍병을 치료한다.
① 위치: 무릎 아래 8촌으로 전경골근에 있다.
② 주요 증상: 슬관절염, 하지마비, 위통, 장염, 견관절염
③ 미용증: 하복부 비대, 발에 열이 나거나 차가워지는 증상

(39) 하거허(下巨虛)

거허(巨虛)는 혈이 경골 외측으로 크게 비어있는 오목한 곳의 하단에 있다. 소장의 여러 질환을 치료한다.
① 위치: 무릎 아래 9촌 되는 것
② 주요 증상: 급·만성 위염, 급·만성 간염, 하지 마비
③ 미용증: 부종, 입주위 여드름

(40) 풍륭(豊隆)

풍륭(豊隆)은 풍요로움, 륭(隆)은 솟아오름을 의미한다. 하퇴의 앞쪽, 살이 풍만하게 높고 큰 곳에 있다는 뜻으로 다기다혈(多氣多血)이라 한다.
① 위치: 외측 복사뼈 위 8촌 오목한 곳
② 주요 증상: 해수, 두통, 현훈, 각기, 사지의 종창, 혈붕(血崩), 경폐(經閉)
③ 미용증: 비만, 다리 부종, 상복부 부종

(41) 해계(解谿)

해(解)는 분해되고 느슨하게 풀어지는 것, 계(谿)는 골짜기를 의미한다. 이 혈은 발목관절의 탈구되기 쉬운 부위에 있으며 느슨하게 풀어지는 병을 치료한다는 뜻이다.
① 위치: 발목 관절의 전횡문 중앙으로 전경골 외측근 사이의 오목한 곳, 신발 끈을 푸는 곳
② 주요 증상: 두통, 신염, 장염, 족관절 및 주위건부 조직의 질환
③ 미용증: 비만, 발의 부종, 안면의 부종, 종아리 경직

(42) 충양(衝陽)

충(衝)은 요충지, 양(陽)은 발등을 의미하여 혈이 발등의 높은 곳에 있다는 뜻이다.

① 위치: 발등의 제일 높은 부위로 박동이 촉진되는 오목한 곳

② 주요 증상: 두통, 안면신경마비, 치통, 족배통, 정신질환, 열성질환

③ 미용증: 다리의 부종, 복부의 경직, 얼굴선의 불균형, 안면근육의 경직

(43) 함곡(陷谷)

함(陷)은 높은 곳에서 낮은 곳으로 내려가는 것을, 곡(谷) 계곡을 가리킨다.

① 위치: 제2·3중족골 사이로 발등의 오목한 곳

② 주요 증상: 안면 부종, 결막염, 부종, 장염, 장통, 히스테리

③ 미용증: 안면 부종, 습성 여드름

(44) 내정(內庭)

내(內)의 안, 정(庭)은 뜰, 집, 처소를 가리킨다. 혈이 중족골과 발가락의 관절에 있는데 위치가 가려진 안쪽에 있다는 뜻이다.

① 위치: 둘째·셋째 발가락 사이 오목한 곳

② 주요 증상: 복통, 복창, 위염, 소화불량, 족배동통, 족부염증, 치통, 구안와사, 설사

③ 미용증: 안면 경련, 목 부위 비대, 볼 부위 피부 변이

(45) 여태(厲兌)

여(厲)는 빠른 모양, 편안하게 쉬는 것, 태(兌)는 구멍을 의미한다. 위경의 정혈이며(井穴)이며 엄하게 감시받는 문호같은 혈이다.

① 위치: 둘째 발가락 외측 조갑각에서 0.1촌 되는 곳

② 주요 증상: 뇌빈혈, 신경쇠약, 편도선염, 간염, 소화불량, 히스테리

③ 미용증: 비만, 볼 부위 늘어짐, 얼굴의 부종

4. 족태음비경(足太陰脾經)

은백-대도-태백-공손-상구-삼음교-누곡-지기-음릉천-혈해-기문-충문-부사-복결-대횡-복애-식두-천계-흉양-주영-대포

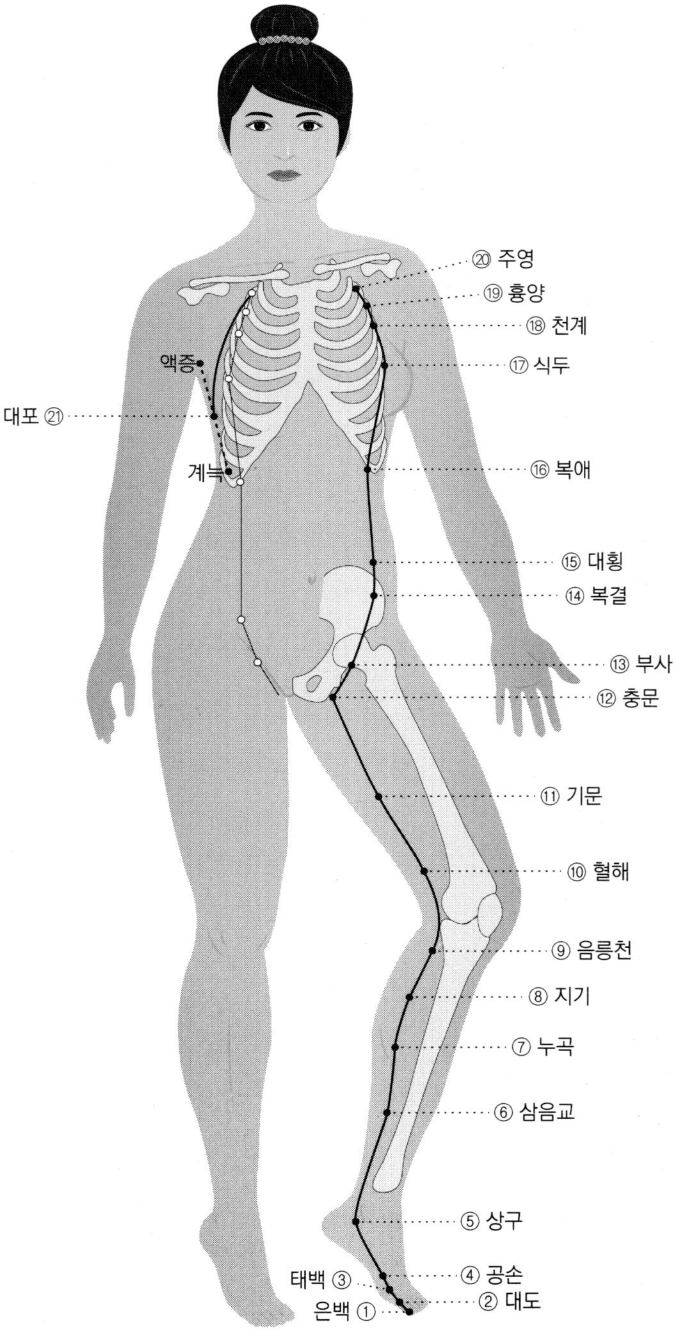

1) 비경의 기능

운화를 주관하며 혈을 통솔하며 상승을 주관한다. 수곡운화, 수곡정미 영양물질을 전신에 운송 비주 상승하는 작용을 한다.

영양과 수분을 흡수하고 전신에 공급하는 역할과 비만에 중요한 작용을 한다. 사기가 비위에 있으며 살이 아프며 양기가 지나치고 음기가 부족하면 속에 열을 생겨서 배가 쉽게 고프고 양기가 부족하고 음기가 지나치면 속이 차져서 아프다. 기운이 없고 피로감을 느끼며 여성의 생리와도 관계가 깊어 생리불순이나 생리통이 올 수도 있다.

2) 족태음비경의 순행

엄지 발가락 안쪽 끝 은백혈에서 시작하여 복사뼈를 지나 위경의 바깥쪽으로 올라가 흉부에서 겨드랑이 쪽으로 흐른다.

3) 미용적 증상과 병증

영양과 수분을 흡수하고 전신에 영양을 공급하는 역할을 담당하므로 비만에 중요한 작용을 하고 식욕이 조절되지 않아 과식을 하거나 기운이 없고 피로감을 느낀다. 여성의 생리와도 관계가 깊어 생리불순과 생리통이 올 수 있다.

(1) 은백(隱白)

은(隱)은 감추는 것, 비밀로 하다, 백(白)은 희다는 의미로 금(金)의 색깔을 가리킨다. 토(土) 기운은 여기에 이미 발생하였고 금(金) 기운이 안보이게 엎드려 있다는 뜻이다.

① 위치: 첫째 발가락 내측 조갑각에서 1푼 되는 곳

② 주요 증상: 소화불량, 복창, 복통, 구토, 안충혈, 정신질환, 실신, 자궁경련

③ 미용증: 복부 비만, 눈꺼풀 비립종, 눈밑 늘어짐

(2) 대도(大都)

대(大)는 성대함, 풍부함, 도(道)는 도회지, 모인다는 의미이다. 이 혈은 토기(土氣)가 풍부하며 쌓여 있는 곳임을 뜻하는데 몸의 열을 주관하는 혈로 발열 증상에 효과가 있다.

① 위치: 엄지 발가락 내측을 구부려서 나타나는 가로무늬 끝선, 오목한 곳

② 주요 증상: 위경련, 상복통, 구토, 심허약, 불면, 족지통, 열성질환, 설사, 사지부종

③ 미용증: 팔 다리 비만성 부종, 상복부 비대, 열성 여드름

(3) 태백(太白)

태(太)는 대(大)와 같아 광대하고 높고 크다는 뜻이며 백은 희다는 의미로 금기(金氣)가 여기에 밝게 드러나 있음을 뜻한다.

① 위치: 엄지 발가락 내측으로 본절 뒤쪽의 오목한 곳

② 주요 증상: 복통, 위통, 구토, 소화장애, 설사, 변비, 족한, 두통, 히스테리

③ 미용증: 복부 비만, 얼굴색이 누렇게 변할 때

(4) 공손(公孫)

공(公)은 노인의 존칭이고 손(孫)은 어린 것을 낮추어 부르는 것을 가리킨다.

공손은 할아버지와 손자이고 비경과 위경의 낙혈이 된다.

① 위치: 첫째 엄지 발가락 내측 본절 후 1촌 되는 오목한 곳

② 주요 증상: 신염, 위경련, 급만성 장염, 구토, 자궁내막염, 월경부조, 실면, 족지통

③ 미용증: 피부탄력 저하

(5) 상구(商丘)

상(常)은 오행에서 금(金)에 속하고 구(丘)는 작은 언덕, 모인다는 의미이다. 금기(金氣)가 모여 구릉과 같이 쌓여있다는 뜻이다.

① 위치: 내측 복사뼈 전하방의 오목한 곳

② 주요 증상: 위염, 장염, 소화불량, 유종(乳腫), 족관절 및 주위 연부 조직 질환

③ 미용증: 발목선 비대, 하지 부종, 하복부 비만

(6) 삼음교(三陰交)

삼음(三陰)은 족삼음경, 교(交)는 교회, 교접을 의미한다. 삼경과 관련된 증상들로 부인과 질환과 생식기 질환을 통괄하여 치료한다. 3개의 음경이 만나는 곳으로 삼음교라 하였다.

① 위치: 내측 복사뼈 위 3촌이 되는 곳

② 주요 증상: 남녀의 비뇨, 생식기 질환, 소화불량, 위통, 불면, 비위허약, 신경쇠약

③ 미용증: 근육노화방지, 발목부종 무릎 및 하지 내측 비대

(7) 누곡(漏谷)

누(漏)는 스며드는 것, 틈새, 곡(谷)은 골짜기로 골육(骨肉)의 사이를 의미한다.

① 위치: 내측 복사뼈 위로 6촌 되는 오목한 곳

② 주요 증상: 배뇨곤란, 대하, 불안, 신경쇠약, 신허증
③ 미용증: 다리 내측의 무력증, 둔부 처짐

(8) 지기(地機)

지(地)는 아랫부분, 토지, 기(機)는 기관, 질병을 의미한다. 복부와 하지의 병을 치료하는 곳이다. 만물의 생기를 활발하게 하며 기혈의 완성함과 생기를 일으키는 효과가 있다.

① 위치: 내측 복사뼈 끝에서 위로 8촌 되는 오목한 곳
② 주요 증상: 월경부조, 자궁병, 대하, 월경통, 소화불량, 하복통, 요통, 당뇨병
③ 미용증: 다리 내측의 무력증, 둔부 처짐

(9) 음릉천(陰陵泉)

음릉(陰陵)은 인체의 안쪽, 크게 솟아오른 곳, 천(泉)은 물이 솟아나는 것, 혈이 음측 언덕 아래에 있는 깊은 샘과 같다는 뜻으로 음(陰)의 증상을 치료할 수 있다.

① 위치: 무릎 아래로 경골내과 하연의 오목한 곳
② 주요 증상: 비뇨 생식기 질환, 자궁경련, 슬관절 주위염, 하지마비, 불면
③ 미용증: 하복부의 늘어짐, 둔부의 늘어짐, 하지 내측 무력증

(10) 혈해(血海)

혈(血)은 기혈, 해(海)는 바다, 광대하고 심원한 것을 의미하고 혈을 관리하고 혈을 흡수할 수 있다는 뜻이다.

① 위치: 슬개 내측 상연에서 위로 2촌 되는 곳
② 주요 증상: 월경곤란, 자궁하수, 빈혈, 자궁내막염, 피부습진, 하지통
③ 미용증: 하체비만, 전신비만, 습에 의한 비만, 복합성 피부

(11) 기문(基門)

기(基)는 곡식을 거르는 기구로서 이물질 제거, 문(門)은 출입구를 의미한다. 사기가 출입하는 곳인 동시에 사기를 제하는 혈로서 하지의 풍병을 치료할 수 있는 곳이다.

① 위치: 슬개 내측 상연에서 위로8촌 되며 박동이 촉지 되는 곳
② 주요 증상: 비뇨생식기 질환, 자궁염, 서혜부 통증, 요실금, 대퇴통증
③ 미용증: 허증, 습에 의한 비만

(12) 충문(衝門)

충(衝)은 충동, 돌진, 문(門)은 출입을 할 수 있는 곳이란 의미이다. 복부로 들어가는 비경의 대문으로 하복부의 역기(逆氣)가 상충하는 질환들이 일어나는 곳이다.

① 위치: 치골 상연에서 양 4촌으로 박동이 촉진되는 곳

② 주요 증상: 산통, 하복통, 탈장, 월경곤란, 치질, 고환염

③ 미용증: 하복부 경직

(13) 부사(府舍)

부(府)는 창고, 사(舍)는 살며 편안히 쉴 수 있는 곳, 집을 의미한다. 복부의 비경의 사기가 모이는 곳으로 복통의 급성증에 쓰인다.

① 위치: 배곱 아래 4촌 중극에서 양 옆4촌 아래 0.3촌 되는 곳

② 주요 증상: 변비, 하복통, 탈장, 월경곤란, 치칠, 복부팽창, 고환염

③ 미용증: 복부 비대

(14) 복결(腹結)

복(腹)은 복강, 배, 결(結)은 응취되는 것, 수렴을 의미한다. 복부의 응어리, 변비, 통증에 유효하다.

① 위치: 배곱 아래 1촌 음교에서 양 옆 4촌 아래 0.3촌 되는 곳

② 주요 증상: 배꼽주위통, 복통, 설사, 호흡곤란, 흉협통

③ 미용증: 변비로 인한 피부 트러블, 배가 단단할 때

(15) 대횡(大横)

대(大)는 큰 건, 장대한 것, 횡(横)은 종횡, 배꼽, 평행으로 일치함을 의미한다. 장대한 사람의 몸속, 배꼽 양쪽 큰 횡문 중에 있다는 뜻으로 장 활동을 조절한다.

① 위치: 배꼽 양 옆 4촌으로 유두와 수직이 되는 곳

② 주요 증상: 장염, 하복통, 위염, 위경련, 변비, 이질, 신경쇠약

③ 미용증: 변비로 인한 트러블, 허리비대

(16) 복애(腹哀)

복(腹)은 복강, 배, 부유함, 애(哀)는 애통함, 사랑, 보호하는 것으로 복강 내의 장과 위는 토기운이 있는 곳이므로 사랑하고 보호한다는 뜻이다.

① 위치: 배꼽 위 3촌의 건리에서 양 옆으로 4촌

② 주요 증상: 위경련, 배꼽 주위통, 변비, 이질
③ 미용증: 늑간 부위 융기, 상복부 비대

(17) 식두(食竇)

식(食)은 먹는 것, 기르는 것, 두(竇)는 구멍, 수도를 가리킨다. 아이가 먹을 것이 나오는 곳, 유즙의 길이라는 뜻이고 식도라는 의미도 있어 식도와 관련된 증상들을 치료할 수 있다.

① 위치: 제5, 6 늑골 사이로 전정중앙선에서 양 옆으로 6촌 되는 곳
② 주요 증상: 협심증, 늑간신경통, 횡격막통, 소화불량, 식적, 흉막염
③ 미용증: 흉부의 피부 이상

(18) 천계(天谿)

천(天)은 천기, 인체 상부, 계(谿)는 산에 흐르는 도랑을 의미한다. 천기는 폐를 통하고 폐기가 흐르고 통하는 장소라는 뜻이다.

① 위치: 제 4,5 늑골 사이로 전중앙선에서 양 옆 6촌 되는 곳
② 주요 증상: 흉부동통, 유통, 늑막염, 해수, 기관지염, 협심증
③ 미용증: 가슴 비대, 위축, 얼굴이 붉어질 때, 가슴 부위 피부 이상

(19) 흉향(胸鄕)

흉(胸)은 흉부, 향(鄕)은 갈비뼈 사이, 흉부의 광대뼈 사이를 의미한다.

① 위치: 제 3,4 늑골 사이로 전정중선에서 양 옆 6촌 되는 곳
② 주요 증상: 흉협통, 식도경련, 기관지염, 폐울혈, 불면, 구갈, 늑간신경통, 흉막염
③ 미용증: 가슴의 비대, 상부의 열증, 안면 예민 붉음

(20) 주영(周榮)

주(周)는 몸 전체 두루 분포하는 것, 영(榮)은 영화롭고 왕성하며 또 수곡의 정기를 가르친다. 비(脾)에 속하나 혈 아래애 폐가 있어 선, 후천의 기가 교회하며 영혈(榮血)을 전신에 퍼뜨린다는 뜻이다.

① 위치: 제 2,3 늑골 사이로 전정중앙선에 6촌 되는 곳
② 주요 증상: 늑간신경통, 흉염, 해수, 기관지염, 식도경련, 견통
③ 미용증: 가슴의 비대, 피부의 건조, 안면 예민

(21) 대포(大包)

대(大)는 광대한 것, 포(包)는 포용, 망라하는 것으로 선, 후천의 기에 의해 전신에 영양을 퍼뜨리는 것을 망라하는 곳이다.

① 위치: 제6, 7 늑골 사이로 액와 중심선 아래 6촌 되는 곳

② 주요 증상: 흉협통, 늑막염, 천식, 호흡곤란, 사지무력, 관절마목(關節麻木)

③ 미용증: 배가 단단할 때, 변비로 인한 피부 트러블

5. 수소음심경(手小陰心經)

극천-청령-소해-영도-통리-음극-신문-소부-소충

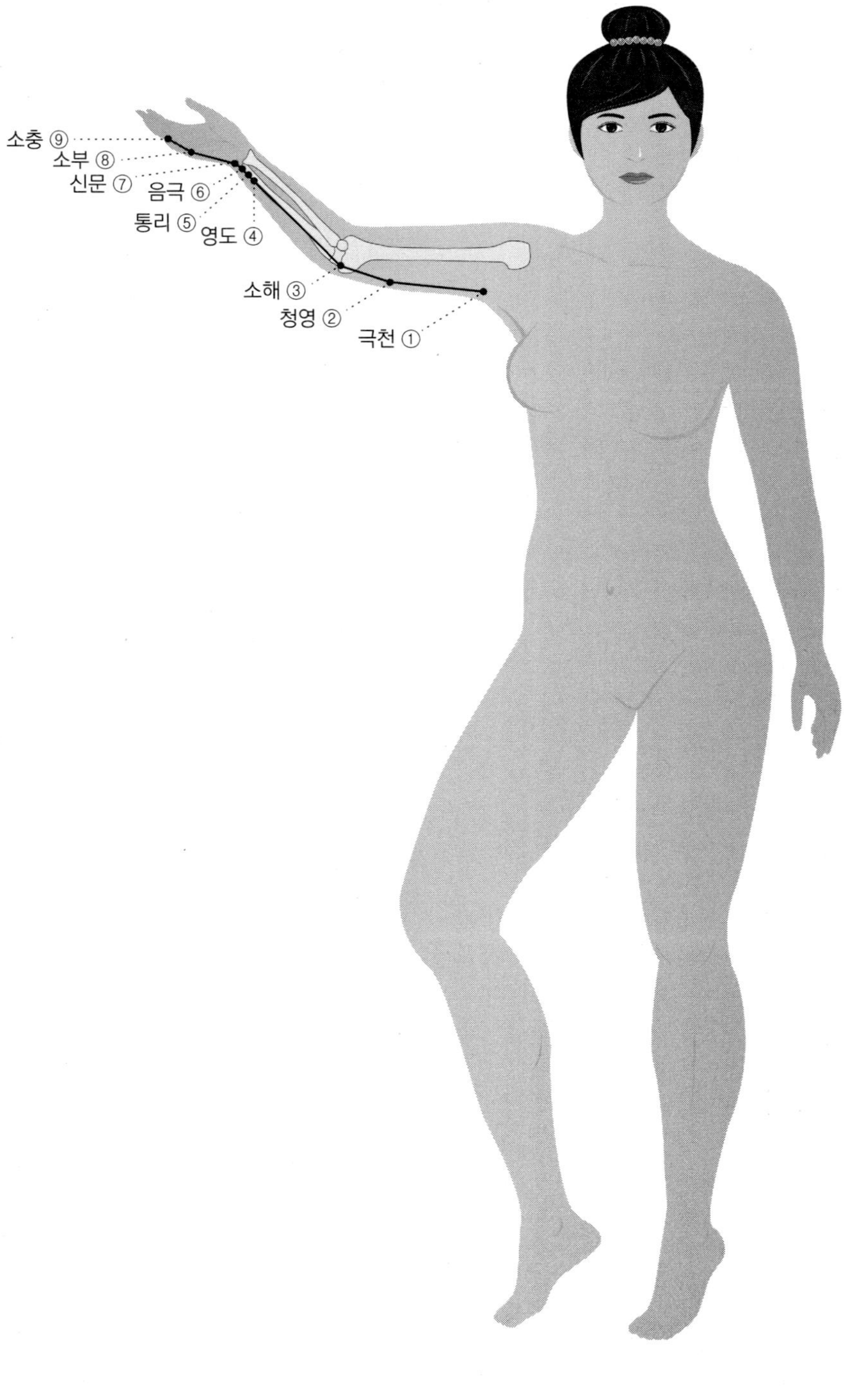

1) 심경의 기능

인체의 생명활동을 주관하며 일체의 정신활동과 사상의식에 관한 기능을 군주지관이라 하며 5장 6부의 전체적인 활동에 관여한다. 혈액순환 기능을 담당하기 때문에 혈액이 외부에 반영되는 현상과 변병에는 심장이 관계된다고 할 수 있다. 소장과는 표리관계에 있다. 혈맥과 신지(神志)를 주관하며 심주신지의 생리작용을 한다.

2) 순환경로

심(心)에서 시작하며 횡경막을 뚫고 내려가 소장에 이어진다. 한 경맥은 위로 올라가 인후를 거쳐 안구와 연결된 뇌로 이어진다. 한 경맥은 폐로 내려가 겨드랑이를 거쳐 내측 팔, 팔목으로 내려와 손바닥을 거쳐 새끼손가락에 끝에 이르러 수태양소장경과 만난다.

3) 미용적 증상과 병증

심장은 전신의 혈맥을 주관하고 전신을 순행하므로 안색의 변화는 기혈의 충족이 영향을 미친다. 혈맥을 통하지 않거나 혈액이 부족하면 얼굴이 어두워지거나 창백해진다. 신경쇠약, 불면, 정서불안 등의 정신질환을 치료 할 수 있다. 혈액순환 둔화가 오면 신진대사의 불균형으로 모낭의 각화 현상으로 여드름, 트러블이 생기고 열기가 오르며 이마나 얼굴 전체에 여드름이 발생하기 쉽다.

(1) 극천(極泉)

극(極)은 지극히 높다, 끝에 이르는 것, 천(泉)은 물의 원천을 의미하고 물이 급히 솟아나 급류와 같이 흘러가는 것으로 수소음심경의 시발점이 된다는 뜻이다.

① 위치: 겨드랑이 중심부 근육 사이 동맥이 박동하는 오목한 곳
② 주요 증상: 액취, 견관절염, 임파결핵, 협심통, 늑간동통, 우울증, 황달
③ 미용증: 여드름, 상완 내측 비대, 가슴 처짐

(2) 청령(青靈)

청(青)은 신선, 령(靈)은 심령을 의미하고 머리, 팔, 가슴, 심의 모든 질환과 정신을 다스리는 중요한 혈이다.

① 위치: 주관절 내측에서 위로 3촌 되는 곳
② 주요 증상: 완신경통, 완마비, 협통, 두통, 정신질환
③ 미용증: 상완 내측 비대, 가슴 늘어짐, 여드름

(3) 소해(少海)

소(少)는 수소음심경, 해(海)는 바다를 의미하고 심경의 합혈(合穴)이며, 물이 흘러 모여 맥기가 성하고 바다와 같다는 뜻이다.

① 위치: 주와부 전면 내측으로 박동이 촉지 되는 오목한 곳
② 주요 증상: 심통, 협심통, 정신분열증, 늑간신경통, 척골신경통, 주관절 주위 연부조직질환
③ 미용증: 신경성 여드름

(4) 영도(靈道)

영(靈)은 신령, 정신, 도(道)는 큰길, 통로를 의미하고 심의 기능을 전달하는 도로이며 정신병과 심장병에 효과적인 혈이다.

① 위치: 손목 횡문 내측 끝에서 위로 1촌 5푼 되는 곳
② 주요 증상: 정신신경질환, 공포, 불안, 고혈압, 저혈압, 척골신경통

(5) 통리(通里)

통(通)은 통과, 통달하는 것, 잘 통하는 것, 리(里)는 표리의 리와 같은 뜻으로 심장과 소장의 표리관계를 의미한다. 양쪽 경락을 잘 통하게 한다는 뜻이다.

① 위치: 손목 횡문 내측 끝에 위로 1촌 되는것
② 주요 증상: 신경쇠약, 신경성 심계항진, 공포, 히스테리, 졸도, 완관절통
③ 미용증: 팔 내측 비대, 미간 여드름

(6) 음극(陰郄)

음(飮)은 수소음심경, 극(郄)은 구멍의 통칭을 의미하고 수고음심경의 극혈로써 경맥의 기가 모이는 곳이다.

① 위치: 손목 횡문 내측 끝에서 위로 5푼 되는 곳
② 주요 증상: 신경쇠약, 심통, 심계항진, 두통
③ 미용증: 현기증, 코피, 협심증, 신경허약

(7) 신문(神門)

신(神)은 심신(心神), 인체의 양기, 문(門)은 출입하는 곳을 의미하고 심신, 인체의 양기가 출입하는 문이라는 뜻이다.

① 위치: 손목 횡문 내측 끝의 두상골 전면 오목한 곡

② 주요 증상: 신경쇠약, 건망, 정신질환, 심통, 황달

③ 미용증: 안면홍조, 상완 하안 비대, 안면 건조증

(8) 소부(少府)

소(少)는 적다, 부(府)는 문서를 보관하는 곳을 의미하고 심의 기가 모이는 곳이라는 뜻이다.

① 위치: 주먹을 쥐었을 때, 손바닥에 닿는 넷째, 다섯째 손가락 사이

② 주요 증상: 협심통, 발열, 부정맥, 소변불리

③ 미용증: 심계항진, 하초열, 신경성 여드름, 손에 땀날 때

(9) 소충(少衝)

소(少)는 적다, 새끼손가락, 충(衝)은 요충지를 의미하고 혈이 새끼손가락 끝의 요충지에 있고 수소음심경의 정혈로 경맥의 기는 소충에서 흘러나간다는 뜻이다.

① 위치: 다섯째 손가락 조갑각에서 넷째 손가락 쪽으로 1푼 되는 곳

② 주요 증상: 심통, 정신질환, 실신, 발열성 질환, 후두염

③ 미용증: 열성 여드름

6. 수태양소장경(手太陽小腸經)

소택-전곡-후계-완골-양곡-양로-지정-소해-견정-노유-천종-병풍-곡원-견외유-견중유-천창-천용-권료-청궁

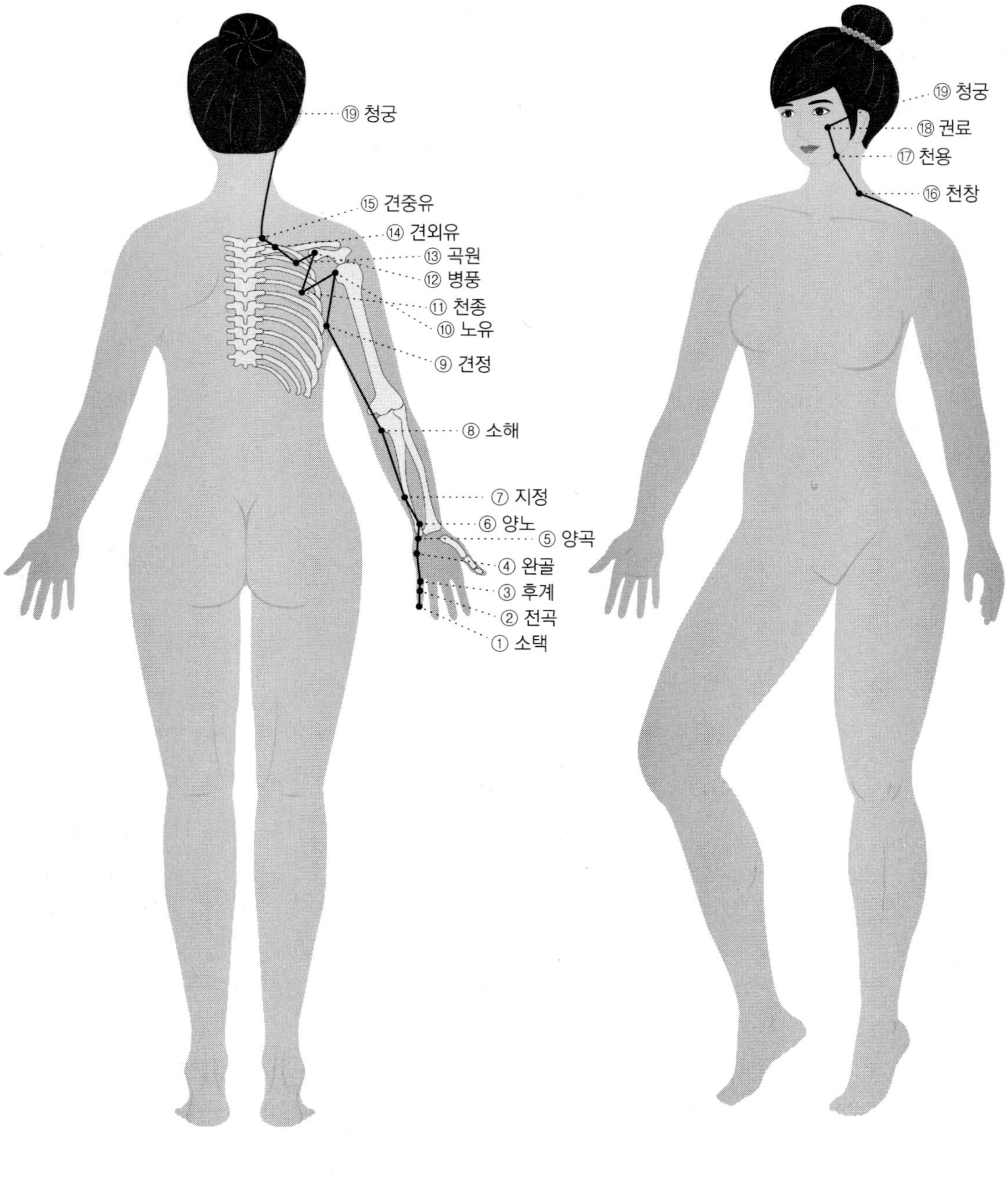

1) 소장경의 기능

심장과 서로 표리관계에 있어 정신을 조절하고 진액을 조정하다. 비위에서 소화된 음식물을 영기 위기로 바꿔주기 때문에 조혈작용의 기능도 한다. 인체에 필요한 영양소를 흡수하고 노폐물은 대장과 방광을 보내는 작용을 한다. 또한 경맥은 안면부를 지나가므로 경락미용에 있어서 안색을 좋게 하고 주름을 제거하는 매우 중요한 작용을 한다.

2) 순환경로

소장경은 새끼손가락의 끝인 소택혈에서 시작하여 손바깥쪽을 따라 팔목을 올라가서 요골 바깥쪽과 상박의 바깥쪽을 따라 올라가 견갑골에 이르고, 다시 견갑골을 두르고 결분으로 들어가 심장을 얽고 식도를 따라 횡경막을 뚫고 내려가 위를 지나 소장에 내속된다. 다른 한 가닥은 결분에서 목을 따라 뺨에 올라가 눈 바깥쪽에 이르고 귓속으로 들어간다. 또 다른 한 가닥은 뺨에서 갈라져 콧마루를 끼고 올라가 눈 안쪽에 이르고 권골에 도달한다.

3) 미용적 증상과 병증

체액을 조절하고 대, 소변의 기능을 담당하므로 변비와 설사의 문제나 목이 아프거나 편도선이 붓는 증상이 나타난다. 양 볼이 붉으며 목과 어깨 팔꿈치 통증을 일으킨다.

(1) 소택(少澤)

소(少)는 적다, 택(澤)은 윤택하다는 의미이고 소장경의 정혈이며 혈기가 가득 찬 물과 같이 윤택하고 혈이 손가락 끝마디에 광택이 있다는 뜻이다.

① 위치: 새끼손톱 아래 바깥쪽

② 주요 증상: 두통, 심장마비

③ 미용증: 열증에 의한 여드름, 흉부의 비대 또는 위축

(2) 전곡(前谷)

전(前)은 수의 상대 되는 것, 앞, 곡(谷)은 계곡이라는 의미이고 혈이 새끼손가락 외측, 본절 앞 오목한 곳에 있다는 뜻이다.

① 위치: 주먹을 잡으면 주름이 잡히는 아래 1촌 새끼손가락 쪽

② 주요 증상: 이명, 코 막힘증, 기침

③ 미용증: 피부건조, 수분부족

(3) 후계(後谿)

후(後)는 전과 상대되는 것, 계(谿)는 계곡이라는 의미로 혈이 새끼손가락 끝에 있고 경기의 흐름이 계곡이 이룬다는 뜻이다.

① 위치: 주먹을 쥐어 새끼손가락 마디가 접어진 곳
② 주요 증상: 정신분열증, 히스테리
③ 미용증: 신경성 여드름, 피부건조

(4) 완골(腕骨)

완(椀)은 손의 바깥쪽, 손목 관절 골(骨)은 골격을 의미하고 손목 앞에서 일어난 뼈를 뜻한다.

① 위치: 제 5 중수골이 시작되는 마디 아래
② 주요 증상: 손목관절염, 류머티즘, 두통, 팔이 아플 때
③ 미용증: 손목경직, 손떨림

(5) 양곡(陽谷)

양(陽)은 음양의 양, 곡(谷)은 계곡을 의미하고 척골두와 수근골의 사이에 계곡과 같은 형태로 위치한 혈이다.

① 위치: 척골두 아래 손목이 접어지는 부분
② 주요 증상: 이하선염, 열성질환, 이명
③ 미용증: 뺨에 여드름, 볼의 늘어짐

(6) 양로(養老)

양(養)은 봉양하는 것, 로(老)는 나이든 것, 늙은 것을 의미한다. 노년의 양기가 부족해서 오는 모든 질환에 효과와 장수에 도움을 주는 혈이라는 뜻이다. 노인병에 유효하다.

① 위치: 천골 경상골기의 정중으로 척측수근신근건(尺側手根伸筋) 하부
② 주요 증상: 견비통, 상지관절통, 후두통, 요통
③ 미용증: 어깨 부위 경직, 뾰루지, 여드름

(7) 지정(支正)

지(支)는 지탱하다, 정(正)은 전완의 가운데를 통과한다는 의미이고 경맥의 분지가 지정에서 나와 심경과 연결된다는 뜻이다.

① 위치: 척골 마디와 주두의 사이

② 주요 증상: 팔의 경련 및 통증, 피로, 머리 부분의 열증
③ 미용증: 닭살, 팔 외측의 비대

(8) 소해(小海)

소(小)는 작다, 해(海)는 냇물이 바다에 합한다는 의미로서 소장경의 기가 들어가는 곳이다. 수곡의 바다이며 소장경의 합혈이다.

① 위치: 주두 옆 척골 신경 사이
② 주요 증상: 오십견, 어깨와 팔꿈치의 경련, 척골신경통
③ 미용증: 팔 외측의 비대, 닭살

(9) 견정(肩貞)

견(肩)은 어깨, 정(貞)은 정기를 의미하고 혈이 어깨의 정기가 있는 곳에 있다는 뜻이다. 견통이나 오십견에 효과적인 혈로써 어깨를 바른 상태로 회복시켜 견관절의 기능을 강화하는 작용을 한다.

① 위치: 겨드랑이 줄기 끝나는 곳 위 1촌
② 주요 증상: 어깨의 통증, 오십견, 견관절 및 주위 연조직 질환
③ 미용증: 볼의 늘어짐, 뺨의 여드름

(10) 노유(臑俞)

노(臑)는 어깨 아래쪽의 살, 유(俞)는 안팎으로 통하는 혈이라는 의미이고 경맥의 기가 출입하는 곳이다. 이 혈은 견단의 후방으로 거골 아래 있으므로 노유라 하였다.

① 위치: 견정 위 수직선상의 견갑골 바깥쪽
② 주요 증상: 오십견, 어깨신경통, 후두통
③ 미용증: 어깨와 목의 경직, 어깨가 굳어질 때

(11) 천종(天宗)

천(天)은 하늘, 인체의 상부, 종(宗)은 높이고 우러른다는 의미이다.

코로 통해 천기와 통하므로 天은 폐를 나타낸다. 소장경의 기혈이 모이는 점으로 천종이라고 한다.

① 위치: 견갑골 가운데
② 주요 증상: 유선염, 팔이 잘 올라가지 않을 때
③ 미용증: 눈 부위의 문제, 가슴의 위축 또는 비대

(12) 병풍(秉風)

병(秉)은 받는다, 풍(風)은 풍사를 의미하고 풍사에 효과적인 경혈이다.

① 위치: 천종의 직상 견갑골 위

② 주요 증상: 오십견, 어깨의 통증

③ 미용증: 어깨근육 경직, 여드름

(13) 곡원(曲垣)

곡(曲)은 굽은 모양, 원(垣)은 짧은 담장으로 혈이 견갑골을 낮은 담장으로 하여 굽어지는 곳에 있다는 뜻이다.

① 위치: 견갑골 상연 내측 안

② 주요 증상: 오십견, 팔의 마비, 어깨통증

③ 미용증: 어깨 근육 뭉침, 상완의 비만 방지

(14) 견외유(肩外兪)

견(肩)은 어깨, 외(外)는 바깥을 의미한다.

① 위치: 곡원과 견중수의 중간

② 주요 증상: 어깨와 등의 통증, 팔꿈치 통증

③ 미용증: 어깨 경직, 턱 부위의 여드름

(15) 견중유(肩中兪)

견(肩)은 어깨, 중(中)은 가운데를 의미하고 혈이 견정과 대추혈의 중간에 위치한다.

① 위치: 제 7경추의 좌우 2촌

② 주요 증상: 어깨통증, 기관지염, 천식

③ 미용증: 어깨 경직, 턱 주변의 여드름

(16) 천창(天窓)

천(天)은 인체의 상부, 창(窓)은 창문을 의미한다. 귀 치료에 창을 들어다보고 치료한다는 뜻이다.

① 위치: 후두골 옆 3,5촌 흉쇄유돌근의 후연

② 주요 증상: 목이 아플 때, 치통, 이명, 어깨경련

③ 미용증: 목의 굵어짐, 볼 늘어짐, 얼굴 근육의 뭉침, 턱밑 여드름

(17) 천용(天容)

천(天)은 머리, 목 윗부분, 용(容)은 용모, 포장하다라는 의미이고 머리 부위의 증상들을 제거하는 혈이다.

① 위치: 천장 위에 귓밥선상

② 주요 증상: 편두통, 편도선염, 목신경통

③ 미용증: 얼굴의 열감, 얼굴의 리프팅 효과

(18) 권료(顴髎)

권(顴)은 광대뼈, 료(髎)는 관골을 의미하고 광대뼈 아래의 움푹 들어간 곳에 위치한다.

① 위치: 광대뼈 밑에 귓밥선상

② 주요 증상: 삼차신경통, 안면신경마비

③ 미용증: 안면주름, 얼굴 근육 뭉침

(19) 청궁(聽宮)

청(聽)은 듣다, 궁(宮)은 주거의 의미이고 귓바퀴 안쪽의 깊숙한 곳에 위치한다. 아주 중요한 혈이며 청각 회복에 효과가 있다.

① 위치: 귀젖 앞 입을 벌려 움푹 들어가는 곳

② 주요 증상: 귀울림, 중이염, 어지럼증

③ 미용증: 광대뼈 돌출 방지, 안면주름, 얼굴 측면 여드름

7. 족태양방광경(足太陽膀胱經)

정명-찬죽-미충-곡차-오처-승관-통천-낙각-옥침-천주-대저-풍문-폐수-궐음수-심수-독수-격수-간수-담수-비수-위수-삼초수-신수-기해수-대장수-관원수-소장수-방광수-중려수-백환수-상료-차료-중료-하료-회양-승부-은문-부극-위양-위중-부분-백호-고황-신당-의희-격관-혼문-양강-의사-위창-황문-지실-포황-질변-합양-승근-승산-비양-부양-곤륜-복삼-신맥-금문-경골-속골-족통곡-지음

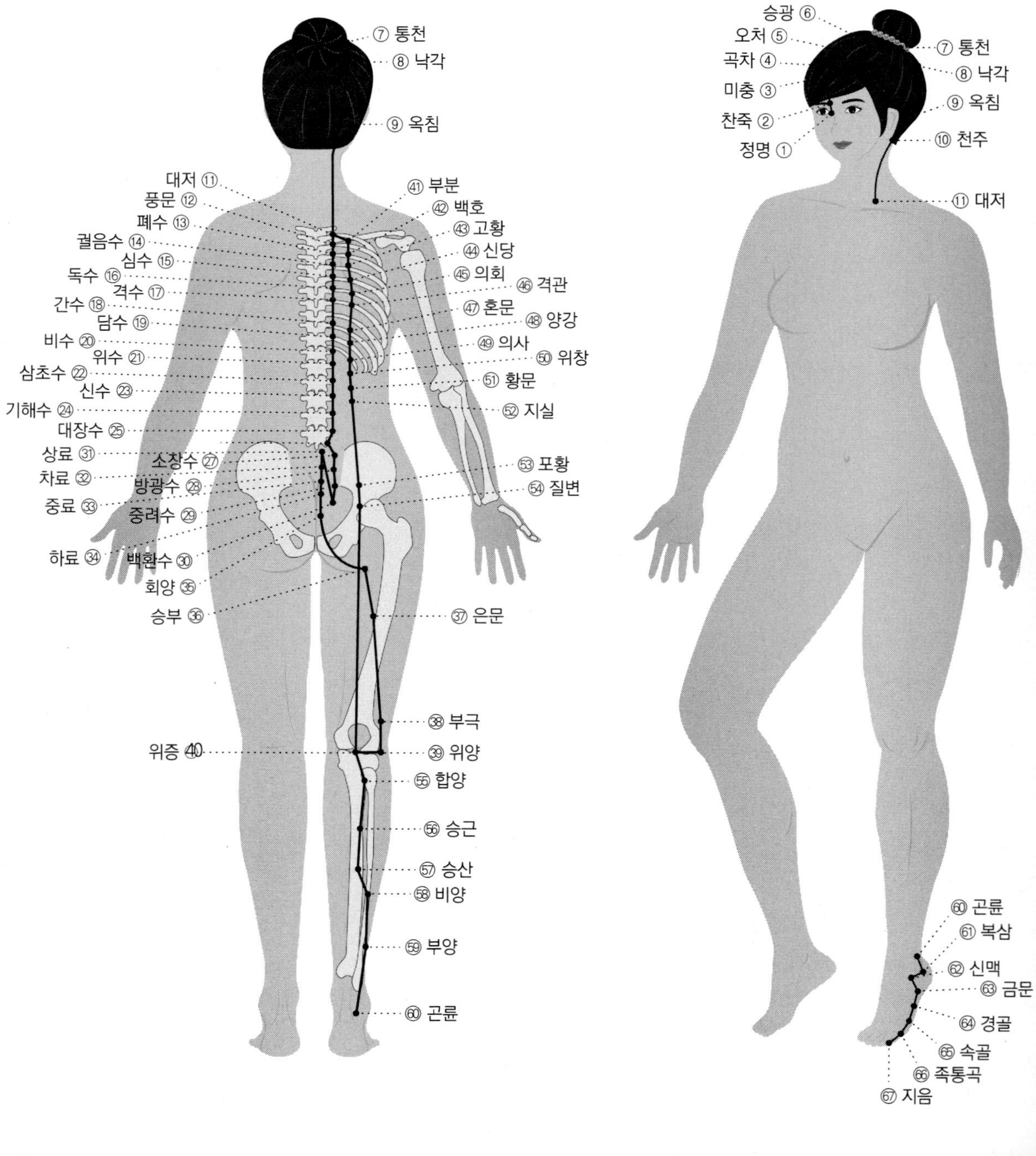

1) 방광경의 기능

방광경은 진액을 저장하며 소변을 주관하는데 신경은 대변과 소변을 동시에 주관하고 신장과 표리관계이다. 생리상에 있어서 진액이 소변으로 변할 수 있는 것은 주로 신장의 기화하는 힘에 의존하는 것으로 소변이 나오지 않거나 혹은 잘 통하지 않을 때는 신장을 먼저 치료하고 방광을 치료한다.

2) 순환경로

눈앞 머리의 정명에서 시작하여 두정부, 척추를 따라 다리 뒤편으로 내려가 다섯 번째 발가락 지음으로 흐른다.

3) 미용적 증상과 병증

두통이 나면서 눈이 빠지는 것 같고 뒷목과 등골뼈가 아프고 허리가 부러지듯이 통증이 난다. 고관절과 슬관절을 굽히기 힘들고 오금이 죄듯이 아프거나 장딴지가 아프다. 비만이나 소화기 및 내분비계의 이상, 체질허약, 월경불순, 주근깨, 과민성 피부가 나타난다.

(1) 정명(睛明)

정(睛)은 눈동자, 명(明)은 밝은 것을 의미하고 눈병을 치료하는 중요한 혈로 눈을 밝고 잘 보이게 한다.

① 위치: 내안각에서 비근 쪽으로 0.1촌 되는 오목한 곳
② 주요 증상: 시력약화, 조기 백내장, 안구출혈, 결막염, 외사시, 시신경 위축, 야맹, 색맹, 안검경련
③ 미용증: 눈가의 주름 완화, 눈을 맑게, 눈이 부었을 때

(2) 찬죽(攢竹)

찬(攢)은 모으는 것, 죽(竹)은 대나무 잎을 의미하는데 눈썹을 의미하므로 눈썹 머리가 시작되는 곳이다.

① 위치: 눈썹 내측 끝의 오목한 곳
② 주요 증상: 안구통, 내사시, 안면신경통, 두통, 비염, 축농증, 이명
③ 미용증: 눈가의 주름 완화, 눈이 부었을 때, 눈 떨림

(3) 미충(眉衝)

미(眉)는 눈썹의 안쪽 끝, 충(衝)은 요충 및 위로 향한다는 뜻으로 혈이 눈썹 안쪽 끝에서 곧게 위로 올라가 있어서 바로 이마의 요충지에 해당한다.

① 위치: 눈썹의 내측 끝에서 직상으로 전발제에서 0.5촌 되는 곳

② 주요 증상: 두통, 비염, 비출혈, 축농증

③ 미용증: 눈의 주름, 입이 마를 때

(4) 곡차(曲差)

곡(曲)은 굽은 모양, 차(差)는 어긋남을 의미한다. 혈이 경맥의 가지런하지 않고 구부러진 곳에 있음을 뜻한다.

① 위치: 두부 정중앙선에 있는 선정의 양 옆 1.5촌 되는 곳

② 주요 증상: 두통, 눈병, 비색, 비염, 안면신경통

③ 미용증: 알레르기성 피부변이, 입술 마름, 콧속의 마름

(5) 오처(五處)

오(五)는 숫자, 다섯 번째, 다섯 개의 별, 처(處)는 거처하는 것을 의미한다.

① 위치: 곡차의 1촌 후방

② 주요 증상: 두통, 비염, 견통

③ 미용증: 안면의 붉어짐, 눈이 혼탁할 때

(6) 승광(承光)

승(承)은 이어받는 것, 받드는 것, 광(光)은 광명을 의미한다. 시력이 떨어지고 머리가 묵직할 때 사용한다.

① 위치: 두부 정중선에 있는 신정 양 옆 1.5촌 전발제에서 2.5촌 들어간 곳

② 주요 증상: 두통, 비염, 각막염, 구토

③ 미용증: 눈이 맑지 못할 때, 안색이 창백할 때

(7) 통천(通天)

통(通)은 통하다, 꿰뚫고 지나가다, 천(天)은 천기를 가리키는 폐기를 개통시킬 수 있는 곳이라는 뜻이다.

① 위치: 두정부의 백회 양 옆 1.5촌 되는 곳

② 주요 증상: 두통, 비염, 비색, 비출혈, 안면신경통, 시력감퇴, 천식, 구안와사

③ 미용증: 모발 윤기, 피부 윤택

(8) 낙각(落却)

낙(落)은 연결, 묶는 것, 각(却)은 물러나다를 의미한다. 방광경에서 갈라져 본경으로 돌아간다는 뜻이다.

① 위치: 후두부 정중앙선에 있는 후정 양 옆 1.5촌 되는 곳

② 주요 증상: 후두통, 이명, 백내장, 녹내장, 안면신경마비, 구토

③ 미용증: 안면 근육 이상, 목의 문제

(9) 옥침(玉枕)

옥(玉)은 귀중한 것, 구슬, 침(枕)은 침골(枕骨)로 침골의 견고한 마디 옆에 있어 잘 때 베게에 닿는 곳이라는 뜻이다. 보석과 같이 중요한 혈이라는 의미이다.

① 위치: 후두부 정중선에 있는 뇌호 양 옆1.3 촌 되는 곳

② 주요 증상: 후두통, 구토, 한열, 목통(目痛)

③ 미용증: 땀이 많을 때, 눈이 빠질 듯한 느낌, 안면근육경직

(10) 천주(天柱)

천(天)은 머리 부위, 주(柱)는 대들보를 받치는 기둥을 의미하는데 머리를 받치고 있는 혈이라는 뜻이다, 하늘을 지탱하는 기둥처럼 머리를 받치고 있으므로 천주라고 한다.

① 위치: 후발제 위 0.5촌에 있는 아문 옆 1.5푼 되는 곳

② 주요 증상: 안마하면 정신이 상쾌해지며 기억력을 증가시킨다.

③ 미용증: 어깨 근육의 경직, 코가 마를 때, 입술이 마를 때, 신경성 여드름

(11) 대저(大杼)

대(大)는 거대함, 저(杼)는 베를 짜는 베틀의 북, 물통을 의미한다. 척추 옆은 근육이 거대하고 베틀북과 물통의 형상을 갖추고 있다는 뜻이다.

① 위치: 제 1흉추 극돌기 바로 아래에서 옆1.5촌 되는 곳

② 주요 증상: 두통, 견배통, 기관지염

③ 미용증: 볼부위 붉어짐, 목이 부을 때

(12) 풍문(風門)

풍(風)은 풍사(風邪)를 가리키고 문(門)은 출입을 통달하는 기능으로 폐기(肺氣)가 출입하며 풍사가 침입하는 문으로 풍과 기를 치료할 때 사용한다.

① 위치: 제 2흉추 극돌기 바로 아래에서 옆으로 1.5촌
② 주요 증상: 유행성 감기, 기관지염, 해수, 발열, 폐염, 두통, 비염, 견배통, 중풍
③ 미용증: 승모근 경직

(13) 폐수(肺兪)

폐(肺)는 폐장(肺腸), 수(兪)는 안팎으로 통하는 혈을 의미한다. 안으로 폐장과 통하며 폐에 있는 사(邪)를 치료하므로 폐수라고 한다.
① 위치: 제 3흉추 극돌기 아래에서 양 옆 1.5촌 되는 곳
② 주요 증상: 폐염, 폐결핵, 해수, 천식, 기관지염, 호흡곤란, 설사, 구토
③ 미용증: 예민성 여드름, 피부염, 볼부위 모세혈관 확장, 가슴선 정리

(14) 궐음수(厥陰兪)

궐음(厥陰)은 심포락, 음기가 지극한 것, 수(兪)는 안팎으로 통하는 혈로 혈의 순환이 좋지 않는 음의 증상에 쓰인다.
① 위치: 제 4흉추 극돌기 아래에서 양 옆 1.5촌 되는 곳
② 주요 증상: 심통, 부정맥, 흉만, 늑간신경통, 해수, 구토, 전간, 치통
③ 미용증: 가슴을 아름답게, 신체상부 비대

(15) 심수(心兪)

심(心)은 심장, 수(兪)는 안팎으로 통하는 혈로서 심장의 사기가 출입하는 곳이다.
① 위치: 제 5흉추 극돌기 아래에서 양 옆 1.5촌 되는 곳
② 주요 증상: 심통, 부정맥, 건망증, 신경쇠약, 정신분열증, 전간, 불안, 반신불수
③ 미용증: 가슴을 아름답게, 땀이 많이 날 때, 스트레스성 여드름

(16) 독수(督兪)

독(督)은 바르게 감독하고 인솔, 가운데에 있는 것, 독맥과 척추는 인체 가운데에 있고 척주로 통하는 모든 양을 관리할 수 있으며 등에 있는 배수혈의 우두머리이다.
① 위치: 제 6흉추 극돌기 아래에서 양 옆 1.5촌 되는 것
② 주요 증상: 발열오한, 심통, 늑간신경통 장염, 위염, 복통, 신경쇠약, 요통
③ 미용증: 머리 탈모, 피부 소양증, 알레르기성 피부변이

(17) 격수(膈兪)

격(膈)은 횡격막, 수(兪)는 안팎으로 통한다는 의미이다.

① 위치: 제 7흉추 극돌기 아래에서 양 옆 1.5촌 되는 곳

② 주요 증상: 위염, 횡격막경련, 식도마비, 구토, 기관지염, 천식, 출혈성 질환, 빈혈

③ 미용증: 노화방지

(18) 간수(肝兪)

간(肝)은 간(肝), 목(木), 줄기, 수(兪)는 안팎으로 통하는 혈로서 간의 사기가 주입되는 곳으로 정신과 정서를 주관한다.

① 위치: 제 9흉추 극돌기 아래에서 양 옆 1.5촌 되는 곳

② 주요 증상: 간병, 급·만성 간염, 황달, 두통, 늑간신경통, 야맹증, 신경쇠약, 불면

③ 미용증: 여드름, 기미, 모공확장, 노화방지

(19) 담수(膽兪)

담은 담(膽), 수는 안팎으로 통하는 혈로서 안으로는 담과 통한다.

① 위치: 제10흉추 아래에서 양 옆 1.5촌 되는 곳

② 주요 증상: 담낭염, 간염, 늑막염, 황달, 흉협통, 소화장애, 변비, 두통, 위염

③ 미용증: 기미, 과잉피지. 피부탄력저하

(20) 비수(脾兪)

비(脾)는 비장(脾場), 수(兪)는 안팎으로 통하는 혈, 이 혈은 비장과 통하여 정(精)을 축척하고 기를 받아 위의 소화 작용을 돕는다.

① 위치: 제 11흉추 극돌기 아래에서 양 옆 1.5촌 되는 곳

② 주요 증상: 소화불량, 위궤양, 위하수, 비위허약, 복수, 부종, 황달, 당뇨병, 출혈성 질환

③ 미용증: 비만, 엉덩이 처짐, 여드름. 상복부 비대, 허벅지 비대

(21) 위수(胃兪)

위는 위장(胃場), 둘러싸는 것, 맡기는 것, 위경의 기가 흘러 드는 곳을 위로 질환을 치료하는 혈로 위의 화기(化氣)작용으로 조절한다.

① 위치: 제 12흉추 극돌기 아래에서 양 옆 1.5촌 되는 곳

② 주요 증상: 위염, 위경련, 위하수, 식욕부진, 소화불량, 장염, 구토, 호흡곤란

③ 미용증: 복부 비만, 복합성 피부, 허벅지 비만

(22) 삼초수(三焦兪)

삼초(三焦)는 흉복강, 상, 중, 하의 세부분, 수(兪)는 안팎으로 통한다는 의미이다. 삼초는 인체의 열에너지를 주관하는 곳이므로 삼초에 기가 들어가는 곳이다.

① 위치: 제 1요추 극돌기 아래에서 양 옆1.5촌 되는 곳

② 주요 증상: 장경련, 위염, 구토, 소화불량, 야뇨증, 복수, 소변불리, 설사

③ 미용증: 피부 윤택, 노화방지, 여드름, 전신비만, 기미, 모발 윤택

(23) 신수(腎兪)

신(腎)은 신장(腎腸) 수(兪)는 안팎으로 통하는 혈로서 안으로는 신장과 통하고 정을 저장하는 중요한 곳으로 물을 끌어당기는 집이다(신장질환효과).

① 위치: 제 2요추 극돌기 아래에서 양옆으로 1.5촌 되는 곳

② 주요 증상: 신장염, 신허요통, 조루, 소변탁, 혈뇨, 대하, 방광경련, 이명

③ 미용증: 비만, 엉덩이 처짐, 여드름, 기미, 모발 윤택

(24) 기해수(氣海兪)

기(氣)는 하초의 원기, 해(海)는 대단히 많음, 안으로 배꼽 아래의 황원(肓原)에 응하고 하초의 원기를 흡수하고 내놓는다.

① 위치: 제 3요추 극돌기 아래에서 양 옆 1.5촌 되는 곳

② 주요 증상: 요통, 장 경련, 변비, 치루, 고혈압, 임질, 하지마비

③ 미용증: 아랫배 비대, 변비, 턱 부위 여드름

(25) 대장수(大腸兪)

대장(大腸)은 대장, 뻗어나가는 것, 수(兪)는 안팎으로 통하는 혈로 안으로는 대장과 통하고 위기(胃氣)를 소통시켜 찌꺼기를 제거한다.

① 위치: 제 4요추 극돌기 아래에서 양 옆 1.5촌 되는 곳

② 주요 증상: 장염, 장출혈, 장경련, 복통, 설사, 요통, 좌골신경통, 요실금

③ 미용증: 하복부 비대, 노화방지, 허리선 아름답게

(26) 관원수(關元兪)

임맥의 관원과 서로 응하면서 배유혈이 되므로 관원유라고 하며 원기와 관련이 있는 병에 사용된다.

① 위치: 제5요추 극돌기 아래에서 양 옆 1.5촌 되는 곳

② 주요 증상: 장염, 변비, 설사, 치핵, 배뇨장애, 자궁질환, 야뇨증, 신경쇠약, 당뇨병, 불면, 요통
③ 미용증: 엉덩이 처짐, 피부 무력감, 피부 윤기 저하

(27) 소장수(小腸兪)

소장(小腸)은 소장, 유(兪)는 안팎으로 통하는 혈을 의미한다(소장경의 기가 모이는 곳).

① 위치: 제 1천추 극돌기 아래에서 양 옆으로 1.5촌
② 주요 증상: 이질, 급성장염, 장경련, 혈뇨, 자궁내막염, 소갈, 소변불리
③ 미용증: 엉덩이 처짐, 턱선의 여드름, 하복부 비대

(28) 방광유(膀胱兪)

방광(膀胱)은 방광, 유(兪)는 안팎으로 통하는 혈을 의미하고 방광과 통하며 저장하고 물길을 터준다. 방광과 관련된 병에 사용하는 혈이다.

① 위치: 제 2천추 극돌기 아래에서 양 옆으로 1.5촌
② 주요 증상: 방광염, 당뇨병, 장염, 자궁내막염, 좌골신경통, 비뇨생식기계질환
③ 미용증: 턱주위 여드름, 셀룰라이트성 비만

(29) 중려수(中膂兪)

중(中)은 몸 가운데, 려(膂)는 등에 있는 척추, 수(兪)는 안팎으로 통하는 혈을 의미한다.

① 위치: 제 3천추 극돌기 아래에서 양 옆 1.5촌 되는 것
② 주요 증상: 요통, 좌골신경통, 복통, 신허소갈
③ 미용증: 하복부 비대, 턱선의 불균형

(30) 백환수(白環兪)

백(白)은 흰색, 금기(金氣), 환(環)은 둥근 것, 수(兪)는 안팎으로 통한다는 의미이다. 백환은 항문, 둔부로 백환수는 항문과 둔부의 혈을 뜻한다(인체의 성(性)을 저장하는 곳을 말함).

① 위치: 제 4천추 극돌기 아래에서 1.5촌 되는 곳
② 주요 증상: 좌골신경통, 직장경련, 항문근경련, 배뇨장애, 월경부조, 정신불안
③ 미용증: 힙선의 처짐, 모공확장, 피부의 노화

(31) 상료(上髎)

상(上)은 상, 중, 하 하는 혈위의 배열 순서이고 료(髎)는 굴을 의미한다. 혈이 천골의 구멍(천골공) 중에 있어 위에 있는 것은 상료, 다음은 차료, 중료, 하료 순이다. 좌우 여덟 혈이며 합해서 팔료라고 한다.

① 위치: 제 1천골 중

② 주요 증상: 요통, 좌골신경통, 대하, 월경부조, 골반염, 대소변 불리, 불임증

③ 미용증: 하복부 처짐, 호르몬의 불균형성 미용변이, 피부노화, 기미

(32) 차료(次髎)

이 혈은 선골공(仙骨孔)의 두 번째에 있으므로 차료라 하였다.

① 위치: 제 2천골 공

② 주요 증상: 요통, 좌골신경통, 월경부조, 고환염, 난소염, 자궁내막염, 반신불수

③ 미용증: 하복부 처짐, 피부노화, 기미

(33) 중료(中髎)

① 위치: 제 3천골 공

② 주요 증상: 요통, 좌골신경통, 대하, 월경부조, 변비, 대소변 불리, 불임증

③ 미용증: 하복부 처짐, 피부노화, 기미

(34) 하료(下髎)

천골의 맨 아래에 있으므로 하료라 하였다.

① 위치: 제 4천골 공에 있다.

② 주요 증상: 요통, 좌골신경통, 고환염, 자궁내막염, 난소염, 월경통, 하복통

③ 미용증: 엉덩이 처짐, 아토피성 피부열

(35) 회양(會陽)

회(會)는 만나고 교회하는 것, 양(陽)은 양경맥, 양기를 의미하는 것으로, 양경 중에서 중요한 경락이 이곳에 모인다(족태양과 독맥이 만나는 곳).

① 위치: 제 5천골 아래에서 양 옆 0.5촌

② 주요 증상: 치질, 대하, 임질, 음부한습소양

③ 미용증: 엉덩이 처짐, 하부의 근육 이완, 습성 피부문제

(36) 승부(承扶)

승(承)은 이어 받는 것, 부(扶)는 붙드는 것을 의미하고 인체를 지탱하는 것과 하지의 풍병을 치료하는 것을 담당한다는 뜻이다.

① 위치: 대퇴 후면으로 대둔근 하구 횡문의 중앙

② 주요 증상: 요통, 좌골신경통, 치질, 변비, 소변불리, 음경병, 직장병, 하지 운동마비

③ 미용증: 엉덩이 처짐 방지, 발의 부종, 종아리가 부을 때, 허벅지 비대

(37) 은문(殷門)

은(殷)은 풍성함, 문(門)은 출입과 관리를 의미하고 혈이 대퇴부의 살 많은 곳 한가운데에 있음을 뜻한다.

① 위치: 대퇴 후면 가운데로 승부 아래 6촌 되는 곳

② 주요 증상: 요통, 좌골신경통, 치질, 경련, 소아마비 휴유증, 하지 운동 마비

③ 미용증: 엉덩이 처짐 방지, 발의 부종, 종아리가 부을 때, 허벅지 비대

(38) 부극(浮郄)

부(浮)는 초과하다, 물 위에 뜨는 것, 극(郄)은 틈을 의미한다. 혈의 효능이 많고 흘러 넘치는 것이라는 뜻이다.

① 위치: 슬와횡문 외측 끝의 외양에서 1촌 되는 곳

② 주요 증상: 둔부마비, 장경련, 장염, 관절염, 고관절염, 하지마비

(39) 위양(委陽)

위(委)는 구부러진 모양, 양(陽)은 바깥쪽을 의미한다. 오금 중앙에 있는 위중의 외측에 있다는 뜻이다.

① 위치: 슬와횡문 외측 끝으로 두 근육 사이에 있다,

② 주요 증상: 비복근 경련, 슬와통, 슬부굴신불리, 신장염, 방광염, 소변불리

③ 미용증: 하복부가 단단할 때, 종아리 비대

(40) 위중(委中)

위(委)는 구부리는 모양, 중(中)은 중간을 의미한다. 슬관절의 굽은 곳 가운데에 있다는 뜻이다.

① 위치: 슬와 횡문의 중앙으로 박동을 촉지 되는 곳

② 주요 증상: 요배통, 슬통, 하지통, 통풍, 방광염, 배뇨장애, 토사

③ 미용증: 종아리 비대, 오금 부위 경직, 비복근 팽대, 팔 다리를 아름답게, 비만

(41) 부분(附分)

부(附)는 의지하는 것, 부속되는 것, 분(分)은 분별하는 것, 갈라져 가는 것을 의미한다. 족태양방광경이 서로 의지하는 안팎의 두 갈래가 갈라져 내려간다는 뜻이다.

① 위치: 제 2흉추 극돌기 아래에서 양 옆 3촌 되는 곳

② 주요 증상: 견배구급, 견갑신경통, 상완신경통, 늑간신경통

③ 미용증: 대추부위경직

(42) 백호(魄戶)

백(魄)은 정신, 혼, 호(戶)는 문, 거주지의 출입구를 보호하는 곳을 의미한다.

① 위치: 제 3흉추 극돌기 아래에서 양 옆 3촌 되는 곳

② 주요 증상: 폐결핵, 기관지염, 천식, 해수, 견배통, 발열, 구토

③ 미용증: 피부예민, 모세혈관확장

(43) 고황(高肓)

심(心)은 아래, 횡격막 위의 지막(脂膜)을 가리킨다. 안으로 심(心)과 횡격막 사이의 지막과 응하므로 사기와 정기가 이로부터 출입하고 전달한다(천식과 기침에 효과적).

① 위치: 제 4흉추 극돌기 아래에서 양 옆 3촌 되는 오목한 곳

② 주요 증상: 폐결핵, 기관지염, 흉막염, 해수, 무월경, 신경쇠약, 불안, 건망증

③ 미용증: 근육노화방지

(44) 신당(神堂)

신(神)은 정신, 신령, 당(堂)은 넓고 큰방을 의미한다.

① 위치: 제 5흉추 극돌기 아래에서 양 옆 3촌 되는 오목한 곳

② 주요 증상: 협심통, 정신질환, 해수, 기관지염, 호흡곤란, 심장병, 발열오한

③ 미용증: 여드름

(45) 의희(譩譆)

의(譩)는 다쳐서 아플 때, 희(譆)는 한숨, 감탄의 소리를 의미한다. 누르거나 취혈할 때 아파하는 소리를 낸다는 뜻이다.

① 위치: 제 6흉추 극돌기 아래에서 양 옆 3촌 되는 오목한 곳

② 주요 증상: 흉배통, 호흡곤란, 상완신경통, 구토, 식욕부진, 실신

(46) 격관(膈關)

격(膈)은 횡격막, 관(關)은 관문을 의미한다(횡격막에서 생긴 증상을 완화하는 곳).

① 위치: 제 6흉추 극돌기 아래에서 양 옆 3촌 되는 오목한 곳

② 주요 증상: 소화불량, 구토, 장염, 위출혈, 늑간신경통

(47) 혼문(魂門)

혼(魂)은 정신, 양기의 정미로운 것, 문(門)은 출입하고 보호하는 것을 의미하고 혼을 간직하고 있는 간의 양을 지니고 있다는 뜻이다.

① 위치: 제 9흉추 극돌기 아래에서 양 옆 3촌 되는 곳

② 주요 증상: 흉협통, 기절, 소화장애, 구토, 설사, 위경련, 식도경련

③ 미용증: 우측늑골 하단의 비대, 기미

(48) 양강(陽綱)

양(陽)은 소양(少陽), 강(綱)은 신장(伸長)의 의미로 간담이 의지하고 도우며 혈의 기를 신장시킬 수 있다는 뜻이다.

① 위치: 제 10흉추 극돌기 아래에서 양 옆3촌 되는 곳

② 주요 증상: 간염, 담낭염, 황달, 위염, 배뇨장애

③ 미용증: 우측늑골 하단의 비대

(49) 의사(意舍)

의사(意舍)는 생각을 나타내므로 오행으로 토(土)에 속하므로 비(脾)의 기운이 있는 곳이다.

① 위치: 제 11흉추 극돌기 아래 외측 3촌

② 주요 증상: 위통, 간염, 위경련, 소화불량

③ 미용증: 상복부 비대, 대퇴부 비대

(50) 위창(胃倉)

위창은 위기(胃氣)의 창고라는 뜻으로 위의 증세를 치료하는 혈이다.

① 위치: 제 12흉추 극돌기 아래의 외측 3촌

② 주요 증상: 구토, 위경련, 위염

③ 미용증: 허벅지 비대, 상복부 비만

(51) 황문(肓門)

황문(肓門)은 횡격막이 출입하는 곳을 뜻한다.

① 위치: 제 1요추 극돌기 아래에서 양 옆 3촌되는 오목한 곳

② 주요 증상: 변비, 위경련, 상복통

③ 미용증: 허리비대, 피부노화, 피부착색

(52) 지실(志室)

지(志)는 마음, 의지, 신의 정기, 실(室)은 거처, 충실함을 가리킨다. 정기가 약화되고 몸에 긴장감을 없을 때, 즉 신허(腎虛)의 문제일 때 사용한다.

① 위치: 제 2요추 극돌기 아래에서 양 옆으로 3촌 되는 오목한 곳

② 주요 증상: 신장염, 전립선염, 소변불리, 소화장애

③ 미용증: 허리가 굵어짐, 피부노화, 색소 침착

(53) 포황(胞肓)

포(胞)는 자궁, 방광, 황(肓)은 막을 의미한다. 자궁과 방광질환에 유효하다.

① 위치: 제 2천추 극돌기 아래에서 양 옆 3촌 되는 오목한 곳

② 주요 증상: 자궁염, 고환염, 전립선염, 방광염, 요배통, 복창, 복통, 변비

③ 미용증: 둔부의 닭살, 둔부의 색소침착

(54) 질변(秩邊)

질(秩)은 질서, 가지런함, 변(邊)은 가장자리, 변장을 의미한다. 혈의 위치가 등 부위, 질서정연한 혈들의 가장 자리에 있다는 뜻이다.

① 위치: 제 3천추 극돌기 아래에서 양 옆 3촌되는 오목한 곳

② 주요 증상: 요통, 좌골신경통, 천골통, 소변불리, 치질, 생식질환, 정신쇠약

③ 미용증: 둔부의 닭살, 둔부의 색소침착

(55) 합양(合陽)

합(合)은 회합, 양(陽)은 족태양방광경을 의미한다. 족태양방광경의 좌우측으로 나뉘어지는 두 갈래 길이 합쳐진다는 것을 뜻한다.

① 위치: 슬와 횡문 중앙에서 아래로 2촌

② 주요 증상: 요통, 대하, 비복근 경련, 간질, 산통

③ 미용증: 종아리 비대, 다리 순환저하, 발목비대

(56) 승근(承筋)

승(承)은 받들다, 근(筋)은 근육, 전신의 근육 무게를 지탱하는 곳이다.

① 위치: 합양과 승산 사이의 1/2 지점

② 주요 증상: 근경련, 요통, 하퇴통, 하지마비

③ 미용증: 비만, 근육노화, 종아리 근육의 비대

(57) 승산(承山)

승(承)은 맞이하고 돕는 것, 산은 인체의 높고 무거움을 의미한다. 인체는 높고 크고 침중한 것이 산과 같은데 종아리 근육이 인체를 받드는 작용을 한다. 혈이 종아리 근육 사이에 있고 몸을 펴서 똑바로 서면 근육이 더욱 뚜렷해진다.

① 위치: 슬와횡문 중앙에서 아래로 8촌

② 주요 증상: 각기, 비복근 경련, 좌골신경통, 치질, 요통

③ 미용증: 근육 노화 방지, 비만 방지, 종아리 아름답게

(58) 비양(飛揚)

비양(飛揚)은 날아오는 것을 의미한다.

① 위치: 외측 복사뼈 위 7촌 되는 곳

② 주요 증상: 두통, 요통, 좌골신경통, 하지마비, 치질, 변비

③ 미용증: 근육노화방지, 종아리 아름답게

(59) 부양(跗陽)

부(跗)는 발등, 양(陽)은 위쪽을 의미하고 발전체의 병에 유효하다.

① 위치: 곤륜 직상 3촌

② 주요 증상: 요부, 하지의 동통, 하지마비

③ 미용증: 근육노화 방지

(60) 곤륜(崑崙)

곤륜(崑崙)은 높은 산, 언덕을 의미하는데 높고 큰 외측 복사뼈 뒤쪽 가장자리에 위치하고 있기 때문이다.

① 위치: 외측 복사뼈 0.5촌 되는 오목한 곳

② 주요 증상: 요통, 좌골신경통, 하지탄탄, 슬관절염, 후두통, 고혈압, 천식, 안통

③ 미용증: 부종에 의한 발목 비대, 팔 다리를 아름답게

(61) 복삼(濮蔘)

복(濮)은 복종하는 것, 삼(蔘)은 셋, 참배를 가리킨다.

① 위치: 종골 외측 하방의 오목한 곳

② 주요 증상: 족과통, 팔꿈치 통증, 요통, 비복근 경련, 하퇴염, 하지마비, 정신병

(62) 신맥(申脈)

신(申)은 펴는 것, 맥(脈)은 경맥을 의미한다.

① 위치: 외측 복사뼈 하연의 오목한 곳

② 주요 증상: 두통, 신경통 두통, 고혈압, 좌골신경통, 정신분열증

③ 미용증: 발목 부종, 발목 비대, 엉덩이 처짐

(63) 금문(金門)

금(金)은 귀중한 것, 문(門)은 사기가 출입하는 곳을 의미한다. 방광의 사기를 제거하고 급성 증상을 다스리는 혈이다.

① 위치: 외측 복사뼈 전하방 오목한 곳

② 주요 증상: 두통, 이명, 난청, 슬관절염, 하복통, 족저통

③ 미용증: 무릎경직, 외과 하연의 경직

(64) 경골(京骨)

다섯 발가락 본절 뒤의 큰 뼈, 척골을 뜻한다.

① 위치: 제 5중족골 후외측 오목한 곳

② 주요 증상: 두통, 안명, 요신경통, 심장염, 심질환

③ 미용증: 허리비대

(65) 속골(束骨)

속(束)은 매다, 묶다, 골(骨)은 뼈를 의미한다. 뼈마디가 풀어지는 병을 치료하는 혈이다.

① 위치: 제 5중족골 소두의 외측 함요부

② 주요 증상: 심장병, 뇌막염, 뇌충혈

(66) 족통곡(足痛谷)

통(痛)은 통한다. 곡(谷)은 계곡이라는 의미로 족소음신경의 연곡과 통하는 혈이다.

① 위치: 제 5족기절관절 외측, 새끼발가락을 접었을 때 나타나는 횡문의 끝
② 주요 증상: 두통, 어지러움, 천식, 비출혈

(67) 지음(至陰)

지(至)는 지극함, 도달하는 것, 음(陰)은 족소양 신경, 토기(土氣)와 통하는 것
① 위치: 다섯째 발가락 위 외측 조갑각에서 0.1촌 되는 곳
② 주요 증상: 두통, 뇌일혈, 안통, 족관절염, 난산

8. 족소음신경(足少陰腎經)

용천-연곡-태계-태종(대종)-수천-조해-복류(부류)-교신-축빈-음곡-횡골-대혁-기혈-사만-중주-황유(황수)-상곡-석관-음도-통곡-유문-보랑-신봉-영허-신장-욱중-유부(수부)

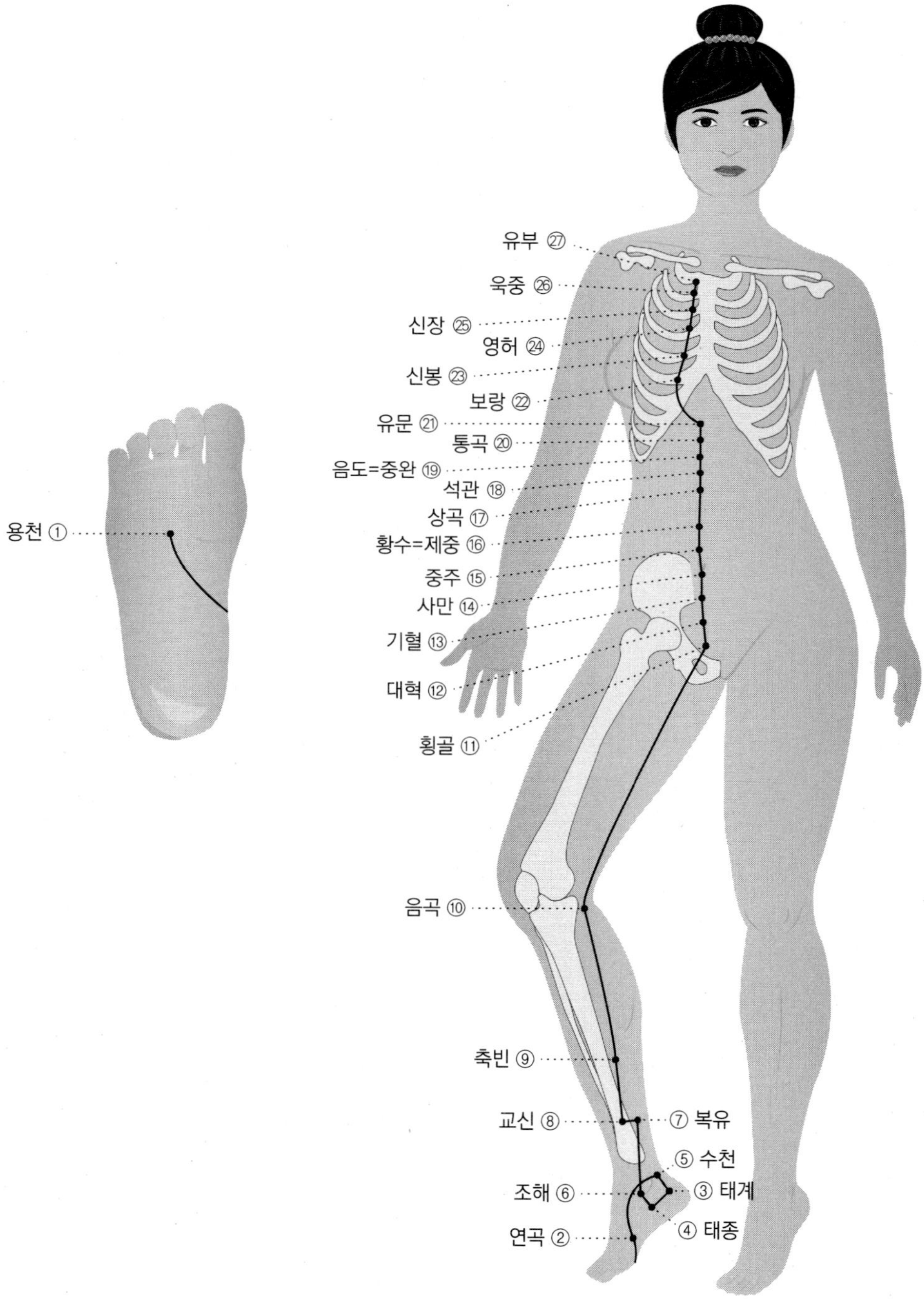

1) 신경의 기능

증발과 기화를 통하여 정을 저장하고 생장발육과 생식은 인체 생명활동의 근본으며 수액대사와 납기를 주관하며 신은 정(精)을 간직한다. 5장 6부의 정기는 모두 신에서 간직하는 것이며 그 근원은 수곡에서 온 것이다. 하나는 인체의 생명 활동을 유지하는 기본 영양 물질인데 신장에서 저장되었다가 필요에 따라 5장 6부에 공급한다. 또 생식기의 정을 저장한 것이다. 이 정은 선천적 신기가 후천적 5장의 정기가 결합하여 신에 저장한다. 또한 골수를 주관하고 뇌에 통한다. 골과 수의 생장 발육은 모두 신기와 관계가 있으며 또한 뇌는 모든 '수' 가 모이는 곳이다.

2) 순환경로

발바닥의 용천에서 시작하여 내측 복사뼈를 돌아 허벅지 안쪽과 복부를 지나 흉부로 흐른다.

3) 미용적 증상과 병증

배가 고프면서도 먹고 싶지 않고 얼굴빛이 까맣게 되고 가슴이 빈 것 같다. 기가 부족하면 잘 무서워하고 가슴이 두근거리면서 잘 놀란다. 입이 뜨겁고 혀가 마르며 목이 아프고 가슴이 답답하다. 황달이 생기고 척추와 허벅지 안쪽 가장자리가 아프며 다리에 힘이 없어 눕기를 좋아한다. 유전성 피부병, 피부 건조, 치아 이상, 모발 이상 등의 문제가 발생한다.

(1) 용천(湧泉)

용(湧)은 솟아나는 것, 위로 솟는 것, 천(泉)은 물이 솟아나는 샘을 가리킨다. 혈이 발바닥에 있어서 경기(經氣)가 아래에서 위로 올라가는 것이 용천의 모습이고 물길을 조절하는 효능을 한다(신의 정혈).

① 위치: 다섯째 발가락을 굽힐 때 나타나는 족심(足心)의 오목한 곳
② 주요 증상: 협심증, 중풍 쇼크, 히스테리, 정신질환, 두정통, 하지마비
③ 미용증: 부종에 의한 비만, 다리를 아름답게

(2) 연곡(然谷)

연(然)은 연골, 곡(谷)은 계곡을 의미한다. 혈이 연골의 아래 계곡과 같이 오목한 곳에 위치하고 있다는 뜻이며 신화(腎火)가 허약해서 생기는 허약증에 대해서 이 혈이 내

열(內熱)을 발동시킬 수 있다.

① 위치: 내측 복사뼈 전하방으로 주상골 아래 오목한 곳

② 주요 증상: 인후염, 방광염, 월경불순, 당뇨병, 파상풍

③ 미용증: 발등 부종, 눈이 부을 때

(3) 태계(太谿)

태(太)는 대, 계(谿)는 계곡으로 크게 오목한 곳을 가르킨다. 혈의 형태가 계곡과 같은 곳에 있는데 이것은 인체의 구멍 중에서 존귀한 것이라는 뜻이다.

① 위치: 내측 복사뼈 뒤 0.5촌으로 박동이 촉지되는 오목한 곳

② 주요 증상: 신염, 방광염, 월경불순, 이명, 탈모, 신경쇠약, 하지마비

③ 미용증: 기미, 피부 이상, 비복근 비대

(4) 대종(大鍾)

대(大)는 소(小)와 상대되고 종(鍾)은 방울, 모으는 것을 가르킨다. 혈이 발뒷꿈치 큰 뼈에 있고 이 경맥의 기가 모이는 곳이라는 뜻이다(신의 극혈).

① 위치: 내측 복사뼈 후하방

② 주요 증상: 천식, 학질, 신경쇠약, 히스테리, 족근통

③ 미용증: 복부 비대, 발목 비대, 부종에 의한 비만

(5) 수천(水泉)

수(水)는 수액, 소변, 천(泉)은 물이 솟아나는 것으로 경기(經氣)를 샘물이 밖으로 흘러 나가는 것과 같이 소통시킨다는 뜻이다.

① 위치: 내측 복사뼈 후하방

② 주요 증상: 월경부조, 월경통, 배뇨불리, 족근통, 복통, 자궁 탈수, 근시

③ 미용증: 발목의 부종, 복부의 비대

(6) 조해(照海)

조(照)는 빛이 비치는 것, 해(海)는 바다, 광대하고 심원한 것을 의미하고 신(腎)의 진양(眞陽)이 깊은 바다와 같고 전신을 밝게 비출 수 있는 것을 말한다.

① 위치: 내측 복사뼈 아래 0.5촌 되는 오목한 곳

② 주요 증상: 편도선염, 신경쇠약, 월경불순, 자궁 탈출, 하지통, 불면

③ 미용증: 목의 주름, 거친 피부

(7) 복류(復溜)

복(復)은 반복, 왕래, 류(溜)는 통하여 흐르는 것, 멈추는 것을 가르킨다. 이 혈이 물길을 다스려서 수액의 정상적인 흐름을 유지하고 회복하는 효능이 있다는 뜻이다.

① 위치: 내측 복사뼈 후상방 2촌 되는 오목한 곳

② 주요 증상: 신염, 고환염, 기능성 자궁출혈, 요로감염, 백대하, 요통

③ 미용증: 발목 굵어짐, 종아리 비대

(8) 교신(交信)

교(交)는 통하고 만나는 것, 신(信)은 신(伸)과 통한다. 신맥 및 삼음교와 소식을 통하여 발을 구부렸다 폈다 하는 것과 관련이 있다는 뜻이다.

① 위치: 내측 복사뼈 위 2촌 되는 오목한 곳

② 주요 증상: 월경불순, 요폐증, 이질, 변비, 하지 내측통

③ 미용증: 턱주위 여드름 및 색소변이, 발목 비대

(9) 축빈(築賓)

축(築)은 쌓는 것, 빈(賓)은 없애는 것을 의미하는데 신(腎) 사이에 쌓여 있는 사기를 제거 할 수 있다는 뜻이다.

① 위치: 내측 복사뼈 후상방 5촌 되는곳

② 주요 증상: 신염, 방광염, 고환염, 여성생식기 염증, 정신분열증, 비복근통증

③ 미용증: 기미, 피부이상, 발목부위 근육 뭉침

(10) 음곡(陰谷)

음(陰)은 안쪽, 곡(谷)은 오목한 곳을 의미하는데 슬관절의 안쪽, 오목하고 후미진 곳에 있다는 뜻으로 하지의 풍병(風病)을 치료 할 때 사용된다.

① 위치: 슬와 횡문 내측의 오목한 곳

② 주요 증상: 슬관절염, 고관절염, 요도염, 음도염, 대하, 소변곤란, 치핵

③ 미용증: 기미, 색소침착, 피부노화

(11) 횡골(橫骨)

횡골(橫骨)은 뼈와 혈의 이름이 같은데 혈이 횡골의 가장자리에 있다는 뜻이다.

① 위치: 치골 결합 상연의 하복부 정중앙선에서 양옆으로 0.5촌 되는 곳

② 주요 증상: 유정, 유뇨, 요도염, 고환염, 복창, 하복통, 골반염

③ 미용증: 하지비대, 잔주름

(12) 대혁(大赫)

대(大)는 크다. 혁(赫)은 붉은 모양, 빛나는 모양을 의미하고 남성의 생식기를 뜻한다.

① 위치: 제중 직하 4촌의 중극 외방 0.5촌

② 주요 증상: 월경불순, 대하, 불임증, 설사

③ 미용증: 하복부 늘어짐, 입주위 탄력 저하

(13) 기혈(氣穴)

기(氣)는 하초의 원기, 혈(穴)은 굴을 의미한다. 신의 기(氣)를 주관하고 혈의 밑은 원기가 저장되는 곳이다.

① 위치: 배꼽아래 3촌 되는 하복부 정중앙선에서 양 옆으로 0.5촌 되는 곳

② 주요 증상: 월경부조, 대하, 방광염, 불임증, 요로감염증, 설사

③ 미용증: 하복부의 늘어짐, 입술 주위조직의 탄력 저하

(14) 사만(四滿)

사(四)는 숫자, 음의 수, 만(滿)은 가득하다. 넘치다의 의미로서 소음경의 음증에 유효한 혈이라는 뜻이다.

① 위치: 제중 직하 2촌 하방의 석문 양방 0.5촌

② 주요 증상: 장염, 불임증, 월경통

③ 미용증: 피부노화

(15) 중주(中注)

중(中)은 속, 오장, 주(注)는 주입하는 것을 의미하고 수곡의 기가 이 곳에서 오장으로 나누어 흘러간다는 뜻이다.

① 위치: 배꼽 아래 1촌 하복부 정중선에서 양 옆 5푼 되는 곳

② 주요 증상: 월경불순, 고환염, 하복통, 변비, 뇨실금, 요통

③ 미용증: 피부의 신진대사 불량, 피부 늘어짐, 건성피부

(16) 황유(肓兪)

황(肓)은 소장의 지막(脂膜), 유(兪)는 안팎으로 통한다는 의미이고 장 바깥으로 지막의 기가 흘러간다는 뜻이다.

① 위치: 배꼽 양방 0.5촌

② 주요 증상: 위경련, 요통, 장염, 자궁질환, 습관성 변비

③ 미용증: 여드름

(17) 상곡(商曲)

상(商)은 금(폐), 곡(曲)은 굽은 모양을 의미하고 폐상의 기가 복부의 장기가 굽어진 곳에 위치한다는 뜻이다.

① 위치: 배꼽 위 1촌 되는 복부 정중선에서 양 옆으로 5푼 되는 곳

② 주요 증상: 복통, 위산통, 복막염, 위경련, 변비, 설사, 황달

③ 미용증: 상복부 비만

(18) 석관(石關)

석(石)은 돌, 바위, 견고함, 관(關)은 중요한 곳을 의미하고 복부가 딱딱하고 팽창되었을 때 효과적인 혈이다.

① 위치: 배꼽 위 3촌 되는 복부 정중앙선에서 양 옆으로 0.5푼 되는 곳

② 주요 증상: 복통, 위통, 구토, 대변곤란, 식도경련, 불임

③ 미용증: 견갑부 강직, 하복부 무력감, 복부 비만

(19) 음도(陰都)

음(陰)은 수곡의 기, 지기, 음경맥, 도(都)는 도회지, 모이는 것을 의미한다. 지기(地氣)가 모이는 곳, 음경맥이 모이는 곳이라는 뜻이다.

① 위치: 배꼽 위 4촌 되는 복부 중앙선에서 양 0.5촌 되는 곳

② 주요 증상: 폐기종, 흉막염, 학질, 복통

③ 미용증: 눈의 충혈, 복부 비만

(20) 통곡(通谷)

통(通)은 통한다, 곡(谷)은 골짜기를 의미하고 곡(谷)과도 통한다. 수곡이 통과하고 소화를 시킨다는 뜻이다.

① 위치: 5촌 되는 배꼽 위 복부 정중선에서 양 옆 5푼 되는 곳

② 주요 증상: 복통, 비위허약, 구토, 급만성 위염, 설사, 두통, 호흡곤란

③ 미용증: 눈 충혈, 복부 비만, 안면근육경직

(21) 유문(幽門)

유(幽)는 갇히다, 문(門)은 출입, 관리를 의미하고 복부에서 흉강으로 바뀌는 출입문이라는 뜻이다.

① 위치: 배꼽 위 정중선에서 양 옆으로 5푼 되는 곳
② 주요 증상: 식욕부진, 위경련, 위통, 만성 위염, 구토, 설사
③ 미용증: 소화불량, 여드름

(22) 보랑(步廊)

보(步)는 걷는 것, 랑(廊)은 본채에 붙어 있는 행랑을 의미한다.
① 위치: 중정혈과 유근혈 중간 2촌, 제 5늑간
② 주요 증상: 호흡곤란, 흉막염, 식욕부진, 구토, 식도경련
③ 미용증: 예민, 건조 피부, 스트레스성 여드름

(23) 신봉(神封)

신(神)은 심신(心神), 인체의 양기, 봉(封)은 경계, 밀폐하다를 의미한다. 심신(心神)이 거처하고 심양(心陽)이 모이는 곳이라는 뜻이다(소군주가 있는 곳).
① 위치: 흉부 정중앙선으로 양쪽 유두 사이에 있는 전중 양 옆 2촌 되는 곳
② 주요 증상: 흉막염, 늑간신경통, 협심증, 유선염, 기관지염, 천식, 구토, 이명
③ 미용증: 가슴선 아름답게, 피부건조, 예민

(24) 영허(靈墟)

영(靈)은 신령, 허(墟)는 언덕을 의미하고 심장의 정기가 머무른다는 뜻이다.
① 위치: 옥당혈 외방 2촌, 제 3늑간
② 주요 증상: 늑간 신경통, 기관지염, 구토, 호흡곤란, 우울, 불안, 불면
③ 미용증: 예민, 피부건조

(25) 신장(神臟)

신(神)은 심신(心神), 장(臟)은 저장하다는 의미이고 심신이 간직되는 곳으로 심장과 관련된 질환에 좋은 혈이다.
① 위치: 자궁혈 외방 2촌, 제 2늑간
② 주요 증상: 흉통, 구토, 식도경련, 해수, 천식, 불안, 불면, 정신질환, 늑간신경통
③ 미용증: 부종, 피부주름, 건조피부, 기미

(26) 욱중(彧中)

욱(彧)은 막힘없는 모양, 중(中)은 가슴, 중앙을 의미하고 병사(病邪)로 가슴이 막혀 있는 증상에 유효한 혈이다.

① 위치: 화개혈 외방 2촌, 제 1늑간
② 주요 증상: 흉통, 천식, 기관지염, 구토, 위경련, 수족한(手足寒)
③ 미용증: 피부건조, 모세혈관

(27) 수부(兪府), 유부

수(兪)는 혈자리, 부(府)는 내부, 저택, 모인다를 의미한다. 전신의 수혈이 모두 이 혈의 아래에 있으므로 경맥의 기를 내부로 나르는 작용을 한다는 뜻이다(신경의 기는 발에서 가슴을 지나 유부에 집결된다).

① 위치: 흉부 정중앙선으로 좌우 제 1늑골 사이에 선기와 양 옆 2촌 되는 오목한 곳
② 주요 증상: 흉통, 기관지염, 천식, 구토, 식도경련, 인두염, 호흡곤란, 불면
③ 미용증: 복부 비만, 목의 주름

9. 수궐음심포경(手厥陰心包經)

천지-천천-곡택-극문-간사-내관-대릉-노궁-중충

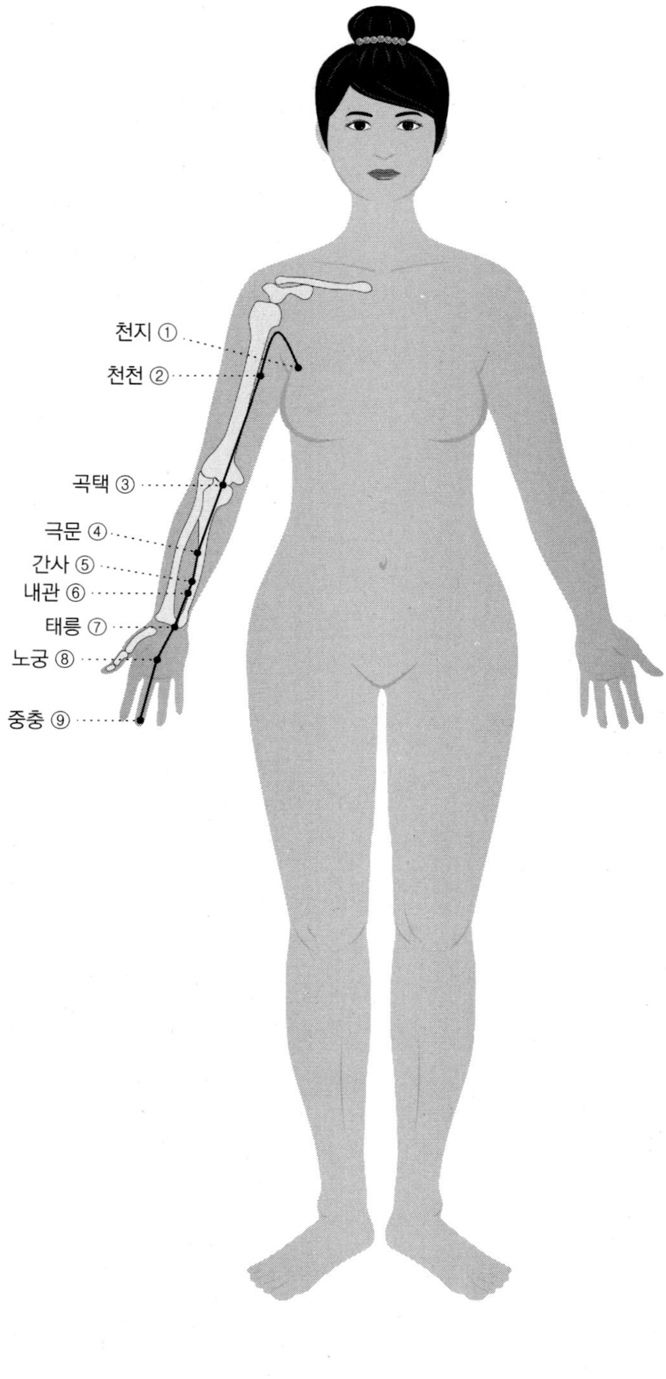

1) 심포경의 기능

심포는 심장을 보호하는 기능이 있어 외사가 심장을 침습할 때에 심포가 대신 그 사기를 받아들인다고 한다. 심장 및 순환기계통과 정신적인 문제를 주관하고 심장을 둘러싸고 보호하는 작용을 한다. 심포경은 삼초경과 서로 표리관계이다.

간, 심, 비, 폐, 신의 오장은 분명한 형태의 상이 있지만 심포는 해부학적 규명이 안되는 기능상으로 가정된 조직으로 불투명한 점이 있다.

2) 순환경로

가슴에서 시작하여 횡격막을 관통하고 아래로 내려가 상완, 중완, 음교의 부위에서 삼초와 연결된다. 한 가닥은 심포가 나타나는 곳에서 갈라져 옆구리에서 나와 겨드랑이에서 3촌 되는 곳에 내려왔다가 다시 올라가 겨드랑이 밑에 이르러 상박의 안쪽을 따라 내려와 팔꿈치 가운데로 들어갔다가 팔뚝으로 내려가 손목 가운데를 지나 손바닥 가운데 노궁혈에 들어가서 셋째 손가락 끝의 중충혈로 나간다. 그 한가닥은 손바닥 가운데서 갈라져 넷째 손가락으로 나가 수소양경과 연결된다.

3) 미용적 증상과 병증

손바닥에 열이 나고 팔과 팔뚝이 저리고 가슴과 옆구리가 답답하고 통증이 있다. 얼굴이 검어지는 경우가 있으며 얼굴이 붉어지고 열감을 느끼는 여드름이 발생한다

(1) 천지(天池)

천(天)은 인체의 상반신, 지(池)는 연못을 의미한다. 유즙이 모인다고 하여 천지라 하였다.

① 위치: 유두 외측 1촌 제 4늑간
② 주요 증상: 기관지염, 늑간신경통
③ 미용증: 목 굵어짐, 가슴의 팽대, 안면의 열기, 여드름

(2) 천천(天泉)

천(天)은 인체의 상반신, 천(泉)은 샘을 의미한다.

① 위치: 액와 횡문단의 하방 2촌
② 주요 증상: 심장병, 심계항진
③ 미용증: 상완비대, 화기에 의한 여드름

(3) 곡택(曲澤)

곡(曲)은 굽다, 택(澤)은 연못이라는 뜻으로 팔꿈치의 굽고 오목한 곳에 있다는 뜻이다.

① 위치: 팔꿈치 관절 앞부분 정중앙
② 주요 증상: 열성병, 심장병, 기관지염
③ 미용증: 화기에 의한 여드름, 상완 내측 비대

(4) 극문(郄門)

극(郄)은 구멍, 문(門)은 출입처를 의미한다. 혈이 깊고 크다는 뜻이다.

① 위치: 손목금 위 5촌 두 힘줄 사이
② 주요 증상: 늑막염, 횡경막 경련
③ 미용증: 여드름, 전완내측의 비대

(5) 간사(間使)

간(間)은 좁은 틈, 사(使)는 사용하다라는 의미이고 팔의 가운데서 가슴이 답답할 때, 정신적인 문제가 있을 때 사용하는 혈이다.

① 위치: 손목금 위 3촌 두 힘줄 사이
② 주요 증상: 위통, 액와임파선종, 공포증
③ 미용증: 흉부 및 팔 내측의 비대, 스트레스성 여드름

(6) 내관(內關)

내(內)는 흉곽의 안, 관(關)은 중요한 것을 의미하고 심포와 삼초에 해당한다.

① 위치: 손목금 위 2촌 두 힘줄 사이
② 주요 증상: 구토, 위통, 횡경막 경련
③ 미용증: 손이나 팔이 부을 때 , 팔 내측 비대, 눈의 충혈

(7) 대릉(大陵)

대(大)는 높고 큰 것, 릉(陵)은 언덕을 의미한다. 혈이 요골과 수근굴근의 접합부에 있다.

① 위치: 손목금 정중앙 두 힘줄 사이
② 주요 증상: 두통, 편도선염, 위염, 심근염
③ 미용증: 손이나 팔이 부을 때, 손바닥의 열증

(8) 노궁(勞宮)

노(勞)는 노동, 궁(宮)은 왕이 거처하는 곳을 의미하고 손은 노동을 맡고 있는데 혈이 손바닥 중심에 있다는 뜻이다. 심포는 군주인 심의 궁성이므로 노궁이라 하였다.

① 위치: 주먹을 쥐었을 때 중지가 닿는 곳

② 주요 증상: 안면신경마비, 귀 울림, 우울증

③ 미용증: 손바닥 열증, 여드름

(9) 중충(中衝)

중(中)은 가운데, 충(衝)은 요충을 의미하고 혈기 왕성한 부위이며 경맥의 기가 가운데를 지나서 중지 끝 중앙에 이른다.

① 위치: 중지 끝부분 정중앙

② 주요 증상: 별열, 쇼크, 혀가 경직될 때

③ 미용증: 손에 열이 오를 때, 피부건조, 열성 여드름

10. 수소양삼초경(手少陽三焦經)

관충-액문-중저-양지-외관-지구-회종-삼양락-사독-천정-청냉면-소락-노회-견료-천료-천유-예풍-계맥-노식-각손-이문-화료-사죽공

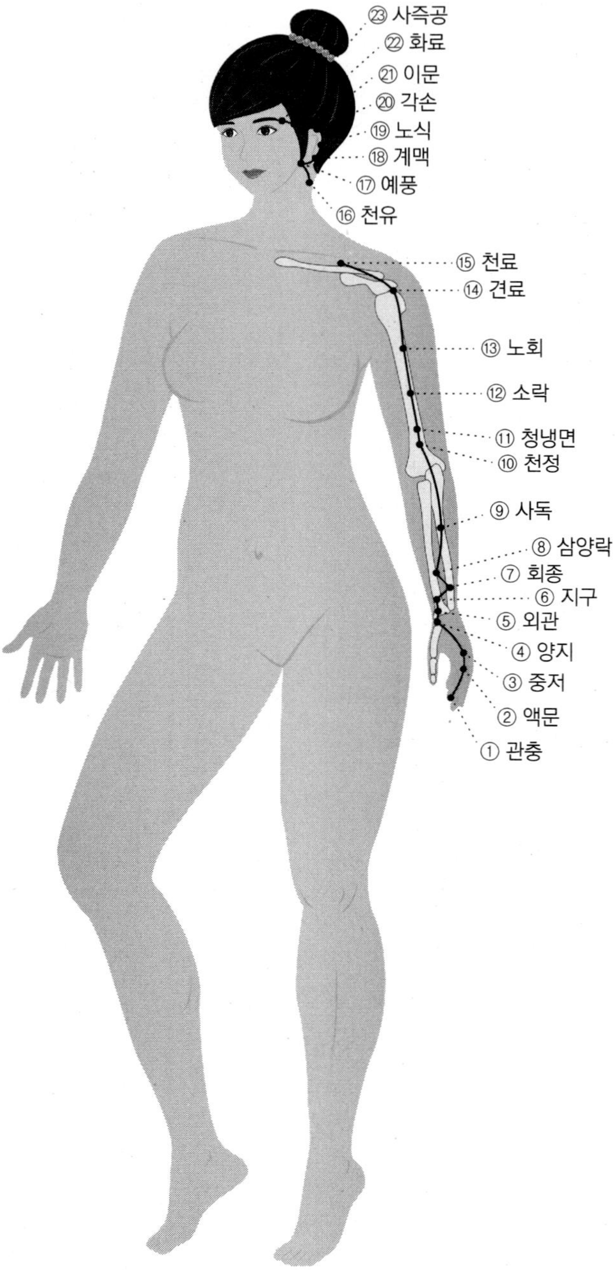

1) 삼초경의 기능

원기(元氣)를 통행시켜 수곡을 운행시킨다. 모든 기를 주관하고 전신의 기기와 기화 기능을 영도한다.

삼초는 상초, 중초, 하초로 나누어지며 인체의 신진대사와 관련성이 크다. 상초는 주로 흉부로서 혈의 순환작용과 호흡작용을 관여하며 중초는 횡격막 아래에서 배꼽 위의 영역으로 소화 작용에 관여하고 하초는 배꼽 이하 부위로서 흡수 및 배설작용에 관여한다.

2) 순환경로

삼초경은 넷째손가락의 끝인 관충혈에서 시작하여 셋째와 넷째손가락 사이를 따라 올라가 손등을 따라 팔뚝의 바깥쪽으로 올라가서 팔꿈치를 뚫고 상박의 바깥쪽을 따라 어깨로 올라가 결분에 들어가 두 유방 사이 단중에 분포되고 횡경막을 지나 내려와 삼초에 속한다. 다른 한 가닥은 단중에서 올라가 결분으로 나가고 목으로 올라가 귓바퀴를 두르고 뺨으로 나와 콧마루로 간다. 한가닥은 귀를 두른 후 뺨에서 교회하고 눈 바깥쪽으로 간다.

3) 미용적 증상과 병증

귀가 안 들리고 목이 붓고 통증이 생긴다. 땀이 나고 눈초리가 아프고 귀 뒤부터 팔뚝과 어깨까지 내려가면서 아프다. 피부가 가렵고 예민하거나 알레르기성 피부가 되기 쉽다.

(1) 관충(關衝)

관(關)은 구부러진 것, 충(衝)은 요충지를 의미한다. 경맥이 구부러진 손가락의 요충지에 있다는 뜻이다.

① 위치: 넷째 손톱 눈 아래 피부 경계선
② 주요 증상: 이명, 두통
③ 미용증: 손저림, 경추의 변이

(2) 액문(液門)

액(液)은 진액, 수액, 축축하다, 문(門)은 적신다는 의미이고 수액대사를 조절하는 작용과 겨드랑이에 관한 병을 고치는 곳이다.

① 위치: 약지와 소지 사이의 들어간 곳
② 주요 증상: 이명, 치통, 열증이나 땀이 안 날 때
③ 미용증: 피부건조

(3) 중저(中著)

중(中)은 인체 원기의 근본, 저(著) 물가, 삼각주를 의미한다. 강에 있는 작은 섬 모양으로 중수골에 위치한다는 뜻이다.

① 위치: 제4~5 중수관절 사이
② 주요 증상: 두통, 어깨부위 신경질환
③ 미용증: 팔이 저리거나 무거울 때, 손가락이 부자연스러울 때

(4) 양지(陽池)

양(陽)은 손등, 지(池)는 물이 고이는 곳을 의미한다. 수소양삼초경이 머무르는 곳이라는 뜻이고 양계, 양지, 양곡 3혈이 손목에 나란히 위치한다.

① 위치: 완관절 손등면 정중앙
② 주요 증상: 감기, 월경불순
③ 미용증: 비만, 색소 침착

(5) 외관(外關)

외(外)는 팔의 바깥쪽, 관(關)은 요충지를 의미하는데 수소양삼초경과 수궐음심포경이 서로 연락하는 요충지와 같은 곳이라는 뜻이다.

① 위치: 양지 위 2촌
② 주요 증상: 눈이나 귀의 질환
③ 미용증: 목의 경직, 어깨 걸림

(6) 지구(支溝)

지(支)는 팔, 다리, 구(溝)는 도랑, 하수도를 의미하고 상지의 척골, 요골의 두 뼈 사이에 위치한다는 뜻이다.

① 위치: 양지 위 3촌
② 주요 증상: 인사불성, 언어장애
③ 미용증: 변비, 복부비만

(7) 회종(會宗)

회(會)는 화합, 종(宗)은 종마루, 근원의 의미로 삼양경의 모든 맥이 연계되어 있다는 뜻이다.

① 위치: 지구혈 외측 1촌

② 주요 증상: 근육통, 청각장애

③ 미용증: 염증·화농성 여드름

(8) 삼양락(三陽絡)

삼양락(三陽絡)은 태양, 소양, 양명, 수삼양이 교합하는 곳으로 삼양의 사기를 다스리는 혈이다.

① 위치: 양지 위 4촌

② 주요 증상: 각혈, 전신 고열

③ 미용증: 팔 저림

(9) 사독(四瀆)

사(四)는 사방으로 펼친다, 독(瀆)은 도랑, 하수도의 의미이다. 맥기가 흘러가는 넓이가 넓어지는 곳으로 음의 증상을 주관하는 혈이다.

① 위치: 팔꿈치 아래 5촌 요골과 척골 사이

② 주요 증상: 인후염

③ 미용증: 부종

(10) 천정(天井)

천(天)은 상지, 정(井)은 깊고 오목한 물이 있는 곳을 의미한다.

① 위치: 팔꿈치 위 1촌 함몰처

② 주요 증상: 관절염

③ 미용증: 목주름, 어깨 경직

(11) 청랭연(青冷淵)

청랭연(清冷淵)은 차고 맑은 연못이란 뜻으로 경맥의 기능을 맑게 조절하는 기능을 한다. 삼초에 열이 쌓여 생긴 병을 치료하는 작용을 한다.

① 위치: 팔을 굽히고 천정 위 1촌

② 주요 증상: 관절통

③ 미용증: 팔 외측의 경직

(12) 소락(消樂)

소(消)는 사라지다, 락(樂)은 즐기다의 의미이다. 경맥의 병증이 사라져 즐겁게 한다는 뜻으로 소갈병에 효력이 있는 혈이다.

① 위치: 청냉연 위 삼각근 아래

② 주요 증상: 두통, 동통

③ 미용증: 팔 외측의 경직, 측두부의 여드름

(13) 노회(臑會)

노(臑)는 상완, 팔뚝, 회(會)는 모으는 것을 의미하고 삼초경과 대장경이 교회 하는 곳이다.

① 위치: 소락 위 천종과 수평선상

② 주요 증상: 상완신경통, 견갑부 통증

③ 미용증: 인후통, 닭살

(14) 견료(肩髎)

견(肩)은 어깨, 견관절, 료(髎)는 깊은 구멍으로 어깨 뒤쪽 뼈에 틈이 있다는 뜻이다.

① 위치: 팔을 들어올려 움푹 들어간 곳

② 주요 증상: 중풍, 반신불수

③ 미용증: 많은 양의 땀, 삼각근의 경직

(15) 천료(天髎)

천(天)은 인체의 상부, 료(髎)는 깊은 구멍을 의미한다. 혈의 위치가 비교적 높은 곳이라는 뜻이다.

① 위치: 견정과 곡원의 중간

② 주요 증상: 중풍, 고혈압, 저혈압

③ 미용증: 어깨 결림, 피지막 형성 불량

(16) 천유(天牖)

천(天)은 인체의 상부, 유(牖)는 통풍, 채광하는 구멍을 의미하여 눈과 귀의 막힌 기를 통하게 할 수 있어서 인체 상부의 창문과 같다는 뜻이다.

① 위치: 천용과 천주 중간점

② 주요 증상: 인후염, 이명, 안면부종

③ 미용증: 눈의 충혈, 비화농성 여드름, 모낭각화

(17) 예풍(翳風)

예(翳)는 가리는 것, 풍(風)은 풍사(風邪)를 의미한다. 눈과 귀 질환을 방패로 먹어내는 곳을 의미한다. 특히 이명에 효과적이다.

① 위치: 귓방울 뒤 함몰처

② 주요 증상: 이명, 언어장애

③ 미용증: 여드름, 안면신경의 경직

(18) 계맥(瘈脈)

계(瘈)는 미치다, 맥(脈)은 근맥을 의미하고 혈이 귀 뒤 청맥이 있는 곳에 있다.

① 위치: 귀를 젖혀서 일어나는 근육줄기 아래

② 주요 증상: 이명, 구토, 눈동자의 이상

③ 미용증: 혈액순환장애로 인한 여드름

(19) 노식(顱息)

노(顱)는 두개골, 식(息)은 호흡, 중지를 의미하고 두통이나 경련을 멎게 하는 혈이다.

① 위치: 계맥 위 1촌

② 주요 증상: 이명, 천식

③ 미용증: 여드름, 귀부위의 화농

(20) 각손(角孫)

각손(角孫)은 처음 생겨서 아직 성숙하지 않은 모습이라는 뜻으로 태양경과 소장경이 만나는 곳이다. 태양경과 소장경이 만나는 곳으로 이첨, 옆머리 부위에 튀어나온 끝에 위치한다.

① 위치: 귓바퀴의 위 머리 안난 곳

② 주요 증상: 편두통, 안질환의 제반 증상

③ 미용증: 여드름, 안면부종, 눈의 출혈, 입술 건조

(21) 이문(耳門)

이(耳)는 귀, 문(門)은 출입하는 곳을 의미하고 귀 질환에 효과적인 혈이다.

① 위치: 귓바퀴가 끝나는 곳 함몰처

② 주요 증상: 안면신경마비, 중이염

③ 미용증: 턱선의 비대, 안면근육의 경직

(22) 화료(和髎)

화(和)는 서로 응하고 합치다, 료(髎)는 모서리를 의미한다. 담경, 소장경, 삼초경이 만나 화합하는 혈이다.

① 위치: 귀머리가 시작이 되고 맥이 뛰는 곳

② 주요 증상: 두통, 이명

③ 미용증: 농포성 여드름, 안면 근육 경직

(23) 사죽공(絲竹空)

사죽(絲竹)은 가느다란 대나무잎, 공(空)은 구멍을 의미한다. 눈썹 끝의 구멍이 있다는 뜻으로 사죽을 닮아 사죽공이라 한다.

① 위치: 눈썹 끝부분의 함몰처

② 주요 증상: 각막염, 안면신경마비

③ 미용증: 안면근육 경직, 모공확대

11. 족소양담경(足少陽膽經)

동자료-청회-상관-함염-현료-현리-곡빈-솔곡-천충-부백-규음-완골-본신-양백-두임읍-목창-정영-승령-뇌공-풍지-견정-연액-첩근-일월-경문-대맥-오추-유도-거료-환도-풍시-중독-슬양관-양릉천-양교-외구-광명-양보-현종-구허-족임읍-지오회-협계-족규음

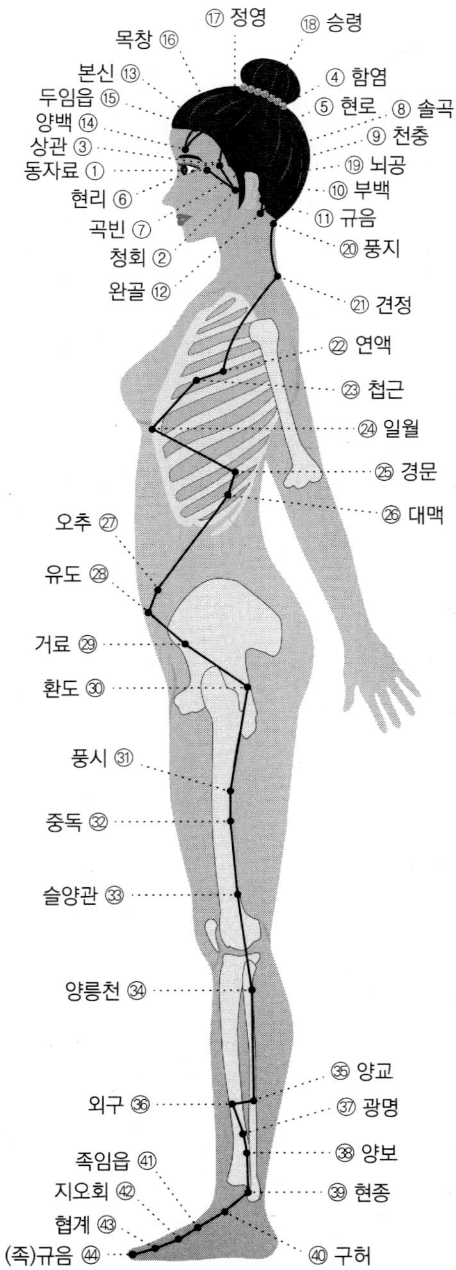

1) 담경의 기능

결단과 용기는 담에서 나온다. 담과 간은 표리로 되어 있어 간기가 비록 강하나 담이 아니고서 결단을 내리기 힘들다. 담이 활발하면 사기가 활동하지 못하므로 병인을 막을 수 없다. 오장 육부의 조화와 균형을 유지하는 데 경맥의 유주로 볼 때 인체의 측면을 유주하며 음과 양을 연계하고 결속시킨다.

2) 순환경로

귀의 끝에서 머리의 측면을 돌아 어깨를 거쳐 몸의 측면, 다리의 옆선으로 내려가 네 번째 발가락에 흐른다.

3) 미용적 증상과 병증

담경의 이상은 입안이 쓰고 한숨을 자주 쉬며 가슴과 옆구리가 아파서 움직일 수 없고 심하면 얼굴빛이 변하고 몸에 기름기가 없으며 발 바깥쪽에 열이 난다. 머리와 턱, 바깥쪽으로 아프고 겨드랑이가 붓고 가슴, 옆구리, 고관절, 슬관절 및 경골 바깥쪽으로 아프다. 간담에 습열이 쌓이면 전신 소양증, 전신 피부가 윤택하지 않고 얼굴이 어둡고 뺨에 열이 나거나 주름, 탈모, 등의 현상이 나타난다.

(1) 동자료(瞳子髎)

동(瞳)은 눈동자, 심신(心神), 료(髎)는 깊은 구멍을 의미하고 혈이 눈동자 끝의 오목하게 들어간 곳에 위치한다. 안륜근 중에 있고 삼차신경 제 1,2지와 안면신경이 분포되어 있다.

① 위치: 눈의 외자에서 0.5촌 밖
② 주요 증상: 시력감퇴, 녹내장, 두통, 안구충혈, 삼차신경통, 구안와사
③ 미용증: 안면근육경직, 삼차신경의 이상, 눈가 주름완화, 눈을 맑게

(2) 청회(聽會)

청(聽)은 듣는다. 회(會)는 도시, 모이는 것으로 청각의 도시와 같다는 뜻이다. 모든 귀와 관련된 증상에 좋으며 삼차신경의 분지와 안면 신경이 분포 되어 있다.

① 위치: 이주(耳珠)의 전하방 오므라진 곳

* 이주(耳株): 귓구멍의 바로 앞에 돌출된 것을 이주라고 한다.

② 주요 증상: 이명, 청각상실, 중이염, 치통, 구안와사, 반신불수, 하악탈구
③ 미용증: 안면근육경직, 안면의 붉음증

(3) 상관(上關)

상관의 관(關)은 관절을 의미하고 관골 위에 있으므로 상관이라고 한다. 삼차신경과 안면신경의 분지가 분포되어있다.

① 위치: 귀의 앞, 협골의 상연
② 주요 증상: 편두통, 이명, 삼차신경통, 치통, 구안와사
③ 미용증: 안면근육경직, 삼차신경 이상

(4) 함염(頷厭)

함(頷)은 아래턱, 염(厭)은 멈춤, 지극함의 뜻으로 혈이 뺨의 가장자리에 있으며 음식물을 삼킬 때 근육운동이 멈추는 곳이다.

① 위치: 두유혈과 곡빈혈을 이은 선에서 두유혈과 곡빈혈 방향으로 1/4되는 지점(교근위)
② 주요 증상: 편두통, 두통, 눈내자통, 이명, 비염, 구안와사. 시력장애
③ 미용증: 삼차신경의 이상, 숙취 후 얼굴 거칠어짐, 얼굴근육의 경직

(5) 현로(懸顱)

현(懸)은 걸다, 매달다, 로(顱)는 머리뼈를 의미한다. 경기(經氣)가 머리 측면을 따라 매달려 가는 것과 같다는 뜻으로 머리가 어지러워 몸이 매달려 있는 것과 같은 증상의 병을 치료 할 수 있다.

① 위치: 두유혈과 곡빈혈을 이은 선의 중간
② 주요 증상: 두통, 편두통, 신경성 두통, 치통, 비염, 비출혈, 신경쇠약
③ 미용증: 얼굴이 부을 때, 삼차신경의 이상, 얼굴근육 경직

(6) 현리(懸厘)

현(懸)은 걸다, 매달리는 것, 리(厘)는 다스리다, 아주 작은 수를 의미하여 머리카락을 뜻하기도 한다. 혈이 귀 앞머리 부위에 있다는 뜻이다.

① 위치: 두유혈과 곡빈혈을 이은 선을 4등분 한 후 곡빈에서 두유방향으로 1/4지점
② 주요 증상: 두통, 편두통, 이명, 비염, 비출혈, 삼차신경통
③ 미용증: 비화농성 여드름, 얼굴이 부을 때, 각질층 건조

(7) 곡빈(曲鬢)

곡(曲)은 굽은 것, 빈(鬢)은 양 옆 귀머리를 의미한다. 혈이 귀밑머리의 구부러진 곳에 있다는 뜻이다.

① 위치: 귀 끝 전발제 부위로 입을 벌리면 오목해지는 곳(구렛나루 부위)

② 주요 증상: 삼차신경통, 두통, 편두통, 사경, 구안와사, 안통

③ 미용증: 귀 뒤 부위 여드름, 피지분비조절

(8) 솔곡(率谷)

솔(率)은 인솔하다, 거느리다, 곡(谷)은 골짜기를 의미하고 살이 서로 만나는 부위를 뜻한다. 혈이 측두골의 봉합부위에 있다.

① 위치: 이첨의 직상, 각손에서 0.5촌

② 주요 증상: 측두통, 편두통, 안질환, 해수, 소화장애, 구토

③ 미용증: 농포성 여드름, 눈을 맑게

(9) 천충(天衝)

천(天)은 머리 부위, 충(衝)은 요충지, 통하게 하는 것을 의미하고 혈이 머리의 요충지에 있고 통하게 하는 작용을 한다.

① 위치: 솔곡혈의 후방 0.5촌, 귓바퀴 제일 끝선의 직상

② 주요 증상: 두통, 치통, 정신장애, 갑상선종

(10) 부백(浮白)

부(浮)는 표류하는 것, 흘러 다니는 것, 백(白)은 분명함, 금기(金氣)를 수렴한다는 뜻으로 음의 기운이 분명히 나타난다는 뜻이다.

① 위치: 천충의 후하방, 천충과 규음의 중간지점

② 주요 증상: 이명, 난청, 치통, 해수, 천식, 두통, 두풍(頭風)

③ 미용증: 열성 여드름

(11) 두규음(頭竅陰)

두규음(頭)은 족(足)의 상대되는 말, 규(竅)는 구멍, 음(陰)은 오장의 음을 의미한다. 오장의 음이 머리의 이 혈이 있어 오장의 음병을 치료할 수 있다는 뜻이다.

① 위치: 부백의 하방 1촌

② 주요 증상: 이명, 이통, 난청, 기관지염, 후두염, 흉통, 갑상선종

③ 미용증: 삼차신경의 이상, 후발제 선상의 뭉침

(12) 완골(完骨)

완(完)은 완전하다, 완벽하다, 골(骨)은 뼈를 의미하고 머리 측면은 단단해야 하므로 완골이라고 한다.

① 위치: 유양돌기의 함요처, 규음의 하방 0.7촌

② 주요 증상: 난청, 이명, 구안와사, 치통, 치은염, 불면, 실어증

③ 미용증: 얼굴부종, 안면신경 이상, 턱선의 늘어짐, 어깨 경직

(13) 본신(本神)

본(本)은 근본, 신(神)은 심신(心神), 혼백, 인체의 양기를 가리킨다. 정신을 주관하며 뇌신경 질환에 유효하다.

① 위치: 신정혈의 오방 3촌

② 주요 증상: 두통, 흉협통, 편마비

③ 미용증: 목이 굳어지고 뻣뻣할 때

(14) 양백(陽白)

양(陽)은 햇빛, 머리의 양 부위, 백(白)은 백색, 명백한 것을 가리킨다.

① 위치: 어요 상방 1촌

② 주요 증상: 안면경련, 삼차신경통, 야맹, 두통, 근시, 각막염

③ 미용증: 안질환, 삼차신경통, 사시, 난시, 각막염

(15) 두임읍(頭臨泣)

두(頭)는 머리, 임(臨)은 감독, 다스리는 것, 읍(泣)은 눈물을 의미한다. 눈을 맑게하고 눈물을 그치게 하는 머리의 혈이라는 뜻으로 눈과 관련된 질환에 효과적이다.

① 위치: 신정과 두유의 1/2 지점

② 주요 증상: 급·만성 결막염, 안질환, 두통, 대뇌출혈, 중풍혼미

③ 미용증: 열성 여드름

(16) 목창(目窓)

목(目)은 눈, 창(窓)은 창문을 의미한다. 눈으로 통하는 창문과 같다는 뜻으로 눈을 맑게 한다.

① 위치: 두임읍의 후방 1.5촌

② 주요 증상: 두통, 안면부종, 결막염, 중풍

③ 미용증: 눈 밑 떨림, 땀이 나지 않을 때, 얼굴이 부을 때

(17) 정영(正營)

정(正)은 정당함, 바르다, 영(營)은 경영하다, 다스리다라는 의미이다. 몸의 상태를 정상으로 조절한다는 뜻이다.

① 위치: 목창의 후방 1.5촌

② 주요 증상: 편두통, 치통, 구토, 오심

③ 미용증: 두통, 뇌빈혈, 편두통, 시력악화

(18) 승영(承靈)

승(承)은 이어 받는 것, 맞이하는 것, 돕는 것, 령(靈)은 신령, 혼백으로 하늘의 령을 받는다는 의미의 혈이다. 머리의 원신 부(府)이다.

① 위치: 정영 뒤로 1.5촌 통천 옆

② 주요 증상: 두통, 해수, 천식, 호흡곤란, 안질환

③ 미용증: 코밑 건조, 알레르기, 얼굴에 열기

(19) 뇌공(腦空)

뇌(腦)는 머리, 마음을 다스리는 것, 공(空)은 구멍, 오목한 부위에 위치한 혈을 의미한다. 후뇌의 아래쪽 빈 곳에 있다는 뜻이다.

① 위치: 임맥의 뇌호 양 옆

② 주요 증상: 두통, 천식, 정신질환, 이명

③ 미용증: 경추 부위의 경직

(20) 풍지(風池)

풍(風)은 풍사(風邪), 지(池)는 연못을 의미한다. 풍사가 침입하기 쉬운 곳이고 풍을 치료할 때 취해야 할 곳이라는 뜻이다.

① 위치: 승모근과 흉쇄유돌근 상단 사이의 함요처

② 주요 증상: 두통, 안질환, 비염, 이명, 고혈압, 편마비, 뇌질환

③ 미용증: 어깨 부위가 단단해짐, 감기로 인한 얼굴 붉어짐, 안면부종

(21) 견정(肩井)

견(肩)은 어깨, 정(井)은 깊고 오목한 물이 있는 곳을 의미한다. 혈이 어깨 부위의 한가

운데 우물같이 움푹 들어간 곳에 있다.

① 위치: 대추혈과 견봉을 이은선의 정점

② 주요 증상: 상완신경통, 견배통, 오십견, 뇌충혈, 자궁출혈, 유선염

③ 미용증: 어깨근육의 경직, 목의 주름, 가슴위축, 비만

(22) 연액(淵腋)

연(淵)은 물이 깊은 곳, 액(腋)은 겨드랑이를 의미한다. 혈이 겨드랑이 아래의 깊은 곳에 위치한다.

① 위치: 겨드랑이 직하 3촌

② 주요 증상: 늑간신경통, 흉통, 견통, 오한발열, 액와임파절염, 견비통

③ 미용증: 옆구리가 단단하고 비대

(23) 첩근(輒筋)

첩(輒)은 수레 양쪽에 대는 나무, 근(筋)은 근육을 의미하고 혈이 늑골 사이, 수레의 양쪽에 대는 나무 같은 형상을 하고 있는 근육에 위치하고 있다는 뜻이다.

① 위치: 연액의 전하방 1.5촌

② 주요 증상: 흉만, 흉통, 천식, 기관지염, 위염, 구토, 담낭염, 황달

③ 미용증: 옆구리 비대, 상·하복부 비대

(24) 일월(日月)

일월(日月)은 해와 달을 의미한다. 이 두자를 합하면 밝을 명(明)자가 되므로 사리분별의 밝음을 뜻한다. 두 눈의 빛과 담기의 위엄있는 모습을 상징한 것이다(담경의 모혈).

① 위치: 기문혈의 직하 1늑골, 제 7늑간

② 주요 증상: 급만성 간염, 담낭염, 담도기능장애, 황달, 구토, 횡격막 경련, 자궁염

③ 미용증: 상복부 비대, 근육 무력과 늘어짐, 기미

(25) 경문(京門)

경(京)은 군주가 거쳐하는 성, 도회지, 문(門)은 출입을 의미한다. 신경의 모혈이며 신의 원기가 모이는 곳으로서 신 기능 장애에 유효하다.

① 위치: 제 12늑골의 하단

② 주요 증상: 신장염, 장경련, 소화장애, 늑간신경통

③ 미용증: 호르몬 이상에서 오는 미용변이, 여드름, 기미, 노화

(26) 대맥(帶脈)

대맥(帶脈)은 기경 팔맥의 하나로서 인체에서 허리를 도는데 허리띠를 맨 것과 같다 하여 대맥이라 한다.

① 위치: 장문의 직하, 배꼽의 수평
② 주요 증상: 자궁 내막염, 자궁 신경통, 대하, 월경부조, 방광염, 장경련, 하복통
③ 미용증: 허리비대, 신체 피부 탄력 저하, 허리 곡선의 불균형

(27) 오추(五樞)

오(五)는 숫자의 중간, 추(樞)는 움직임을 일으키는 근육을 의미한다. 혈이 머리 끝에서 발 끝까지 길이의 중간으로 몸을 돌리거나 무릎을 꿇고 절을 할 때 꺾이는 곳에 있다는 뜻이다.

① 위치: 관원혈의 수평선상, 전상장골근의 전방
② 주요 증상: 대하과다, 산통(汕痛)
③ 미용증: 허벅지 비대, 턱선 여드름

(28) 유도(維道)

유(維)는 묶다, 연결하다, 도(道)는 길을 의미하고 인체에서 모든 경(經)을 묶어 주는 띠와 같은 역할을 한다는 뜻이다.

① 위치: 오추혈의 0.5촌 아래
② 주요 증상: 대하, 자궁내막염, 하복통, 복수, 습관성 변비, 요통, 식욕부진, 구토
③ 미용증: 허벅지 비대, 하복부 비대

(29) 거료(居髎)

거(居)는 거주하다, 료(髎)는 뼈 틈 사이를 의미한다. 오목하게 움푹 꺼지는 곳, 허리뼈 아래 들어간 곳이다.

① 위치: 전상장골극과 대퇴골의 대전자 중앙
② 주요 증상: 고환염, 대하, 월경부조, 방광염, 신장염, 하복통, 요통, 고관절염 및 주위 연부 조직 질환
③ 미용증: 다리의 정맥류, 엉덩이 처짐, 비만

(30) 환도(環跳)

환(環)은 둥근 것, 도(跳)는 도약하다, 움직임을 의미한다. 구부려서 움직이지 못하는

대퇴부의 병을 치료한다는 뜻이다.

① 위치: 대퇴골의 대전자와 미골을 이은 선을 중심으로 대전자 방향 1/3 지점
② 주요 증상: 좌골신경통, 하지마비, 고관절 및 주위 연부조직의 질환
③ 미용증: 엉덩이 늘어짐, 허벅지 외측의 비대, 비만

(31) 풍시(風市)

풍(風)은 풍사(風邪), 시(市)는 시장으로 재물이 모이고 흩어지는 곳으로 쉽게 풍사가 모이는 곳이고 풍을 몰아낼 때 쓰이는 중요한 혈이다.

① 위치: 대퇴 외측 정중앙부, 직립하여 팔을 내렸을 때 중지 끝이 닿는 곳
② 주요 증상: 좌골신경통, 슬관절통, 소아마비 후유증
③ 미용증: 하지 외측 비대

(32) 중독(中瀆)

중(中)은 중간, 독(瀆)은 큰 시냇물을 의미하고 혈이 대퇴 외측 족태양방광경, 족양명위경 사이에 하천 중에 있다는 뜻으로 하지의 질환을 치료한다.

① 위치: 풍시의 직하 1촌
② 주요 증상: 하지마비, 각기, 좌골신경통, 반신불구, 요통
③ 미용증: 하지 외측 비대, 엉덩이 늘어짐

(33) 슬양관(膝陽關)

양(陽)은 인체의 바깥쪽, 관(關)은 기관으로 혈이 슬관절 외측 중요한 곳에 있다는 뜻이다.

① 위치: 무릎을 구부려서 슬관절 외측의 근과 골 사이
② 주요 증상: 슬관절 및 주위 연부조직의 질환, 각기, 하지마비, 구토
③ 미용증: 하복부 무력, 늘어짐, 무릎이 부을 때, 허벅지 외측 비대, 종아리 비대

(34) 양릉천(陽陵泉)

양릉(陽陵)은 전체의 바깥쪽, 천(泉)은 물이 솟아나는 곳을 의미한다. 혈이 무릎 관절 바깥쪽 융기된 것에 있다는 뜻이다. 비골두 앞쪽 아래의 작은 함요부이다.

① 위치: 무릎을 구부린 상태에서 불거진 뼈의 전방 함요처
② 주요 증상: 슬관절염, 하지근 허약, 근경련, 좌골신경통, 고혈압, 늑간신경통, 간염, 담낭염, 고혈압
③ 미용증: 허리의 굵어짐, 종아리 굵어짐, 변비로 인한 복부 비만

(35) 양교(陽交)

양(陽)은 양경, 양기, 교(交)는 교회(交會), 즉 모인다는 의미로 모든 양경맥이 모이는 곳이라는 뜻이다.

① 위치: 외과첨 직상 7촌

② 주요 증상: 슬통, 천식, 안면부종, 하지 운동마비, 간염

③ 미용증: 비염증 여드름, 엉덩이 늘어짐

(36) 외구(外丘)

외(外)는 바깥쪽, 내버리는 것, 구(丘)는 언덕을 의미한다. 혈이 바깥쪽에 있고 언덕을 이루는 것이라는 뜻이다.

① 위치: 양교의 1촌 전방

② 주요 증상: 좌골신경통, 두통, 편마비, 측흉통

③ 미용증: 비염증성 여드름, 엉덩이 늘어짐, 모낭 각화

(37) 광명(光明)

광(光)은 빛이 비치는 것, 명(明)은 밝은 것을 의미한다. 혈의 효능이 두뇌를 맑게 하고 눈을 밝게 빛나게 한다는 뜻이다(담경의 낙혈).

① 위치: 외과첨 상방 5촌

② 주요 증상: 야맹증, 시신경 위축, 백내장, 편두통, 하퇴 외측 통증

③ 미용증: 땀의 부족, 피지막 형성 불량

(38) 양보(陽輔)

양(陽)은 양경(陽經), 하퇴 외측, 보(輔)는 돕는 것을 의미하고 혈이 양을 돕고 음을 누르는 작용을 한다.

① 위치: 광명의 직하 1촌

② 주요 증상: 요통, 편두통, 경부임파절, 편마비, 하지마비, 슬관절염

③ 미용증: 비만, 체지방 연소, 종아리 비대

(39) 현종(縣鍾)

현(縣)은 매다는 것, 종(鍾)은 방울, 움직이는 것을 의미하다. 혈이 다리 방울 매다는 곳에 있다는 뜻이다.

① 위치: 외과첨 상방 3촌

② 주요 증상: 편두통, 좌골신경통, 슬관절, 족관절 및 주위 연부조직의 질환

③ 미용증: 발목의 굵어짐, 다리의 부종, 여드름

(40) 구허(坵墟)

구(坵)는 작은 언덕, 허(墟)는 산 아래의 터를 의미한다. 외측 복사뼈는 언덕과 같고 발등의 살은 언덕처럼 솟아 올라있는데 혈은 그 두 개의 사이에 있다는 뜻이다.

① 위치: 외과의 전하방 함요처

② 주요 증상: 흉협통, 담낭염, 액와임파절염, 좌골신경통, 족관절 및 주위연부조직의 질환

③ 미용증: 상복부 비대, 발목 굵어짐

(41) 족임읍(足臨泣)

임(臨)은 직면하다, 읍(泣)은 눈물을 의미하고 발에 있으므로 족임읍이라고 한다. 눈을 맑게하고 눈물을 그치게 하는 효과가 있다.

① 위치: 제 4,5중곡골 접합부 전방 함요처

② 주요 증상: 결막염, 외안각통, 이명, 경부임파결핵, 월경부조, 유방통

③ 미용증: 발에 열이 있는 경우, 가슴이 위축될 때

(42) 지오회(地五會)

지(地)는 지기(地氣), 발 부위, 오(五)는 다섯 발가락, 회(會)는 만난다는 의미로 풍한서습의 기가 다 땅에서 만나는데 다섯 발가락은 여러 사기의 공격을 쉽게 받을 수 있다는 뜻이다.

① 위치: 협계혈의 상방 1촌

② 주요 증상: 이명, 유선염, 요통, 동통

③ 미용증: 비만, 가슴의 미용

(43) 협계(峽谿)

협(峽)은 골짜기, 계(谿)는 계곡, 골짜기의 물, 좁은 도랑을 의미한다. 혈이 넷째, 다섯째 발가락의 갈라진 틈 사이에 있음을 의미한다.

① 위치: 제4,5지 접합부의 0.5촌

② 주요 증상: 편두통, 고혈압, 이명, 난청, 늑간신경통

③ 미용증: 땀이 나지 않을 때, 종아리 굵어짐

(44) 족규음(足竅陰)

오장의 음병(陰屛)과 관계있는 혈이다. 간의 규는 눈이고 신의 규는 귀, 심의 규는 혀, 폐의 규는 코, 비의 규는 입이다. 이 오규는 음에 속하고 머리는 두규음과 작용이 같고 발에 있으므로 족규음이라 하였다.

① 위치: 제 4족 외측 조갑각 0.1촌
② 주요 증상: 혀의 강직, 코막힘, 기침, 입이 쓴 병, 늑간신경통, 족경련, 고혈압
③ 미용증: 기미, 닭살

12. 족궐음간경(足厥陰肝經)

태돈-행간-태충-중봉-여구-중도-슬관-곡천-음포-족오리-음렴-급맥-장문-기문

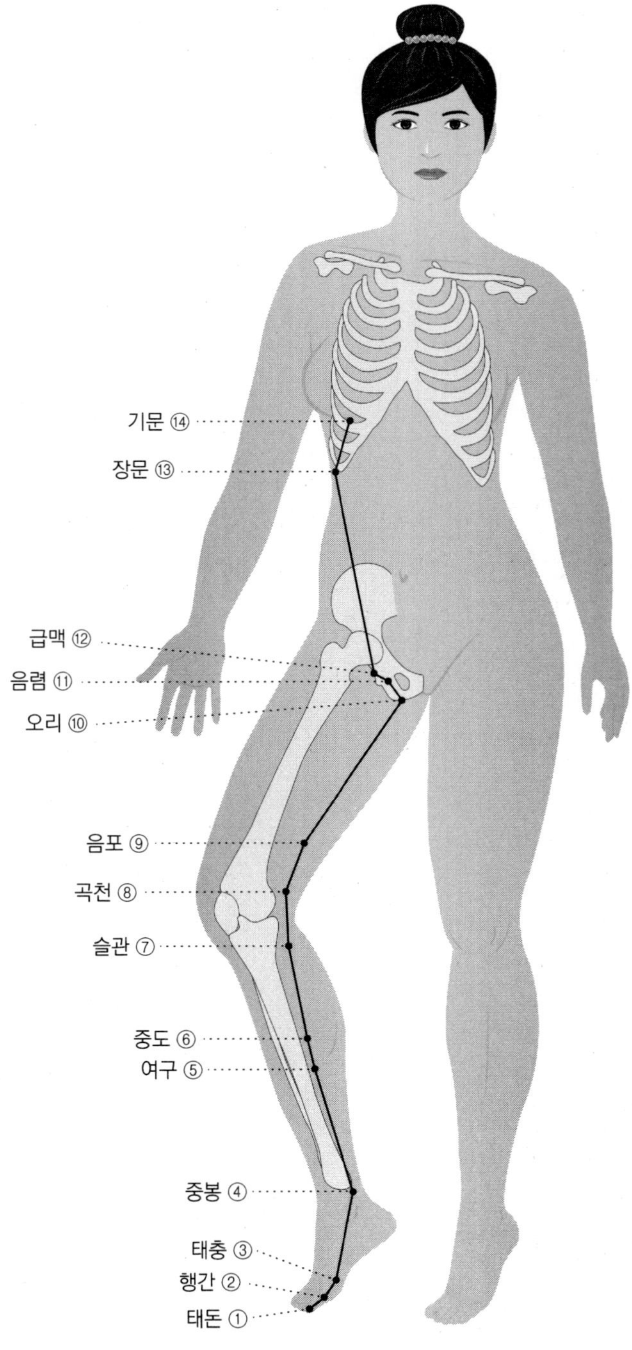

1) 간경의 기능

간은 소설을 주관하여 양기를 승발시키는 작용과 간의 소사기능을 유지하며 족소양담경과 표리관계로서 상호작용에 의해 치료에 적용하며 간경의 유주시 생식기 계통을 감싸고 돌기 때문에 남녀생식기 질환에 두루 쓰인다. 목생화(木生火)의 관계로 심경과도 관계하기 때문에 혈을 정화하고 혈의 양을 조절한다. 또한 간은 정서변화등 기기를 조절한다.

2) 순환경로

엄지발가락 안쪽에서 시작하여, 허벅지 안쪽을 흐르고 복부를 마름모형태를 그리면서 옆구리 늑골 하부로 간다.

3) 미용적 증상과 병증

간경의 이상 징후는 요통으로 움직이지 못하고 아랫배가 붓고 심하면 목이 마르며 얼굴에 기미가 끼고 화색이 없어진다. 가슴이 답답하여 구역질이 나고 설사를 하며 소변불통이 생기도 한다. 간의 혈액이 부족하거나 간기의 울결이 정체되면 눈 주위가 검푸르고 얼굴이 어둡거나 기미가 낀다.

(1) 태돈(太敦)

태(太)는 크다, 풍부함, 돈(敦)은 진을 치다, 힘쓰다로 막힌 정수를 푸는 혈이란 뜻이다.

① 위치: 엄지발가락 외측 조갑각 0.1촌
② 주요 증상: 월경불순, 고환염, 자궁하수, 하복통, 중풍, 졸도, 구급혈
③ 미용증: 독소제거, 발목의 부종, 기미, 우측늑골 하단의 비대

(2) 행간(行間)

행(行)은 걷다, 간(間)은 사이, 틈을 의미한다. 사람이 걸을 때 생기는 발바닥과 발가락의 관절 틈 중에 혈이 있다는 뜻이다.

① 위치: 1족지 2족지의 접합부
② 주요 증상: 간 기능 장애, 소갈, 심통, 고환염, 월경부조, 자궁염, 요통, 요폐(尿閉)
③ 미용증: 독소제거, 발의 부종

(3) 태충(太衝)

태(太)는 중요함, 지극함, 충(衝)은 요충지의 의미이다. 혈기가 왕성하고 간경의 기가 흘러드는 곳으로 여성의 생리와 관계가 있으므로 태충이라 하였다.

① 위치: 행간의 1.5촌 상방

② 주요 증상: 간기능 장애, 장염, 두통, 인후통, 비염, 이명, 고혈압, 불면

③ 미용증: 독소제거, 여드름, 안색이 칙칙할 때

(4) 중봉(中封)

중(中)은 가운데, 정신, 봉(封)은 봉하다, 막다를 의미한다. 정신이 모이는 곳, 정지(情志) 활동과 관계한다.

① 위치: 족내과 하연의 전방 1촌, 해계혈과 상구혈 사이

② 주요 증상: 간염, 하복통, 족관절 및 주위 연부조직의 질환

③ 미용증: 비만, 발목 부위의 부종

(5) 여구(蠡溝)

려(蠡)는 표주박, 조개껍질, 구(溝)는 움푹 들어간 도랑을 의미한다. 하퇴뒤쪽은 살이 많고 표주박 같은 모양인데 혈이 그 아래에 있다는 뜻이다.

① 위치: 족내과 첨단의 상방 5촌

② 주요 증상: 자궁내막염, 월경부조, 대하, 고환염, 방광염, 배뇨장애, 하지통

③ 미용증: 비만, 비복근 경직, 피부의 소양증

(6) 중도(中都)

중(中)은 중기(中氣), 천지의 기, 중초, 흉중, 중간, 도(都)는 모이는 것, 총관한다는 의미이다. 하퇴 중앙에 혈이 있고 간경의 맥기가 모이는 곳으로 그 기를 총괄하는 혈이라는 뜻이다.

① 위치: 내과첨 상단의 7촌, 여구혈의 직상 2촌

② 주요 증상: 전염성 간염, 하복통, 족관절염, 하지마비

③ 미용증: 종아리 비대

(7) 슬관(膝關)

슬(膝)은 무릎, 관(關)은 기관, 문호를 의미한다. 혈이 슬관절에 있고 슬관절의 질환을 치료하고 그 굴신을 조절한다는 뜻이다.

① 위치: 음릉천의 후방 1촌
② 주요 증상: 슬관절염, 비뇨기병, 하지통, 장염, 자궁염, 월경곤란. 반신불수
③ 미용증: 통풍, 무릎관절염, 중풍

(8) 곡천(曲泉)

곡(曲)은 굽은 모양, 천(泉)은 물이 솟아나는 곳을 의미한다. 이 혈은 무릎관절을 구부렸을 때 움푹 들어간 곳에 있고 경기(經氣)가 솟아난다는 뜻이다.

① 위치: 무릎을 굽혔을 때 슬와 횡문의 내측단 함요부
② 주요 증상: 하복통, 자궁하수, 전립선염, 슬관절 및 주위 연부 조직과 비뇨기병
③ 미용증: 허벅지 비대, 슬와부 비대

(9) 음포(陰包)

음(陰)은 족삼음경 및 하복부, 포(包)는 자궁, 방광을 의미하고 족삼음경 및 하복부 질환과 연계가 있다는 뜻이다.

① 위치: 곡천혈의 상방 4촌
② 주요 증상: 월경부조, 소변불리, 뇨실금, 배뇨장애, 요통
③ 미용증: 월경불순, 무릎관절통, 둔부의 경련

(10) 족오리(足五里)

족(足)은 하지, 오리(五里)는 오장의 안을 의미한다. 오지와 오장의 모든 속병과 관계가 있다는 뜻이다.

① 위치: 곡골 양쪽 2촌에서 바로 아래로 3촌 기문에서 위로 약 5촌이므로 오리라고 한다.
② 주요 증상: 소변불통, 호흡곤란, 음낭습진, 만성감기
③ 미용증: 허벅지 내측 비대, 허벅지 탄력저하

(11) 음렴(陰廉)

음(陰)은 음부, 음기, 렴(廉)은 옆, 모퉁이, 가장자리를 의미한다. 전음부치골 아래쪽 가장자리, 언덕이 있는 곳이라는 뜻이다.

① 위치: 기충혈의 직하 2촌
② 주요 증상: 월경부조, 대하, 음부 소양증, 고관절, 하지의 통증, 산통(疝通)
③ 미용증: 허벅지 내측 비대, 둔부의 늘어짐, 탄력 저하

(12) 급맥(急脈)

급(急)은 구급, 촉박함, 맥(脈)은 근맥, 동맥을 의미한다. 혈이 음부 양방에 있으며 동맥이 뛰는 곳에 있고 생식기병의 급한 증상에 쓰인다.

① 위치: 치골결합 바로 밑의 양방2.5촌

② 주요 증상: 음경통, 하복통, 외음부통, 자궁하수

③ 미용증: 허벅지 비대

(13) 장문(章門)

장(章)은 무늬, 모양, 몸에 다는 표식, 문(門)은 출입과 관리를 의미한다. 사기가 오장육부로 주입되어 흉복부로 모이는 혈이며 좌우 옆구리로 나누어 문과 같은 모습을 하고 있어 장문이라 한다.

① 위치: 액와 직하 11늑간, 팔을 굽혔을 때 팔꿈치 끝이 닿는 지점

② 주요 증상: 간염, 복창, 소화불량, 설사. 장염, 구토, 흉협통

③ 미용증: 상복부 비대, 대퇴부 비대, 좌측 늑골 하단의 경직

(14) 기문(期門)

기(期)는 기대감, 주기, 문(門)은 출입과 관리를 의미한다. 기혈의 운행이 주기적으로 출입하는 문이라는 뜻으로 음기가 모이는 혈이다.

인체의 기혈은 폐경의 중부에서 시작하여 12경맥을 돌아서 기문에서 끝난다. 이 혈은 12경 365혈의 종점으로 기혈이 일주하였으므로 기문이라 하였다.

① 위치: 배곱 위 6촌의 거궐 양방 3.5촌, 유두 수직선이 제 6늑간과 만나는 곳

② 주요 증상: 월경불순, 늑간신경통, 불면증, 간울혈

③ 미용증: 우측 늑골 하단의 비대, 기미, 피부탄력저하, 복부의 비만

13. 임맥(任脈)

회음-곡골-중극-관원-석문-기해-음교-신궐-수분-하완-건리-중완-상완-거궐-구미-중정-단중-옥당-자궁-화개-선기-천돌-염천-승장

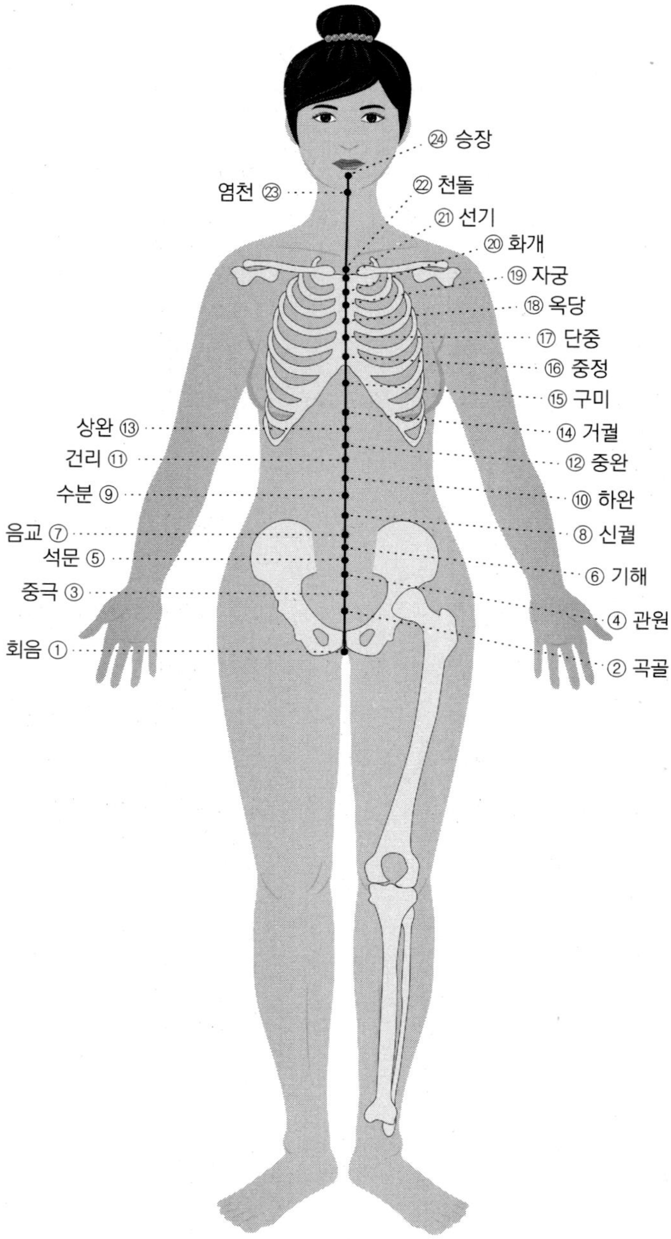

1) 임맥의 기능

기경팔맥 중의 하나로 인체의 정중선을 지나고 있어 모든 음경을 통솔한다. 음경과 연결되는 임맥은 음경의 기혈을 조절한다. 정(精), 혈(血), 진액(津液)은 임맥에 의해 조절된다. 음맥은 음맥지해라고 부른다. 임맥은 임신을 주관하고 자궁과 연결되므로 생리, 임신과 관계가 깊다.

2) 순환경로

자궁에서 시작하여 회음부로 나와 생식기를 감싼 다음 복부 정중선을 타고 올라가 인후를 거쳐 입술을 감싸고 눈 밑으로 들어간다.

3) 미용적 증상과 병증

비뇨기 계통과 생식기 계통의 질병, 노화방지, 다이어트에 응용되고 가슴을 풍만하게 하는 데도 응용된다.

(1) 회음(會陰)

회(會)는 모으고 합하는 것, 음(陰)은 음부, 하부를 의미한다. 전음과 후음을 가르키며 임맥, 독맥, 충맥의 시작점과 간, 비, 신의 삼음경이 만나는 곳이라는 뜻이다.

① 위치: 회음부 정중앙

② 주요 증상: 요도염, 전립선염, 월경불순, 자궁하수, 회음부병

(2) 곡골(曲骨)

곡(曲)은 굽다, 휘다, 골(骨)은 뼈를 의미하는데 치골 결합처를 뜻한다. 치골은 횡골이라고도 하며 모양이 만곡되어 있다.

① 위치: 배곱 아래 5촌, 외음부 상방 정중앙

② 주요 증상: 월경불순, 방광염, 고환염

(3) 중극(中極)

중(中)은 가운데, 극(極)은 방위, 최고를 의미한다. 인체의 중간에 있어 원기의 근본이며 방광경의 모혈이므로 옥천이라고 부른다.

① 위치: 하복부 정중선으로 배꼽 아래 4촌

② 주요 증상: 자궁내막염, 신염, 요도염, 월경불순, 대하

③ 미용증: 하복부 비대, 여드름, 기미

(4) 관원(關元)

관(關)은 닫는 것, 단속하다, 원(元)은 원기, 기의 시작을 의미한다. 이 혈은 음양이 만나고 원기를 보호하는 중요한 혈이다.

① 위치: 하복부 배꼽 아래 3촌

② 주요 증상: 자궁출혈, 소변불통, 대하, 고환염, 하복통, 비뇨, 생식기질환

③ 미용증: 얼굴 주름, 피부 탄력 저하

(5) 석문(石門)

석(石)은 단단한 것, 문(門)은 출입하는 곳을 의미하고 이 혈안으로 자궁이 응한다.

① 위치: 배꼽 아래 2촌

② 주요 증상: 산후출혈, 무월경, 자궁출혈, 유선염, 복통, 설사

③ 미용증: 모든 미용증

(6) 기해(氣海)

기(氣)는 원기, 해(海)는 광대하고 심원함, 모이는 것을 의미하고 원기가 모이는 곳이라는 뜻이다.

① 위치: 하복부 배꼽에서 1.5촌

② 주요 증상: 정신피로, 무기력, 월경불순

③ 미용증: 비만증, 기미, 얼굴 주름, 안면부종, 탈모

(7) 음교(陰交)

음(陰)은 음경맥, 교(交)는 서로 주고 받는다는 의미로 임맥, 충맥, 족소음신경이 만나는 혈이라는 뜻이다.

① 위치: 배꼽 아래 1촌

② 주요 증상: 월경불순, 자궁탈수, 산통

③ 미용증: 턱 주위 여드름, 복부 비만, 안면 홍조

(8) 신궐(神闕)

신궐은 배꼽을 의미하고 태아 때에 탯줄을 통한 선천의 신기를 받는 문호이다.

① 위치: 배꼽 정중앙

② 주요 증상: 급만성 장염, 복통, 소화불량, 설사

③ 미용증: 얼굴주름, 기미

(9) 수분(水分)

수(水)는 수액, 수기(水氣), 분(分)은 분별, 이익의 분배를 의미한다. 수맥으로 인해 생기는 질환을 다스리는 곳인데 뜸을 뜨면 효과적이다.

① 위치: 배곱 위 1촌

② 주요 증상: 복수, 구토, 설사, 복통, 소화불량, 배뇨곤란

③ 미용증: 복부 비만, 복부탄력저하

(10) 하완(下脘)

하(下)는 아래, 완(脘)은 위(胃)를 의미하고 혈이 위의 하부인 유문부에 있다는 뜻이다.

① 위치: 배곱 위 2촌

② 주요 증상: 소화불량, 위경련, 만성 위염, 만성 장염, 비위허약, 구토, 위통

③ 미용증: 상복부 늘어짐, 허벅지 비대

(11) 건리(建里)

건(建)은 세운다, 리(里)는 거처한다는 의미로 수곡이 위로 들어갈 때 거치는 곳이다.

① 위치: 배곱 위 3촌

② 주요 증상: 급만성 위염, 위통, 하복부 경련, 구토, 복수

(12) 중완(中脘)

중(中)은 중심, 완(脘)은 위장을 의미하고 위의 모혈, 위의 중심부를 나타내는 중요한 혈이라는 뜻이다.

① 위치: 배곱 위로 4촌

② 주요 증상: 급만성 위장질환

③ 미용증: 비만

(13) 상완(上脘)

상(上)은 위, 완(脘)은 위(胃)를 의미하여 위의 상부를 뜻한다.

① 위치: 배꼽 위 4촌

② 주요 증상: 위통, 수종, 만성위염, 위경련, 위산과다

(14) 거궐(巨闕)

거(巨)는 거대한 것, 궐(闕)은 중간에 있는 문으로 중요하다라는 뜻이다.

① 위치: 배꼽 위 6촌
② 주요 증상: 위경련, 횡경막 경련, 협심증, 구토
③ 미용증: 여드름, 상복부 비대, 안면 홍조

(15) 구미(鳩尾)

구(鳩)는 비둘기, 미(尾)는 꼬리를 의미하고 혈이 있는 흉골의 검상돌기 형태가 비둘기 꼬리와 닮았다는 뜻이다.

① 위치: 배꼽 위 7촌
② 주요 증상: 심흉통, 편두통, 정신질환
③ 미용증: 여드름, 안면홍조, 상복부 비대

(16) 중정(中庭)

중(中)은 중간, 정(庭)은 궁정, 뜰을 의미한다.

① 위치: 단중 1.6촌 아래, 양쪽 제 5늑간과 수평이 되는 정중선
② 주요 증상: 심통, 구토, 식도경련, 호흡곤란

(17) 단중(檀中)

단(檀)은 양 유두를 이은 선의 중앙을 지칭하며 중(中)은 중심, 가운데를 의미한다.

① 위치: 양 제 4늑간과 수평이 되는 정중선
② 주요 증상: 심통, 구토, 식도경련, 호흡곤란
③ 미용증: 여드름, 스트레스성 심통, 기미, 색소 침착

(18) 옥당(玉當)

옥(玉)은 귀한 것, 당(當)은 높은 거실을 의미하며 심(心)이 거처하는 곳을 뜻한다.

① 위치: 양 제 3늑간과 수평이 되는 정중선
② 주요 증상: 기관지염, 천식, 흉통, 흉막염, 구토, 협심증, 호흡곤란

(19) 자궁(紫宮)

자(紫)는 존귀한 안색, 궁(宮)은 왕이 거처하는 곳을 의미하여 심(心)과 혈액을 주관하다는 뜻이다.

① 위치: 양 제 2늑간과 수평이 되는 정중선
② 주요 증상: 흉통, 기관지염, 늑막염, 천식

(20) 화개(華蓋)

화(華)는 화려하다를 의미하고 장부에서는 폐를 가리킨다. 폐질환을 치료하는 혈이다.

① 위치: 양 제 1늑간과 수평이 되는 전중선

② 주요 증상: 흉통, 기관지염, 후두염, 호흡곤란, 갑상선종

(21) 선기(璇璣)

선(璇)은 북두칠성의 두 번째 별이고 기(璣)는 세 번째 별을 의미한다. 천체를 관찰하는 기구를 돌리는 중심축 이름으로 중추가 된다는 뜻이다.

① 위치: 양 제 1늑골 끝과 수평이 되는 전중앙선

② 주요 증상: 식도경련, 편도염, 호흡곤란

③ 미용증: 기관지 천식, 만성기관지염, 식도경련

(22) 천돌(天突)

천(天)은 하늘, 돌(突)은 갑자기, 나온다는 의미이고 임맥이 가슴 속을 주행하다 나오는 곳을 뜻한다. 후두질환, 기침을 멈추게 하는 효과가 있다.

① 위치: 정중선상의 흉골 함요처

② 주요 증상: 성대 질환, 후두염, 기관지염, 천식, 식도경련, 갑상선종, 황달

③ 미용증: 색소침착

(23) 염천(廉泉)

염(廉)은 옆, 모퉁이, 천(泉)은 샘을 의미하여 타액이 맑은 샘과 같다는 뜻이다.

① 위치: 정중선의 설골 아래쪽

② 주요 증상: 기관지염, 인후염, 천식, 언어장애

③ 미용증: 이중턱

(24) 승장(承漿)

승(承)은 아래에서 위를 받든다, 장(漿)은 미음, 마실 것을 의미하는데, 타액(唾液), 침이 나올 때 받는 곳을 뜻한다.

① 위치: 정중선상에서 아래 입술 바로 아래

② 주요 증상: 구안와사, 치통, 치은염, 졸도, 정신질환, 반신불수, 구급혈

③ 미용증: 안면 경직, 턱선 불균형

14. 독맥(督脈)

장강-요유-요양관-명문-현추-척중-중추-근축-지양-영대-신도-신주-도도-대추-아문-풍부-뇌호-강간-후정-백회-전정-신회-상성-신정-소료-수구-태단-은교

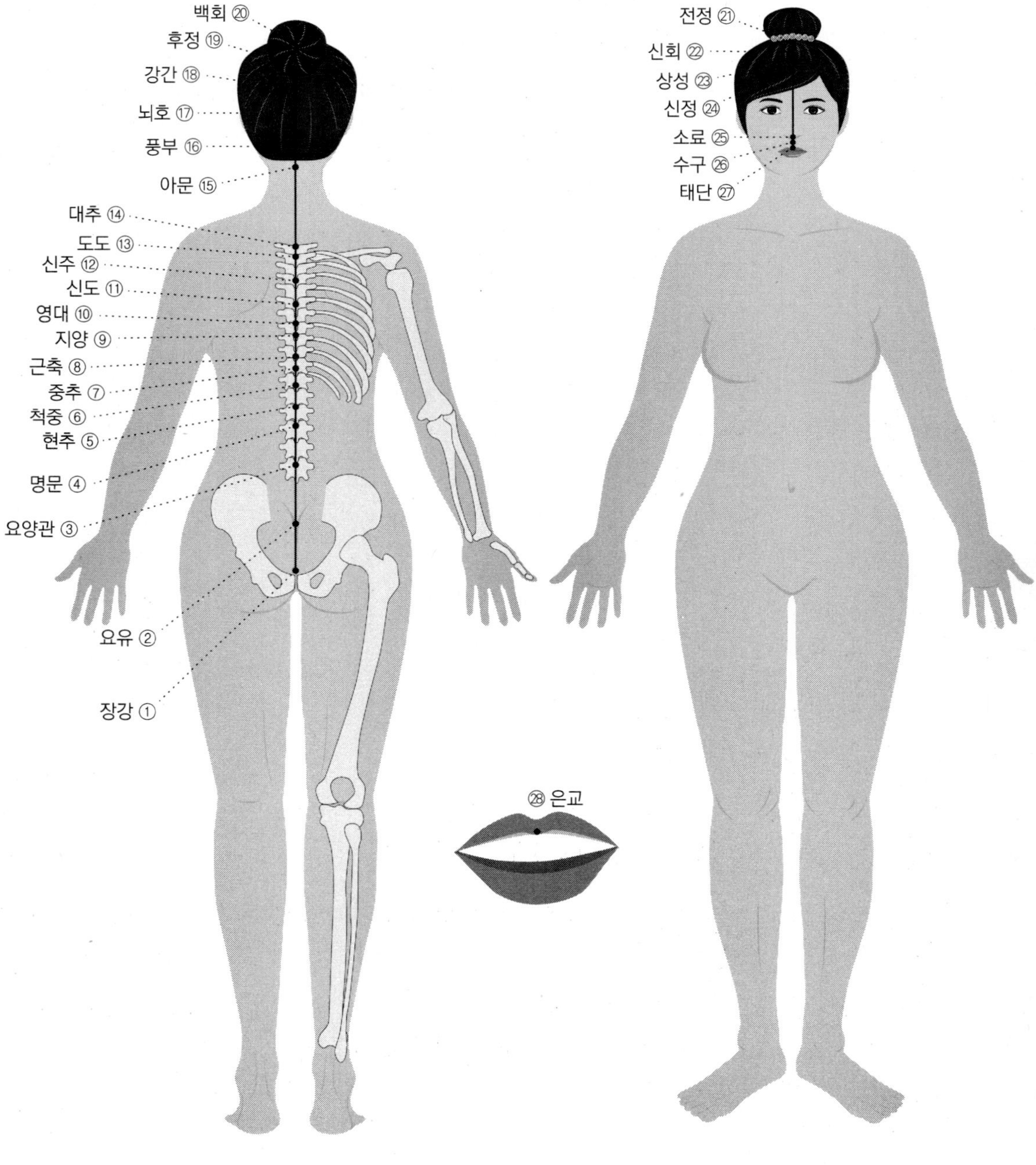

1) 독맥의 기능

신체의 양(陽)에 해당하며 인체 후면 정중앙선을 흐르며 임맥과는 음양 표리관계에 있다. 인체의 양에 관한 기의 작용을 조정 관리하며 양과 관련된 증상을 치료하고 척추질환은 척수근부, 뇌질환, 항문 질환 치료에 사용된다. 또한 독맥은 생식기능을 주관하며 뇌, 수, 신의 기능을 반영한다.

2) 순환경로

기경팔맥의 하나로서 모든 경맥을 통괄하는데 그 중에 양경을 통관하는 경맥이다. 소복부에서 시작하여 회음부로 내려와 생식기를 감싼 다음 척추 안쪽을 타고 목뒤 풍부혈로 올라가 뇌로 들어가 정수리로 나와 이마로 넘어가 콧등에 이르러 윗 입술 은교혈에 이르러 임맥과 만난다.

3) 미용적 증상과 병증

회음부에서 척추를 따라 올라가 목을 지나 정수리를 넘어 콧등을 거쳐 윗입술 중앙에 이르며 이 경로에 발생하는 병증을 다스린다. 양경을 총괄하므로 상부열증, 피부, 모발 병변과 관련된 증상을 다스린다.

(1) 장강(長强)

장(長)은 우두머리, 강(强)은 강하다는 의미로서 길게 분포하고 강하다는 뜻으로 심신을 강건하게 하고 장생시키는 혈이라는 뜻이다.

① 위치: 미골 끝과 항문 사이 중앙

② 주요 증상: 변비, 치질, 음부 습진, 빈혈

(2) 요유(腰兪)

요(腰)는 허리, 유(兪)는 전달하는 것을 의미하여 허리의 기를 움직이고 허리의 병을 치료하는 혈이라는 뜻이다.

① 위치: 제 4·5천추 사이

② 주요 증상: 요부 신경통, 요통, 월경불순, 치질, 항문 관련 질병

(3) 요양관(腰陽關)

요(腰)는 허리, 양(陽)은 하초의 양, 관(關)은 기관을 저장하는 것을 의미한다. 허리 부위 원기가 머물고 중심이 되는 요충지라는 뜻이다.

① 위치: 제 4·5요추 극돌기 사이

② 주요 증상: 요부신경통, 좌골신경통, 하지마비, 월경부조

(4) 명문(命門)

명(命)은 생명, 중요하다는 것, 문(門)은 출입을 관리하는 곳을 의미하고 방광경의 신유 중간에 있으며 사람의 생명에 중요한 문호이다. 생명력의 가장 중심이 되는 곳이라는 뜻이다.

① 위치: 제 2요추 극돌기 아래 오목한 부위

② 주요 증상: 부종, 월경불순, 음부습진, 자궁내막염

③ 미용증: 혈색이 없는 경우, 모발 건조

(5) 현추(懸樞)

현(懸)은 공중에 의지하며 매달리는 것, 추(樞)는 움직이게 하는 기구를 의미한다. 인체를 회전시킬 때 축이 되는 곳이라는 뜻이다.

① 위치: 제 1·2요추 사이 오목한 곳

② 주요 증상: 이질, 복통, 설사, 소화불량

③ 미용증: 기미, 피부늘어짐, 표피건조

(6) 척중(脊中)

척(脊)은 척추, 중(中)은 중간, 가운데를 의미하며 척추 중간 부분이라는 뜻이다.

① 위치: 제 11·12흉추 사이 오목한 곳

② 주요 증상: 간염, 간질, 하지마비, 황달

(7) 중추(中樞)

중(中)은 중간, 가운데, 추(樞)는 움직이게 하는 기구를 의미하고 척추 중간 부분이라는 뜻이다. 등을 회전하는 운동을 하게 하는 곳이다.

① 위치: 제 10·11흉추 사이 오목한 곳

② 주요 증상: 위통, 시력감퇴

③ 미용증: 위통, 기력감퇴, 요배부통

(8) 근축(筋縮)

근(筋)은 근맥, 축(縮)은 수축을 의미한다. 근맥이 수축하거나 이완하는 것을 바로 잡을 수 있다.

① 위치: 제 9·10흉추 사이 오목한 곳

② 주요 증상: 강직성 경련, 담당염, 근육질환, 척추질환, 흉막염, 히스테리

③ 미용증: 근무력, 피부탄력저하

(9) 지양(至陽)

지(至)는 이르는 것, 양(陽)은 심양(心陽)을 의미한다. 양의 증상과 치료에 관련된 혈이다.

① 위치: 제 7·8흉추 사이 오목한 곳

② 주요 증상: 간염, 담낭염, 기관지 천식, 위통, 늑간신경통

(10) 영대(靈臺)

영(靈)은 마음과 정신, 대(臺)는 높고 평평한 지역, 즉 심이 일하는 곳을 의미하고 모든 정신과 관련된 질환에 효과적인 혈이다.

① 위치: 제 6흉추 극돌기 아래

② 주요 증상: 기관지염, 폐렴, 위통, 소아천식

③ 미용증: 신경성 여드름

(11) 신도(神道)

신(神)은 기를 펼치는 것, 도(道)는 통하게 하는 것을 의미하고 심유 혈의 가운데 있으면서 심의 기를 통하는데 효과적이다.

① 위치: 배부 정중앙선 제 5흉추 극돌기 아래 오목한 부위

② 주요 증상: 열성질환, 심통, 늑간 신경통

③ 미용증: 비듬, 여드름, 주사비, 기미

(12) 신주(身柱)

신(身)은 전신, 주(柱)는 대들보, 기둥을 의미한다. 이 혈이 있는 곳이 전신의 지주 역할을 한다는 뜻이다.

① 위치: 제 3흉추 극돌기 아래 오목한 부위

② 주요 증상: 풍열 제거, 기관지염, 폐렴, 히스테리

③ 미용증: 기미, 비듬

(13) 도도(陶道)

도(陶)는 언덕, 질그릇, 도(道)는 도로를 의미한다. 질그릇을 엎어 놓은 것 같은 모형을 가지고 있다는 뜻이다. 마음이 태평하며 괴로움이나 걱정이 없는 상태를 말하고 우울, 번민, 두통을 치유하는 혈로 화기가 타오르는 길이다.

① 위치: 제 1·2흉추 사이 오목한 곳

② 주요 증상: 급성 발열, 두통, 정신분열증, 폐결핵

(14) 대추(大椎)

대(大)는 거대함, 추(椎)는 척추를 의미한다.

① 위치: 배부 정중선 제 7경추 극돌기 아래 오목한 부위

② 주요 증상: 열독 제거, 양기 소통, 기관지염, 견배통

③ 미용증: 여드름, 기미, 습진, 비듬, 홍반

(15) 아문(瘂門)

아(瘂)는 벙어리, 문(門)은 요충지를 의미한다. 벙어리 치료하거나 벙어리가 되는 곳이라는 뜻이다.

① 위치: 제 1·2경추 극돌기 사이, 후발제 정중 상방 5푼

② 주요 증상: 두통, 뇌막염, 뇌출혈, 정신분열증, 뇌성마비

(16) 풍부(風府)

풍(風)은 기, 풍사(風邪), 부(府)는 창고를 의미한다. 모든 풍사로 인한 질환을 치료하는 혈이다.

① 위치: 후두 정중앙선 헤어라인에서 위로 1촌, 두개골과 1번째 경추 극돌기 사이의 함요부

② 주요 증상: 풍열 제거, 발열성 질환, 소양증

③ 미용증: 탈모

(17) 뇌호(腦戶)

뇌(腦)는 두개골, 호(戶)는 통달할 수 있는 곳을 의미한다. 뇌로 들어가는 문이라는 뜻이다.

① 위치: 후두부 정중앙선으로 후발제 위 2촌 5푼 되는 오목한 곳

② 주요 증상: 두통, 불면

(18) 강간(强間)

강(强)은 강하고 단단한 것, 간(間)은 틈, 중간을 의미하고 혈이 단단한 두개골 결합부에 있다는 뜻이다. 두정부의 강한 통증에 효과적이다.

① 위치: 후두부 정중선상으로 후발제 위 4촌

② 주요 증상: 두통, 불면, 구토, 어지럼증, 소아경기

(19) 후정(後頂)

후(後)는 뒤, 나중, 정(頂)은 머리 정수리를 의미한다. 정수리 조금 뒤에 있다는 뜻이다.

① 위치: 후두부 정중선상으로 후발제 위 5촌 5푼 되는 곳

② 주요 증상: 두통, 편두통, 불면

(20) 백회(百會)

백가지의 혈이 모인다는 뜻으로 머리의 정상에 있다. 삼양오회라 하여 족태양, 수소양, 족소양, 족궐음, 독맥이 모이는 곳이다.

① 위치: 정수리 인체의 정중선과 두 귀를 연결하는 것이 교차하는 곳

② 주요 증상: 뇌일혈, 신경통, 두통, 고혈압, 쇼크, 자궁출혈, 치질

③ 미용증: 탈모방지, 모든 미용증

(21) 전정(前頂)

전(前)은 앞, 먼저, 정(頂)은 머리 정수리를 의미한다. 혈이 머리 가장 높은 정수리 앞에 있다는 뜻이다.

① 위치: 두부 정중선상 전발제 위 3촌 5푼 되는 곳

② 주요 증상: 두통, 비염, 시력장애, 소아경풍, 반신불수, 어지럼증

(22) 신회(顖會)

신(顖)은 신문(顖門) 회(會)는 모이는 곳을 의미하고 경기가 모이는 곳이라는 뜻이다. 대천문을 가리키며 두개골이 만나 봉합되는 곳이다.

① 위치: 두부 전중선 전발제 위 2촌 되는 오목한 곳

② 주요 증상: 두통, 건망, 소아경풍, 어지러움, 소아경련

(23) 상성(上星)

상(上)은 머리 부위, 성(星)은 정미로운 것을 의미한다. 하늘의 별이 높은 곳에 있으며 양의 정기가 모인 혈이라는 뜻으로 신당이라고도 한다.

① 위치: 두부 정중선 전발제 위 1촌

② 주요 증상: 두통, 편두통, 비출혈, 비염, 각막염

(24) 신정(神庭)

신(神)은 뇌의 원신, 정(庭)은 궁정을 의미한다. 뇌(惱)의 신(神)이 있는 고귀한 곳이라는 뜻이다.

① 위치: 두부 정중선 전발제 위 5푼 되는 곳

② 주요 증상: 두통, 편두통, 안염, 비염, 고혈압, 발신불수, 어지럼증

(25) 소료(素髎)

소(素)는 흰색, 높고 깨끗함, 료(髎)는 뼈와 뼈 사이의 좁은 틈을 의미한다.

① 위치: 코 끝 정중앙선

② 주요 증상: 주사비, 저혈압, 소아경풍, 비염

(26) 수구(水溝)

수(水)는 수액, 콧물, 구(溝)는 좁고 긴 도랑을 의미한다. 콧물이 흐르는 곳을 뜻하고 사람은 하늘과 땅의 중간에 있으므로 인중이라고 한다.

① 위치: 코 아래 0.5촌

② 주요 증상: 뇌일혈, 인사불성, 중풍, 실신, 멀미, 안면신경마비, 삼차신경통

③ 미용증: 안면근육경직

(27) 태단(兌端)

태(兌)는 연못, 입, 혀, 단(端)은 끝을 의미하고 구강이라는 큰 동굴 입구인 입술 위쪽 끝에 있다는 의미이다.

① 위치: 전중선상 윗입술 끝

② 주요 증상: 구토, 비출혈, 비염, 구내염, 치은염, 실신

(28) 은교(齦交)

은(齦)은 치근, 교(交)는 만나고 이어지는 것을 의미한다. 임맥과 독맥이 서로 만나는 곳이라는 뜻이다.

① 위치: 윗 잇몸 안쪽의 중앙부, 윗입술의 상순소대 부착 부위

② 주요 증상: 치통, 치은염, 구내염, 치통출혈, 정신과 질환

표 1-11 12경락의 경로와 유주시간

유주 순서	십이경맥명	기시혈	종지혈	혈수	유주시간	작용
1	수태음폐경	중부	소상	11	03~05시	호흡작용
2	수양명대장경	상양	영향	20	05~07시	배설작용
3	족양명위경	승읍	여태	45	07~09시	소화작용
4	족태음비경	은백	대포	21	09~11시	저장작용
5	수소음심경	극천	소충	9	11~13시	순환작용
6	수태양소장경	소택	천궁	19	13~15시	전환작용
7	족태양방광경	정명	지음	67	15~17시	청정작용
8	족소음신경	용천	유부	27	17~19시	정기작용
9	수궐음심포경	천지	중충	9	19~21시	보호작용
10	수소양삼초경	관충	사죽공	23	21~23시	정혈작용
11	족소양담경	동자료	족규음	44	23~01시	발효작용
12	족궐음간경	태돈	기문	14	01~03시	배분작용

15. 경락의 경로 연습

1. 수태음폐경

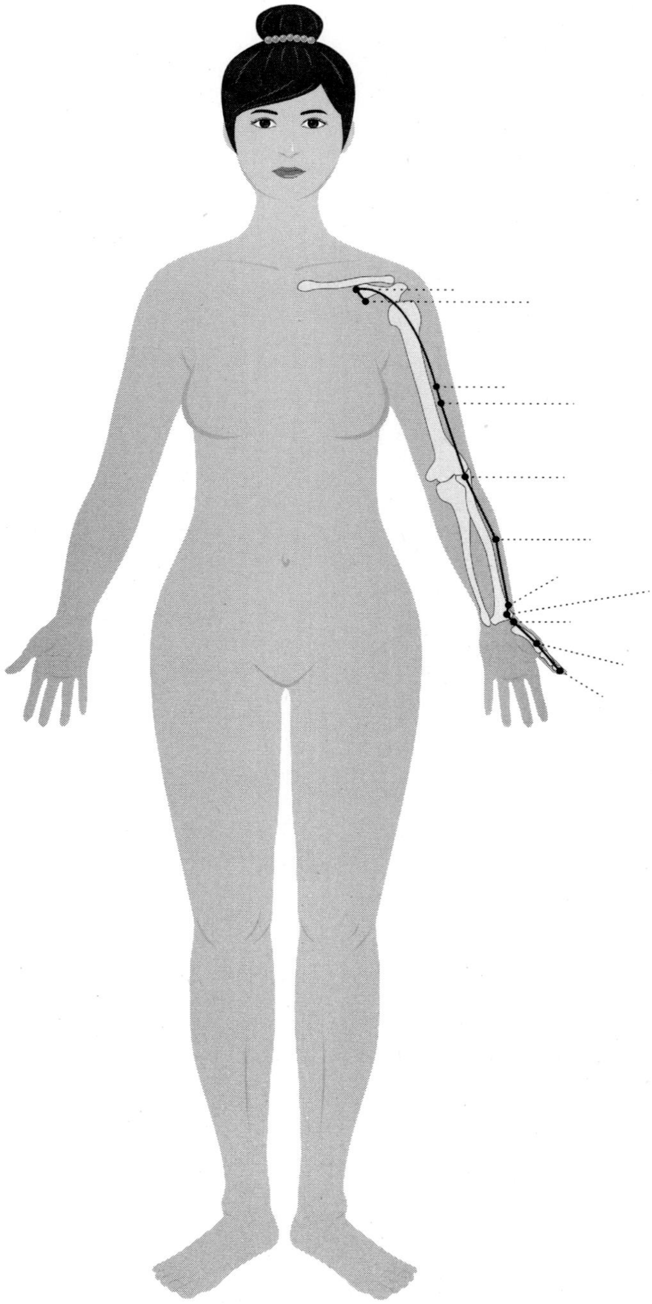

수태음폐경의 경혈순서 (11혈) :

2. 수양명대장경

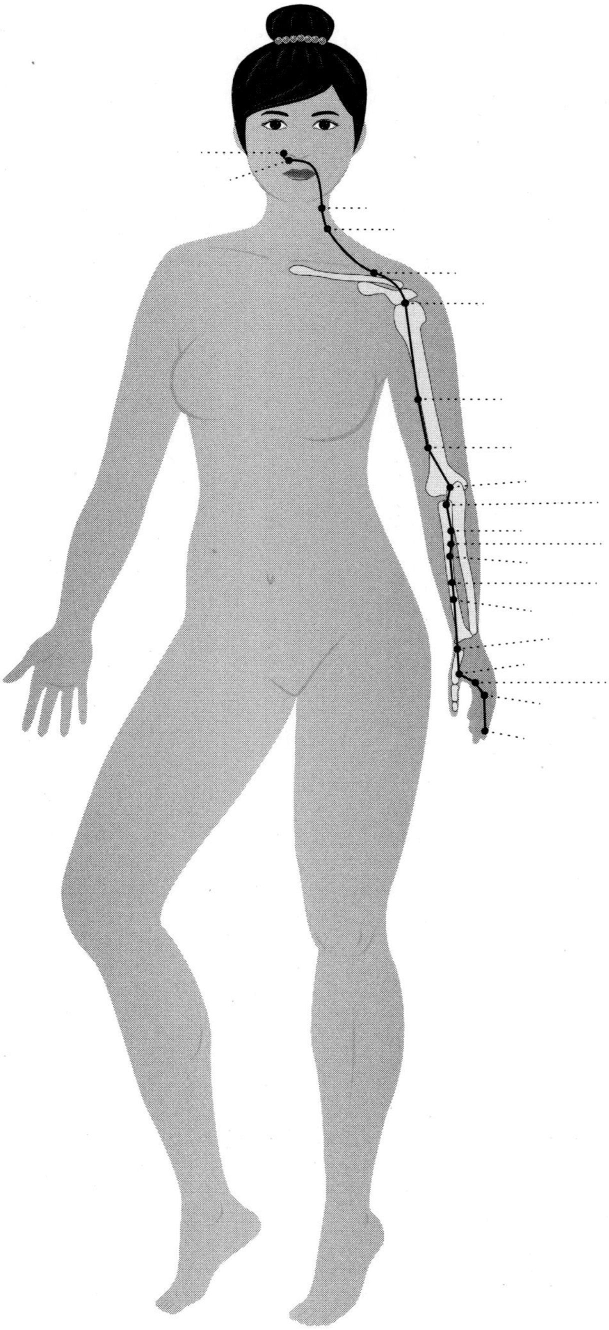

수양명대장경의 경혈순서 (　　혈) :

3. 족양명위경

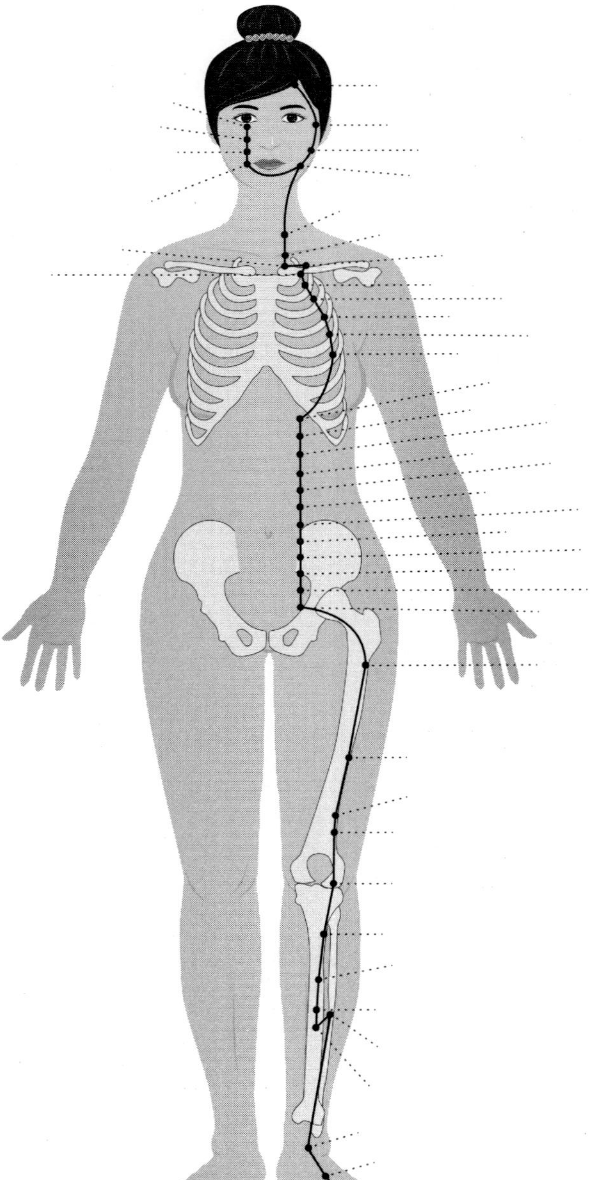

족양명위경의 경혈순서 (혈) :

4. 족태음비경

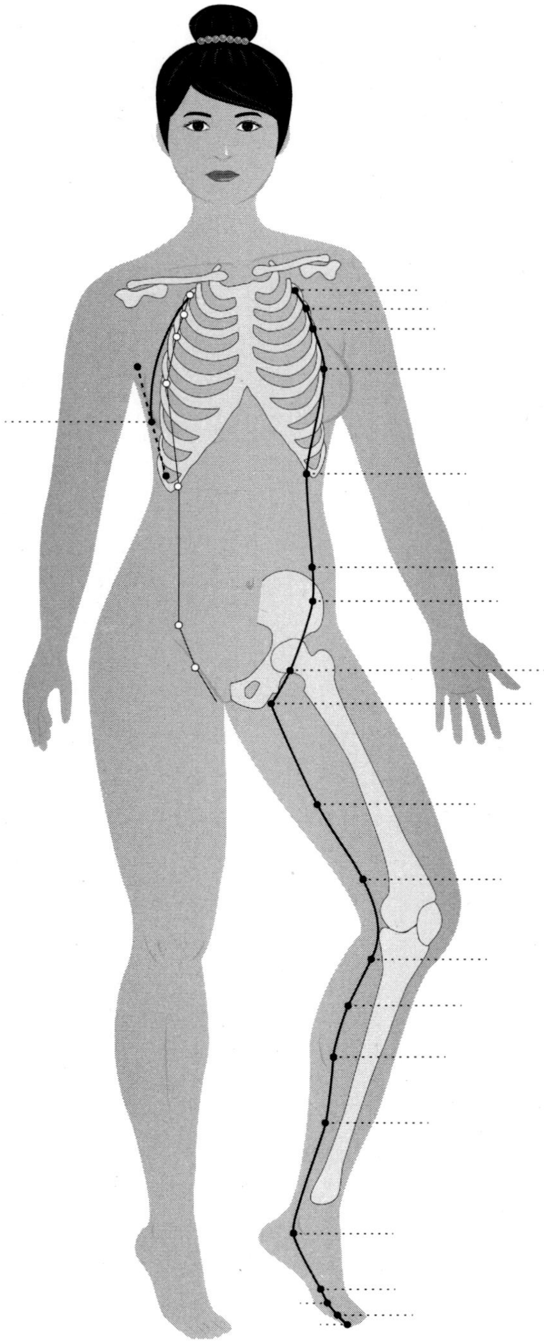

족태음비경의 경혈순서 (　　혈)

5. 수소음심경

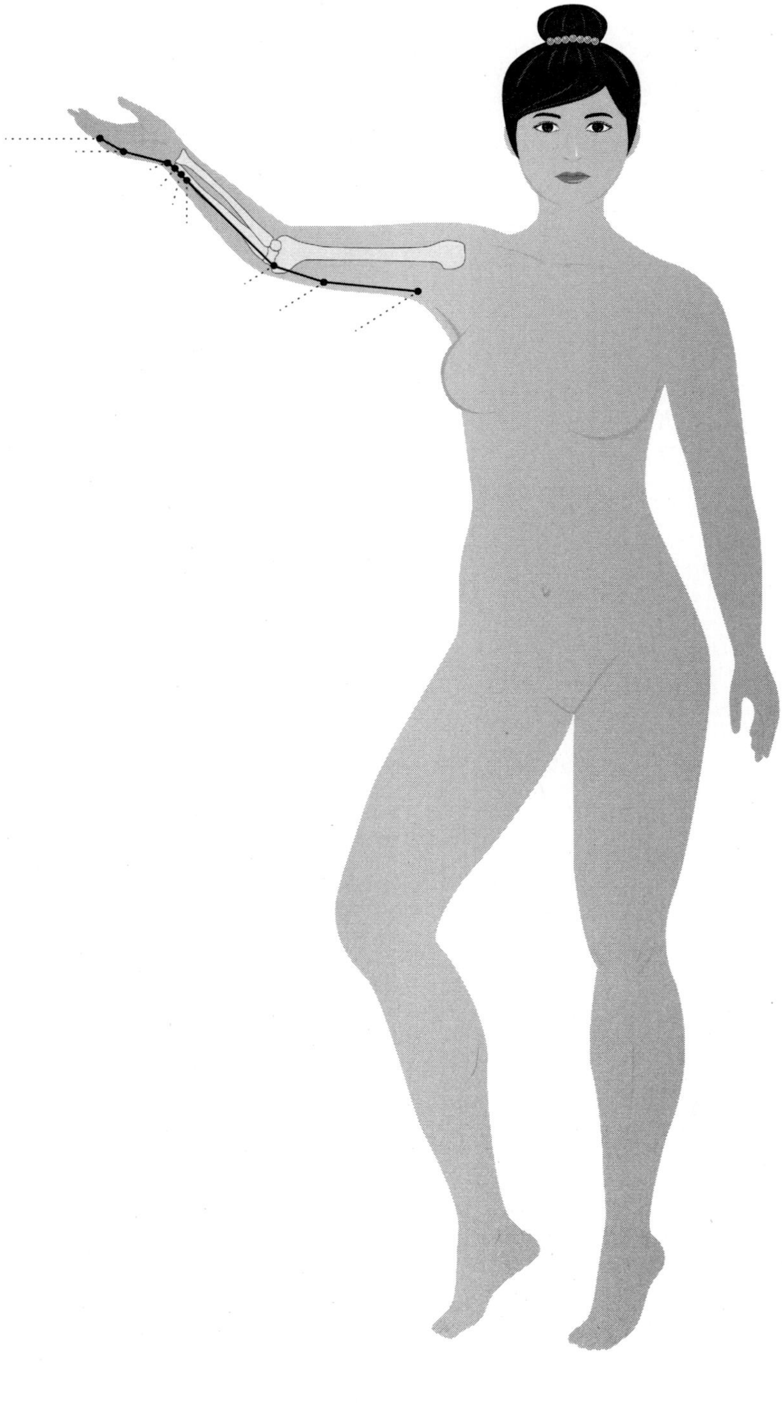

수소음심경의 경혈순서 (　　혈)

6. 수태양소장경

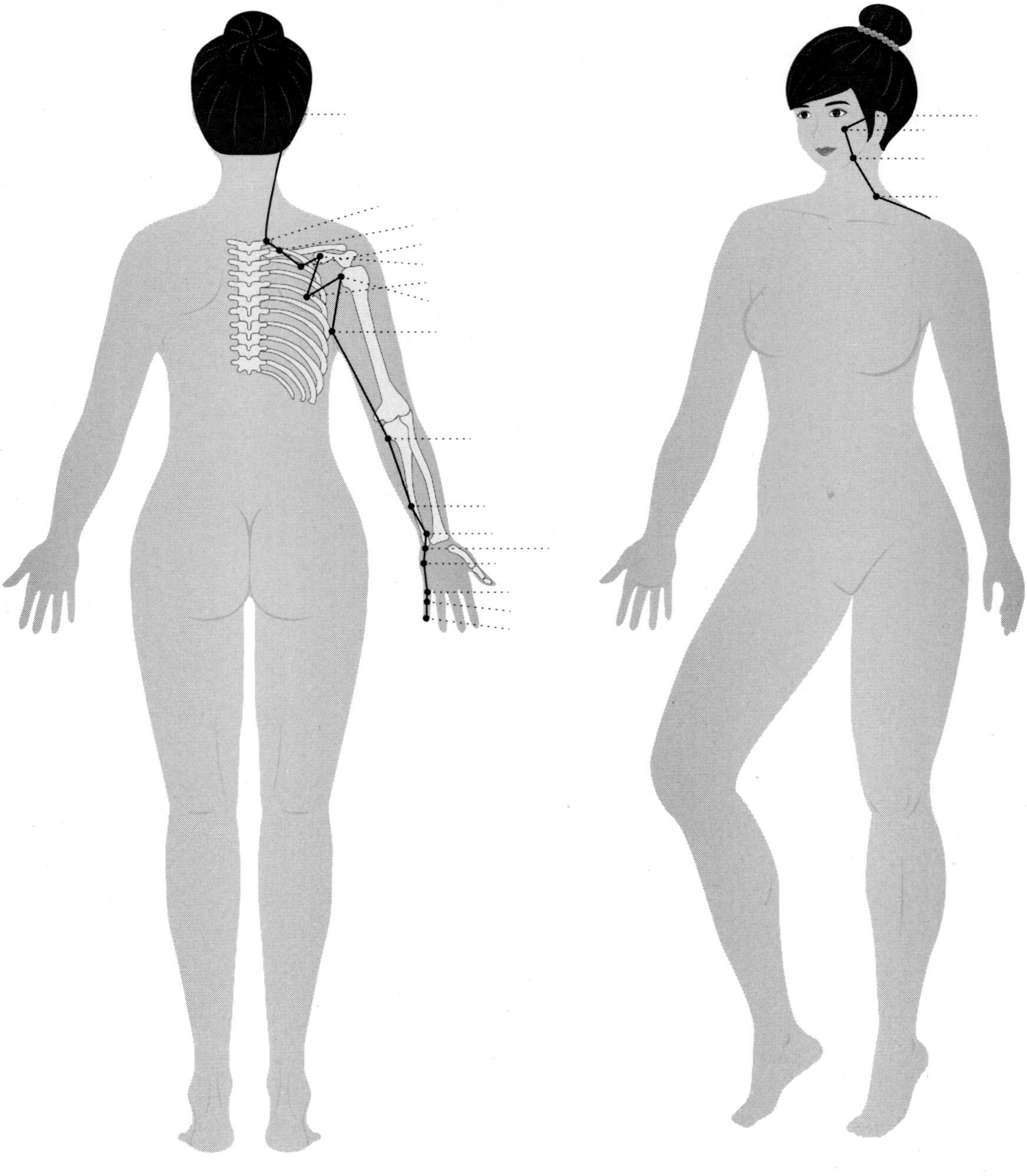

수태양소장경의 경혈순서 (　　혈)

7. 족태양방광경

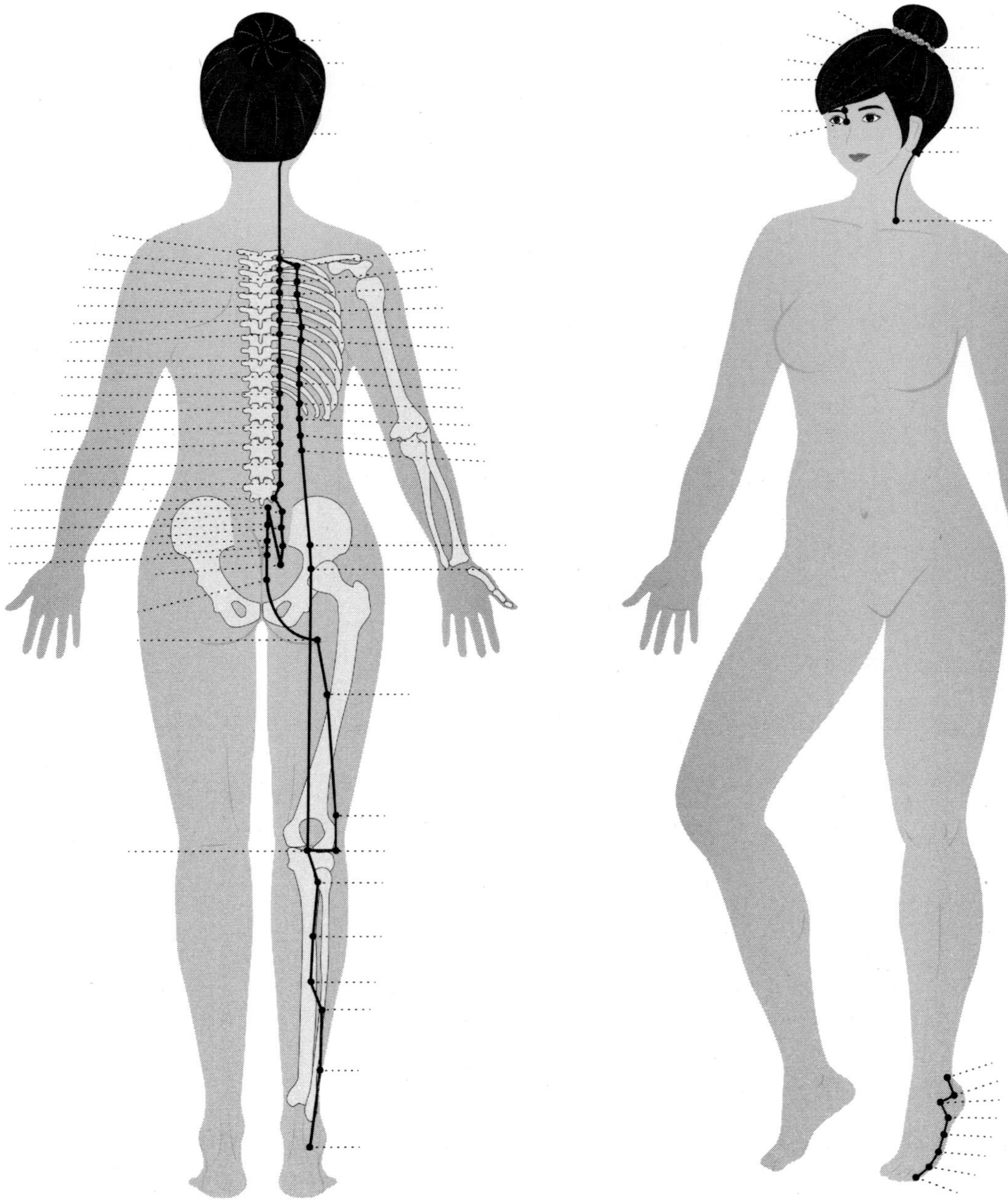

족태양방광경의 경혈순서 (혈)

8. 족소음신경

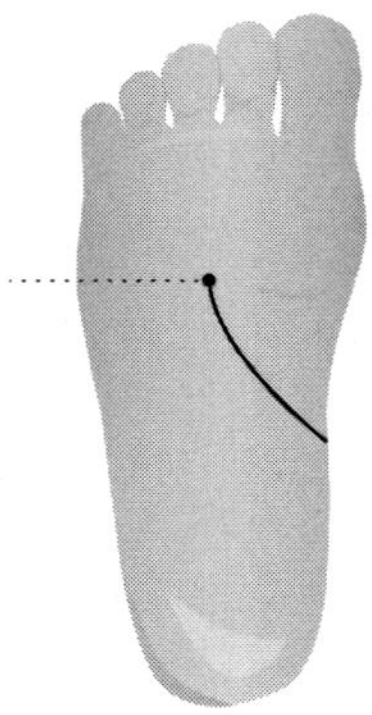

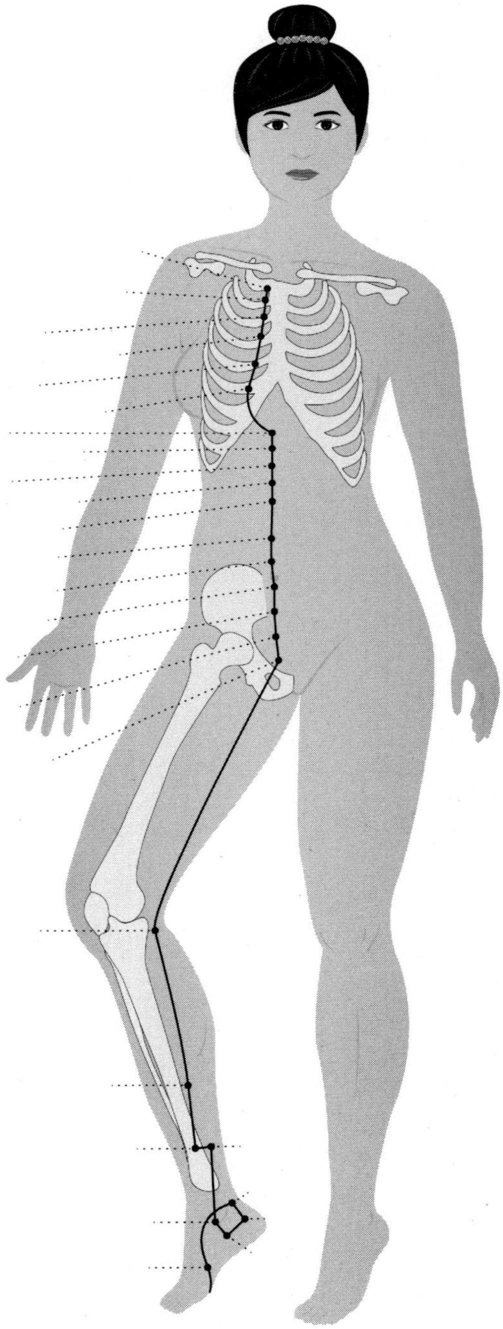

족소음신경의 경혈순서 (혈)

9. 수궐음심포경

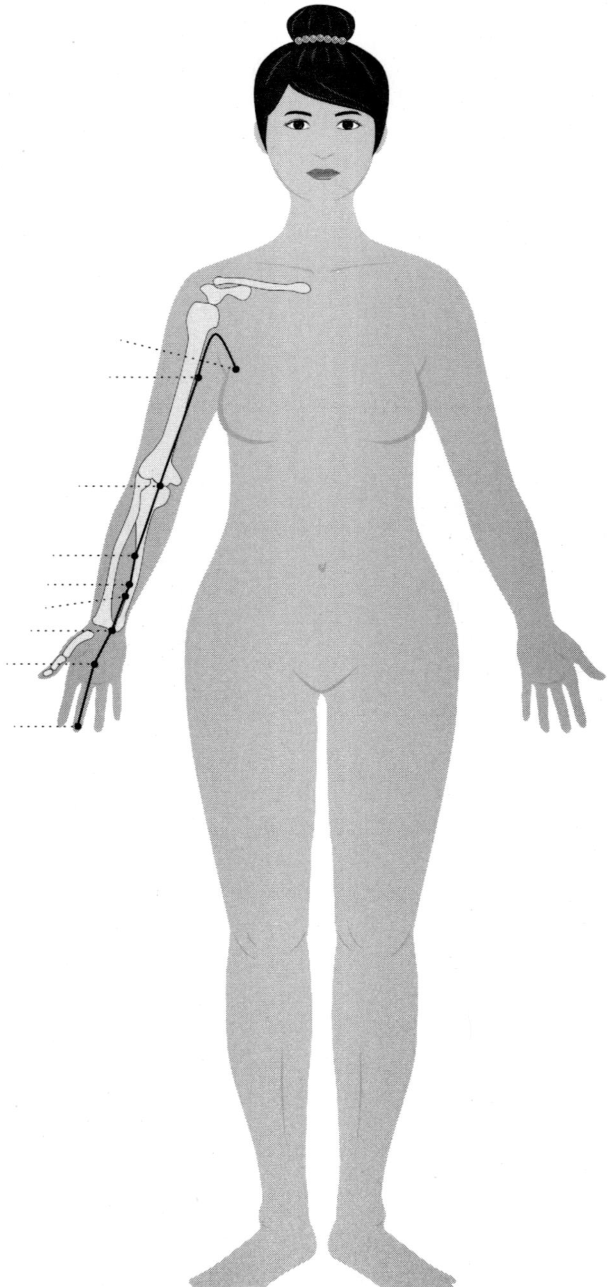

수궐음심포경의 경혈순서 (혈)

10. 수소양삼초경

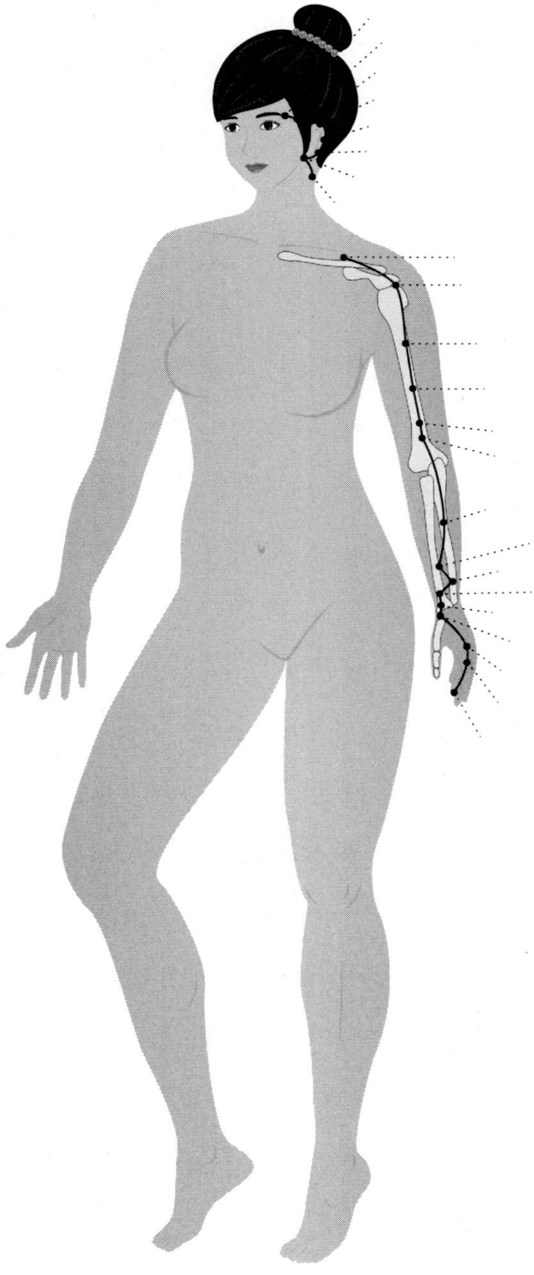

수소양삼초경의 경혈순서 (　　혈)

11. 족소양담경

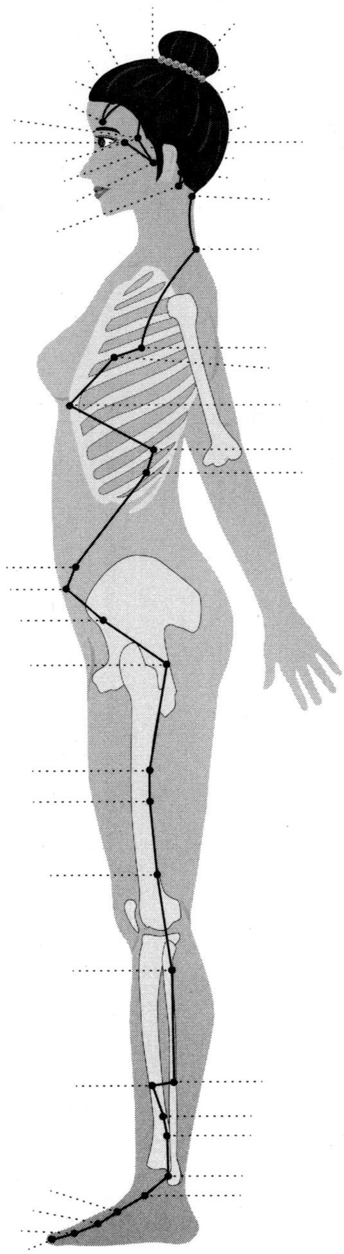

족소양담경의 경혈순서 (　　혈)

12. 족궐음간경

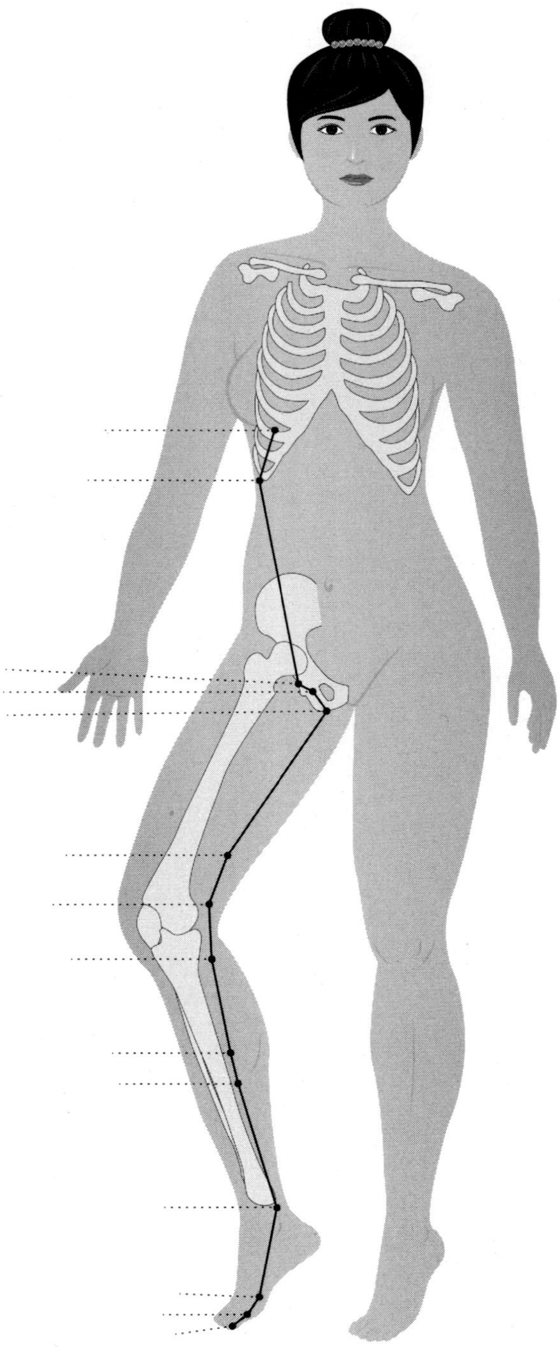

족궐음간경의 경혈순서 (혈)

13. 임맥

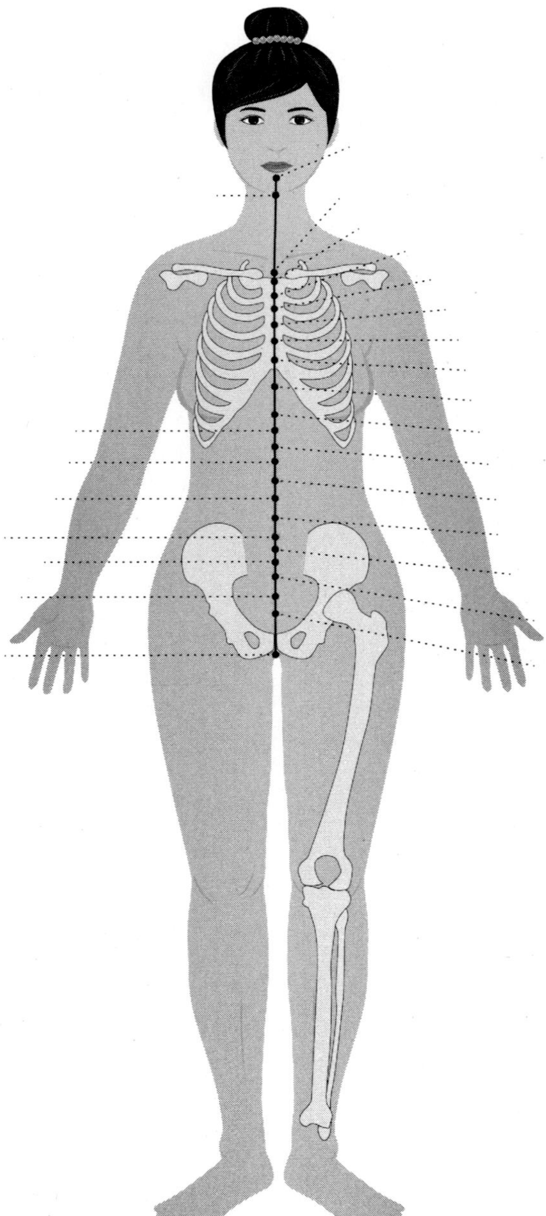

임맥의 경혈순서 (　　혈)

14. 독맥

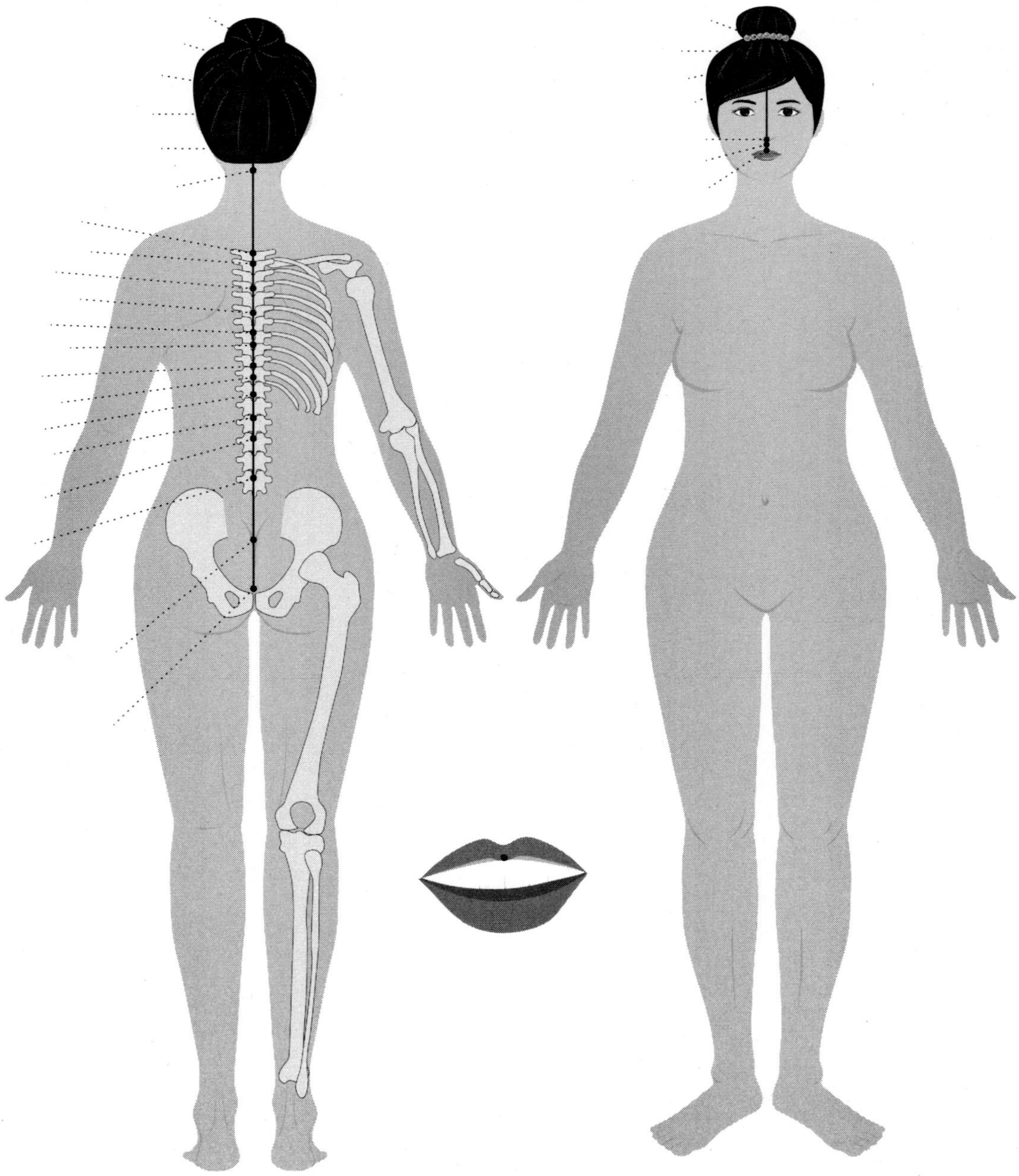

독맥의 경혈순서 (　　혈)

12경락의 경로와 유주시간 작성하기

유주 순서	십이경맥명	기시혈	종지혈	혈수	유주시간	작용
1						
2						
3						
4						
5						
6						
7						
8						
9						
10						
11						
12						

참고문헌

KATA 교수연구회 역, Chinese Massage, 푸른 의학.
강미나 외 11인, 경혈학 기초, 현문사, 2003.
강신옥 외, 응용 에스테틱, 훈민사.
김광옥 외, 미용경락마사지, 청구문화사.
김광옥 외, 최신 미용경락, 청구문화사.
김기연 외 3인, 경락미용, 성보사, 2003.
김남수, 경락 경혈학, 정통침연구소,
김선희 외, 피부미용경락과 지압, 청구문화사.
김희중, 전문가를 위한 경락 경혈도Ⅰ, 동양의학 출판국.
노윤역 편, 알기 쉬운 침구학, 열린책들.
루시 리델, 건강 마사지, 하남출판사.
생활의학 연구회, 경락의 대발견, 일원서간각.
안남훈, 미용경락 이론과 실제, 뷰티 비젼.
안남훈, 홀리스틱 경락원론, 홀리즘, 2003.
오명숙 역, Reading The Body, 푸른 의학.
이명복, 체질을 알면 건강이 보인다, 대광출판사.
정숙, 알기 쉬운 경락 경혈, 인간사랑.
조병각 외, 경락 미용학, 뷰티 프라자.
조헌영, 통속 한의학 원론, 학원사.
지정옥, 한의학 에세이, 동녘.
페이지엔 션(정현모 역), 경락 마사지, 푸른솔.
한상모 외, 동의학 어떻게 배울 것인가, 여강 출판사.
홍성균, 경락 피부 미용학 개론Ⅰ·Ⅱ, 대학서림.

본 교재는 와이즈유(영산대학교) 2017년 교내연구비 지원에 의해 출판되었습니다.

저자 **한채정**
건국대학교 향장생물학 전공 (이학박사)
북경 중의대학교 경락과정 수료
국제(IFPA) 아로마 테라피스트
International CIDESCO 자격취득
現) 와이즈유(영산대학교) 미용예술학과 부교수

박미은
現) 와이즈유(영산대학교) 미용예술학과 겸임교수
와이즈유(영산대학교) 미용예술학 박사과정
디오네 뷰티바이블 연구소 대표

미용경락학

2017년 10월 10일 초판인쇄
2017년 10월 20일 초판발행

지은이 : 한채정 · 박미은
펴낸이 : 이상태
펴낸곳 : 청구문화사
주소 : (03706) 서울특별시 서대문구 성산로11길 15
전화 : 02)332-0541 FAX : 02)337-9577
등록 : 1990년 11월 2일 제9-247호

가격 18,000원

ISBN 978-89-5616-757-2 93590

A History of Beauty Culture

미용 문화사

곽형심 · 김용임 · 안인희 · 조정문

청구문화사

머리말

대학과정의 미용교육이 기대했던 것보다도 훨씬 빠르고 안정되게 정상궤도에 진입하면서 더욱 더 기술교육의 향상은 물론 인성 함양과 취업 후 현장적응능력 강화를 위한 산업체의 요구와 기대에 부응하는 미용교육이 절실하게 요구되고 있다.

이에 따라 각 대학에서는 다양한 학과목들을 추가로 개설하여 대학교육의 질적 향상을 추구하고 있는데, 이러한 과목들 중에서도 특히 시대에 따라 다양하고 새롭게 변화하는 미용문화사에 대한 교육이 학생들의 미용에 대한 이해와 미래의 전문 미용인으로 발전하는데 중요하고 결정적인 학문적 지식을 제공하게 을 실감하게 되었다.

사실 미용도 엄연히 예술의 범주에 속하는 만큼, 문화사적인 조명이 없이 미용학을 강의한다는 것은 필수요건 중의 하나를 빠뜨리는 것과 다름이 없는 일이라고 생각한다.

돌이켜보면 인류의 역사와 함께 문화는 각각의 국가와 민족의 특성에 따라 존재하고 변화하였으며, 그와 함께 시대의 변화에 따라 인간 본능의 미적 추구와 스스로를 치장하기 위한 여러 가지 방법들, 즉 복식과 신발, 머리모양과 장식, 화장법과 화장도구, 장신구 등이 함께 다양하게 변화하였음을 알 수 있다.

본서는 이러한 취지에서 그 시대의 역사적, 사회적 배경에 따라 복식문화를 기초로 하여 변화하는 미용의 방식들을 문헌과 논문 그리고 미술사 등을 통해 정리하여 미용을 공부하는 학생들에게 학문적인 도움을 주고 문화를 선도해 가는 미적 선도자로서의 자부심을 갖도록 하는데 이바지 하고자 출간하게 되었다.

최선을 다하였으나 정리를 끝내고 보니 부족하고 미흡한 부분들이 많음을 절감한다. 이러한 점들은 앞으로 지속적인 연구와 노력을 통해 수정·보완해 나갈 것을 다짐하며, 이 작은 책자가 학생들의 미용문화사에 대한 이해를 돕고 전문 미용인으로서 자신의 직업에 대한 정체성을 깨우치는데 도움이 되었으면 하는 바램이다.

끝으로 본서를 출판할 수 있도록 각별히 애써 주신 청구문화사 이상태 사장님과 직원 여러분들께 진심으로 감사를 드린다.

2013년 여름
저자 일동

목 차

제2편 서양의 미용문화 ······························ 113

1장. 고대 · 115

2장. 중세 · 143

3장. 근세 · 165

4장. 근대 · 197

5장. 현대 · 223

제 1 편

한국의 미용문화

1장 미의식의 태동, 상고시대

한반도에 인류가 살기 시작한 것은 60~50만년 전의 유적과 유물이 출토되는 것으로 보아 매우 오래 전부터임을 알 수 있다. 구석기시대에 출토된 여러 가지 석기들로 미루어 볼 때 짐승의 털이나 가죽을 걸쳐 입었을 것으로 추측된다. 신석기 시대에는 방추차, 뼈바늘 및 마사(麻絲) 등의 복식 관련 출토물로 추측해 볼 때 간단한 의복류를 봉제하여 입었음을 알 수 있다.

B.C. 10세기경 신석기 말엽 무문토기를 사용하는 새로운 주민이 만주와 한반도에 정착하여 살면서 금속문화인 청동기 문화가 싹트기 시작하였다. 무기의 재료가 석재(石材)에서 청동(青銅)으로 바뀌었고 이 청동제의 무기는 곧 힘의 상징으로 이를 소유한 세력이 정복과 지배를 통해 여러 씨족을 통합하여 부족국가를 성립하게 되었으며 지배계급이 발생하게 되었다. 기원전 4세기경부터 청동기가 크게 발달·보급되어 세형동검(細形銅劍), 동탁(銅鐸 : 구리 방울), 다뉴세문경(多鈕細紋鏡) 등이 전국에 걸쳐서 사용되었고, 청동제 공구도 보급되어 목제(木製) 농기구를 제작하는 등 청동기는 생활전반에 사용되었다. 따라서 생산 활동에 보다 큰 효과를 거둘 수 있었고 이것은 정치사회로 발전하는 큰 전기를 만들어 주었다.

청동기 시대에는 직물 제직이 가능하였으므로 기본적인 의복형을 갖추었을 것으로 여겨진다. 철기시대에 이르러 「삼국지」 위지 동이전의 기록에 따르면 다양한 종류의 직물 제직이 행해졌으며 연맹국들이 자국복식의 특성을 갖추고 있을 정도로 복식문화가 상당히 발달하였다.

우리나라 복식은 선사시대에 이미 그 기본형을 이루었다고 볼 수 있으며 그 기본구조는 북방계 의복인 유고제(襦袴制)라 할 수 있다. 저고리인 유(襦), 바지인 고(袴), 두루마기인 포(袍), 치마인 상(裳) 등으로 팔·다리를 활동하기에 편리하도록 우리 신체 형태의 체형형(體形形)으로 하고 머리에는 관모(冠帽)를 착용하고 발에는 장화 형태의 화(靴)나 오늘날 일반적 신발형태의 이(履)를 신었다. 우리나라는 옛부터 흰 피부를 숭상하였으며 흰 피부의 소유자를 귀인이라고 생각하였다. 오랜 옛날부터 백색 피부의 소유자를 숭상한데서 유래한 것이다.

단군신화를 통하여 우리민족이 흰 피부를 선호하였으며, 또한 향료를 사용하였다는 것을 확인할 수 있다. 단군신화의 환웅은 곰과 호랑이에게 쑥과 마늘을 먹고 사람으로 변하기를 요구하였다. 쑥과 마늘의 사용은 피부 미백을 위해 민간에 널리 행해지던 방법이다. 사람이 되기 위한 도구로 쑥과 마늘이 사용된 이유는 지도자와 혼인할 여인이 흰색 피부이기를 희망하였기 때문으로 해석된다. 또한 우리민족의 첫 거주지는 단목(檀木, 박달나무) 근처였다. 원시시대의 사람들은 향료를 신성시 여겨 일상생활에 사용하였다. 고대인의 첫 거주지가 향나무인 박달나무 부근인 것으로 보아 우리민족 역시 향료를 신성시하여 제천 행사 등의 의식에 사용하였다는 것을 예측할 수 있다.

「후한서」에 보면 고구려인으로 동화된 읍루와 말갈족은 피부미용과 동상을 막기 위하여 겨울에 돼지기름(돈고:豚膏)을 피부에 발랐다는 기록이 있다. 더욱 놀라운 사실은 자연 상태의 돼지기름이 아닌 가공된 것을 사용하였다는 것이다. 이와 같이 북방계 유목민인 우리민족이 초기에 화장을 하게 된 요인 중의 하나는 추위를 막기 위한 실질적인 필요성에 의한 것이었다. 그밖에도 말갈족이 피부미용을 위해 오줌으로 세수를 하였다는 기록이 있다. 돼지기름과 오줌의 사용은 최근까지 사용된 민간요법으로 고조선과 부족국가 시대의 사람들이 이미 이러한 효능을 알고 있었다는 사실을 입증해준다. 피부미용과 장식에 관심을 보였다는 사실을 증명하는 유물로는 채화총(彩畵塚)에서 출토된 채화칠협(彩畵漆篋)이 있다.

그림 I-1 채화칠협

낙랑의 유물인 채화칠협의 인물들은 머리가 정돈되어 있고, 이마를 넓히기 위하여 머리털을 뽑은 흔적이 뚜렷하며, 눈썹이 굵고 진하게 그려져 있다. 인물들의 단정한 차림새가 위의 사실을 확인시켜준다.〈그림 Ⅰ-1〉

남부지방의 마한(馬韓)과 변한(弁韓)에서는 문신(文身)을 하였다. 문신은 인류가 옷을 입기 시작하기 전부터 몸에 행했던 피부장식의 수단으로 원시화장의 형태이기는 하지만 단순한 피부장식만이 아니라 주술과 신분표시의 역할도 함께 하였다.

고조선의 사람들은 술과 노래와 춤을 알고, 비단옷과 그릇을 사용하였으며 일부 부족인들은 독약을 만들어 사용하는 방법까지 알고 있었다. 독약을 만들기 위해서는 독성물질의 화학적 결합방법을 알아야만 제조가 가능하다. 이와 같은 그들의 경제, 지식, 문화수준을 감안해 본다면 피부보호제와 미백제를 제조하여 사용하였을 것으로 생각된다.

2장 민족고유 미감의 형성, 삼국시대

1. 광활한 영토를 지배한 무풍적 기상 - 고구려

1) 역사적 배경

고구려는 기원전 1세기에 일어나 통구지방(현재의 集安)에 수도를 졸본성에서 국내성으로 정하고 용맹과 무를 숭상하여 불굴의 정신을 길렀으며 북만주로부터 남쪽 대동강유역 아래에 이르는 지역을 석권하여 동방대국으로 성장하였고 472년에 수도를 평양으로 옮겼다.

고구려의 복식은 고구려가 위치하고 있던 자연환경과 사회 환경에 의한 생활양식의 표현예술이라고 할 수 있다. 자연적 조건은 여름에는 습기가 많고 겨울에는 건조한 대륙성 기후의 영향으로 한대성 복식과 온대성 복식이 공존하여 급변하는 기온에 적응할 수 있는 상·하의로 구분된 앞부분에 여밈이 있는 전개형의(前開刑衣: caftan)로서 추위로부터 사지를 완전히 감싸 보호해 줄 수 있는 체형형(體刑刑)의 저고리와 바지 형태의 유고제(肆袴制)로 발달하였다. 사회적 조건은 당시의 정치, 경제, 종교 등의 여러 가지 사회사상의 복합적인 요인으로 인해 복식문화의 형태도 매우 복잡하고 다양하였다. 여러 북방민족의 이동에 따른 문화의 혼합, 신분계급의 형성에서 오는 지배자의 권위의식 표현, 경제적 재물축적에서오는 부의 축적, 원시적 신앙심에서 신의 가호를 받기 위한 주술적 의미의 호부물(護付物) 착용 등 다양한 양상을 띠고 있다.

위와 같은 조건하에 발달한 고구려 복식의 기본형은 상·하의가 구분된 직령교임형(直領交殉刑)과 전개합임형(前開合殉刑)·체형형(體刑刑)이 섞여 있어 구조적으로 볼 때 북방계 복식형태를 나타내고, 상유하고제로서 호복계(胡服系)의 범주에 속하며 우리나라 복식의 기본형이라는 특징이 있다. 고구려 남녀의 기본 복식은 지금의 저고리에 해당하는 유(肆) 또는 삼(衫)을 위에 입고 지금의 바지에 해당하는 고(袴)를 아래에 입었다. 귀족 남녀들은 의식이 있을 때는 물론 평상시에도 의례용으로 지금의 두루마기에 해당하는 포(袍)를 덧입었으며 의례용으로 치마인 상(裳)이나 군(裙)을 입기도 했다.

2) 미용문화

(1) 두식(頭飾)

① 관모(冠帽)

고구려는 관모에도 신분계급이 명확히 나타나있어 관인(官人)과 서인(庶人)의 관모가 다르고 관인계급에서도 귀인·대관·일반관인급의 것이 서로 달랐음을 알 수 있다.

■ 표 Ⅱ-1 고구려의 신분에 따른 관모

史書 \ 階級	王	貴人·大官人	官人	庶人	婦人
설문(說問)		책			
위지(魏志)		무후책	절풍변		
후한서(後漢書)		무후책	절풍변		
남제서(南齊書)		절풍	절풍	책	
위서(魏書)		조우절풍변	조우절풍변	절풍변	
북사(北史)	금은식	조우절풍변	자라소골	절풍변	
남사(南史)		무후책	절풍변		
주서(周書)		자라소골	조우소골		
양서(梁書)		무후책	절풍변		
수서(隋書)		조우관	자라관	피관(皮冠)	
통전(通典)		무후책	절풍변		
구당서(舊唐書)	금은식	청라조우관	비라조우관	변	건귁
당서(唐書)	백라관	청라조우관	강라조우관	변	건귁
한원(翰苑)		금은녹이	무후책	절풍	

문헌에 나타난 상대(上代) 최초의 관모는 책(幘)과 절풍(折風)으로 후대의 것은 이 원형에다 수식(修飾)이나 의장(意匠)을 가한 것이다. 왕과 귀족 계급의 관모는 외교적 의례관계로 인해 외국 관모의 착용이 성행하여 때로는 전통적 고유색까지 흐리게 되기도 하였다.

건(巾)

건은 머리가 흘러 내려오지 않게 해주므로 활동에 편하여 실용적인 동기에서 착용하게 된 가장 간단하며 기본적인 관모이다. 쌍영총의 귀부인들에게서 건의 착용모습을 볼 수 있는데, 이는 백색 수건을 앞이마에서 뒤쪽으로 묶어 맨 형태를 보이고 있다〈그림 Ⅱ-1〉. 또 다른 건으로는 덕흥리 고분의 기마사회도에 보이는 남자들이 쓴 건으로, 검은 수건을 앞이마에서 뒤로 덮어서 묶었는데 나머지 부분이 뒤로 바람에 나부끼는 형태를 보이고 있다.

그림 Ⅱ-1 쌍용총 귀부인들

그림 Ⅱ-2 안악3호분 주인상

그림 Ⅱ-3 삼실총의 행렬도의 절풍

책(幘)

원래 책(幘)이라는 것은 「설문(說文)」에 의하면 머리에 건이 있고 이를 책이라 한다고 하였고, 「방언(方言)」에 의하면 계(髻)를 덮어씌우는 것을 책건(幘巾) 또는 승로(承露)라고도 한다고 하였다. 이러한 기록으로 보아 책은 간단한 두건상(頭巾狀)의 관모로서, 건에서 출발하여 수건을 머리에 질끈 묶는 형태인 것으로 보인다.

고구려 고분벽화에 나타나있는 관모 중에서 책은 안악3호분의 주인상과 신하들이 쓰고 있는 관모의 감신총 전실 북벽의 주인상, 덕흥리 고분의 주인상이 쓰고 있는 관모이다.〈그림 Ⅱ-2〉

변(弁)절풍(折風)

절풍은 고구려의 독특한 고유의 관모라 할 수 있으며 변(弁)에서 발달한 것으로 새의 깃털을 꽂아 장식한다. 「북사(北史)」열전 고구려조에 의하면, "사람들은 모두 머리에 절풍을 쓰는데 모양이 변과 비슷하다. 사인들은 두 개의 새깃을 꽂는다. 존귀한 자는 자색의 라(羅)로 만들고 금은으로 장식한 '소골(蘇骨)'이라는 관을 쓴다"고 했으며, 「남사(南史)」 열전에 "소가(小加)는 절풍을 쓰는데 모양이 변과 같다"고 했다. 변(弁)의 형태를 살펴보면, 위의 '厶'자는 관모의 세모꼴 모양이며 밑의 '廾'자는 관모의 끈을 표현한 것이라 볼 수 있다. 변을 우리말로 하면 곳갈 또는 고깔이라고하며 '곳'은 각이진 윗부분인 첨각(尖角)을 말하고 '갈'은 관모를 의미하여 윗부분이 뾰족한 관모라는 뜻이다. 절풍의 형태는 감신총, 쌍영총, 무용총, 삼실총 등에 나타나 있다.〈그림 Ⅱ-3〉

그림 Ⅱ-4 쌍용총의 인물도

조우관(鳥羽冠)

고구려인의 관모에 조우를 장식한 것은 집안과 용강 등지의 고구려 고분벽화에서 그 형상을 많이 볼 수 있고, 위사 열전 고구려조와 북사 열전 고구려조에 의하면 "머리에 절풍을 썼으며 그 형태가 변과 같고 사인(士人)은 조우를 꽂았다"라는 기록과 고구려 벽화에서 볼 수 있는 조우관과 일치하고 있다. 사서의 기록에 의하면 조우는 절풍, 피관(皮冠), 나관(羅冠) 등에 장식되어지는 것이 대부분인 듯하다. 또한 조우는 천연 조우(鳥羽)나 천연 조미(鳥尾)를 사용한 것이 분명하나 후에 가서는 금관제의 조우상(鳥羽狀) 혹은 녹이상(鹿耳狀)의 장식물을 사용하기도 하였다. 두 개의 조우를 장식한 조우관의 모습은 고구려 벽화 여러 곳에서 보이며 그 전형적인 것은 쌍영총이며, 동서쪽 벽의 인물도에서도 볼 수 있다〈그림 Ⅱ-4〉. 또한 무용총 주실 서쪽 벽의 수렵도에서는 새의 것인 조우(鳥羽) 대신 새의 꼬리인조미(鳥尾)를 장식한 것을 볼 수 있다.이러한 조우식의 풍속은 고구려, 백제, 신라의 삼국에 존재했음을 「북사(北史)」 열전, 「주서(周書)」등에서 확인할 수 있으며, 이 조우를 장식하는 것은 수렵시대의 풍속으로 동물 이빨의 형상을 본뜬 옥(玉)을 몸에 장식했던 것과 같다고 볼 수 있다.

건귁

부녀자들이 쓴 쓰개의 일종으로 이것은 관모라기보다는 머리수건의 수식으로 생각된다. 근세에 와서도·머릿수건이라 하여 개성 이북의 부인들이 쓰는 것이 이 건귁의 형상과 비슷하다. 고분벽화에 보이는 건귁의 형태는 각저총 주실 오벽벽화(奧壁壁畵)의 부인이 쓰고 있는 쓰개의 형태이다〈그림 Ⅱ-5〉.

입(笠)

입은 더위와 비를 피하기 위해 끈으로 턱에 걸어 매어 사용하는 실용적인 목적에서 생겨난 관모로 고구려에서는 남자들이 의례용으로 사용하였다.〈그림 Ⅱ-2〉

그림 Ⅱ-5 각저총 부인상의 건귁

그림 Ⅱ-6 감실총 착립기마 인물도의 입

나관(羅冠)

고구려의 왕은 백라관(白羅冠)을 썼으며 대신은 청라관(靑羅冠), 강라관(絳羅冠)을 썼다. 백라관의 형태는 안악3호분 주인상, 덕흥리 고분 주인상 등에서 착용한 모습을 볼 수 있다. 〈그림 II-2〉

금동관(金銅冠)

금동관의 유물로는 평양시 청암동 토성토에서 발견된 투각(透刻) 화염문(火焰紋) 금동관(金銅冠)이 있다. 넓은 금동관대에 투각화염문 금동입식을 5개 세우고 관대의 좌우에 댕기 모양의 수식 하나씩을 늘어뜨렸으며 관대 윗둘레에는 화염처럼 뻗은 인동무늬를 투각하고 아래둘레에는 연주무늬를 둘렀으며 중간에는 같은 간격으로 화형(花形) 장식 2개를 배치하였다.〈그림 II-7〉

그림 Ⅱ-7 금동관

면관(冕冠)

면관은 오회분 5호묘에 용을 탄 신선에게서 볼 수 있다. 이 승룡신은 면판(冕板)에 류(旒)가 달려있는 면류관을 쓰고 있다. 〈그림 II-8〉

그림 Ⅱ-8 오회분 오호묘 승룡신의 면류관

② 머리모양

고구려인의 머리모양은 문헌상으로보다 고구려 고분벽화를 통하여 살펴볼 수 있다. 평양과 집안지역에 집중되어있는 고분벽화는 머리모양의 색채와 형태를 시각적으로 살 수 있는 장점을 지니고 있다.

고구려인의 머리모양 종류는 높이 올린머리(고계:高髻), 얹은머리, 상투, 쪽진머리, 푼기명머리, 묶은 중발머리, 변발로 나눌 수 있다.

그림 Ⅱ-9 안악 3호분의 부인상

그림 Ⅱ-10 무용총여인의 얹은머리

높이 올린머리(고계 : 高髻)

높이 올린 머리는 크게 가체를 이용한 고계와 중앙을 높이 올리고 후두부를 늘어뜨린 고계 두 가지로 나누어 볼 수 있다. 전자는 안악3호분의 여인의 머리형태에서 찾아볼 수 있는데 여인들의 머리모양은 모두 비슷하나 환을 대는 방향과 숫자를 다르게 하여 신분을 표시하였던 것으로 보인다〈그림 Ⅱ-9〉. 후자의 경우는 머리중앙을 높이 올리고 후두부를 늘어뜨린 머리형태를 하고 있으며 고개지(동진 : 334~408년)의 '여사잠도'와 감신총의 여인의 모습에서 그 형태를 찾아 볼 수 있다.

얹은머리

머리를 뒷머리로부터 앞머리로 감아 돌려 끈은 앞면 중앙에 감아 꽂은 모양이다. 얹은머리를 하는 방법으로는 두 가지 방법이 있는데 머리를 그대로 올리는 방법과 땋아서 올리는 방법 두 가지가 있다. 쌍영총 귀부인도〈그림 Ⅱ-1〉와 무용총 주실벽화〈그림 Ⅱ-10〉에서 얹은머리의 형태를 살필 수 있다.

푼기명머리

좌우 양 볼에 머리의 일부를 늘어뜨린 모양으로 머리를 셋으로 나누어 한 다발의 머리는 뒤로하고 두 다발의 머리채는 좌우의 볼쪽에 각각 늘어뜨리는 것으로 삼실총 벽화의 여인인물도〈그림 Ⅱ-11〉에서 볼 수 있다. 푼기명머리는 중국에서 유입된 머리모양으로 여사잠도에도 잘 나타나 있다.

그림 Ⅱ-11
삼실총 여인인물도의
푼기명 머리

묶은 중발머리

발머리의 묶은 머리의 형태는 백제의 금동용봉봉래산향로에 부조된 주악상의 묶은 머리형태를 제외하고는 거의 대부분이 무용총의 시녀공양도와 같이 뒤로 묶여있다.

그림 Ⅱ-12 쌍상투

쪽진머리

두발을 뒤통수에 낮게 틀어서 고정시키는 형태의 머리모양으로 두발을 고정시키기 위하여 여러가지 모양의 비녀나 차(揥)를 사용한다.

상투

상투를 트는 방법에는 한 개의 상투를 정수리에 트는 방법과 머리 좌우에 한 개씩 쌍상투(雙旗, 쌍계)를 트는 방법 두 가지가 있다〈그림 II-12〉.

변발

장천 1호분의 야유도에 보면 마당에 나와 놀고 있는 백성 중에 머리를 땋아 뒤로 길게 늘어뜨린 변발의 형태를 볼 수 있다〈그림 II-1〉.

그림 Ⅱ-13 장천 1호분 야유도의 변발

(2) 화장 (化粧)

고구려는 삼국 중 지역적으로 중국과 가장 인접한 지역에 있는 나라였으므로 신라나 백제에 비하여 중국의 문화를 가장 먼저 받아들였으며 화장 문화 역시 빨리 받아들였다. 중국에서 성행하던 연지가 4~5세기경에 고구려에 들어와 붉은 모래로 만들어 사용하였으며 서기 610년에는 일본에 연지를 보급할 정도로 고구려에서 연지의 사용은 일반화되었다. 쌍영총 벽화에서는 귀부인들이 연지를 사용하고 눈썹을 곡선의 형태로 그린 얼굴 모습을 볼 수 있으며 「삼국사기(三國史記)」에서는 무녀와 악공이 연지화장을 한 사실을 알 수 있다. 이러한 사실로 보아 신분의 상하에 관계없이 화장을 하였다는 것을 알 수 있다〈그림 II-1〉.

고구려는 기후적 특성상 삼국 중 고대인이 사용하였던 화장법을 가장 많이 따른 것으로 보인다. 추위를 막기 위해서 기름을 온 몸에 발랐으며 이를 제거하기 위해 인뇨(人尿)세제를 사용하였다. 기름을 온몸에 바른 것은 북방민족들이 추위를 견디기 위한 하나의 방법이었으며 인뇨는 가장 원시적인 세정제의 형태인 것으로 알려지고 있다. 불교전파 이후에는 조두가 세정제로 사용되었다. 이러한 사실은 초기에 화장이 발생한 원인 중의 하나가 추위를 막기 위해서라는 사실을 증명하고 있다.

상고시대로부터 사용되었던 향의 사용이 불교가 전파되면서 고구려에 일반화되었다. 향의 사용은 고구려만의 특징이 아니라 삼국에 모두 공통적으로 보급되었다. 고구려 복식의 형태가 신분에 따라 달랐던 것처럼 화장의 형태 역시 신분에 따라 달리 하였다고 볼 수 있다.

3) 복식(服飾) 문화

(1) 남자복식

남자복식의 상의로는 포(袍)·삼(衫)·유(襦)가 있다. 포는 높은 신분의 귀족이나 왕실의 왕족이 입는 옷으로 의식용·의례용·방한용으로 착장한 복식이다. 고구려에서 포의 착의 상태를 가장 많이 볼 수 있는 고분은 안악 3호분이다. 안악3호분 주인의 포는 지금의 마고자와 같은 형태로 앞에서 마주 여며지는 적색의 전개형(前開刑) 합임포(合衽袍)로서 포의 길이는 앉은 자세에서 하의를 전부 가릴 만큼 풍성하며, 소매는 비교적 좁은 착수(窄袖)형태의 삼통수(衫筒袖)로 흑색 대를 띠고 있고 머리에는 백라관(白羅冠)을 쓰고 있다〈그림 II-2〉.

고구려의 벽화에 보면 엉덩이 길이까지 내려오는 상의인 저고리 형태의 유(襦)를 많이 볼 수 있다. 무용총 주실 동벽에 있는 무용도(舞踊圖)에 보면 유를 입고 춤추는 모습〈그림 II-14〉을 볼 수 있으며, 이에 대해 「구당서(舊唐書)」음악조(音樂條)에 "고구려의 악공인은 자라모(紫羅帽)에 조우(鳥羽)를 장식하고 황대수에 자라대를 띠며 대구고(大口袴), 적피화에 오색 도승을 장식한다"고 기록되어 있다. 안악 3호분 주실 회랑에 그려진 행렬도에 보이는 군인들의 유는 소색(素色)이며 길이가 엉덩이 보다 짧은 길이로 소매통은 좁고 소매길이가 긴 듯한 것으로 보아 소매의 형태나 길이가 다양하게 존재하고 있음을 알 수 있다.

그림 II-14 무용총의 무용도

유의 깃과 단, 소매 끝에는 바탕과 다른 색으로 선(禧)을 둘렀다. 선은 연(緣)이라고도 하며 단(端)이라고도 하였다.

하의(下衣)로 남녀간에 모두 입은 가장 기본적인 것은 고(袴)·곤(褌)이다. 벽화에 보면 다양한 바지의 형태를 볼 수 있는데 바지통이 넓은 것과 좁은 것이 있고 바지 끝단을 여민 것과 여미지 않은 것의 형태로 대별 할 수 있다. 신분이 높은 귀인들은 바지 통이 넓은 대구고(大口袴)를 입었으며 그 예는 삼실총의 귀인의 모습〈그림 II-15〉에서 볼 수 있고, 신분이 낮은 백성들은 홀태바지인 궁고(窮袴)를 입었으며 그 예는 장천 1호분의 야유도〈그림 II-13〉에서 볼 수 있다.

그림 Ⅱ-15
삼실총의 인물상의 대구고

(2) 여자복식

여자복식도 남자복식과 같이 상의에는 포, 삼, 유가 있다. 안악3호분의 부인이 입은 포(袍)는 소매가 비교적 넓고 긴 포인 대수삼(大袖衫)을 입고 있으며 그 위에 당초문양의 반비(半臂)를 덧입고 있다. 반비와 대수삼에는 선(襈)이 대어져 있다〈그림 II-9〉.

삼실총 행렬도의 8번째 귀부인이 포를 입고 있는데 대를 뒤로 맨 것이 보인다. 일반적으로 유의 대를 앞에서 매는 것과는 달리, 포의 대를 뒤에서 매어줄 시종이 있을 정도의 귀족 신분임을 나타낸다.

여자의 하의는 남자와 마찬가지로 고(袴)가 기본이며, 이 위에 의례용으로 상(裳)이나 군(裙)을 입기도 했다. 벽화에 보이는 치마는 대체적으로 길이가 길고 폭이 넓은 치마로서 주름을 허리에서부터 치마단까지 길게 잡아서 입는 형태가 많고 폭이 좁고 주름이 없는 것도 있다.

「삼국사기」, 「수서」, 「구당서」에 의하면 고구려의 치마를 군(裙)이라 기록하고 있고 상(裳)이라고는 하지 않았으나 「설문」에 보면 상은 아래 입는 군이며, 군의 용도는 원래 가리고 막기 위하여 입는 것으로 미루어 보아 상과 군은 같은 치마라고 보아야 하겠다.

상을 입은 모습은 쌍영총 주실 북벽의 귀부인들을 보면 유와 긴 주름치마(裳)를 입고 있으며〈그림 II-1〉, 수산리 고분의 귀부인은 색동치마를 입고 있다〈그림 II-16〉. 일반서민이 상을 입고 있는 모습은 무용총에 나타난 시녀의 모습으로 고를 입고 그 위에 주름진 상을 덧입고 있다〈그림 II-14〉. 상(裳)은 의례용이나 방한용으로 입었으나 그 착용 신분이 귀족에 한정된 것은 아니며 일반 서민들도 착용하였음을 알 수 있다.

그림 Ⅱ-16 수산리 고분의 귀부인도

2. 섬세한 예술혼의 승화 - 백제(百濟)

1) 역사적 배경

백제는 고구려의 시조 주몽의 아들 온조가 남으로 내려와 B. C. 18년에 건국하였다. 백제의 첫 번째 도읍지인 위례성의 위치는 현재의 서울시 일원으로 보고 있다.

백제는 한성(漢城)에서 건국되어 웅진(雄津)으로, 다시 사비(沙泌)로 수도를 옮겼다. 수도의 위치를 기준으로 하여 백제사의 시기를 구분하면 한성시대(B. C. 18~A. D.475), 웅진시대(A. D. 475~538), 사비시대(A. D. 538~660)로 구분된다. 백제유적으로 한성시대의 중요 거성의 하나인 몽촌토성, 풍납동 유적지 등의 발견을 통해 구석기 시대부터 철기시대에 이르는 고대국가 형성의 기반을 잡고 있었음을 알 수 있다.

몽촌토성은 백제 초기의 도읍인 하남 위례성으로 이 유적에서 출토된 뼈로 만든 비늘 갑옷은 백제의 역사상 가장 오래된 복식류라 볼 수 있으며, 이것은 비늘에 구멍을 뚫어서 서로 엮을 수 있도록 되어 있는 것으로 활동성이 커서 기마용으로 생각되며 뼈로 만든 것으로는 유일한 유물이다.

백제 복식에 관한 기록은 「양서(梁書)」, 「위서(僞書)」, 「주서(周書)」, 「수서(隨書)」, 「남사(南史)」, 「북사(北史)」, 「신당서(新唐書)」에서 볼 수 있는데 이들 기록에서 백제인의 형상에 관한 기록을 살펴보면 "백제인은 키가 크고 의복이 청결하였다. 지리적으로 왜(倭)와 가까우므로 문신을 하는 자가 꽤 있었다"라고 기록되어있다.

그림 Ⅱ-17
금동용봉봉래산향로

백제의 복식에 관한 기록은 "모자를 관(冠)이라 하고 저고리를 복삼(複衫)이라 하고 바지를 곤(褌)이라 한다고 하였으며 언어와 복장이 대략 고구려와 같다"고 기록되어 있다.

백제의 복식도 상대복식의 기본형인 상의에는 유(襦)를, 하의에는 고(袴)를, 의례용으로 포(袍)나 상(裳)을 착용하였으며 그 윤곽은 고구려를 통해 짐작할 수 있고, 부여 능산리 집터 유적에서 발굴된 금동용봉봉래산 향로의 발굴을 통해 그 실체를 증명할 수 있게 되었다.

백제는 복식의 계급적 분화가 비교적 빠르게 이루어져 의복(衣服)뿐 아니라 관모(冠帽), 대(帶) 등으로 계급의 등위를 가렸다. 백제 무령왕릉에서 출토된 왕과 왕비의 금제관식은 신라의 양식과는 다른 것으로 초화문(草花紋)을 투각하여 섬세하고 유연한 비대칭 균형의 미를 나타내고 있다.

2) 미용문화

(1) 두식 (頭飾)

① 관모

변(弁), 절풍(折風)

현재 백제의 관모로 독특한 것은 변과 절풍의 합성으로 이루어진 부여박물관에 소장되어 있는 화와인물(畵瓦人物)의 관모이다〈그림 Ⅱ-18〉. 이는 백제 부여의 군수리 유적에서 나온 기와에 그려진 것으로 이런 변(弁)의 형태는 삼국이 공통되어 있다.

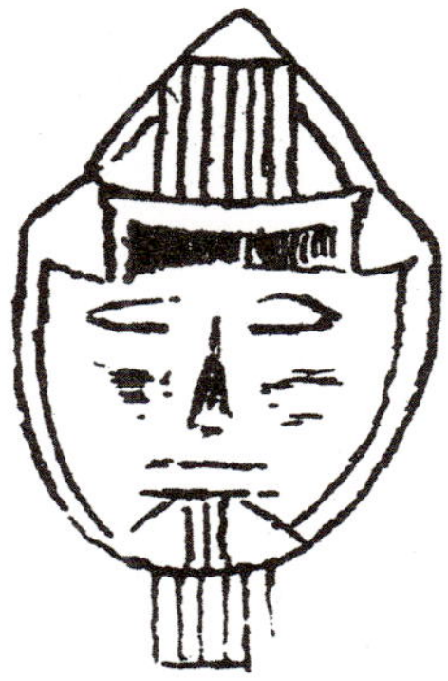

그림 Ⅱ-18 절풍

금제관식(金製冠飾)

「삼국사기(三國史記)」백제본기(百濟本紀) 고이왕(古爾王)28조에 "금화식오라관(金花飾烏羅冠)을 썼다"라는 기록이 있다. 여기서 금화식오라관은 양 직공도에 있는 바와 같이 고깔형의 절풍을 검은색 비단인 오라(烏羅)로 만들고 여기에 무령왕릉에서 출토된 초화양입식(草花樣立飾)을 꽂고 양쪽에 영을 달은 형태로 보여진다.

무령왕(武寧王)의 금화식(金花飾)은 왕관을 쓴 후 그 관 앞에 관식을 꽂은 것으로 보여진다. 즉 왕관은 「당서(唐書)」에 기록된 바와 같이 백제는 "왕이 대수자포에 청금고를 입고 오라관을 쓰고 거기에 투각한 순금제 금화입화식(金花立華飾)을 꽂았다"고 되어 있다. 이러한 금화식이 무령왕릉에서 출토된 금화입식(金花立飾)으로 생각된다.

그림 Ⅱ-19 금제관식

왕관식(王冠飾)은 날씬한 외형미가 넘치며 왕비관식에 비해 세공적(細工的) 의장이 가미되어 있다. 또한 비대칭 균형을 이루는 화염문과 초화문의 아름다움을 조화롭게 나타내었다〈그림 Ⅱ-19〉. 「삼국지집해(三國志集解)」동이전 예조(濊條)에 보면 "남자들은 너비 수 촌의 은화를 머리에 맺어 장식했다."라는 기록이 있어 은화식(銀花飾)으로 장식하였던 것은 백제 이전부터 행하던 장식이었다고 생각된다.

금동관(金銅冠)

백제의 관류(冠類)에는 나주 반남면 신촌리 9호분 출토의 금동관(金銅冠)이 있다. 이 금동관은 외관과 내관이 분리되어 있는 것으로 관대(冠帶)인 대륜(臺輪)위에 작은 초화(草花) 9개를 새겼고 테두리 위쪽에 나뭇잎 형태의 심엽형(心葉形) 영락(瓔珞)약 30개를 달았다. 그리고 입화식(立華飾)을 전면에 1개 좌우에 하나씩을 세워 모두 3개가 세워져 있다.

그림 Ⅱ-20 금동관

내관(內冠)은 양쪽에 금동관을 세우고 두 개의 금동판을 접착시켜 테두리를 두른 변(弁)형 관모이다. 내관 표면의 상하에 거치문(鋸齒文)을 나타내었고 한가운데에 잎이 둘러싸인 꽃망울 한 개와 둘레에 당초문양을, 그리고 꽃망울 밑에 인동문양을 나타내었다〈그림 Ⅱ-20〉.

② 머리모양(髮樣)

그림 Ⅱ-21 남녀(좌, 우)의 쌍계

백제의 머리모양에 관하여 「북사(北史)」백제조에 따르면 "부인(婦人)들은 분대(粉黛)를 바르지 않고 여자는 변발(鬊髮)을 뒤로 늘어뜨리는데 출가하면 양쪽으로 나누어 머리 위에서 둥글게 튼다"고 하였다. 이것은 쌍계(雙紒) 형태를 의미하는 것으로 부여 박물관에 소장된 백제의 인물상을 보면 쌍계 형태의 남녀 인물상을 볼 수 있다.

변발수후(鬊髮垂後)라는 것에 있어서 우선 변발이라는 것은 퉁구스족, 몽고족, 터키족의 공통된 풍속으로 두발을 따서 머리 위에 늘어뜨리는 극히 자연스러운 방법으로 출가 전인 여자가 변발수후 하고, 출가하면 이를 두줄로 갈라 머리 위에 서려 얹었다 한다. 또한 「주서(周書)」 열전(列傳) 이역(異域) 백제조(百濟條)에 따르면 "재실자(在室者)는 머리 위에 편발(編髮)하여 틀고 한 갈래로 늘어드렸으며 결혼한 출가자(出家者)는 양갈래로 나누었다"고 하였다. 백제의 금동용봉봉래산 향로에 있는 악기를 연주하는 주악상들은 머리를 모두 오른쪽으로 몰아 묶은 중발머리형을 한 편발(偏髮)의 모습을 하고 있다.

(2) 화장(化粧) 형태

그림 Ⅱ-22 묶은 중발머리

백제는 삼국 중 전해지는 기록이 가장 부족한 국가이므로 화장에 관하여 전해지는 내용도 아주 적다. 그러나 화장을 하는 것과 화장품 제조에 대하여 전혀 모르고 있던 일본이 백제를 통하여 화장과 관련된 기술을 익혔다는 내용이 전해지는 것으로 보아서 백제의 화장기술과 화장품 제조기술이 상당하였음을 알 수 있다. 중국문헌상에 기록을 보면 '백제의 화장경향은 분은 바르되 연지는 바르지 않았다.'고 전한다. 백제는 중국과 교류하여 그들의 화장 문화를 받아들였으나 중국의 화려한 색조화장과는 달리 엷고 은은한 화장을 좋아하였다. 백제는 문화적 수준이 높고, 중국과 문화를 교류하였다는 여러 가지 상황을 고려한다면 백제의 화장 문화는 신라와 비슷하였으리라 짐작된다. 또한 고분의 유물에서도 유사점이 많이 발견되어 이를 확인시켜준다. 고구려, 백제와 마찬가지로 복식뿐 아니라 화장에서도 역시 신분에 따른 차이를 지니고 있다고 볼 수 있다.

3) 복식(服飾) 문화

(1) 남자복식

남자복식의 상의로는 포(袍)와 복삼(複衫)과 유(襦)가 있다. 포는 겉옷으로서 「삼국사기」 백제본기(百濟本紀)에 "왕이 자대수포(紫帶袖袍)와 청금고(靑錦袴)를 입고 금화식오라관(金花飾烏羅冠)을 쓰고 소피대(素皮帶)를 띠었으며 오혁리(烏革履)를 신었다"고 기록되어 있다. 또 「당서(唐書)」에도 "백제의 풍속이 고구려와 같다고 하고 왕은 자색의 소매가 넓은 포를 입고 청색의 금직으로 된 바지를 입었으며, 소색(素色)의 가죽띠를 띠고 검은 가죽신을 신었으며 검은 비단으로 된 관에 금으로 된 꽃 모양의 관식(冠飾)을 하였다. 군신(君臣)은 붉은 색의 의복에 은으로 된 관식을 하고 백성들은 붉은 색과 자색의 의복을 착용하는 것을 금하였다"라는 기록이 있다.

자대수포나 대수자포는 같은 의미로서 자색의 소매가 큰 포를 입었다는 뜻으로 그 형태는 양(梁) 직공도(職貢圖)에 보이는 백제 국사의 포와 같은 것이다. 양 직공도에 보이는 백제 국사의 포는 소매가 길고 넓은 대수(大袖)이며 포의 길이는 무릎 정도까지 오는 길이이다〈그림 Ⅱ-22〉. 깃, 밑단, 소매둘레에 선(譔)이 대어져 있으며 우임(右衽)의 직령포(直領袍)이며, 고구려와 비교하여 볼 때 매우 크고 길어서 거의 바지끝단 까지 내려온다.

그 외에 「양서(梁書)」,「남사(南史)」에 유를 복삼이라 하고 한다는 기록이 있는데 이것은 두 겹으로 된 저고리형태로 생각되며 엉덩이까지 내려오는 길이로서 허리에 띠를 매는 유(襦)일 것이다. 관직자들은 예복(禮服)으로 복삼 위에 포(袍)를 입었다고 본다. 또 포와 유를 착용하고 있는 모습은 금동용봉봉래산 향로의 뚜껑에 부조되어 있는 5인의 주악상을 포함한 신선 18인이 입고 있는 복식이 합임직령의 포이며, 주악비천상은 좌임직령의 유를 입고 있다.

그리고 포와 유에는 허리띠인 대(帶)를 매었는데, 단지 포나 유를 꼭 맞게 여미는 용도뿐만 아니라 백제의 대는 색상으로 신분을 표시하는 역할을 했으며, 계급별로 의색(衣色), 관식(冠飾)도 달리하여 계급을 구별하였다.

그림 Ⅱ-23
양직공도의 백제국사

남자의 하의(下衣)는 고(袴), 곤(褌)이 있다. 고는 양직공도의 백제국사가 입고 있는 대구고(大口袴)가 보이는데 대구고는 바지통이 넓은 바지이다. 「삼국사기」 백제본기 고이왕조에 보면 왕이 청금고(靑錦袴)를 입었다고 기록되어 있는데 이 청금고가 대구고일 것으로 생각된다. 또 궁고(窮袴)는 통이 좁은 바지를 말하며 금동용봉봉래산 향로의 주악비천상이 입고 있는 모습에서 볼 수 있다.

(2) 여자복식

여자의 복식은 상·하의는 남자의 것과 거의 모두 동일한 것을 착용한다. 단 여자의 하의에는 고구려와 같이 의례용으로 입는 상(裳)이 있다. 치마인 상의 형태는 금동용봉봉래산향로에서 배소(排簫)를 불고 있는 주악상이 치마를 입고 앉아 있는 모습〈그림 II-22〉에서 볼 수 있어 상(裳)이 있었음을 알 수 있다.

3. 화려하고 권위적인 장식 미(美) - 신라(新羅)

1) 역사적 배경

신라의 복식도 백제나 고구려의 복식과 마찬가지로 그 의복의 형태가 선사시대 복식의 기본형과 거의 같음을 알 수 있으며 그 윤곽은 고구려나 백제의 것을 통해 짐작할 수 있다.

신라는 제23대 법흥왕 7년에 이르러 상하, 존비를 가려 율령을 반포하고 백관의 곤복을 제정하였는데 「동사강목(東史綱目)」의 기록에 의하면 의복제도는 백제를 통한 중국식의 소위 주자색(朱紫色)의 공복제도(公服制度)를 모방한 것이었다고 하나 전해옴이 없으며, 법흥왕 10년에 결정되었다고 하는 백관의 공복제도가 「삼국사기」 색복조(色服條)에 나타나 있다. 법흥왕 때에는 자, 비, 청, 황색의 4색 공복제도를 사용하였으며 이는 우리나라의 기록에서 보이는 첫 공복 습용으로서, 얼마간 중국제도의 영향을 받았으나 그대로의 답습은 아니었다. 공복제도에 있어 중국제도의 완전한 습용은 제28대 진덕여왕 2년에 이르러 김춘추가 당에 청병(請兵)하러 가서 당태종에게 장복(章服)의 개혁을 청하여 중화의 제도를 따르고자 하므로, 의대(衣帶)를 사여(賜與)하고 이를 허용함으로써였다.

이때 신라는 삼국통일을 달성하였는데, 이후로는 태평세월이 계속되어 모든 문화는 성숙기에 접어들었으며, 이에 따라 도덕은 차츰 해이해 지고 복식제도도 문란해져 상하의 구별 없이 사치에 흘러 예절을 벗어나는 경향이 나타나게 되었다. 이에 제42대 흥덕왕 9년에 복식금령을 내렸다. 이 복식금령으로서 통일신라시대 복식제도의 전모를 찾아 볼 수 있다.

그림 II-24
경주 괘릉의 무인석상

2) 미용문화

(1) 두식(頭飾)

① 관모(冠帽)

금관(錦冠), 비관(緋冠), 조영(組纓)

신라 법흥왕 7년에 이르러 백관의 공복을 제정하였으며, 이때부터 관원들이 바른 관을 쓰고 국사에 참여하였는데 이때의 관원(官員)의 관모는 복두(幞頭)가 아니라 관(冠)이었다. 금관과 비관은 머리에 관대(冠帶)가 있고 위가 여러 가지 형태를 나타내는 일반적인 당나라 관과 같은 형태라고 추측되며, 조영의 형태는 괘릉의 무인석상의 머리띠 형태와 같은 것이라고 생각된다. 이 머리띠는 앞에서 뒤로 묶고 그 나머지 끈은 머리 뒤로 늘어뜨렸다. 금관, 비관, 조영은 계급에 따라서 다르게 사용되었다.

건(巾), 책(幘)

「신당서」 신라조에 보면 '남자전발육모이흑건(男子翦髮鬻冒以黑巾)'이라 하여 남자들은 머리를 수습하기 위해 흑건(黑巾)을 사용한 기록이 있다. 「당서」 동이전 신라조에 의하면 남자는 머리를 잘라 팔고 흑건을 썼다는 기록이 있다. 「양서」신라조에 '기관왈유자례(其冠曰遺子禮)'라는 기록이 보이나 유자례관형이 어떤 것인지는 알 수 없으며 흑건으로 만든 관이라고 생각된다. 경주괘릉의 문인석상을 보면 당초문이 투각되어 있는 책(幘)을 쓰고 있다. 이러한 관은 고구려에서 썼던 책관(幘冠)과 일맥상통되는 점이 있다.

그림 Ⅱ-25 도제기마인물상

절풍(折風)

당(唐)의 장회태자 이현묘 벽화의 신라사신은 절풍을 쓰고 있다. 이 절풍은 앞면이 홍색으로 칠해져 있고 양옆으로 우각(牛角)이 꽂혀져 있어 우각관(牛角冠)이라고도 할 수 있으며, 관의 끈이 넓게 내려오는 부분에 귀가 밖으로 돌출되도록 끈의 중앙을 잘라서 턱 밑에서 매었다. 도제기마인물상의 귀인도 절풍을 쓰고 있으며 절풍 끈의 중앙을 잘라 귀가 밖으로 돌출되게 한 것은 신라 사신의 것과 같다.

백화피제관모(白樺皮製冠帽)

양산 부부총 출토 장신구 중에는 부인의 보관(寶冠)으로 백화피제보관이 있다. 이것은 신라시대에 왕비, 공주, 또는 성골계의 왕족 여자가 썼던 것이라고 할 수 있다.

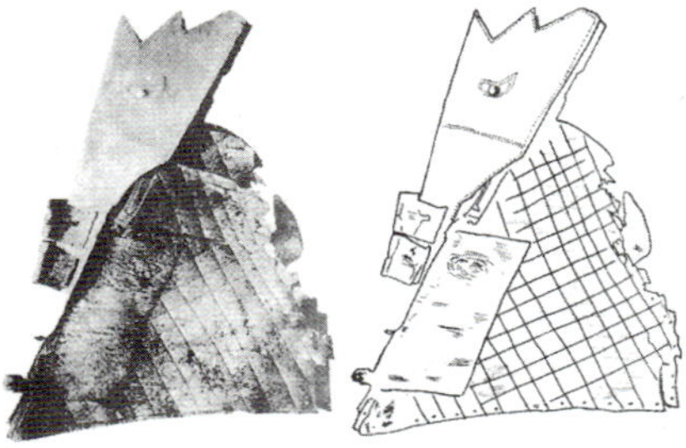

그림 Ⅱ-26 부부총의 백화피제관모

그림 Ⅱ-27 복두

남자 주인이 썼던 금동 보관의 내관(內冠)과 같은 형태로 주재료가 백화피(자작나무껍질)로 이루어졌다〈그림 Ⅱ-26〉. 또한 식리총(飾履塚)에서 출토된 백화피제관모는 백화수피를 사용하였으며 그 용도에 따라 껍질을 잘라 이어서 모체(帽體)를 만들었다.

복두(幞頭)

복두에 대해서는 「수서(隋書)」와 「송서(宋書)」여복지의 기록에 의하면, 옛날에는 한폭의 검은 천으로 앞에서 뒤로 묶었는데, 이것을 속인들이 복두라고 하였다. 후주(後周) 무제(武帝) 때에 이르러 네 귀를 끊어 각(脚)을 만들어 밑으로 늘어뜨렸으며 복두는 일명 절상건(折上巾)이라고도 한다.

「삼국사기」 신라본기(新羅本紀)에 따르면 진덕여왕 3년 정월에 중국의 의관을 비로소 입기 시작하였다는 기록이 있으며, 통일신라시대 이후 흥덕왕 복식금제에 있어서 그 두식이 남자의 경우 복두 일색임을 볼 수 있다. 흥덕왕때의 복식금제에서 신분등급에 따라 복두의 재료를 규제하였다. 복두의 착용모습은 용강동 출토 문관상이 쓰고 있는 관모에서 볼 수 있다〈그림 Ⅱ-27〉.

금관(金冠)

그림 Ⅱ-28 금관

신라의 금관은 왕족이 사용하던 관모로서 금관총, 천마총, 양산 부부총 등 여러 고분에서 출토되었다. 금관은 왕실과 귀족사회의 절대적인 권력의 상징인 동시에 신라 금속공예의 최고품이라고 할 수 있으며, 장중하고 화려한 권위의 미(美)를 표현하기에 가장 효과적인 예술품이다. 금관총 출토의 금관은 고신라(古新羅)의 금관 중 가장 대표적인 것으로 내관(內冠)과 외관(外冠)으로 구성되어 있다.

재료는 순금판(純金板)과 순금사(純金絲), 그리고 크고 작은 비취 곡옥(曲玉)을 사용하였다. 내관은 외관보다 한층 더 섬세하고 우수한 투조법에 의하여 만들어졌다. 천마총 출토의 금관은 다른 금관보다 더 크며 가장 호화롭고 웅장한 것이다. 이 금관은 외관과 내관이 갖추어진 것으로, 금관총과 마찬가지로 출자형 입식이 세워져 있는 것이 특색이다.

(2) 머리모양

신라 남자의 머리형태는 소인은 결발(結髮), 대인은 상투계형이다. 여인은 머리에 장식하기를 즐겼으며 얹은머리, 속발(束髮), 북계(北琦)의 머리형태가 문헌상에 나타난다.

당(唐)의 '장회태자 이현묘 벽화'의 오른쪽을 보면 신라국사가 보이는데 머리에 절풍을 쓰고 있으며 그 안에 상투의 머리형태를 볼 수 있다〈그림 Ⅱ-29〉.

그림 Ⅱ-29
신라국사의 상투머리

여인의 머리모양을 살펴보면 얹은머리의 형태는 모발을 뒷머리부터 앞머리로 감아 돌리어 끝을 앞머리 가운데에 감아 꽂은 형태로 삼국 공통의 머리모양이었다.

「동경통지(東京通志)」 권5 풍속조에서 보면 "신라에 전해지는 풍속에는 북방이 텅비고 일그러졌다 하여 부인들로 하여금 머리 뒤편에 북상투를 틀게하고 북계라고 부르도록 한다"라는 기록이 있다. 북계의 형태는 일종의 쪽진머리로 고구려와 같이 신라의 여인들도 쪽진머리를 하였음을 알 수 있다. 신라의 여인들은 머리장식에 많은 관심과 정성을 기울이고 있음을 문헌을 통하여 살필 수 있다. 「태평어람(太平御覽)」 사이부(四夷部) 동이(東夷)에서 보면 '신라의 부인들은 아름다운 머리가 많으며 머리의 길이가 몹시 길다'라고 하였으며 「당서(唐書)」 동이전(東夷傳) 신라조(新羅條)에 보면 '대개 아름다운 두발을 머리에 두르고 구슬로서 머리를 장식하였다'라는 기록이 있다. 머리장식을 하기 위해서 본인의 머리이외에 가체(假髢: 다리)의 필요성을 느끼게 되었을 것이다. 신라에서는 이미 시장에서 가체를 팔고 사는 매매행위가 이루어졌으며 신라의 명물로서 외국수출까지 하고 있음을 알 수 있다.

(3) 화장(化粧) 형태

신라의 화장 문화는 아름다운 육체에 아름다운 정신이 깃든다는 영육일치 사상으로부터 나온 것이라 볼 수 있다. 「삼국유사」를 보면 '여섯 소국가의 왕의 추대로 강력한 새 국가의 임금이 된 박혁거세는 아름다운 남자였으며, 그의 왕비는 빼어난 미녀였다'라는 기록이 있다.

그림 Ⅱ-30 표, 표상, 요반

또한 3백명의 낭도의 우두머리인 원화는 아름다운 여자 중에서 선발하였고, 화랑은 아름다운 미소년으로 여기에 장식을 더하였다. 지도자의 요건중의 하나로 아름다운 용모와 백색피부를 선호하였다. 이와 같은 사실로 볼 때 신라인이 추구하는 미의식으로 인해 화장술, 화장품의 발달이 뒤따르는 것은 당연한 일이라고 볼 수 있다.

신라는 삼국통일(668년)후 중국의 문물의 유입이 더욱 활발해졌다. 당시의 중국은 당나라로서 서역의 문물을 적극 받아들여서 화려한 문화를 이루는 시기였다. 신라는 중국을 통하여 서역의 문화가 신라에까지 유입되었다. 중국의 영향과 중국을 통한 서역의 영향으로 인하여 신라초기의 화장 경향은 엷은 화장인 담장(淡粧) 위주였던 것과는 달리 통일이후에는 점차로 색조화장이 화려하고 진해졌다. 통일 이후 정국의 안정과 경제력의 향상은 화장의 형태를 사치하게 바꾸는 데에 한 몫을 하였다. 사치의 정도가 심하여짐에 따라 흥덕왕 9년(843년) 복식금령이 내려졌으며 이것으로 사치의 정도를 미루어 짐작 할 수 있다. 그러나 신라와 통일신라의 화장문화가 확연히 구분되지는 않는다. 경주의 황성동과 용광동에서 출토된 토용의 모습에서 당시에 선호하는 여인상을 알 수 있다. 살찌고 둥근 얼굴, 작은 코의 작은 눈을 지닌 이 여인 역시 중국의 영향을 받은 것으로 보인다〈그림 Ⅱ-30〉.

신라에서는 향과 목욕이 불교의 종교의식에 많이 사용되어 대중화되었다. 그들의 목욕행위는 단순히 청결의 의미를 뛰어넘어서 마음의 죄악을 씻는 신성한 의식수단이었다. 향의 사용은 열반의 경지에 이르는 하나의 방편으로 향의 사용으로 인하여 일반 가정에 이르기까지 목욕시설이 발달하였으며 신라인의 미의식과 종교의식인 목욕에 대한 관심이 합하여 목욕용품이 발달하였는데 쌀, 녹두, 쌀겨로 만든 조두(澡豆)를 대표적인 것으로 꼽을 수 있다.

향은 조두의 날비린내를 없애기 위해서도 사용되었으며 불교의 전파로 인해 향수와 향료 또한 계층에 관계없이 모두 사용하였다. 신라의 화장기술과 화장품의 제조기술은 중국보다 우수하였다고 여겨진다. 그 한 예로 백분(白粉)과 연분(鉛粉)의 발달을 들 수 있다. 백분은 흰 피부를 좋아하는 우리민족이 흰 피부를 만들기 위해 사용한 가장 일반적인 방법이다. 백분은 쌀가루 등의 곡식의 분말, 분꽃씨의 분말, 조개 껍데기를 태워 만든 분말, 백토(白土), 활석의 분말 등으로 만들었는데 백분은 바르기 전에 솜털을 일일이 뽑아야하며 또한 곱게 발라지지 않는다는 단점이 있다.

그림 Ⅱ-31 토기화장합

연분은 신라의 한 승려에 의해서 발명되었으며 7세기 말 이전에 이미 보편화되었다. 백분에 납(䥼)을 화학 처리하여 곱게 바를 수 있게 하여 거칠고 번거로운 백분의 단점을 제거한 것이 연분이다.

백분의 단점을 부분적으로 제거하기는 하였으나 연분에는 피부에 해를 끼치는 단점이 있다. 그럼에도 불구하고 연분의 발명은 화장품의 발달에 한 획을 긋는 중대한 사건이다. 그 외의 화장품을 보면 연지(臙脂)와 미묵(眉墨)이 있다.

연지는 홍화와 잇꽃으로 만든 것으로 볼과 입술을 치장하였고 미묵은 굴참나무, 너도밤나무 따위의 나뭇재를 유연(油煙)에 개어서 만들어 눈썹을 그리는데 사용하였다. 화장의 발달은 자연스럽게 화장용기와 도구의 발달로 이어졌으며 현존하는 신라유물의 대다수는 통일신라의 것이다. 화장도구와 용기의 재료를 살펴보면 금, 은, 옥, 청동, 돌, 나무, 토기 등이 있는데 일반 대중이 가장 많이 사용하고 현재 가장 많이 남아있는 것은 토기로 만든 것이다.

토기 제품은 금이나 은 등에 비해 가격이 저렴하고 손쉽게 구할 수 있어서 일반 서민 계층의 사용이 용이하다. 또한 화학 반응이 거의 일어나지 않는 등 화장품 보관에도 아주 적합한 성질을 지니고 있다. 화장용기의 종류를 보면 토기분합, 토기접시, 토기유병, 향유병, 유리병 등이 있다〈그림 Ⅱ-31〉. 여러 가지 용기 중 특히 여러 가지 화장품을 하나의 그릇에 담는 화장합을 통해서 그 당시 사람들의 미의식과 함께 합리적인 사고를 알 수 있다.

화장합은 가야인의 것으로 신라와 가야인들이 같은 용도로 화장합을 사용한 것으로 보인다. 화장 도구로는 쪽집게를 들 수 있다. 쪽집게는 눈썹 모양을 가다듬으며, 잔털과 솜털을 뽑는 용도로 사용하였다. 신라인들은 그들의 미의식인 영육일치의 사상에 따라 그들은 몸의 아름다움을 꾸미는 일뿐 아니라 양심적인 마음을 가꾸는 데에도 게을리 하지 않았다. 삼국시대 에 이미 의상, 장신구, 화장이 삼위일체를 이루고 있다.

3) 복식(服飾) 문화

(1) 남자복식

신라복식은 고구려, 백제의 복식과 대략 비슷하다고 「수서(隨書)」와 「북사(北史)」에 기록되어 있다. 이로 미루어 볼 때 삼국의 복식은 거의 비슷하다고 볼 수 있다.

그림 Ⅱ-32 단령, 복두

남자복식의 상의로는 포(袍), 단의(短衣), 반비(半臂), 요반(搬指)이 있다. 표의(表衣)인 포(袍)는 유고(肆袴) 위에 착용하는 것이며 방한의 의미뿐만 아니라 의례적 의미로 착용하였다고 보여진다. 표의는 신분에 관계없이 남녀 함께 착용하였으나 그 형태와 복색(服色), 재료 등에 있어서는 평인 계급과 골품계급에 차이가 있었다.

평인 계급의 표의는 우리고유의 포로서 착수형이었고 골품계급은 진덕여왕대부터 당으로부터 중국의 의복제도를 받아들이면서 중국제 관복을 모방한 활수형의 포를 착용하게 되었다. 당의 장회태자이현묘(章懷太子李賢墓) 벽화의 오른쪽을 보면 신라국사(新羅國使)가 보이는데 그는 우임직령(右衽直領)에 목둘레(領)와 아랫단에 선(襈)이 대어져 있는 활수포(闊袖袍)인 표의를 입고 있다.

신라의 복식은 고구려와 비슷하여 둥근 목둘레인 단령(團領)을 입었는데 단령의 예는 호모(胡帽)를 쓰고 소매가 좁은 착수 단령포를 입고 있는 신라 경주 황성동 출토의 토용과 복두(幞頭)를 쓰고 우임(右衽)으로 여며지는 소매가 넓은 광수포(廣袖袍)를 입고 여밈단에 길이로 선이 대어져 있는 용강동 토용들이 모두 단령을 입는 것을 알 수 있다〈그림 Ⅱ-32〉.

단의(短衣)는 저고리를 뜻하는 것으로 신라에서는 위해(危害)라고도 한다. 단의는 표의 속에 입는 상의로 생각되며 표의를 입지 않을 때는 겉옷의 역할을 하는 상의로 생각된다. 신라 5~6세기경에 제작된 것으로 보이는 경주 금령총 출토의 도제 기마 인물상〈그림 Ⅱ-25〉은 둔부선까지 오는 상의를 입고 있는데 이것이 단의로 보인다. 이 단의는 착수이며 허리에 요대(腰帶)를 매고 있다.

반비(半臂)는 반소매의 상의로 내의(內衣) 위에 입는다. 당의 영태공주묘(永泰公主墓)의 벽화를 보면 반비를 입고 있는 시녀의 모습을 볼 수 있어서 신라의 반비는 이와 같은 형태였을 것으로 생각된다.

반비라고 하는 것은 지금의 괘자와 비슷하다. 또한 반비는 골품계급에 한해서만 착용한 것으로 보인다. 반비는 남녀 공용으로 모양에 있어서도 차이가 없는 것으로 보인다. 남자의 하의로는 바지인 고(袴)가 기본이다. 신라에서는 고를 가반(柯半)이라고 하였다.

(2) 여자복식

여자의 상의로는 포와 단의는 남자와 공통이며, 반비(半臂), 배당(褙襠), 내의(內衣), 표(褾)가 있다. 반비(半臂)의 형태는 남자의 것과 형태에 있어서 차이가 없다.

배당(褙襠)은 소매가 없이 가슴과 등만 있는 상의로서 양당(裲襠)이라고도 한다. 일본 정창원에 양당의 유물이 있는데 신라의 배당이 이와 비슷한 형태일 것으로 생각된다.

내의(內衣)는 반비 속이나 표상 속에 입는 상의로 단의가 저고리 형태의 위해(尉解)로써 포를 입지 않을 경우에 상의로써 역할을 하는 것에 비하여, 내의는 반비 속에도 입고 또 겉으로 입는 치마인 표상 속으로 가슴 아랫부분을 넣어 입는 웃옷으로 생각된다. 표(暇)는 스카프와 비슷한 것으로 목뒤에서 가슴 앞으로 길게 드리웠던 것이다.

당 영태묘벽화에 보면 어깨에서 앞으로 두른 피백이 보이는데 이러한 형태가 표이다. 용강동 출토 토용 중 귀부녀로 보이는 여인상에 보면 표를 두르고 있는 모습을 볼 수 있다. 여자의 하의로는 남자와 공통된 고(袴)를 기본으로 하고 그 위에 상(裳)을 착용하는 경우도 있으며 상에는 표상(表裳)과 내상(內裳)이 있다.

여자도 바지인 고(袴)를 입는 풍습이 있어서 평상시에는 남자와 같이 고만 입었다. 표상은 상의의 가슴위로 올려 입는 치마로서 용강동 출토 토용의 귀부인상을 보면 가슴위로 올려 입은 표상을 볼 수 있다. 내상은 장식에 등급을 두어 표상 안에 입었던 치마로 표상 못지 않게 화려한 치마였을 것으로 생각된다.

요반(腰指)은 내의를 입은 위에 표상을 가슴 위로 올려 입을 때 보이는 치마허리와 허리끈으로 생각되며 용강동 출토 귀부인 토용을 보면 치마허리끈이 치마를 매는 역할뿐 아니라 앞으로 길게 늘어져서 장식의 역할도 하고 있다〈그림 II-30〉.

3장 화려하고 우아한 멋, 고려시대

1. 역사적 배경

왕건은 신라 말 후삼국분열을 수습하고 고려(918~1392 : 34대 475년)를 세웠다. 태조는 불교의 종교적 힘으로 삼국통일을 이루었다고 여겼으므로 불교는 개국 초부터 국가권력과 밀착되어 왕실·귀족 중심의 종교로 크게 번성하였다. 고려는 비록 신라의 문물을 그대로 이어받았지만 고구려의 후계자라 자처하여 발해 유민을 합류하고, 고구려의 옛 땅을 회복하고자 하는 등 고구려 부흥을 조국의 이념으로 삼았다. 이러한 고구려 회복이라는 북진의 염원은 주변국가와의 마찰로 완전히 이루어지지 못하였지만 고려의 대외적 성격을 두드러지게 하였다.

건국 초 지방분권적 경향을 띠고 있던 호족 연합세력은, 태조이후 역대 왕들의 중앙집권화 노력으로, 점차 사회구조를 정립하면서 중앙집권적 귀족사회의 특징으로 나타났다. 고려의 귀족 관료사회는 문종 때 전성기를 맞이하였으나 문인의 우대와 그들의 지나친 세도로 내부의 모순이 확대되어 점차 동요되기 시작하였고 마침내 무신의 난에 의해 붕괴의 길을 걷게 되었다.

고려시대의 예술은 귀족사회의 특성을 반영하여 귀족생활과 불교 미술의 관련분야에서 크게 발달하였다. 그 중 가장 대표적인 예술품이 고려청자, 팔만대장경, 고려불화이다. 고려시대의 도자기 공예는 처음에는 주로 선(線)을 강조하는 순수청자가 발달하였고, 후에는 고려의 독특한 기법인 상감법을 이용한 청자가 만들어져 고려자기의 섬세한 미(美)를 창출하였다. 여기에 가장 많이 쓰이는 문양은 구름, 학, 포도였는데, 그 중 포도문양은 고려시대 옷감의 무늬로도 많이 사용되어 조선시대까지 이어졌다.

고려는 건국 초 신라의 의제(衣制)를 그대로 답습하였으며 제4대 광종(光宗: 949~975)에 이르러 백관의 공복을 정하였는데 이로써 존비·상하를 가렸다. 이 관복제도는 신라의 자(紫), 비(緋), 청(靑), 황(黃)의 4색 공복제도의 영향을 받아 자 ,단(丹), 비, 녹(綠)으로 관품을 표시하였다. 고려는 송(宋),

그림 Ⅲ-1 면류관

거란, 요, 금의 복식사여에 의하여 중국 복식제도의 영향을 받았으며, 송대 서긍(徐兢)의 선화봉사 고려도경에서 그 복식 기록을 참고 할 수 있다. 고려 두식과 복식에서 획기적인 변화를 보였던 때는 몽고 침략기라 할 수 있으며 변발(辮髮)과 호복(胡服) 등 몽고풍의 영향이 매우 컸다.

2. 미용문화

1) 두식

(1) 남자두식

① 면류관

면류관은 왕이 면복 착용시에 쓰는 관모로, 평천판(平天版)과 관신(冠身)인 각(殼)으로 이루어져 있으며 면류관의 앞뒤에 면류(冕旒), 턱밑에 굉(紘), 귀결의 진(鎭), 광(纊), 담(紞) 등을 늘였고 면류관을 가로질러 서잠도(犀簪導)를 꽂았다. 형태는 전면은 둥글고 후면은 네모난 모양이며, 겉은 현색(玄色)이고 안은 주색(朱色)으로 되어 있다.

각(殼)도 겉은 현색, 안은 주색으로 뒤가 높아 앞으로 숙여진 관이다. 면류(冕旒)는 전후 각 9류씩으로 류마다 12옥이 달려 있고, 그 옥은 적(赤), 백(白), 창(蒼)의 3색을 꿰었으며 그 꿴 줄인 소(璪)도 적, 백, 창의 3색으로 짜여 있다. 청색의 굉이 턱밑으로 늘어져 있고 청색 진과 광이 귀결까지 늘어져 있으며, 청색 담이 늘어져 있다. 태조왕건의 어진에서 고려의 면류관의 형태를 볼 수 있다〈그림Ⅱ-1〉.

그림 Ⅲ-2 원유관

② 원유관

조복인 강사포에 쓰는 관모로 「고려도경」에 의하면 나라의 관원과 사민이 모여 조회를 할 때에 왕의 조복으로 속대(束帶)를 두르고 복두(幞頭)를 착용하였다고 하였다. 또 원의 침략기에는 원에서 조복, 공복으로 착용되었던 질손(質孫)이 고려에서도 착용되었으리라 짐작되어지며, 고려 말 공민왕 때에야 중국 명(明)의 조복 사여로 원유관과 강사포를 착용하게 되었다. 원유관은 전면(前面)에 적색박산(赤色博山)이 가해진 7량(七樑)의 원유관을 쓰고 양쪽귀 옆으로 소량의 머리를 늘어뜨렸다〈그림Ⅱ-2〉.

그림 Ⅲ-3 공복

③ 복두

왕의 공복 착용시에 쓰는 복두(幞頭)는 흑색으로 각의 길이가 고려 초에는 길었으나 고려말로 갈수록 짧아졌다. 고려의 복장은 중국으로부터 사여받았으므로 송나라 신종의 초상화를 참고로 할 수 있다.

(2) 여자 두식

① 왕비

왕우청(王宇靑)의 「중국복장사강(中國服裝史綱)」에서 원 후부관복을 보면 "고고관(顧姑冠)이 있었고 그 외에 또 질손(質孫)이 있었다"라고 되어있으며, 「고려사」에 나타나는 "고고(姑姑)는 부인의 관명(冠名)"이라 한 고고와 같은 것이었다고 추측할 수 있다.

고고는 고고리라고도 하여 원에서 왕비에게 사여한 바도 있었고, 와전되어 우리나라에서는 족두리라고 하였다고 하였으니, 고려의 왕비가 된 원의 공주들이 이 고고리(古古里, 顧姑) 즉, 족두리를 쓰고 있었다고 보여진다〈그림 Ⅲ-4〉. 이것은 몽고어로 "keke", "kekul"이라고 하여 변발(䯻髮), 미려(美麗), 제식(製飾)을 나타낸 것이라 한다. 이러한 족두리를 원에서는 남녀가 다같이 착용하였고 외출용이었는데 고려에서는 주로 여인의 예복 관모로 착용되었다

그림 Ⅲ-4 고고리

② 귀부녀

고려 귀부녀의 두식은 그 대표적인 것으로 몽수(蒙首)와 족두리, 화관이 있다. 몽수는 부인들이 외출할 때 착용하던 것으로 머리부터 덮어 얼굴과 눈만 내어 놓고 길게 늘어뜨려 땅에 끌리게 하였다는 기록으로 미루어 서역의 사라센의 여인들이 외출할 때 착용하던 챠도르와 유사한 것으로 생각된다. 몽수에 대해서는 서긍의 「고려도경」을 중심으로 하여 보면, 귀부녀들의 복식에 대해 "부인들은 향유를 바르는 것을 좋아하지 않고, 분을 바르되 연지는 칠하지 않고, 눈썹은 긴데, 검은 비단의 몽수(蒙首)를 쓰며 이는 조라 3폭에 길이 8척이나 되며, 정수리에서부터 내려뜨려 다만 얼굴과 눈만 내놓고 끝을 땅에 끌리게 한다"고 되어 있다. 또 이 몽수, 즉 개두는 조선시대에 들어와서는 짧게 되고 원립(圓笠)이 들어가 이것이 너울(汝火, 羅兀)의 기원이 된 것이라고 본다. 족두리는 왕비복에서 언급한 바와 같고, 신라에서 전해온 화관도 썼다.

고려여인의 머리모양을 「고려도경」에서 보면 출가 전 여자는 홍나(紅羅)로 머리를 묶고 그 나머지 머리는 뒤에 내린다고 하였으며 부녀(婦女)의 머리모양은 귀천 없이 동일하여 머리를 틀어서 홍나로 묶고 여기에 작은 비녀를 꽂았으며 잔여 머리는 위에 내려뜨린다고 하였으니 이것이 흔히 하던 수발의 형식이었다고 본다. 이러한 부녀의 머리모양에 대하여는 송사(宋史) 「고려전」(高麗傳)에도 나와 있다. 고려여인의 이러한 머리모양은 중국여인의 추마계와 비슷한 것으로 추마계란 말에서 떨어졌을 때의 여자들의 머리모양과 같다고 하여 붙여진 이름이다.

2) 화장(化粧) 형태

고려는 통일신라의 문화전통을 이어간 것과 같이 화장문화와 목욕문화도 신라의 것이 그대로 전승발전 되었으며 외형상으로 더욱 사치해졌다. 이러한 문화적 경향은 비단 어느 한 부분에만 국한되어 나타난 현상은 아니다. 불교의 종교의식에서 사용되었던 목욕은 청결관념이 더욱 강조되었다. 「고려도경」의 기록에서 보면 하루에도 서너번씩 목욕을 하였을 만큼 깨끗한 신체 가꾸기에 노력하였다. 또한 흰 피부를 가꾸기 위해 전신목욕이 성행하였으며 온천은 환자의 치료수단으로 이용되었다. 또한 어린아이들은 복숭아 꽃물에 세수를 시켰으며, 부유층의 여인들은 난초를 삶은 물인 난탕(蘭湯)에 세수나 목욕을 하였다.

이것은 향수에 목욕을 함으로써 희고 부드러운 피부를 간직하고 늘 몸에서 향내가 나도록 하기 위함이었다. 고려시대 목욕은 미용수단인 동시에 치료행위로 이용되었으며 사치스러운 형태로 나타나기도 하였다. 이러한 목욕의 발달은 곧 목욕이나 화장용기의 발달로 이어져서 크고 작은 대야가 용도에 따라 다양하게 사용되었다.

고려 여인은 신분에 따라 다른 화장경향을 나타내고 있다. 화장이라는 낱말은 삼국시대까지는 사용된 적이 없고 고려시대에 사용된 적이 있으나 화장(化粧)이 아닌 화장(化裝)이었다. 그러나 이 두 개의 다른 한자어는 같은 의미를 지니고 있다. 신분에 따른 화장의 대표적인 예로는 귀부인의 화장과 기생이 하는 분대화장을 들 수 있다. 「고려도경」에서 귀부인의 화장에 대하여 “향유(香油) 바르기를 좋아하고 분은 바르되 연지를 즐겨 바르지 않았다. 눈썹은 넓게 그리고, 검은 비단으로 만든 너울을 쓰고, 올리브색, 황갈색, 회적색을 띠는 빛깔인 감람(橄欖)색의 넓은 허리띠를 두르고 채색한 끈에 금방울을 달고, 비단 향랑을 여럿 찼는데, 향랑을 여럿 패용 할수록 자랑스럽게 여겼다”고 하는 기록이 있다. 이것은 통일신라시대의 엷고 우아한 화장이 중국의 영향으로 인하여 다소 변하였지만 기본은 고려 시대에도 변함이 없음을 알 수 있다. 이에 비하여 기생의 분대화장을 살펴보면 분대란 기생의 별칭으로 분대화장은 기생의 상징이 되었다.

분대화장이란 고려초기 교방에서 기생이 훈련되었듯이 교육에 의해 똑같이 행해지는 화장법으로 분을 하얗게 많이 바르고, 눈썹을 가늘게 다듬어 또렷하게 그리고, 입술은 붉게 연지를 바르고, 머릿기름은 반질거릴 정도로 많이 바른 화장법이다. 이러한 경향은 조선시대에도 기생의 화장법으로 이어져갔다. 조선시대에 이루어진 화장의 이원화 경향, 즉 분대화장과 비분대화장(엷은화장)의 분리는 고려시대에 그 기반이 조성된 것이다.

삼국시대에 불교의 영향으로 보급되었던 향료를 고려시대에는 향랑이나 향갑의 형태로 몸에 지니고 다니면서 구급약으로 사용하기도 하였다. 이와 같이 고려시대의 향은 장식의 의미와 함께 의약품의 성격을 띄기도 하였다. 고려시대에는 분, 연지, 면약(面藥), 염모(染毛)와 같은 화장품이 사용되었다. 분은 고려시대에 가장 많이 사용된 화장품으로 자연성분의 백분과 납성분의 납분을 사용하였다.

연지는 홍화와 주석에 수은을 섞어서 사용하였다. 백분과 황화로 된 연지와 같은 자연상태의 화장품보다 납이나 수은을 섞은 것이 화장의 효과를 좋게 해 주지만 피부에 미치는 피해의 정도는 심각하다. 면약은 액체상태의 안면용 화장품으로 남여 모두 사용하였으며 피부를 부드럽게 하고 백색 피부로 가꾸기 위한 피부 보호제 겸 미백제였을 것으로 추측되며 고려시대에는 적지 않은 양의 면약이 소비되었다. 또한 나이가 많은 사람이 젊어 보이기 위해 염모제가 사용되었는데 고려 말엽에 가서는 머리 염색이 서민 계층에 까지 확산되었다.

고려시대의 각 계층의 여인들이 화장을 즐기고 기생의 분대화장으로 인하여 화장품 사용량이 적지 않았으므로 화장품 제조기술자가 따로 있었을 것으로 보인다. 또한 화장의 기본 도구인 거울과 빗을 만들기 위하여 관아의 기술자 중에 거울 제조 기술자와 빗 제조 기술자가 따로 배치되어 있었다. 그밖의 화장용 도구로는 털을 다듬기 위한 쪽집게와 손톱을 다듬는 기구가 있다. 화장용기로는 화장품을 보관하는 보관합, 기름과 섞기 위한 접시와 머릿기름, 향유 등 각각의 용도에 따라 다양한 크기, 모양, 무늬의 기름병을 만들어 사용하였다.

3 . 복식(服飾) 문화

1) 왕복(王服)

「고려사여복지(高麗史與服志)」나 「고려도경(高麗圖經)」을 보면 왕복에는 제복(祭服), 조복(朝服), 공복(公服), 상복(常服), 연복(燕服)이 있다. 제복인 면복은 면류관(冕旒冠)과 곤복(衮服)으로 구성되어 있다. 면류관은 9류 면류관이고, 곤복은 의(衣), 상(裳), 중단(中單), 폐슬(蔽膝), 혁대(革帶), 대대(大帶), 패옥(佩玉), 수(綬), 말(襪), 석(舄)으로 구성되었고 여기에 규(圭)를 들었다. 의는 현색(顯色)으로 여기에 산(山), 용(龍), 화(火), 화충(華蟲), 종이(宗彝)의 오장문을 그렸다. 상(裳)은 훈색으로 앞3폭, 뒤3폭으로 되어 있으며 조(藻), 미(米), 보(黼), 불(黻)의 사장문(四章紋)을 합하여 구장문(九章紋)이

베풀어진 구장복(九章服)을 곤복으로 입었다. 공민왕대에는 12류면 12장복을 입었다. 조복(朝服)은 왕이 백관(百官)과 사신(使臣)을 접견할 때 착용한 복장으로 상포(擴袍)에 속대(束帶)를 띠고, 관모로 복두(幞頭)를 쓰다가 고려 후기 공민왕에 이르러서는 원유관에 강사포를 착용하였다〈그림 Ⅲ-2〉.

공복(公服)은 왕이 중국사신을 맞이할 때 입는 옷으로, 자라포(紫羅袍)에 옥대(玉帶)를 띠고 상홀(象笏)을 쥐었다. 상복(常服)은 오사고모(烏紗高帽)를 쓰고 금벽(金碧)산수화를 수놓은 담황색의 소매가 좁은 착수상포(窄袖擴袍)를 입었으며, 자색라(紫色羅)로 만든 늑건(勒巾)을 띠었다.

고려왕이 중국 황제의 황포와 비슷한 상포를 입었다는 사실은 조선왕조시대의 왕이 황색을 입을 수 없었던 경우와 비교할 때 비교적 자주성을 가졌음을 알 수 있다. 왕도 평상시에는 일반 서민과 다름없는 조건(皁巾)에 백저포(白紵袍)를 착용하였다. 왕족이나 귀족도 평상복으로는 서민복을 그대로 착용하였다.

그림 Ⅲ-5 백관조복

2) 왕비복(王妃服)

왕비의 복식도 통일신라시대의 복식제도가 계승되어 고려로 이어졌다.「고려도경」에 보면 "왕비는 홍색을 숭상하여 양사(陽事)인 그림과 음사(陰事)인 수(繡)를 더하여 관리와 서민의 처는 감히 이를 쓰지 못한다"고 되어 있다. 예복(禮服)으로는 칠적관(七翟冠), 적의(翟衣), 중단(中單), 폐슬(蔽膝), 대대(大帶), 혁대(革帶), 수(綬), 말(襪), 석(舃)을 갖추어 입었다. 왕비도 평상시에는 일반 귀부녀와 같이 유(襦)와 상(裳)을 주축으로 하는 우리 고유의 복식을 착용하였다.

그림 Ⅲ-6 백관공복

3) 백관복(百官服)

백관복에는 제복(祭服), 조복(朝服), 공복(公服), 상복(常服)이 있다. 제복은 의종조의 제도에 따르면 각 계급에 따라 칠류면 칠장복에서 평면(平冕), 무장복(無章服)까지 있다. 조복은 정초와 동지, 절일(節日), 조하(朝賀) 등에 착용하였다. 조복을 입고 있는 수락암동 1호분 십이지상을 보면 양관(梁冠)을 쓰고 비라의(緋羅衣)로 추측되는 포를 입고 홀(笏)을 들고 있는 모습을 볼 수 있다〈그림 Ⅲ-5〉.

공복은 각 품계에 따라 복색(服色), 대(帶), 홀(笏) 등에 차이를 두어 권위를 나타내었다. 관모로는 복두(幞頭)를 썼으며, 의복은 서열에 따라 복색을 자(紫)·단(丹)·비(緋)·녹(綠)으로 나누었다. 공복 착용의 실례는 지장시왕도(地藏十王圖)〈그림 Ⅲ-6〉에서 살펴보면 공양자상의 모습에서 유(襦), 백저포

그림 Ⅲ-7 귀부녀복

(白紵袍), 중단(中單), 대수포(大袖袍)의 단령(團領)인 공복(公服)에 양각이 약간 아래로 향한 복두(銠頭)를 쓰고 손에는 홀(笏)을 쥐고 있는 모습이 보이고 있다. 여기서 고려시대 문무백관(文武百官)의 공복(公服) 착용 모습을 볼 수 있다. 상복(常服)은 대체로 공복에 준하였다.

4) 귀부녀복(貴婦女服)

귀부녀의 복식착용 모습을 관경변상서품도 중 오른쪽에 보이는 귀부녀의 착장 상태에서 살펴보면 홍색의 유를 착용하고 황색 상을 유위로 올려 매고 오늘날의 스카프와 같은 표를 어깨에 둘러 앞쪽으로 늘어뜨렸다〈그림 Ⅲ-7〉.

5) 서민복(庶民服)

「고려도경」에 보면 "백성은 빈부의 구별없이 백저포(白紵袍)에 오건(烏巾)을 쓰되 오건에는 네가닥으로 띠를 하고 베의 곱고 거친 것으로 신분을 구별하였으며, 귀인(貴人)은 두건의 띠를 두 가닥으로 한다"고 밝히고 있다. 서민 남자는 머리에 삼국시대에 쓰던 책(幘), 오건(烏巾)을 쓰고 상의로는 둔부선까지 오는 장유(長襦)를 입고 있는데 소매는 소매통이 좁은 착수(窄袖)이고 여기에 대(帶)를 띠었다. 하의로는 궁고(窮袴)를 입고 행전(行纏)을 둘렀으며, 리(履)와 화(靴)를 신었다.

서민 여자도 둔부선까지 오는 착수장유에 허리에는 상을 착용하였다. 일반 서민의 복식을 살펴보면 우리고유의 복식이 삼국시대 이래로 고려시대에도 계속되고 있음을 알 수 있으며 형태는 귀부녀복과 크게 다르지 않음을 알 수 있다〈그림 Ⅲ-8〉.

그림 Ⅲ-8 서민여복

宴大廳

4장 단아함과 기품을 지닌 미감의 확립, 조선시대

1. 역사적 배경

조선왕조는 1392년 태조 이성계가 개국한 후 1897년 대한제국을 거쳐 1910년 까지 계속되었다. 조선시대 정치 및 사회구조의 특징은 조선을 건국한 신진세력들이 불교를 배격하고 유교를 신봉하였으므로 고려와 달리 유교가 조선 전시대에 걸쳐 일관된 지도이념이었다는데 있다.

두식이 포함된 복식은 그 시대의 사회, 문화뿐만 아니라 정치, 경제, 종교 등을 표현하게 된다. 의례복과 평상복의 구분이 우리나라 역사상 그 어느 시대보다 분명하였다.

그리고 유교에 의한 관료의 사회 정비를 위해 조선시대 최고의 법전인 경국대전에 관료제도와 함께 관등에 따른 복식제도를 엄격히 명시하여 복식을 통한 왕과 신하, 지배층과 일반백성이 신분차를 분명히 하였다. 또한 유교적 미의식이 확립되어 과장과 허세를 피하고 소박한 성격의 문화가 자리잡게 됨에 따라 양반과 기녀의 화장문화의 구분이 더욱 확고해졌다. 조선시대 예술작품은 자연주의적 성격을 강하게 띠었고, 이러한 점은 당시 남녀복식에 지대한 영향을 끼쳤다.

2. 미용문화

1) 두식(頭飾)

두식은 관모와 머리형태로 나눌 수 있으며 관모의 형태와 장식은 신분에 따라 달라진다. 남자의 머리모양은 여자와 달리 크게 관례전의 댕기머리와 관례 후의 상투로 간단히 구별된다.

(1) 남자두식

① 왕의 두식

왕의 관모로는 면류관(冕旒冠), 원유관(遠遊冠), 익선관(翼善冠)이 있다.

면류관(冕旒冠)

면류관은 중국고대부터 발달된 제관(祭冠)으로서 후한대(後漢代)에 이르러 면류관이 실제로 사용되었는데 앞이 뒤보다 낮아 앞으로 숙여져 있다는 특징 때문에 면관이라고 이름 붙여졌다. 면류관의 형태는 평천판(平天板)의 앞·뒤에 늘어진 류(旒)로서 황제는 12류, 황태자와 친왕은 9류였으며 12류에는 12옥을 꿰고 9류에는 9옥을 꿰는 것이 통례이다. 「전한서(前漢書)」에 보면 면(冕) 앞에 류를 늘여뜨리는 것은 왕의 눈밝음을 가리기 위함이라 하였다. 류는 황-흑-홍-백-창-황의 순서로 꿰었던 것으로 보인다. 면류관 양옆에는 귓가에 광(燈)을 늘어뜨렸는데 광에는 주광(立燈)과 청광(青燈)이 있다. 「예기(禮記)」에 보면 주광은 귀를 막아 잘 들리지 않게 하는 것이라고 하였으며 주는 주황색으로 주황색의 솜으로 둥그렇게 만들어 귓전까지 내려오게 만든 상징물로서 후에는 옥주로 대신하였다. 면류관에는 조영(組纓)이 있는데 이것은 굉(紘)이라고 하여 가슴 앞에서 돌려 올린 끈이다.

「주례(周禮)」에서는 주굉(朱紘)이란 주조(朱組)를 가지고 굉을 만든 것으로 굉은 한줄로 양끝이 무(武)에 달려 있다. 이외에 면류관에는 담(紞)이 달려 있는데 이것은 귀막이끈으로 긴 끈을 평천판 위에서 양옆으로 걸쳐 앞 배부분까지 늘어뜨린 끈이다. 또 면류관을 두발에 고정시키는 역할을 하는 계(髻)가 있는데 이는 금잠(金簪)·옥잠(玉簪)·서잠(犀簪)이 있다〈그림 Ⅳ-1〉.

그림 Ⅳ-1 면류관·곤복

유송옥 교수 고증 제작

원유관(遠遊冠)

「국조오례의서례(國朝五禮儀書例)」관복도설 원유관복에서 보면 원유관은 나(羅)로 만들며 그 색은 현색(玄色)이고 9량(梁)이다. 각 량(梁)은 18옥으로 꿰어지는데 앞쪽에 9옥, 뒤에 9옥이며 5채옥 황-창-백-주-흑의 순서로 꿴다. 금잠을 사용하고 주조 2줄을 양쪽에 달아 턱 밑에 매고 그 나머지는 늘어뜨린다〈그림 Ⅳ-1〉.

익선관(翼善冠)

「국조오례의서례」에 보면 익선관은 모라(帽羅)로 싸고 양대각(兩大角)에 양소각(兩小角)을 꽂아 위로 올린 것이라고 하였다.

명(明)에서는 홍무 3년 황제의 상복에 오사절각향상건(烏紗折角向上巾)을 착용하였고 황태자·친왕은 오사절상건(烏紗折上巾)을 착용하다가 영락 3년에 개정하여 모두 오사절각향상건을 착용하였는데 이것을 익선관이라고 하였다.

그림 Ⅳ-2 원유관·강사포

그림 Ⅳ-3 익선관·곤룡포

② 문무백관의 두식

금관(金冠·梁冠)

문무백관의 금관은 명(明)에 비하여 이등체강원칙에 따라 1품은 5량관, 2품은 4량관, 3품은 3량관, 4·5·6품은 2량관, 7·8·9품은 1량관을 썼다. 그리고 모두 목잠(木簪)을 꽂았다〈그림 Ⅳ-1〉.

제관(祭冠)

제관으로 쓰는 양관은 조복을 입을 때 쓰는 금관과 형태가 똑같은 양관이다. 그러나 금관과의 차이는 금관처럼 아래쪽에 당초문이 있는 부분과 목잠을 전부 금칠하지 않고 다만 당초문의 앞면의 일부분과 구멍둘레에만 간단히 도금하고 그 외의 부분은 그대로 흑색으로 두는 것이다. 각 품계에 따라 양관의 양수(梁數)는 조복의 금관과 같다.

사모(紗帽)

「경국대전(經國大典)」에 보면 상복(常服)에 사모를 쓰는 것은 1품에서 9품까지 동일하나 사모에 딸린 관자(貫子)와 입영(笠纓)은 품계에 따라 차이가 있다. 1품 관자의 입영은 금옥(金玉)으로 하고 입식(笠飾)은 은(銀)을, 대군(大君)은 금(金)을 사용한다. 2품과 정3품 당상관의 관자, 입영은 금옥, 입식은 은을 사용한다.

이엄은 단(段), 초피(貂皮)를 사용한다. 사모는 조선 초기에는 모체(帽體)가 낮고 양각으로 밑에 쳐졌는데 중기에는 모체가 높아지고 양각은 수평으로 폭이 넓어졌다. 후기에는 모체가 더욱 높아지고 평각으로 폭이 넓으며 말기에는 모체가 낮아지고 평각으로 폭이 넓다〈그림 Ⅳ-5〉.

그림 Ⅳ-4 금관·조복

그림 Ⅳ-5 사모

전립(戰笠)

융복과 군복 착용시 쓰는 관모이다〈그림 Ⅳ-1〉.

그림 Ⅳ-6 전립

③ 일반 남자의 두식

일반 남자의 두식으로는 망건(網巾), 탕건(宕巾), 갓(黑笠), 충정관(沖正冠), 정자관(程子冠), 와룡관(臥龍冠), 상투관이 있다.

망건(網巾)

망건은 조선시대 성인 남자가 상투를 틀 때 머리카락을 위로 걷어올리기 위하여 이마에 썼던 건이다. 말총을 직사각형으로 엮어 만든 윗부분을 당이라고 하고, 아랫부분을 편자라하며 망건에 달아 상투에 동여매는 줄을 당줄이라고 한다.

편자의 귀 뒤에 관자를 달고 좌우 당줄을 맞바꾸어 관자에 꿰어 뒤로 가져다 엇걸어 매고 두끝을 가져와 동여맨다. 망건의 맨 위에 갓이나 관을 쓰며 관자의 재료로써 품계를 구별한다. 후대에 와서 전면 중앙에 두 끝을 앞으로 가져와 동여맨다〈그림 Ⅳ-7〉.

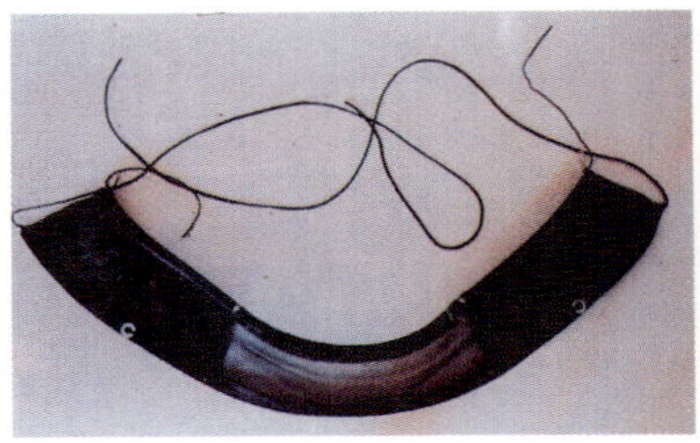

그림 Ⅳ-7 망건

탕건(宕巾)

탕건은 조선시대 사인(士人)들이 사용하던 건의 일종으로 평상시 망건의 덮개로 쓰거나 외출시 갓 아래에 받쳐 썼다. 말총을 엮어서 만드는데 뒤가 높고 앞이 낮게 턱이 져 있으며 탕건의 윗부분은 반원형으로 평평하다〈그림 Ⅳ-8〉.

그림 Ⅳ-8 탕건

갓(黑笠)

갓은 가늘게 도린 대나무로 양태와 서로 맞붙여 엮고 그 위에 포(布)·사(絲)·마렵(馬琰)·우미(牛尾) 등을 넣어 싸고 궤에 검은 옻칠을 한 검정 갓을 칠립 또는 흑립이라고도 한다. 입체는 정죽(頂竹)과 평죽(平竹), 모(帽)와 첨(簷)으로 되어 있는데 시대에 따라 모의 고저, 양태의 좁고 넓음의 변화가 있다. 입영(笠纓)과 입식(笠飾)으로서 신분의 차를 나타내었다〈그림 Ⅳ-9〉.

그림 Ⅳ-9 갓

충정관(沖正冠)

충청관은 「삼재도회」의 기록에 의하면 충정관이라고 하여 명(明) 세종이 조관(朝官) 평복(平服)에 착용하기 위하여 만든 것이라고 하였으며 조선시대 사인들이 평상시에 썼다.

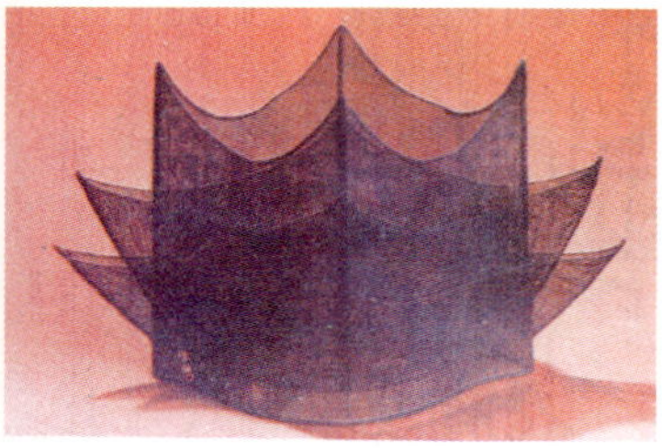

그림 Ⅳ-10 정자관

정자관(程子冠)

정자관은 조선시대 중기에 사대부나 유생들이 평상시 집에서 거처할 때 도포, 창의와 함께 널리 착용하였다. 이 정자관은 학자다운 풍모를 보여주는 대표적인 관이다.

동파관(東坡冠)

동파관은 중국 송나라 때 문인(文人)인 소식(蘇軾)이 만들었다고 전해지는 관으로 그의 호인 동파에서 동파관이라 이름을 지었는데 정자관과 비슷하다. 한가운데 관이 서있고 그 좌우에 말총으로 된 작은 관식이 있다〈그림 Ⅳ-10〉.

와룡관(臥龍冠)

와룡관은 조선시대 사대부들이 평상시 집에 거처할 때에 쓰던 관으로 중국 삼국시대 제갈량이 즐겨 썼다고 한다.

상투관

상투관은 상투가 들어갈 만한 크기의 작은 관이다.

(2) 여자 두식

조선시대의 두식은 머리모양, 관모, 수식으로 구별된다. 머리모양과 수식은 여자에게 편중되어 있다. 조선시대의 부녀자들은 머리를 아름답게 장식하기 위하여 여러 가지 형태의 수식을 사용하였다. 조선시대 여인의 머리모양에서 가장 문제가 되는 것은 가체로서 가체의 풍습은 삼국시대, 고려시대를 이어서 조선시대에까지 이어져 내려온 것이다.

조선시대에는 가체의 크기와 장식으로 부를 과시하는 경향이 생겨서 크기는 점점 커지고 장식은 금은주옥 칠보를 사용하는 등 점차로 화려해져, 이미 국초부터 심각한 사회문제로 대두되었다. 결과적으로 가체로 인하여 가산을 탕진하는 등 국가경제에도 커다란 피해를 입히게 되어 현종은 당하관(堂下官) 부녀들의 예복의 수식도 비녀를 사용하고 머리 위의 수식은 모두 궁중(宮中)의 모양에 따르고 금, 은, 옥의 사용을 엄금한다는 명령을 내렸다.

성종13년 6월 「성종실록(成宗實錄)」에 "궁중에서 고계를 좋아하여 사방의 높이가 일척이라"고 하였으나 당시 사치의 풍조가 심하여 엄형으로 다스리지 못하였다. 당시 고계의 사치스러움은 장안에 널리 퍼져있었다.

가체의 금지가 정식으로 제기된 것은 영조대의 일로서 임진왜란, 병자호란 후로도 그 패해가 줄어들지 않자 조정에서 논의하여 영조는 "양반 부녀자의 가체를 금하고 족두리를 사용하도록 명하였다. 가체는 고려시대에 시작된 몽고의 관습으로, 가체에 대한 사치가 날로 심하여져 가체에 백금(百金)을 소비하고 이를 본받으려 힘쓰며 되도록 높고 크게 만들려고 하므로 이를 금한다"는 교시(教示)를 내렸다. 그러나 족두리는 궁중양식과 구별이 없고 족두리에 값비싼 장식을 하여 그 비용 또한 가체와 같았으며 가체의 풍속 또한 사라지지 않아서 발령 8년 만에 폐기되었다.

정조에 이르러서는 정조12년 가체 금령과 더불어 큰머리를 간편하게 하는 것은 곧 제왕의 뜻이라 하여 부녀자들이 이 뜻을 따르도록 전교를 내렸다. 이때에 내려진 것이 「가체신금절목(加髢申禁節目)」이다. 사치를 금하기 위해 가체를 금하고 족두리를 사용하라고 명하였다.

양반부녀로부터 천인, 기녀에 이르기까지 본인의 머리이외에 가체를 사용하는 것을 금한다는 등의 세부내용과 이를 어길 때는 그 가장(家長)을 벌한다는 내용도 함께 명시되어있다. 그러나 왕의 엄명에도 불구하고 가체의 금지는 잘 이루어지지 않다가 순조 중기이후부터 쪽진머리로 대체되었다. 여자의 머리모양은 혼례여부와 신분에 따라 구별된다. 출가한 부녀자는 얹은머리, 쪽진머리로 나눌 수 있고 미혼녀의 머리는 땋은 머리가 대표적이다.

④ 수식(修飾)

적관(翟冠)

적관은 왕비의 법복에 쓰이던 것으로 칠적관이었으며, 조선 태종 3년 11월 명의 사신 황엄(黃儼)이 왕의 면복과 함께 가지고 온 왕비복에 칠적관이 딸려 있었는데, 주취칠적관이었다. 이 철적관은 명 영락3년 세자비, 군왕비의 관복의 관제였는데 조선왕비 법복의 관제가 된 것이다. 문종·세조·성종대에 사여된 것은 모두 주취칠적관이었다〈그림 Ⅳ-11〉.

그림 Ⅳ-11 구적관

대수(大首)

대수는 궁중에서 왕비의 의식용으로 대례복에 사용하였으며 적관을 대신하여 머리를 장식하였다. 가체로서 큰머리장식을 만들어 장식한 머리형태이다. 대수의 형태는 앞은 머리윗부분에 고계를 만들고 금, 은, 옥으로 장식한 떨잠, 비녀, 족두리 등으로 장식하고, 좌우 A자형으로 퍼졌으며 길이는 어깨까지 내려온다.

그림 Ⅳ-12 대수

뒷부분에는 이러한 장식과 함께 댕기를 매고 끝부분에는 봉잠(鳳簪)을 하였다. 대수의 체발(剃髮)은 적관을 대신하여 머리를 장식한 것인데 인조장렬후가례시에는 68단 5개나 되는 큰머리에 비녀를 대잠부터 소잠까지 합하여 47개나 되는 것을 장식한 매우 크고 화려한 대수였다. 그 후 영조정순후에서 고종명성황후까지의 가례시에는 체발이 10단으로 줄었다〈그림 Ⅳ-12〉.

큰머리(巨頭味 : 거두미)

궁중에서 의식이 있을 때 하던 명부용 머리로 민가의 혼례식 때는 일반 백성에게도 사용을 허락하였다. 큰머리의 형태는 어여머리 위에 떠구지라고 하는 나무로 만든 장식을 얹어놓은 것이다. 처음에는 본래 제머리와 다리(가체)만으로 하였으나 다리(가체)의 가격이 너무 비쌀 뿐 아니라 목을 가눌 수 없을 만큼 크고 사치가 극에 달하자, 영조와 정조 때 가체금령(加痂禁令)을 내리고 궁중에서 먼저 이를 금하자 다리 대신 나무로 다리의 형상을 만들어 대신 사용하였다.

큰머리의 형태는 먼저 제머리로 앞가리마를 타고 뒤통수 아래쪽에 쪽을 찐 다음 어염족두리를 가리마 위에 얹고, 다시 그 위에 가체로 땋아 만든 다리를 얹는 어여머리를 한다. 다시 떠구지를 얹고, 두 개의 비녀를 떠구지 안쪽과 바깥쪽에 꽂아 머리와 떠구지를 고정시킨다. 머리의 위와 양옆에는 떨잠을 꽂고 뒤는 붉은 댕기를 장식하며, 떠구지에는 검은 댕기를 드려 내린다〈그림 Ⅳ-13〉.

그림 Ⅳ-13 떠구지와 녹원삼

유송옥 교수 고증 제작

그림 Ⅳ-14 어여머리

어여머리(於由味: 또야머리)

어여머리로 예장을 할 때는 어염족두리를 머리 위에 올려놓고 어여머리를 둘러서 봉잠을 중앙에, 떨잠을 좌우에 꽂아 호화로운 수식(首飾)을 한다. 큰머리에 버금가는 예장용으로 궁중에서는 왕비(王妃), 공주(公主), 옹주(翁主)와 상궁으로는 지밀상궁만이 하였고 일명 또야머리라고도 한다. 어여머리의 형태는 가리마 위에 첩지를 매고 그 위에 어염족두리를 쓰고 다리 일곱꼭지를 한데 묶어 두 갈래로 땋아 어염족두리 위에 얹고 비녀와 매개댕기로 고정시킨다. 혼례 때에도 어여머리가 사용되었으며 기녀도 사용하였다〈그림 Ⅳ-14〉.

그림 Ⅳ-15 얹은머리의 다양한 형태

얹은머리

얹은머리는 트레머리라고도 하며 꾸미는 방법으로는 가체로서 꾸미는 체계(髢髻)의 화려한 것과 본인의 머리로만 꾸미는 머리형태로 구분할 수 있다.

가체를 더하여 꾸미는 머리로는 본머리에 가체다리를 더하여 두 가닥으로 나누어 곱게 땋아 풀리지 않게 둥글게 합쳐 자주색 매개댕기로 매고 좌우에 틀어 앞으로 올려 서리어 앞에는 여러 모양으로 하고 위의 머리모양도 다양한 형태로 하였다〈그림 Ⅳ-15〉.

가체를 사용하지 않고 꾸미는 머리로는 서민층의 부녀자들이 제머리만으로 머리를 양분하여 각각 땋아 좌우로 엇기게 틀어 앞으로 올려 중앙 또는 좌측에서 한 쪽으로 합쳐 머리 밑으로 끝을 처리하고 장식댕기를 오른쪽에 매는 머리로 일명 '코머리'라고 한다〈그림 Ⅳ-16〉.

그림 Ⅳ-16 코머리

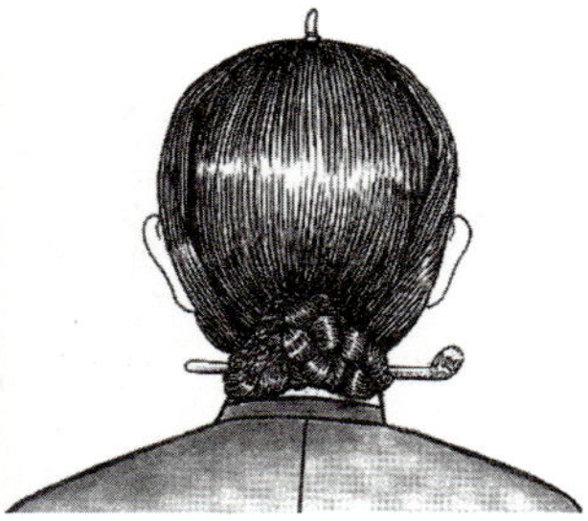

그림 Ⅳ-17 조짐머리

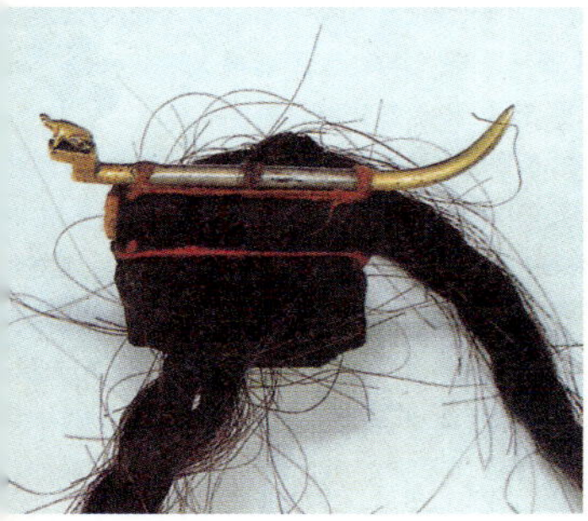

그림 Ⅳ-18 첩지머리

그림 Ⅳ-19 진머리

조짐머리

반가에서 의식이나 궁중 출입 시에 예복에 갖추던 머리로 가체의 일종이다. 머리를 열가닥으로 땋은 첩지 끈과 함께 쪽을 진 후 머리에 씌웠다가 그대로 벗길 수 있도록 한 것이다.

쪽머리 위에 비녀와 떨잠으로 장식하였다. 조짐머리는 정조(正祖)대의 발제개혁(髮制改革) 이후 얹은머리 대신 쪽진머리를 하게 함으로써 쪽을 돋보이게 하기 위하여 생겨난 것으로 보인다.

첩지머리

첩지머리는 조선시대 부녀자들의 수식(首飾)에 쓰이는 첩지를 얹은머리로, 가리마 가운데에 중심을 두고 3cm 나비의 다리 중간에 천을 대고 그 위에 첩지를 얹어 양쪽 끝과 중간 세 곳을 적색 실로 떠서 고정시켜 가리마 위에 올려놓고 양쪽으로 땋아서 뒤에서 머리와 함께 묶어서 쪽머리에 고정시킨다.

영조(英祖)이후 얹은머리 대신 쪽진머리를 하면서 첩지를 족두리의 받침대로 사용하게 되었다. 첩지는 왕비나 나인(內人)들은 평상시, 외명부는 입궐(入闕)시에 당의에 착용하였고, 의식(儀式) 때에는 첩지머리 위에 족두리나 화관을 얹었다.

황후는 용(龍), 왕비나 세자빈은 도금봉(鍍金鳳), 상궁은 은제(銀製) 개구리, 정경부인(貞敬夫人)은 도금(鍍金) 개구리, 정부인(貞夫人)은 두미(頭尾)만을 도금한 개구리, 부모나 남편 상(喪) 중에는 흑각 개구리첩지를 만들고 좌우로 긴 머리털을 단 것을 말한다. 첩지의 장식은 화관이나 족두리를 고정시키는 역할을 하기도 하고 신분의 상하를 구별하기도 하였다〈그림 Ⅳ-18〉.

쪽진머리

조선조 중엽부터 후기까지 부녀자들이 많이 하던 머리형태로 일명 후계낭자(後琦娘子)머리라고 하였다. 낭자란 쪽머리를 뜻하는 말이다.

고계(高琦)의 사치가 문제시되자 정조(正祖)가 가체금지법을 제정하여 체계를 대신하여 후계제를 실시하였다. 전국의 부녀(婦女)가 가체로 머리 얹는 법을 없애고 자기 두발(頭髮)로 뇌후에 '쪽'을 지어 작은 비녀를 꽂았는데, 이것이 그대로 풍속이 되었다.

쪽진머리에도 가체가 전혀 없었던 것은 아니며 쪽을 지기 시작한 순조 중엽은 쪽이 뒤통수에 달려 있던 것이 점차 내려와 말엽에 저고리 위에 있게 되었으며 그 후 개화기에 다시 뇌후로 올라가 지금에 이르렀다〈그림 Ⅳ-11〉.

낭자쌍계(娘子雙琦)

낭자쌍계란 미혼녀의 쪽진 머리형태로 풍속화에서 살펴볼 수 있다. 돌아앉은 두 동기의 머리모양을 보면 쪽은 두 개지만 비녀는 하나이다.

댕기를 길게 늘여 엉덩이까지 닿게 하고 있다. 처녀를 상징하는 귓머리를 곱게 두 귀를 눌러 땋아서 놓고, 머리를 이등분하여 이것을 두 개로 타원형으로 틀어 귀밑머리 땋은 것을 양쪽에 한가닥씩 넣어 틀은 쪽이다〈그림 Ⅳ-20〉.

그림 Ⅳ-20 낭자쌍계

새앙머리

새앙머리는 궁중의 어린소녀 나인의 예장용 머리형태로 생(사양)각시 머리라고도 한다. 정수리가 아닌 후수 뒷꼭지에 두가닥으로 땋아 말아 올린 두 개의 쪽을 찐 후에 이것을 노출시키지 않고 그 위에 넓은 댕기를 들여 궁둥이까지 드리우고 있다.

새앙머리는 사양머리라고도 하며 머리를 좌우 귀밑에서 두 갈래로 갈라서 땋은 머리인데 궁중에서는 이것을 다시 틀어 올려 아래위로 두 덩어리가 지게 댕기로 잡아매었으나 민간에서는 비녀를 꽂아서 새앙낭자라고도 했다. 여기에 뒤꽂이를 꽂고 석웅황 등을 장식하였다. 「가체신금절목」에는 낭자쌍계와 사양계는 혼전에 쓰는 것이므로 기혼녀는 사용해서는 안되고 쪽으로 대신하라는 항목이 미혼녀의 쪽머리임을 나타낸다고 생각된다〈그림 Ⅳ-21〉.

땋은머리

삼국시대부터 내려오는 가장 기본적인 미혼녀의 머리 모양이다. 양쪽 귀위의 귀밑머리를 땋아 뒤에서 모아 다시 변발하여 늘이고 끝에 댕기를 들였다. 양반가 규수들은 귀밑머리로 귀를 가리고 일반처녀들은 귀를 가리지 않았다〈그림 Ⅳ-22〉.

그림 Ⅳ-21 새앙머리

그림 Ⅳ-22 땋은머리

그림 Ⅳ-23 종종머리

종종머리

어린아이의 머리를 땋아서 꾸밀 때 하는 머리형태로 아직 길게 자라지 않은 어린이의 머리를 가리마를 똑바로 타고 양쪽으로 땋을 수 있게 2등분, 3등분하여 종종 땋아 뱃씨를 가리마 중앙에 오게 하고 귀 밑에서 합하여 땋아서 뒤에서 다시 합하여 매고 어린이용 도투락댕기 또는 말뚝댕기를 드린 것이다.

② 관모

관모에는 화관, 족두리, 난모와 전모, 각종 쓰개류, 승관류, 주립이 포함된다.

화관(花冠)

신라 문무왕 때 여자 복식도 중국의 복제를 따르게 됨으로써 처음 사용한 중국의 풍속이다. 그 후 국속화되어 크기가 작아져서 관모(冠帽)라기보다는 미적 장식품으로서의 수식(首飾) 역할을 하였다.

그림 Ⅳ-24 화관

궁중 연희에서 기녀(妓女), 동녀(童女), 무녀(舞女), 여령(女伶)들이 썼으며 모양은 조금씩 차이가 있었는데 관에는 오색 구슬로 찬란하게 꽃을 둘렀고 나비를 하늘거리게 달아 장식하였다. 영조, 정조대 가체금령과 더불어 가체 대신 화관이나 족두리를 쓰게 하여 궁궐과 양반 부녀자들도 사용하게 되었다. 그러나 값비싼 보석의 수식으로 사치를 줄이기 위한 본래의 취지를 이루지는 못했다.

대궐에서는 의식이나 경사시에, 반가에서는 혼례시나 경사시에 사용하였다. 조선왕조 말엽에는 정장할 때는 족두리(族頭里)를, 화려하게 꾸밀 때는 화관을 썼으며 서민들도 혼례(婚禮)때 이를 착용하였고 대개 활옷, 당의 착용시에 사용하였다. 재료는 비단으로 만들고 금, 은, 옥, 비취, 진주 등으로 장식했으며 작은 비녀 두 개로 머리에 고정시켰다〈그림 Ⅳ-24〉.

다른 형태의 화관으로는 개성지방의 신부들이 사용했던 화관궤계가 있다. 이것의 형태는 철사로 큰 틀을 만들어 여러 종류의 꽃을 꽂아 화려하게 장식한 모양을 하고 있다〈그림 Ⅳ-25〉.

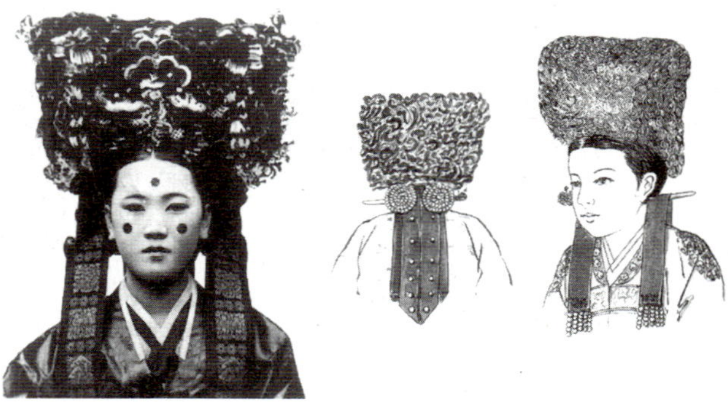

그림 Ⅳ-25 화관궤계

족두리

족아(簇兒), 족관(簇冠)이라고도 하였으며 몽고에서 사부녀(士夫女)가 외출시 쓰는 모자이다. 우리나라에는 고려 후기부터 궁중에 들어와 조선왕조 궁중양식으로 남게된 것으로 가체금지 이후에 가체 대신 널리 사용하도록 하였다. 가체금령에서는 사치스러운 양식으로 흐르게 될 것을 염려하여 보석의 수식을 금하고 안팎을 모두 흑색으로 하라는 규정을 정하였다.

족두리의 형태는 검은 비단으로 만들어 아래는 둥글고 위는 여섯 모로 되었다. 솜이 들어 있고 그 가운데를 비게 하여 머리에 쓰게 한 것으로 장식이 없는 것은 '민족두리'라 하며 산호주(珊瑚珠), 밀화구슬, 진주를 꿰어 만든 것은 '꾸민 족두리'라고 칭한다〈그림 Ⅳ-11〉.

그림 Ⅳ-26 족두리

난모

▶ 아얌(이암 : 耳掩)

조선시대 양반부녀자들의 겨울 나들이용 방한모의 일종이다. 양반층에서는 방한용으로, 일반 평민층에서는 장식용으로 사용하였다. 아얌의 형태는 풍차와 거의 같은 모양으로 이마 둘레 검은단의 겉은 모피 안은 융을 사용했으며 윗부분은 둥글게 파서 공간을 두고 앞에 술을 단다. 높이는 풍차보다 낮고 뒤에는 검정, 자수 등의 넓은 비단으로 아얌드림을 길게 달아 늘이고 귀를 덮지 않는 것이 특징이다. 아얌드림에는 길이 100cm, 너비 20cm 정도의 자색이나 흑색의 사(紗)나 단(緞)에 홍색 창호지로 된 안을 넣고 밀화, 금판으로 만든 매미를 장식해 놓았다. 앞이마와 뒤에는 검정 혹은 자주색의 조영이나 산호주를 끈에 꿰고 끝에 술을 한 장식을 드리웠다. 일반적으로 외출용 두루막과 함께 착용한다〈그림 Ⅳ-27〉.

그림 Ⅳ-27 아얌

▶ 풍차 (風遮)

풍차 또는 풍채라고도 하며 조선시대 남녀 모두 사용한 방한모의 일종으로 조선초기에는 양반계급에서 주로 썼으나 점차 평민화되었다. 풍차의 겉은 흑색, 자색, 남색 단 등의 비단으로 하며 안은 남색과 초록의 견을 넣어 만들며 가장자리는 흑색이나 밤색의 토끼, 여우의 모피를 두른다.

앞뒤에는 오색의 술로 장식했으며 뒤로 넘어가도록 길게하여 제비부리모양으로 만들었다. 볼끼의 형태는 남바위와 비슷하며 방한을 위해서 귀와 뺨, 턱을 가리는 볼끼를 달아 필요 없을 때는 위로 접어 매어두도록 되어있다. 남자용은 이 위에 관이나 갓을 쓰며 여자용은 앞뒤에 봉술을 달고 산호, 비취 등으로 장식한다〈그림 Ⅳ-28〉.

그림 Ⅳ-28 풍차(여성용, 남성용)

그림 Ⅳ-29 남바위, 조바위

▶ 조바위

난모 중 사용연한이 가장 짧고 가장 넓은 계층에 사용된 부녀자의 방한모다. 기혼녀는 노소를 불문하고 모두 사용하였다. 모양은 뺨 닿는 부분을 둥글게 하여 귀를 덮고 바람을 막기 위해서 가장자리가 오그라지도록 하였다. 재료는 겉은 검정색 비단으로 하고 안은 남색, 흑색의 비단이나 면으로 하였다. 앞뒤로 금, 은, 비취 등의 조영(組纓)과 오색술 장식을 하였으며 가장자리를 돌아가면서 수(壽), 복(福), 부(富), 귀(貴), 남(男), 다(多)등의 문자와 화문(花紋)을 금박으로 새겨 놓기도 하였다〈그림 Ⅳ-29〉.

▶ 남바위

남녀가 모두 함께 사용했으며 풍차와 비슷한 형태를 하고 있다. 남자용은 겉이 흑색이며 여자용은 남색이나 자주색 비단을 사용하였고 안감은 비단이나 면을 사용하였다. 가장자리를 털로 장식하고 뒤가 길고 끝이 들린 형태를 하고 있으며 제비부리모양으로 되어있다. 앞뒤로 술장식이 되어있고 끈을 단 것은 아얌이나 조바위와 비슷하다〈그림 Ⅳ-29〉.

▶ 볼끼

서민층의 부녀, 어린아이가 사용하던 것으로 노인들은 남바위 위에 덧쓰기도 하였다. 뺨, 턱과 양귀를 덮을 수 있게 되어있으며 자색(紫色)의 천을 안팎으로 하고 모피로 선을 대고 양 끝에 끈을 달아서 머리위로 매도록 되어있다.

▶ 굴레

양반 계층에서 3~4세의 남녀 어린아이에게 씌운 것으로 방한과 장식의 역할을 함께 하였다. 어린아이의 돌복에 사용한다하여 돌모자라고도 하였다. 봄, 여름, 가을에는 갑사를 사용하여 통풍에, 겨울에는 검정비단을 사용하여 보온에 주의를 기울였다. 가운데 부분에 길상문을 수놓아 사용하였으며 금박으로 무늬를 놓기도 하였다. 귀를 덮는 부분에 총명이란 문자를 새기고 뒤에는 도투락댕기를 달았다. 어린아이용이지만 부모 회갑시에는 딸이 나이에 상관없이 색동저고리를 입고 굴레를 쓰던 풍습도 있었다.

쓰개

조선 초기의 여인들은 품계에 관계없이 쓰개를 착용하였으며 그 유래는 고려여인들이 착용하였던 몽수제도(蒙首制度)에서 나온 것이라 할 수 있다. 조선의 여인들은 나들이 할 때 내외 예절을 지키기 위하여 너울, 장옷, 쓰개치마, 천의 등의 쓰개를 착용하였다.

▶ 너울(羅兀)

조선왕조 초기부터 말기까지 궁중이나 양반가와 같은 상류계급에서 사용하던 장옷의 전신이다. 외출시 얼굴을 가리는 포대형으로 고려시대의 몽수에서 시작하였다. 고려도경에 보면 여자가 말을 타고 활을 쏜 사실이 있으며 그 후로도 혼인행열(婚姻行列)이나 국장(國葬)때에 노비(奴婢)들이 이것을 썼다고 한다. 너울의 형태는 위는 좁고 아래로 가면서 넓어지는 형태로 그 위에 망사와 같은 천을 씌워서 얼굴을 가리면서 동시에 앞을 볼 수 있도록 하였다〈그림 Ⅳ-30〉.

그림 Ⅳ-30 울

▶ 장옷

그림 Ⅳ-31 장

「태종실록」에 보면 부녀자가 외출 할 때는 얼굴을 가리라는 명이 내려져 얼굴을 가리기 위해 사용되었다. 조선 초기에는 서민층에서 사용하던 것이 조선후기에는 궁중이나 양반계급 부녀자들에 이르기 까지 너울대신 썼던 것으로 국말까지 존속되었다. 형태는 등쪽에 소매가 달려있으며 겉은 녹색, 안은 자주색을 사용하였고 소매 끝에는 백한삼을 달았다. 이마 위의 정수리가 닿는 부분에는 넓적한 흰색 헝겊을 대었으며 동정은 달지 않았다. 이중고름이 달려있어서 안에서 여미어 잡을 수 있도록 되어있으며 두루마기와 비슷한 형태를 하고 있다. 겨울에는 명주비단으로 하여 방한용으로 사용하였으며, 여름에는 모시, 비단과 같은 얇은 천을 사용하였다〈그림 Ⅳ-31〉.

▶ 쓰개치마

쓰개치마는 주로 양반가의 여인들이 사용한 것으로 치마와 같은 형태를 하고 있다. 치마와의 차이점은 치마허리부분을 얼굴에 돌려서 손으로 쥘 수 있을 정도이므로 치마보다는 폭이 좁고 길이도 30㎝정도 짧다. 흔히 방안에 걸어 두었다가 외출시에 손쉽게 사용하도록 하였다. 계절에 따라 옥색 옥양목이나 명주를 사용하고 겹 또는 솜을 넣어 사용하기도 하였다〈그림 Ⅳ-11〉.

그림 Ⅳ-32 쓰개치마

그림 Ⅳ-33 천의

▶ 천의(薦衣 : 처네)

조선후기부터 사용하기 시작하였으며 장옷과 비슷한 형태를 하고 있으나 소매가 달려있고 길이도 더 짧고 솜을 놓아 겨울철 방한용으로 사용하였다. 자주색 명주나 무명을 사용하였으며 안은 남색을 주로 사용하였다. 머리부분에는 4개의 주름을 잡아 쓰기 편하도록 깃과 동정을 달고 양쪽 깃머리에 끈을 달아 뒤통수에 매도록 하였다. 서민층부녀자가 주로 사용하였으며 특히 관서지방에서는 기녀들이 머리싸개로 사용하기도 하였다〈그림 Ⅳ-33〉.

그림 Ⅳ-34 전모

전모

입모형으로 조선시대 여인들이 말을 탈 때나 외출시에 사용하던 것으로 14~16개의 살로 만든 삿갓형태의 기본형 위에 한지를 기름에 절인 유지(油紙)를 붙인다. 오늘날의 양산정도의 크기로 겉에는 가장자리에 수(壽), 복(福), 부(副), 귀(貴)등의 문자와 나비, 꽃등의 문양을 장식하였다. 안에는 쓰기 편하도록 머리크기의 태가 있으며 태 양쪽에 색이 다른 끈을 달아서 턱밑에서 매도록 되어있다〈그림 Ⅳ-34〉.

가리마

차액이라고도 하며 너울이 얇은 천으로 되어있어 안이 보이므로 그 폐단을 막기 위하여 생긴 제도이다. 폭이 2척 2촌이나 되어 앞이마를 덮고 양어깨까지 내려오도록 되어있다. 안에는 두꺼운 종이를 대고 붉은 비단으로 겉을 대어 머리에 쓰도록 되어있다. 광해군 중기 이후 족두리의 사용으로 인하여 사용이 줄었으나 정조대까지는 남아 있었다.

정조의 「가체신금절목」에 보면 각 궁방의 무수리, 의녀, 침선비 그리고 각 읍의 여비는 다른 사람과의 구별을 위하여 제 머리 위에 가리마를 얹게 하고 내의녀는 모단, 나머지는 모두 검은색을 사용하도록 명하였다〈그림 Ⅳ-35〉.

그림 Ⅳ-35 가리마

삿갓

삿갓은 넓게 보면 승녀가 쓰던 관인 승관류에 포함되는 모자형태의 하나다. 장옷 대신 지방의 부녀자들은 외출시 내외용으로 사용하였으며 햇빛을 가리거나 비바람을 피할 때도 사용하였다. 갈대로 만든 넓은 방립형으로 보행시에는 머리에 깊숙이 써서 얼굴을 가렸다고 한다. 남자의 삿갓과 비교하여 크기가 작은 삿갓을 착용하기도 하였다. 겨울에는 토시를 끼고 삿갓의 한 쪽 귀를 잡고 다녔다고 하며 일부 여승들도 사용하였다〈그림 Ⅳ-36〉.

그림 Ⅳ-36 삿갓

③ 장신구

수식에는 여러 가지 형태의 비녀와 뒤꽂이가 있고 상류사회에서 사용하던 첩지와 떨잠이 있으며 신분과 연령에 따라 형태와 크기가 다른 댕기가 사용되었다.

비녀

비녀는 혼인을 한 여자가 머리를 장식하기 위한 장식물의 하나다. 비녀는 가체의 패단으로 인하여 얹은머리에서 쪽머리로 변하는 과정에서 생긴 것이므로 영조이후에 일반화되기 시작하였다. 가체에 치중하던 사치가 비녀로 옮겨가면서 비녀를 만드는 재료는 한층 더 다양해지고 화려해 지기 시작하였다. 비녀는 재료와 형태에 따라서 이름이 붙여졌는데 재료에 따른 이름을 보면 금비녀, 은비녀, 백동비녀, 유비녀, 진주비녀, 영락비녀, 옥비녀, 비취비녀, 산호비녀, 목비녀, 죽비녀, 각비녀, 골비녀, 등으로 나눌 수 있고 비녀 머리의 장식되는 것 잠두(蠶豆)의 따른 이름을 보면 봉잠(鳳簪), 용잠(龍潛), 원앙잠(鴛鴦簪), 오두잠(烏頭潛), 어두잠(語頭潛), 매죽잠(梅竹潛), 죽잠(竹簪), 매조잠(梅鳥潛), 죽절잠(竹節潛), 연봉잠(連峰潛), 목련잠(木蓮簪), 목단잠(牧丹潛), 석류잠(石榴簪), 가란잠(加蘭潛), 국화잠(菊花潛), 화엽잠(花葉潛), 초롱잠(草籠簪), 말뚝잠, 조리잠 등으로 나누어진다〈그림 Ⅳ-37〉.

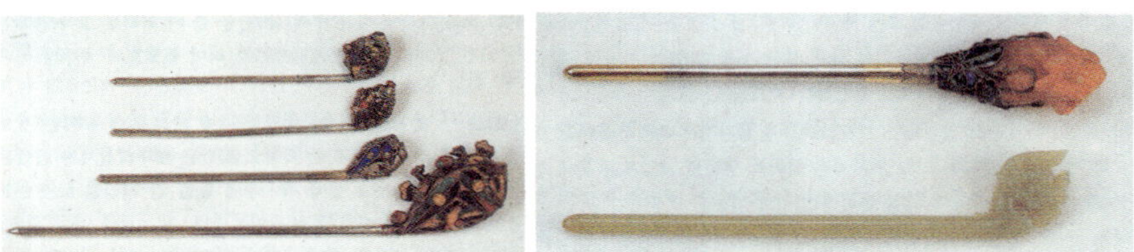

그림 Ⅳ-37 비녀

비녀 역시 복식과 마찬가지로 신분에 따라 재료와 잠두의 수식을 달리 사용하였다. 양반계급은 금, 은, 주옥으로 만들어진 것을 사용하였으며 서민층 부녀들은 목, 각, 골로 만든 비녀만을 사용할 수 있었다. 봉잠과 용잠과 같은 것은 예장시 다리를 드린 큰 낭자쪽에 꽂았으며 다른 것들도 잠두의 모양에 따라 그 재료를 달리하여 계절에 맞추어 큰 쪽에는 큰 비녀 작은 쪽에는 작은 비녀를 꽂았다.

당시의 궁녀나 양반계급의 여인들은 계절에 따라 각각 다른 비녀를 꽂았다. 이 밖에도 두가닥으로 된 보조비녀가 있다. 이것은 가체나 다른 장식을 할 때 머리에 고정시키기 위한 역할을 하였던 것으로 보이지 않도록 꽂았으며 거의가 은제로 되어있고 족두리 비녀로도 사용하였다. 이러한 형태의 비녀는 삼국시대부터 존재하였던 것으로 보인다.

첩지

첩지는 부녀자가 예장할 때 사용하는 수식의 역할을 할 뿐만 아니라 족두리와 화관과 같은 것을 걸어서 고정시키기 위한 역할을 함께 하였다. 이것이 일반화 된 것은 영조대의 가체금령 이후에 쪽머리로 인해 족두리를 사용하게 되면서 시작되었다. 첩지의 재료는 금속으로 만든 봉첩지와 도금이나 은 또는 흑각으로 만든 개구리 첩지가 있다. 첩지는 가르마의 가운데 두고 양옆에 달린 머리카락을 느슨하게 양쪽으로 땋아 뒤에 있는 머리와 함께 묶어서 쪽을 진다〈그림Ⅳ-18〉.

떨잠

큰머리나 어여머리를 장식할 때 사용하던 장식물의 일종으로 '떨철반자'라고도 한다. 떨잠의 형태는 원형, 각형, 접형의 옥판에 칠보, 진주와 같은 보석으로 꾸몄으며 길이는 대개 10~18㎝, 폭은 6~7㎝정도이다. 여러 가지 형태의 옥판 위에 진주 등의 보석을 꽃의 형태로 적절히 배치하여 머리에 꽂아 움직일 때마다 떨리는 율동감을 주어 장식적인 효과를 높였다〈그림 Ⅳ-38〉.

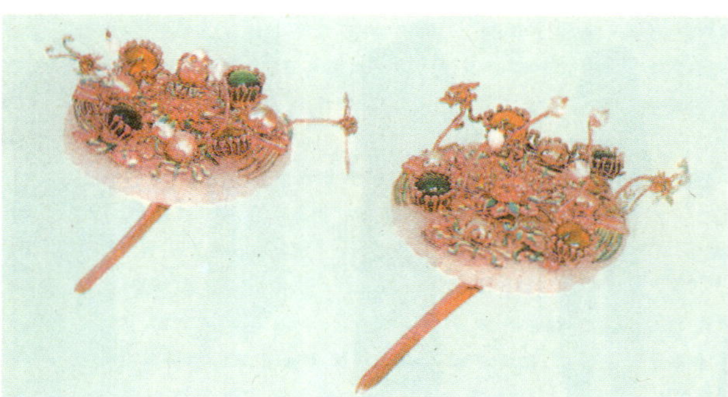

그림 Ⅳ-38 떨잠

떠구지

궁중 예식용 머리형태인 어여머리를 꾸밀 때 머리에 얹어서 사용하는 장식물이다. 다리(月子)로 만든 큰머리 위에 얹어서 사용하는 것으로 정조 즉위 후 궁중에서부터 사용하기 시작하여 반가의 부녀들도 사용하였다.

떠구지는 다리로 만들어 사용하던 것을 나무로 가볍게 만들어 사용하였으며 모양은 땋은 큰 머리 형태를 하고 있으며 그 위에 옻칠을 하였다. 크기는 대개 38.5~48㎝정도이고 폭은 20~23.5㎝이며 떠구지 밑쪽에는 이를 고정시키기 위하여 두 개의 비녀를 꽂았다〈그림Ⅳ-13〉.

뒤꽂이

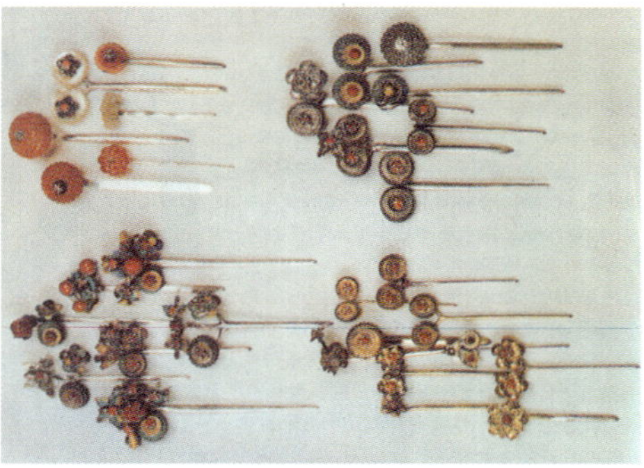

그림 Ⅳ-39 뒤꽂이

쪽진머리 뒤에 비녀와 함께 꽂는 장식물로 길이 10㎝내외의 길이로 되어있으며 주로 금, 은으로 만들었다. 뒤꽂이의 종류로는 뒤꽂이, 빗치개 뒤꽂이, 귀이게, 첨 등이 있다. 뒤꽂이의 과판장식은 국화, 연꽃봉오리, 매화, 나비, 천도(天桃)등의 다양한 모양이 있었다.

다른 장신구와 마찬가지로 계층에 따라 재료를 달리하여 만들어 사용하였으며 부녀자의 화려한 장식문화를 잘 나타내주고 있다. 빗치개는 머리의 가리마를 타거나 밀기름을 바르고 빗치개용으로 사용하던 것으로 여러 가지 모양으로 쪽진머리 뒤에 뒤꽂이와 같이 꽂았던 장신구이다. 귀이개는 실용성과 장식성을 함께 지닌 것으로 길이는 2~3cm정도이고 쪽진머리뒤에 꽂을 수 있도록 한개 또는 두 개로 되어있는 것도 있다. 귀이개는 머리부분의 형태에 따라 난합(卵合), 민합(民合), 초룡(草龍) 등의 이름이 붙어있다. 첨은 뒤꽂이이자 침의 기능을 하는 의료기구로 사용되었으며 은과 옥류로 구성되어있다. 기생은 이것을 반드시 머리 뒤편에 꽂았다〈그림 Ⅳ-39〉.

댕기

댕기는 삼국시대부터 있었던 것으로 머리를 한 가닥으로 땋아 늘어뜨려 미혼녀의 머리를 장식하는데 이를 사용하였다. 출가전의 여인들은 귀밑에 댕기를 매고 기혼녀는 머리를 수발하기 위해 사용하였으며 댕기로 매고 난 후에 쪽을 지었고, 장식용으로도 사용하였다. 댕기의 종류로는 도투락댕기, 앞댕기, 제비부리댕기, 쪽댕기, 고이댕기, 금박댕기, 흰댕기, 뱃시 등이 있다〈그림 Ⅳ-40〉.

매개댕기 제비부리댕기 큰댕기 도투락 댕기 뱃시

그림 Ⅳ-40 댕기

▶ 도투락댕기

큰댕기라고도 하며 궁중이나 반가의 결혼식에서 신부가 예장할 때 활옷과 함께 사용한 댕기이다. 옷을 입었을 때 뒤에 드리워지는 뒷댕기로 주렴(珠簾)이라고도 하였다. 다홍색, 검정색 등의 사(紗)나 단(緞)으로 만들되 반으로 접힌 길이가 대개 90cm 정도이다. 총 180cm 길이에 10~12cm 나비의 크기로 만들어 중앙을 제비부리로 접어서 두 가닥이 되게 하여 그 위에 금박장식을 하였다.

겉은 위의 뾰족한 부분에서 횡선이 진 곳까지 중앙선을 공그르고, 안쪽 횡선 중앙에 두 가닥의 끈을 달아 쪽에 돌려 댕기를 고정시킨다. 위에는 석웅황이나 옥판을 달고 밑에는 석웅황 또는 밀화나 금패의 매미 5개 정도를 달아 두 갈래로 된 댕기를 연결해 주고 있다. 지방에 따라 장식이 달라지기도 하며 남도나 북도지방에서는 금박 대신 비단 색실로 장식을 하기도 하고 조그마한 칠보꽃을 둘레로 돌아가며 붙여놓기도 하였다.

▶ 앞댕기

큰댕기를 큰머리 위에 덮어 매어 단 것에 비하여 앞에 드리는 댕기로서 큰머리의 큰비녀 양쪽 여유분에 감아 적당한 길이로 맞추어 앞 양어깨 위로 드리운 것이다. 이것도 도투락댕기와 같이 검은 자주색이 원칙이며 금박을 하였고 양 끝에는 진주, 산호 등의 장식을 하였다. 현재 결혼식에서 신부가 패백시에 하는 예복의 댕기 형태와 비슷하다.

▶ 금박댕기

적색의 비단댕기에 문자나 당초, 난초, 화문양의 금박장식을 하였다. 양반사회에서는 금박댕기에 칠보, 보석, 진주를 부분적으로 장식을 하기도 하였다.

▶ 제비부리댕기

미혼녀가 사용하던 것으로 붉은 색을 사용하였고 댕기는 끝이 제비부리 모양으로 된 댕기를 매고 겉으로 드러나는 부분에는 적절히 금박으로 장식하였으며 일반 처녀들은 댕기 끝이 네모난 목판댕기를 사용하였다.

▶ 쪽댕기

쪽진 머리를 할 때 쪽이 흐트러지고 틀어지지 않게 하며 쪽 사이로 화려하게 보이는 장식의 역할을 위해 사용하는 것으로 땋아가다가 끝 부분에 끼워 넣는 것이다. 얹은머리가 금지된 이후 쪽머리를 하게 되자 가체대신 댕기를 비롯한 쪽머리 장식에 관심이 커졌다.

▶ 흰댕기

흰댕기는 조선시대에 남녀노소를 막론하고 상(喪)을 당했을 때 사용하였는데 당파 싸움이 심해진 영조 이후 노론은 흰 댕기가 사위스럽다고 하여 한지에 먹물을 드려서 사용하였다.

▶ 매개 댕기

얹은머리를 할 때 다리가 풀리지 않도록 하는 역할을 하는 것으로 색은 주고 검정이나 자주색을 사용하였다. 또한 서민층의 제 머리로만 된 얹은머리를 할 때 오른 쪽에 매는 장식 댕기도 있었다. 댕기를 매는 방식은 서양리본의 형식이 아닌 저고리 고름 모양으로 매어져 있다.

▶ 말뚝댕기

어린이용으로 사용되며 도투락댕기처럼 긴 네모의 댕기를 반으로 접어서 네모꼴이 되도록 해서 접은 곳에 끈을 달아 머리에 매어 달도록 하였다.

▶ 뱃시

3~4세 정도의 여아의 종종머리에 매어주던 댕기로 앞머리가 흐트러지지 않게 하는 실용적인 역할과 장식의 역할을 한다. 은으로 만든 뱃시 모양 위에 칠보를 하여 양쪽에 보조 댕기를 가늘게 달아 가리마 중심에 놓은 후에 양쪽에서 뱃시를 당겨서 머리카락과 같이 땋아 어린아이의 귀염성이 돋보이게 했다.

3. 화장(化粧) 형태

조선시대 화장의 경향은 고려시대와 비교하여 볼 때 소박한 경향을 나타내고 있다. 그 이유를 살펴보면 첫째, 조선시대는 근검 · 절약을 강조하고 내외(內外)사상의 팽배로 외모보다 내면의 아름다움, 즉 부덕(婦德)이 강조되었으며 유학적 도덕관념과 남성위주의 사회구조 속에서 당시 남성들은 부인들에게 점잖고 운치있는 용모를 따르도록 하였다.

그림 Ⅳ-41 분대화장

둘째, 오랜 기간 동안 여러 차례에 걸친 전쟁을 겪으면서 경제적인 어려움을 겪었다. 셋째, 고려시대부터 이어져온 분대화장〈그림 Ⅳ-41〉은 기생의 상징이 되었으므로 여염집 규수들은 평상시에 화장을 기피하였다.

삼국시대를 거쳐 고려시대까지 이어져 오던 영육일치 사상은 외형상 크게 변하여 신체가 깨끗해야 마음도 깨끗하다는 사상으로 변하였다. 화장을 할 때조차도 얼굴에 눈썹을 그리고 분바르고 연지를 그리되 본래의 생김새를 바꾸지 않은 범위 내에서 아름답게 가꾸도록 하였으며, 화장한 모습이 화장하기 전보다 확연하게 달라 보이면 야용(冶容)이라 하여 경멸하였다. 여성들은 그것을 여성미의 기준으로 삼음으로써 표면적인 얼굴화장이 위축되었다.

그림 Ⅳ-42 미인도

조선시대에는 지, 덕, 체가 일치되는 여인을 추구한 결과 여인상은 전시대와 달라진 한편 이상적인 여인상과 미인상으로 양분되었다. 이상적인 여인상의 얼굴은 둥근 형이고 야위지 않았으며 살빛은 흰 편이고 흉터나 잡티가 없다. 전체적인 골격은 건강한 편이고 머리숱이 많으며 검다. 인중은 긴 편이고 입술 색이 붉은 편이다. 아름다운 손의 조건은 희고, 가늘고, 부드러우며, 손톱은 붉어야 했다. 이러한 조건을 갖춘 여인이 조선시대의 부인상이다.

옥같이 흰 살결, 가늘고 수나비 앉은 듯한 눈썹, 구름을 연상시키는 숱 많은 머리, 복숭아 빛 뺨, 앵두빛의 입술, 박속처럼 흰 이, 가는 허리, 그리고 백사장의 금자라처럼 아기작아기작 걷는 걸음걸이와 옥반에 진주를 굴리는 듯 목소리가 낭낭한 여자. 그러나 이런 형의 여인은 주로 아름답다고 소문난 명기(名妓)의 생김새를 조합시킨 모습이다〈그림 Ⅳ-42〉. 유교의 영향으로 인하여 달라진 것은 화장뿐만이 아니라 목욕문화에도 변화를 가져왔다. 고려시대에 전신욕을 즐기고 남녀가 목욕을 같이 할 만큼 대담하던 목욕문화와는 달리 조선시대에는 전신욕을 피하고 부분욕이 성행하였다.

그러나 조선시대는 예를 중시하는 사회이므로 제사 전에는 반드시 목욕 제계를 하였으며 일부 부유층에서는 난탕(蘭湯)이나 삼탕(參湯)에 목욕을 하기도 하였다. 정철의 시조에 "내양자 남만 못할 줄 나도 잠간 알건마는/ 연지도 바려있고 분대도 아니미네 /이로고 괴실가 뜯은 전혀 아니 먹노라"고 했는데 이것으로 그 당시 화장이 분 · 연지 · 눈썹, 먹 등으로 이루어 졌음을 알 수 있다. 분 화장은 아침에 꿀을 발라 각질을 벗겨내고 사용하였으며 사대부 여인들은 흰 분을 바르는 기녀들과의 차별을 위하여 복숭아 색 분을 사용하였다. 고대부터 이어져온 백색피부를 추구하던 것은 남자들 역시 여자와 마찬가지여서 양반 남자들이 분세수를 하였다.

희고 윤택한 피부는 단지 미관상의 문제가 아닌 고귀한 신분의 징표이자 자신의 인품을 암시하는 것이므로 얼굴과 손을 희고 부드럽게 가꾸기 위해 노력하였다. 눈썹화장은 눈썹 숱과 길이를 적당하게 다듬었는데 버들잎 모양으로 둥글게 그리는 것을 선호하였으며 검정색, 자색, 회색, 밤색 등 여러 가지 색이 사용되었다. 식물을 태워 만든 재의 색에 따라 다른 색들이 표현되었으며 검정색 미분 위에 나오는 유연이나 참기름, 식물성 기름과 함께 개어서 사용하였다.

눈썹을 표현하는 미묵 중 가장 고급은 달개비 꽃잎을 태운 재와 호마유를 개어 만든 송연묵이었고 서민들은 아궁이의 숯 검댕이나 보리깜부기를 이용하였는데 이 재료들은 고급재료들에 비하여 잘 지워졌다. 연지는 입술과 볼 이외에도 이마에 사용하는 곤지로 사용하였다. 연지와 곤지 사용은 주로 혼인 때에 사용한 것으로 평상시에는 화장을 하지 않았으나 명절이나 혼례식, 외출시에는 화장을 하였다. 유럽에서도 같은 폐단이 있었던 것으로 분이나 연지에는 납과 수은이 함유되어 있어서 피부에 큰 해를 입혔다. 또 남자들도 향낭을 패용 하였는데, 관리들 특히 승지(承旨)의 향낭 패용은 의무사항이었다. 평상시 조선시대의 남녀는 이미 설명한 바와 같이 피부손질 위주인 담장을 주로 하였다.

가벼운 정도의 화장과 담장 이외의 화장이 여염집 여인에게는 결혼 · 외출이라는 하나의 의식행위인 것과는 반대로 기녀와 궁녀에게 화장은 필수적인 것이었다. 연산군은 장악원이라는 유흥장에 기생들을 모아 미모에 따라 3등급으로 나누어 놓았으며 이들에게 분대 화장법을 적극 장려하기도 하였다. 따라서 조선시대의 화장은 여염집 여인과 기생의 화장으로 이원화되었다. 화장의 정도에는 차이가 있으나 일반인도 화장에 지대한 관심을 가졌다는 것이 '규합총서'를 통해 확인된다. 이것은 사대부집 부녀자의 생활지침서로 십미요(十眉謠)라 하여 10가지 눈썹형과 더불어 이에 대한 설명을 부연하고 있다. 이것은 기녀나 유녀가 대상이 아니고 일반부녀자를 대상으로 하고 있는 것이 특이한 사항이다.

내용은 비록 중국 당(唐)대의 눈썹양식을 그대로 옮겨 놓은 것이지만 우리나라 사람들이 미인의 눈썹을 가리켜 아미(蛾眉), 수나비 앉은 듯, 팔자춘산(八字春山) 따위로 표현하는 것이 여기에 모두 나타나고 있는 것으로 보아 다양한 눈썹 모양이 있었음을 표현한 것이다. 화장품과 화장구 등은 전문판매원인 매분구와 일상생활용품 행상인 방물장수 외에 전문상점인 분전(粉廛)을 통하여 판매되기도 하였다. 분전은 조선시대 가장 큰 상점인 육의전 가운데 하나이다.

조선시대 육의전의 규모로 보아 분전에서는 분백분, 여러 가지 화장용품, 화장용구를 함께 취급하였을 것으로 본다. 반면에 조선시대에는 대부분의 물품을 자가 생산 하였으므로 화장품 역시 가내수공업 규모로 자가제조하여 사용하였다. 자가제조가 가능했던 이유는 「규합총서」에서 볼 수 있듯이 제조과정이 간단하기 때문이라는 것이 가장 큰 이유이다. 조선 후기에 와서는 분전 이외에도 일반 사장이나 연지나 분을 파는 가게들이 생겨났으나 그리 활성화되지는 못하였다.

4. 복식(服飾) 문화

1) 남자복식

(1) 왕복(王服)

조선시대 왕복(王服)에는 면복(冕服), 조복(朝服), 상복(常服), 편복(便服)이 있다. 면복은 태조가 조선을 건국하면서 고려 때부터 입던 것을 그대로 착용하였고 3대 태종 3년에는 명으로부터 면복을 사여(賜與) 받았다. 면복은 종묘사직에 참예(參詣), 제사(祭祀)를 지내고 정조(正朝), 동지(冬至), 조회(朝會), 수책(受冊), 납비(納妃)등에 착용하던 제복으로 군왕의 표식으로 삼던 것이다. 그리고 왕가례시에는 납채의(納采儀), 고기의(告期儀), 친영의(親迎儀), 동뢰연(同牢宴)에 입었던 예복이다.

그 구성을 보면 9류 면류관(九旒 冕旒冠)에 9장문(九章紋)의 곤복(袞服)으로 되어 있다. 곤복은 의(衣), 상(裳), 중단(中單), 폐슬(蔽膝), 혁대(革帶), 패옥(佩玉), 대대(大帶), 수(綬), 말(襪), 석(舃), 방심곡령(方心曲領)으로 구성되어 있고 규(圭)를 들었다. 그러나 1897년 고종이 국호를 대한제국으로 고치고 황제위에 오르자 중국의 황제와 같은 12류면 12장복을 착용하게 되었다. 「국조오례의 제복도설」에 규정된 왕의 면류관은 면판의 너비가 8촌, 길이가 1척 6촌이며 앞이 둥글고 뒤가 네모난 형태이다. 겉은 검은색인 현색(玄色), 안은 붉은 색인 훈색(纁色)의 비단으로 싼다.

앞의 높이가 뒤의 높이보다 조금 낮게 기울어져 있으며, 금장식을 한다. 평천판과 관신(冠身)을 옥형(玉珩)으로 연결시키고 금잠도(金簪導)를 꽂았으며 면류(冕旒)는 9류로서 매류마다 주(朱), 백(白), 창(蒼), 황(黃), 흑(黑)의 5채옥을 꿰었다. 면복에 장문(章紋)은 왕을 상징하는 문양으로, 왕은 9장문의 곤복을, 황제는 12장복의 곤복을 착용하였다.

왕의 9장복 중 9장문은 양어깨에 용(龍), 등에 산(山), 소매에 종이(宗彝), 화(火), 화충(華蟲), 조(藻), 분미(粉米), 보(黼), 불(黻)이며 여기에 황제를 상징하는 일(日), 월(月), 성신(星辰)을 더하게 되면 12장문이 된다. 이 장문들은 단순한 미적 장식문양이 아니라 국왕의 통치권을 강조한 상징 언어로서 특정 부위에 그려넣거나 수놓았다. 9장복은 의(衣)에는 5장문을 그려 넣고 상(裳)에는 4장문을 수놓았다. 의의 양어깨에는 용을, 등 뒤에는 산을, 양소매에는 화, 화충, 종이를 각각 3개씩을 그렸고, 상(裳)의 앞폭에는 조, 분미, 보, 불의 4장문을 수놓아 9장문이 된다.

상의(上衣)에는 그림을 그리고 하의(下衣)에는 수를 놓은 것은 동양 고대의 음양일치의 사상에서 비롯된 것이다. 면복은 익종의 어진에서 볼 수 있듯이 현색과 훈색으로 되어 있는데, 현색은 하늘을 상징하는 색이고 훈색은 오방색 중 남방을 상징하는 색이다. 따라서 면복에 현색과 훈색을 사용한 것은 하늘과 땅을 모두 지배할 수 있는 왕권을 상징하기 위해서이다. 이러한 복식의 상징성은 그 당시 동양인의 가치관을 나타내는 것으로 조선인의 미의식을 나타낸다.

면복의 유물로는 고종의 9장복이 있다. 이것은 어깨에 비해 도련의 폭이 넓은 포로 소매폭이 포 길이의 절반에 이르는 광수포로, 착장했을 때 양감이 풍성하게 살아 있어 군왕의 표신이라는 용도답게 장엄함을 주어 군왕으로서의 위엄을 살려주고 있다〈그림Ⅳ-1〉.

조선시대는 명과의 활발한 교류 속에서 유교적 문치주의의 융성, 고전주의적 경향을 강하게 띠었는데 새로운 국가 체계 속에서 새롭고 독자적인 문화의 형성을 위해 대륙의 문화를 적극 수용하는 분위기를 이루었다. 따라서 새로운 국가의 건설에서 왕의 대례복인 면복도 당시의 시대적 조류에 따라 중국의 복제를 취한 것으로 후기로 갈수록 우리 나라의 것으로 국속화되는 과정을 밟는다.

조복은 원유관(遠遊冠)에 강사포(降紗袍)로 구성되었는데, 강사포는 의, 상, 중단, 폐슬, 패옥, 대대, 수, 말, 석으로 구성되어 있고, 규(圭)를 들었다. 고종이 황제로 등극한 후에는 황제의 조복인 통천관(通天冠)에 강사포(降紗袍)를 착용하였다. 현재 창덕궁에 조복을 착용한 순조의 어진이 남아있지만 정확한 형체를 알아볼 수가 없고, 다만 현존하는 고종황제의 어진으로 그 정확한 형태를 알 수 있다〈그림 Ⅳ-2〉.

원유관은 현색 라(羅)로 만들어 9량이었으며, 여기에 황(黃), 창(蒼), 백(白), 주(周), 흑(黑)의 차례로 전후 9옥씩 18옥을 장식하였다. 통천관은 12량으로 5채옥을 12옥씩 꿰었으며 12수의 부선(附蟬)이 장식되었고, 관 앞에 산술(山述)이 더 있다. 강사포(降紗袍)는 강라(降羅)로 만들었고, 깃, 도련에 강색 선(禧)을 둘렀다.

강사포의 형태는 곤복과 같으나 장문이 없는 것이 다른 점이다. 상복(常服)은 국왕의 시무복(時務服)으로 왕 가례시 동뢰연(同牢宴)에도 입었으며, 익선관(翼善冠), 곤룡포(衮龍袍), 옥대(玉帶), 화(靴)로 구성되어 있다. 조선시대 역대 국왕의 상복은 대홍색의 홍룡포(紅龍袍)이나 고종이 환구단에서 황제로 등극한 이후에는 황제를 상징하는 황룡포(黃龍袍)를 착용하였다. 익선관은 그 형태의 원형이 복두이며 뒷부분 중앙에 두개의 각이 위쪽을 향하여 붙어있는 형태이다.

익선관의 절상각이 위로 향한 것은 질서정연하고 규율이 엄격한 봉(蜂)의 세계 중 왕봉을 상징하는 것이다. 익선관의 형태(刑制)는 일률적으로 정해진 것이 아니라 당시의 미적 감각에 따라 모양을 달리하여 시기별로 다소 차이를 보인다. 곤룡포(衮龍袍)는 겨울에는 대홍색의 단(緞)으로, 여름에는 사(紗)로 만들었으며, 포의 전후와 양어깨에 금색 오조원룡보(五爪圓龍補)를 첨부하였고, 왕의 상복이라는 용도에 맞도록 곤복이나 강사포에 비해 도련이 넓지 않다.

곤룡포의 색은 대홍색이었으나 고종이 황제 위에 오르면서 황색의 곤룡포를 착용하였다. 황색은 오방위색 중 중심색으로 우주의 중심을 상징하는 색으로서, 황제를 의미하며 우리나라는 시대에 따라 황색의 사용이 제약되기도 하였다. 국말에 고종황제가 황룡포를 입었다는 것은 중국의 영향에서 벗어나 우리 나라가 중국과 동등한 위치가 된 것을 의미한다. 조선시대 왕의 편복(便服)은 우리 고유의 저고리, 바지, 위에 상복의 밑받침 옷인 답호, 철릭 등을 착용하였으며, 일반사대부들이 입던 편복을 왕도 같이 입었다.

(2) 백관복

조선시대 백관복(百官服)에는 조복(朝服), 제복(祭服), 공복(公服), 상복(常服) 이외에 융복(戎服)이 있었으며, 또한 무관은 따로 군복(軍服)이 있었다. 조복은 대사(大祀), 경축일(慶祝日), 원단(元旦), 동지(冬至) 및 조칙을 반포할 때나 진표할 때에 착용하였으며, 양관(梁冠)에 적초의(赤青衣), 적초상(赤青裳), 백초중단(白青中單), 폐슬(蔽膝), 패옥(佩玉), 대대(大帶), 혁대(革帶), 수(綬), 말(襪), 혜(鞋), 홀(笏)로 구성되어 있다〈그림 Ⅳ-34〉.

제복은 종묘 사직에 제사를 지낼 때 입는 옷으로 제복의 구성은 제관(祭冠), 청초의, 적초상, 백초중단, 폐슬, 대대, 혁대, 패옥, 수, 말, 혜, 홀, 방심곡령으로 이루어진다. 공복은 임금께 알현하거나 사은 또는 부임 전에 배사하러 뵐 때, 외국사신을 접견할 때 착용하는 복식으로, 그 구조는 복두(錛頭)에 단령포(團領袍)를 착용하고 대를 매었으며 화를 신었다.

상복(常服)은 문무관이 평상시 집무할 때 착용하는 복식으로, 그 구조는 사모(紗帽)에 단령포를 입고 장화 형태의 화를 신었으며 여기에 흉배(胸背)가 추가되었다〈그림Ⅳ-5〉. 흉배의 제정은 단종 2년에 제정되어 몇 차례의 개정이 있었다. 고종대에 와서 문관(文官) 당상관(堂上官)은 쌍학흉배(雙鶴胸背)를, 당하관(堂下官)은 단학(單鶴) 흉배(胸背)를 달고, 무관(武官)의 당상관은 쌍호흉배(雙虎胸背)를, 당하관은 단호흉배(單虎胸背)단다고 정해져 국말까지 사용되었다.

융복은 문무관이 몸을 경첩하게 해야 할 경우의 복식으로 왕의 행차를 수행할 때, 외국에 사신으로 파견될 때 그리고 국난을 당했을 때 주로 착용하였으며, 그 구조는 립(笠), 철릭(帖裏), 대(帶), 목화(木靴)로 구성되어 있다〈그림 Ⅳ-6〉.

군복은 무관의 복장으로 왕 수행시 대신이나 시위제신이 착용하였으며, 그 구성은 전립(戰笠), 동다리(夾袖), 전복(戰服), 목화(木靴)로 되어있고 전대, 동개, 등채를 갖추고 있다〈그림 Ⅳ-42〉.

백관의 예복인 조복의 적초의는 풍성한 윤곽선을 지닌 광수포이며 소매길이가 매우 길어 홀을 쥐고 있는 손을 완전히 덮어 예복이라는 의미를 더해준다. 적초의의 깃, 수구, 양겨드랑이의 트임선, 그리고 아랫부분의 검은 선과 적초상의 검은선, 청초중단의 검은 선은 옷의 적색과 청색의 강한 색채대비와 어우러져 윤곽선을 더욱 강조하고 있다. 특히 적초의와 적초상에 있는 검은선에 첨가된 가는 백색의 세선(細線)은 정교하면서도 단아함을 보여준다.

후수는 운학(雲鶴)문양을 수놓았는데, 의복에서 문양과 같은 장식의 배치는 복식의 미적 특징에서 중요한 원인이 된다. 따라서 후수는 조복의 허리 뒤 아랫부분 직사각형의 공간에 지위의 상징성을 집약시킨 것으로 조복의 장식성을 극대화 시키는 역할을 한다.

그림 Ⅳ-43 군복

공복과 상복에 착용하는 단령포의 색은 관등에 따라 홍포(紅袍), 청포(靑袍), 녹포(綠袍)로 구분하였고, 대(帶)역시 관등에 따라 달랐다.

상복에는 공복과 달리 단령에 흉배를 부착하는 차이가 있다. 단령의 곡선은 절대적인 수치로 정해진 것이 아니라 그시대의 미적 수준에 맞게 변천되어 왔다. 상복에 부착된 흉배는 조선시대 백관의 상복에서만 볼 수 있는 것으로 네모진 흉배를 상복의 가슴과 등에 부착하였다. 흉배는 단종 2년에 제정되어 몇 차례의 개정이 있었으며 봉건적 관료사회에서 착용자의 신분 표시 기능을 하는 것으로, 여백을 거의 두지 않고 여러 가지 색사로 빽빽히 문양을 수놓은 구도를 채택하여 단순한 단령포 위에 시선을 집중시키는 효과를 더욱 크게 한다.

(3) 사인복

사인(士人)은 양반계급을 지칭하는데 백관도 집에 있어서는 사인으로서 편복(일상복)이 반인의 복식이 되기도 하며 크게 포, 저고리, 바지로 구분된다. 포의 종류는 철릭, 답호, 심의, 반비, 주의 등이 있다. 저고리와 바지는 서민의 것과 별 차이가 없다.

왕이 입는 철릭을 천익(天益), 왕세자가 입는 것을 천익(天翼), 신하들이 입는 것을 첩리(帖裡·岾裏)라고 표기하였으나 모두 철릭이라고 발음하였다. 저고리와 치마가 붙은 직령우임식의 포이며, 허리에서 주름을 잡아 위·아래가 연결된 독특한 형태이다. 저고리와 치마를 연결한 시접선의 상하 비율은 시대에 따라 달랐는데 조선 후기로 올수록 치마의 비율이 더욱 커지고 주름도 풍성하게 변해가는 양상을 보인다. 철릭은 유사시 융복으로도 불편함 없도록 소매 한쪽에는 단추를 달아 떼었다 붙였다 할 수 있어 기능성도 갖춘 포제(袍制)이다.

답호(西護)는 포위에 덧입던 소매 없는 옷으로서 명으로부터 사여 받은 왕의 상복 속에 포함되어 있다. 포위에 경쾌하기 입는 옷이기 때문에 쾌자(快子)라고도 하였으며, 군인들이 전시에 많이 입어 전복(戰服)이라고도 한다〈그림 Ⅳ-44〉. 심의(深衣)는 중국 조사복인 현단에서 나온 것으로 상하가 연결 된 상의하상(上衣下裳)의 포이다. 주자가례를 그대로 받아들인 조선시대에는 유학자간에 심의가 숭상되어 입혀졌고, 사례의식을 행할 때 예복으로 사용되었으며 수의(壽衣)로도 사용되었다. 심의의 길은 4폭으로 사계절을 의미하며 상(裳)의 12폭은 12개월을 의미한다. 심의의 소매는 넓고 깃, 도련, 수구에는 검은 선을 대었다. 허리에는 대를 맸으며 심의를 입을 때는 복건(幅巾)이나 정자관을 쓴다. 반비는 짧은 반소매가 달려있는 간편한 포이다〈그림 Ⅳ-45〉.

그림 Ⅳ-44 답호

「경국대전」에 보면 나장(羅將)이 청반비의(靑半臂衣)를 입도록 되어 있다. 여기에 조건(皁巾)을 쓴다. 신라 흥덕왕 복식금제에서도 보이며 이 반비에서 답호, 전복이 유래되었다. 조선후기 김덕원의 반비를 보면 겉감은 공단, 안감은 명주로 누볐으며 전개합 임형으로 목둘레는 완만한 곡선으로 좌우대칭으로 매듭단추 3개가 달려 있다.

그림 Ⅳ-45 심의

두루마기인 주의(周衣)는 조선시대 후기 문무백관들이 통상예복으로 착용하였으며 선비나 서인(庶人)들이 사복(私服)으로 착용하기도 한 포이다. 창의와 비슷하나 소매를 좁게하고 양옆에 무를 달아 손을 넣을 수 있는 부분만을 남기고 나머지 옆트임을 두루막았다고 하여 두루마기 또는 주의라고 한다. 주의는 도포 밑에 입었으나 서민들은 도포 위에 입었는데 고종 갑신의복개혁 때 양반들의 옷이 되었다.

문무백관 및 진사에 이르기까지 모두 기본적으로 저고리 바지를 입었다. 보통 겉감은 주(紬)나 단(緞)으로 된 견직이며 안감은 거친 명주를 대기도 하고 무명을 대기도 한다. 저고리 중에서 홑으로 된 것을 적삼이라고 하고 겹으로 된 것을 겹저고리, 속에 솜을 둔 것을 솜저고리, 솜을 두어 누빈 것을 누비저고리라 한다. 바지는 홑으로 된 것은 홑바지, 겹으로 된 것을 겹바지, 솜을 둔바지를 솜바지, 솜을 두어 누빈 것을 누비바지라 한다. 형태는 거의 비슷하나 만드는 방법에는 차이가 있다. 마루폭과 큰사폭, 작은사폭을 갖춘 바지도 바느질방법에 따라 명칭이 달라지며 옷감은 대체로 저고리와 같은 감을 쓴다.

(4) 서민복식

조선시대는 신분제도가 엄격하여 이 시대의 복식은 상하존비의 사회적, 신분적 질서를 대변하는 표식이었다. 따라서 당시 서민들의 복식은 양반의 복식에 비해 제약이 많았다. 조선시대 서민복식은 우리나라 고유의 기본복식인 바지, 저고리였다. 포(袍)로는 창옷(소창의), 철릭(帖裏), 주의(主義) 등을 입었으며 여기에다 입모(笠帽)로는 패랭이를 썼고 버선을 신었으며, 신은 주로 짚신(草履), 미투리(麻履)를 신었다. 김홍도의 벼 타작을 보면 서민들은 망건조차 제대로 쓰지 않고 웃통을 드러내거나 소색의 상의를 대강 걸치고 있으며, 걷어 올린 짧은 바지에 짚신을 신거나 맨발인 모습은 누워있는 양반의 모습에 비해 아무 꾸밈없이 천진스러우면서도 건강한 아름다움이 있다〈그림 Ⅳ-46〉.

그림 Ⅳ-46 서민복식

2) 여자복식

(1) 왕비 및 내명부 복식

조선시대 왕비 및 내명부들이 입은 대표적인 궁중 여자예복으로는 적의(翟衣), 노의(露衣), 장삼(長衫), 원삼(圓衫), 활옷(闊衣), 당의(唐衣) 등이 있다. 이 중 원삼, 활옷은 궁중 뿐 아니라 일반 여성들의 혼례복으로도 이용되었다.

적의(翟衣: 法服)는 비빈의 예복으로 가례시 책비의(冊妃儀), 친영의(親迎儀), 동뢰연(同牢宴)에 입은 법복(法服)이다. 조선시대 가례도감의궤(嘉禮都監儀軌)에 기록된 적의는 적의(翟衣), 별의(別衣), 내의(內衣), 수(綬), 폐슬(蔽膝), 대대(大帶), 하피(霞帔), 상(裳), 수(繡), 면사(面紗), 보(補), 패옥(佩玉), 적말(赤襪), 적석(赤舃), 규(圭)로 구성되어 있다. 역대 가례도감의궤에 보면 왕비의 적의 색은 모두 대홍색이며, 왕세자빈과 왕세손빈의 적의는 아청색이다. 그러나 고종이 황제에 오르자 황후의 적의로 심청색 적의를 입게 되었다.

대한제국 칭호에 따라 고종황제가 중국황제와 같은 신분임을 타나내기위해 면복에 12장문을 표현한 것과 같이 황후의 적의에는 12등분하여 적문(翟紋) 154쌍을 직문한 것이다. 황태자비의 적의 역시 심청색의 적의이나 9등분하여 적문 148쌍을 직문하였다.

적의의 깃, 도련, 수구에는 홍색 선을 더했고 그 안에는 오조운룡문(五爪雲龍紋)을 직금하였는데 청홍의 화려한 원색의 색채대비에 금색으로 장식하여 왕비의 법복으로서 그 화려함과 장엄함을 강조하였다〈그림 Ⅳ-47〉.

노의(露衣)는 왕비의 복식으로 중국계통의 포의(袍衣)로서 「국혼정례」에 지정된바 있는 노의를 보면 대홍향직(大紅鄕職)을 사용했다. 둥근형태의 금색 수를 놓은 흉배가 달려있으며, 소매 끝에는 남색 한삼이 붙어 있고 여기에 자색라(紫色羅)로 된 노의 대(帶)를 띠었다. 노의의 형태는 의궤도에 노의의 모양을 그려 놓았는데 적의와 마찬가지로 뒤가 앞보다 길어서 입으면 포의 뒤가 땅에 끌리게 되어 있다. 노의의 전후좌우에 금원쌍원문 315개를 부금한다. 금원문양은 적의에서와 마찬가지로 학과 봉황을 수놓은 쌍운봉문이며 여기에 흉배 1쌍을 부착했으며 자색라의 대를 맨다.

장삼(長衫)도 왕비의 복식으로 노의 다음으로 귀하게 여긴 포 형태의 예복이다. 「국혼정례」에 기록된 장삼은 대홍색의 겹으로 되었으며 흉배를 달고, 소매 끝에는 흰색 한삼이 달리고 대홍라의 띠를 매고 있다. 원삼(圓衫)은 역대 「가례도감의궤」에 보면 왕비의 의대(衣珹)에는 없고 왕세자빈, 왕세손빈의 의대에만 들어 있는 예복으로 초록색 원삼이 그 전형이다. 그러나 국말에 와서 비, 빈, 내명부뿐 아니라 황후까지 착용하게 되어 신분에 따라 색으로 구분하여, 왕후는 황원삼(黃圓衫), 왕비는 홍원삼(紅圓衫), 공주 및 반가여인들은 녹원삼(綠圓衫)을 입었다〈그림 Ⅳ-48〉.

활옷은 조선시대 공주나 옹주가 착용한 예복으로서 일반 서민의 부녀들이 혼례복으로 착용하기도 하였다. 활옷은 원삼보다 화려하게 꾸민 옷으로 다홍색 비단 위에 장수와 길복을 의미하는 물결, 바위, 불로초, 어미봉, 새끼봉, 호랑나비, 연꽃, 모란꽃, 동자 등의 수 외에 혼례시에 입을 때는 이성지합(二姓之合), 만복지원(萬福之源), 수여산(壽如山), 부여해(富如海) 등의 글씨를 수놓았으며, 수구에 한삼을 달았다. 이 활옷은 노랑 삼회장저고리와 다홍 대란치마 위에 입었다〈그림 Ⅳ-49〉.

당의는 저고리(赤古里) 또는 삼자(衫子)의 속칭으로 소매가 좁고 길이는 무릎까지 닿으며 겨드랑이 밑이 터진 평상복으로서의 저고리였으나 차츰 후기로 가면서 단저고리 위에 입는 당저고리(唐赤古里)가 되어 비빈과 내외명부의 간소한 예복이 되었다. 이러한 당의는 저고리와 같은 형식에 길이가 길고 겨드랑이 아래에 긴 트임이 있다. 저고리는 그 형태가 옆이 터진 저고리와 짧은 단저고리가 있는데 소매통이 좁으며 소매 길이는 긴 편이다. 왕비의 저고리는 겉감은 자색, 초록색, 남색, 백색이 사용되었고 안감은 대부분 홍색이 사용되었으나 남색 겉감에는 황색 안감이 사용되었다. 황태자비의 저고리는 황색 삼회장저고리이며 금박은 없고 고름의 길이는 비교적 짧다.

그림 Ⅳ-47 왕비 적의

유송옥 교수 고증 제작

그림 Ⅳ-48 홍원삼

그림 Ⅳ-49 활

그림 Ⅳ-50 대란·스란치마

조선시대의 저고리 변천을 보면 그 길이에 있어 변화가 많았으며 깃, 소매길이, 소매나비, 섶의 모양, 여밈, 고름의 형태에도 변화가 있었다. 치마는 아래부분에 따로 덧대는 것을 스란단이라 하는데, 스란단을 두단 붙인 것을 대란치마, 스란단이 하나인 것을 스란치마라 하며, 대란치마는 대례복에 스란치마는 소례복으로 착용하였다. 스란단의 문양은 신분에 따라 차이를 두었으며 왕비와 황태자비는 봉황문을 금박으로 하여 착용하였다〈그림 Ⅳ-50〉. 내외명부의 치마는 비빈의 치마보다 작고 상궁이나 나인의 치마가 약간 크거나 같음을 알 수 있다.

(2) 궁녀 복식

궁녀(宮女)란 궁중 여자관리(女官)의 별칭으로, 상궁 이하의 관직을 말한다. 외부인들은 궁녀를 통틀어 나인(內人)이라고 할 경우가 많지만 그들 자신은 상궁과 나인을 구별하여 쓴다. 상궁의 활옷은 모단(冒緞)으로 만든 활옷을 입었다. 시녀·유모의 활옷은 둔초(屯靑)로 만들었다.

태수의 의차가 없는 것으로 보아 명칭상 화의(華衣)라고 하는 활옷과 같은 예복이라고 생각된다. 상궁의 장삼은 인조장렬후가례도감의궤에 흑저포로 기록되었으며 기행나인의 장삼은 홍장삼과 황장삼이 있으며, 시녀, 유모, 기행나인의 장삼에는 태수가 없다〈그림 Ⅳ-51〉.

궁녀들의 저고리는 겹저고리와 단저고리로 초록과 남색이며 안감은 반홍으로 되어 있다. 저고리의 길이는 가례도감의궤의 반차도에 보면 둔부를 가릴 정도의 길이가 점차 시대가 내려올수록 길어지고 양옆이 트여 당의의 형태와 같아지고 있다.

그림 Ⅳ-51 상궁의 장삼

궁녀의 활삼아는 「가례도감의궤」에 보면 활삼아, 삼아, 활한삼, 활한삼아 등이 배색으로 되어 있으며 재료는 초(靑)나 주(綢)가 사용되었다. 상궁, 나인의 치마는 유치마, 겹치마, 홑치마가 있으며, 아청, 남, 황색이 사용되었고, 옷감은 주(紬)를 사용했으며 안은 백색으로 했다.

(3) 일반 여성의 복식

조선시대 신분제도에 의하여 양반 계급의 여성들은 남편의 관직에 따라 그의 신분에 맞는 복식을 착용하였다. 관직을 갖지 않은 반가 부녀자의 복식도 어느 면에 있어서는 격차가 있었으나 평상복에는 별 차이가 없다.

예복으로는 원삼, 활옷, 당의를 입었으며 치마에 수식을 하여 스란치마를 착용하였고 그 안에 무지기, 대슘치마를 입었다. 일반 반가여인들과 서민여성들의 평상복은 모두 고유의 저고리와 치마이며 서민 여성들의 복식에서 황(黃), 자(紫), 홍(紅)색은 제한되었고 비단류는 금지되어 저(紵), 마포(麻布), 목면(木棉)만이 허용되었다.

서민 여복은 반가여복에 비하면 옷의 종류 뿐 아니라 착의법에서도 차이가 있었다. 삼회장저고리는 입지 못하고 특히 노동을 담당하는 천민 여성들은 활동하기 편안하게 하기 위해 치맛자락을 바짝 치켜입거나, 짧은 것을 입어 신분이 구별되게 했다. 그러나 혼례 때만은 반가와 다름없는 화관, 활옷, 족두리, 원삼 등의 착용이 허용되었다.

그림 Ⅳ-52 무녀복식

(4) 조선시대 특수계층 여성의 복식

여성의 사회적 활동을 금한 조선시대에 여성으로서 사회적 활동이 허용된 계층으로는 무당과 기생이 있다. 이들은 신분상 천인이라 평상복은 서민들과 차이가 없었으나 무당이 굿을 할 때 입는 옷이나 기생이 각종 연회 때 착용했던 복식은 나름대로의 특징과 의미를 가지고 있다.

무녀(巫女)가 굿을 할 때에는 무인(武人)들의 융복인 철릭에 남전대(藍纏帶)를 매거나, 동다리인 협수포(夾袖袍) 위에 전복을 입고 남전대를 매기도 했다. 그리고 양손에는 굿의 종류에 따라 칼이나 부채, 방울을 들었다. 두식으로는 공작의 깃이나 붉은 삭모와 패영이 달린 주립을 주로 착용하였다〈그림 Ⅳ-52〉.

기생의 저고리 소매는 착수로 배래의 곡선이 거의 없이 팔에 꼭 끼어 신체의 윤곽선이 그대로 드러났다. 치마는 홑치마로 오른쪽으로 여며 반가여인들과 구분이 되어있으며, 치마 속에 부피감이 큰 무지기치마와 속바지를 입어 하반신을 부풀렸다. 외출시에는 전모나 가르마를 쓰고 말을 타기도 하였다〈그림 Ⅳ-53〉.

그림 Ⅳ-53 기녀복식

5장 근대국가로 이행하는 변화의 시기, 개화기

1. 역사적 배경

조선후기에 실학사상가 중에서 북학파를 중심으로 세계관의 변화와 함께 서양의 신문물을 연구하는 개화사상가가 생겨나기 시작하였다. 쇄국정책을 시행하던 대원군이 집권 10년만에 물러났고 1876년 병자수호조약(丙子修護條約)을 맺음으로써 조선은 개항했다. 개항 초 일본에 신사유람단과 청나라에 영선사를 파견하여 서양문물의 도입을 서둘렀고 1884년 갑신의제개혁을 실시하여 의복제도를 간편하게 실용적으로 바꾸었다.

1894년에는 갑오경장을 실시하여 근대적인 정치·사회 기구를 설립하였고 봉건적인 사회인습을 타파하였다. 갑오경장으로 조선의 내정을 강압적으로 간섭하던 일본은 청일전쟁의 승리로 조선에서 청의 세력을 몰아낼 수 있었으나, 러시아의 세력이 점차 팽창하여 1895년에 민비(閔妃)의 시해와 더불어 친러파(親露派)를 물리치고 친일내각을 조직하게 한 을미사변(乙未事變)이 일어났다.

그리고 1895년 실시된 단발령(斷髮令)과 군복, 경무관복의 양복착용령 등으로 인하여 수천년간 입어오던 한복 대신 양복을 수용하는 계기가 되었다. 일본이 러일전쟁에서 승리하여 1905년 대한(大韓)의 외교권을 박탈한 을사보호조약(乙巳保護條約)이 체결되어 강제로 일본의 식민지로 만드는 기반을 닦기에 이르렀다. 1909년 을유각서(乙酉覺書)에서 사법권을 빼앗기고 1910년에는 경찰권도 이양되어 1909년 8월 29일 합방조약(合邦條約)이 발표되었다.

한일합방 이후 우리나라 봉건사회는 급속도로 해체되었으며 국민은 일제의 식민지정책에 억눌려 불평이 자자하였다. 더러운 역사를 씻으려고 자살하는 이도 있었으며 해외로 망명하는 사람도 적지 않았다. 1918년 제1차대전이 끝남에 따라 미국의 대통령 윌슨이 민족자결주의를 제창하게 되어 우리민족도 이에 호응하여 독립운동을 시작하였다. 이때 일어난 3. 1운동은 조직화되지 못하고 무저항주의에 그쳐 그 뜻을 이루지 못하였지만 우리민족에게 민족해방운동을 일으키는 토대를 마련해 주었다.

일본은 한국 침략만으로 만족하지 못하고 다시 대륙에 까지 손을 뻗쳐 1931년 만주사변을 일으켰고, 이어 1937년에는 중일전쟁을 일으켰다. 1941년에는 태평양 전쟁을 일으켰으나 결국 연합군의 공격을 받아 패배하였다. 일본의 패배로 1945년 8월 15일 우리민족은 갖은 수모와 수난을 겪어가며 고대하던 자유와 해방을 맞이하게 되었다. 그러나 이것이 우리 민족의 숙원인 자주적 통일 정부 수립을 가져오게 하지는 못하였다.

2. 미용문화

1) 두식 (頭飾)

우리나라의 근대에 해당하는 개화기의 복식과 머리모양에 있어서 당시 유행의 주도적 역할을 한 계층은 개화된 학생층이었다. 일상복인 한복에 변화를 줄 수 있는 요소가 많지 않으므로 여인들은 머리모양이나 신발 등에 관심을 갖기 시작하였다.

머리모양은 나이에 따라서 유행하는 모양과 장식의 형태가 달랐다. 열서너살된 학생들은 귀밑머리를 길게 땋아서 될 수 있는 대로 뒤에서 보아 머리가 길게 보이도록하는 것이 유행이었으며, 조금 더 나이가 많은 학생들은 긴 머리를 땋아서 두세번 구부려 그 위에 커다란 리본을 매는 것이 유행이었다. 또한 일시적이기는 하지만 대학에 다니는 학생들은 귀밑머리를 풀어서 머리를 치켜 올려 빗은 퍔푸도어가 유행이었으며 그 후 트레머리가 생겼다. 1910년대에 트레머리는 학생들간에 인기있는 스타일이었으며 처음에는 다래의 크기가 컸던 것이 점차로 줄어들었고, 후에는 가운데 가리마 뒤에 댕기를 드리우는 서민스타일로 복귀하였다. 그 밖에 까미머리, 첩지머리 등이 특히 학생들 사이에 유행이었다. 당시에 유행되었던 이와같은 스타일은 우리의 전통머리 스타일에서 변형된 머리모양으로 볼 수 있다.

이 시대에 가장 획기적인 머리스타일은 1920년대에 유행하기 시작한 단발머리라고 볼 수 있다. 단발머리의 유행은 오랫동안 지속되었으며 1926년의 무용가 최승희의 단발머리는 유행의 최첨단 모습을 보여주고 있다.

신여성을 중심으로 한 양장이 유행을 가져온 것으로 시작하면서 머리를 짧게 잘라서 꾸민 단발머리의 유행이 시작되었다. 단발머리가 여전히 사회적 논란의 대상이 되는 중에도 단발의 유행은 지속적으로 이어져서 처음에는 여학생들을 중심으로 이루어지던 것이 점차로 일반인들에게 까지 전파되기 시작하였다. 단발머리가 점차로 계층의 범위를 넓혀가고 오랜시간 지속되자 1930년경에는 웨이브 있는 단발이 유행하는 등 단발의 형태에도 변화가 나타나기 시작하였다.

2) 화장(化粧) 형태

20세기 초반인 1900년대 초반에는 우리나라에 실로 많은 변화가 있었던 시기이다. 이에 따라 의상, 머리모양에 이어 화장에 있어서도 많은 변화가 있었다. 서양문물의 유입에 의한 의상과 머리모양의 변화는 많은 사회적 논란을 일으켰으며 화장법은 특히 많은 사회적 반발을 일으켰다.

신식 화장법은 피부에 분을 뽀얗게 바르고 입술연지는 진한 빨간색을 사용하였으며 향수와 비누의 향이 전에 비하여 강해진 특징을 지니고 있다. 신식화장법은 특수직업에 종사하는 하류계층에서 먼저 유행하기 시작하였으며, 또한 당시의 도덕관을 따르지 않는 신여성의 패션도 이와 유사하여 신식화장법에 대한 사회적 편견은 점점 더 커졌다. 이와같은 이유로 하여 신식화장법의 대중화에는 한계가 있었다.

당시의 여염집 여인들은 오히려 신여성, 특수계층 여성의 꾸밈과 차별화되기 위하여 신식화장품을 사용하되 전통화장법을 고수하였다. 즉 엷고 점잖은 화장, 박화장과 같이 깨끗한 피부를 바탕으로 하여 분을 약간 바르는 화장법을 추구하였다. 이는 전통적으로 여염집 여인들이 추구하던 화장인 담장과 유사한 화장법이다. 개화기는 여인들의 의식에 변화가 일기시작하면서 미의식에도 변화가 생기기 시작한 시기로 외국문물의 수용과 거부가 동시에 일어났다. 화장에 있어서도 재래화장품과 화장법이 신식화장품과 화장법으로 교체되고 동시에 공존하는 시기로 볼 수 있다.

3. 복식(服飾) 문화

1) 남자복식

1876년 병자수호조약을 기하여 우리나라에는 국제사회의 일원으로 참여하게 됨에 따라 국제사회의 공식 복식인 서구의 양복이 일본이나 미국에 다녀온 외교관에 의해 국내에 소개되었다. 수 천년동안 한복문화에서 한·양복 혼용문화로 변해가는 전환기가 되었던 개화기에 남자 한복은 현재 입혀지고 있는 우리 한복의 형태로 간소화되었다.

(1) 문무백관의 복식

고종 11년(1884년) 5월 25일에 있었던 갑신의제개혁에서도 조복(朝服), 제복(祭服), 상복(常服)은 성인(聖人)의 유제(遺制)라 바꿀 수 없다고 명시하여 조선시대 문무백관과 같은 복식을 착용하였으며, 그 후 1899년 8월 3일 조신(朝臣)의 복장을 다시 한번 정할 때도 제례, 가례 때는 제·조복을 착용하도록 했다.

그러나 공복(公服)과 상복(常服)의 단령은 큰 변화를 보이는데, 먼저 고종 11년 갑신의제개혁에서 관등별로 차이가 있었던 단령의 색을 흑단령(黑團領)으로 통일하였으며 좁은 소매인 착수의 소매로 할 것을 규정해 활동의 간편을 꾀하는 실용성을 강조하였다. 또한 같은 해 12월 조신의 대례복을 흑단령으로 하게 하고 궁에 출입할 때에는 통상예복으로 두루마기인 주의에 답호를 착용하였다. 그 다음해인 1895년에는 조신의 공사예복으로 답호를 제외한 주의만 입게 되었다.

(2) 일반인의 복식

문무백관에서 의제의 간편함을 추구했듯이 일반 서민 복식에서도 기존의 포류(袍類)에서 벗어나 우리 고유의 기본 복식으로 간소화되었다. 포류는 두루마기 하나로 통일하였으며, 마고자와 함께 양복의 영향으로 조끼가 새로 생겨났다. 그 외 기존의 저고리와 바지는 우리 고유의 기본형을 그대로 입었다. 두루마기는 겨울에는 솜두루마기, 봄·가을에는 겹두루마기, 여름에는 홑두루마기나 박이두루마기를 입었는데 계절에 따라 재료와 바느질법이 달랐다. 서민층에서는 검정물을 사다가 집에서 물을 들여 두루마기를 예복으로 입었으며 또한 여름에는 모시 두루마기를 입기도 하였다.

마고자는 저고리 위에 덧입는 앞이 트인 전개합임형(前開合袵形)으로 마괘(馬掛)라고도 하는데 저고리보다 약간 크고 깃이 없으며 앞은 여며지지 않고 마주 닿아 끈이나 단추를 달아 여몄다〈그림 V-1〉.

조끼는 양복의 조끼를 본 따 만든 것으로 앞에서 여미는 형태이며, 소매가 없고 앞길에 주머니를 달아 소지품을 넣고 다닐 수 있게 만든 편리한 옷이다. 이는 한복식의 길에 양복식의 주머니를 달아서 만든 한·양복 절충 양식의 개량옷으로 양복 도입이 우리 한복에 영향을 미친 결과라고 볼 수 있다〈그림 V-2〉.

그림 V-1 마고자

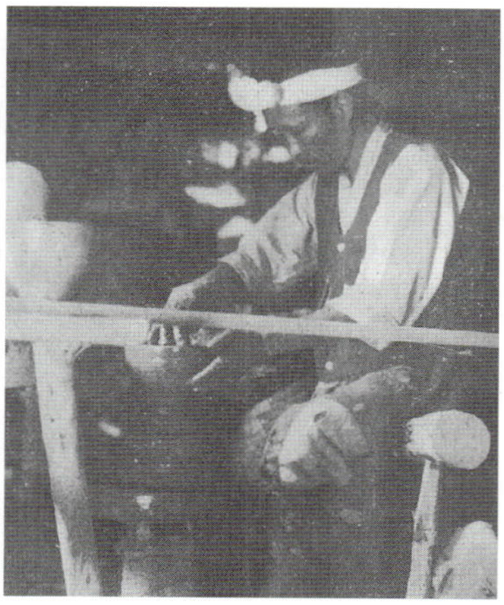

그림 V-2 조끼

(3) 양복 도입

우리나라에서 양복을 가장 먼저 착용한 사람들은 외국사절단, 외교관 등의 수행원으로 외국에 나가 그들의 문물을 자연스럽게 수용한 개화 인사들이다. 이 때 개화 인사들이 착용한 양복은 1870년대부터 서양 남성들이 평상복으로 입던 색 코트(sack coat)이다. 그 후 우리나라에서 양복 착용에 대한 공식적인 언급은 1894년 갑오개혁 때 있었으며, 1895년에는 양복 착용과 단발령이 시행되었다.

우리나라에서 공식적으로 처음 양복을 받아들인 것은 '칙령 제 81호 경무사 이하의 복제에 관한 건'에 의해서이다. 그 이후 1899년에 외교관복을 양복화하였고, 1900년에는 칙령 14호로 문관복장 규칙을 정하여 조선개국 509년까지 착용해온 단령(團領)의 관복을 서구풍의 양복으로 바꾸었다.

이때 반포된 문관복은 대례복, 소례복, 상복의 세 종류인데 대례복은 18세기 유럽에서 입혀진 궁중예복을 모방한 일본의 대례복을 참작하여 만든 것이고〈그림 Ⅴ-3〉, 소례복은 연미복인 프록코트(frock coat)로 유럽 각국에서 착용되던 귀족의 예복을 참고로 만들었으며〈그림 Ⅴ-4〉, 상복인 새빌로(Savile Row : sack coat)는 유럽 각국 시민들의 평상복을 본 딴 것이다.

그림 Ⅴ-3 대례복

그림 Ⅴ-4 소례복

2) 여자복식

갑오개혁 이후 신분계급이 폐지되고 조혼의 금지, 과부의 재가 허용 등 여성의 지위가 향상되었으며, 기독교의 전래와 여성 교육기관이 설립되어 여성들도 개화사상에 서서히 눈을 뜨게 되었다. 이와 같이 여성의 사회적 지위가 향상되자 여성들의 복식에도 차츰 변화가 나타났다.

그림 V-5
개화기 부녀자들의 복식

(1) 일반여성의 복식

개화기 일반 부녀자들의 복식을 살펴보면 저고리는 길이가 짧아져 겨드랑이 밑의 살을 가리기 위해 특수한 허리띠를 착용하게 되었으며, 치마 형태는 변화가 없었다. 치마는 주로 소색(消色)의 치마를 입었고 일할 때에는 끈으로 묶어 편리하게 하였다〈그림 V-5〉. 그러나 1900년대부터 일부 개화한 여성들인 신여성과 전도부인, 여학생들 사이에서 저고리가 길어지기 시작하여1920년대에 와서는 특수층을 제외하고 저고리 길이, 화장, 진동, 배래, 수구 등이 모두 넉넉해졌다.

유학하던 여학생들 사이에 입혀진 검정색의 짧은 통치마가 국내에 유입되어 길이가 길어진 저고리와 함께 유행하게 되었는데, 이 통치마는 무릎 아래까지 닿는 짧은 치마였으며 주름을 넓게 잡았다.

(2) 양장의 착용

양복이 생소하던 시기에 외국의 지식을 체험할 수 있었던 유학파 계층이나 전문직에 종사했던 신여성계층과 외국문물과 접하기 쉬웠던 왕실여성 및 외교관의 부인들이 양복을 가장 먼저 착용하게 되었다.

1895년 단발령이후 고종황비인 엄비는 솔선하여 양장을 착용하였다〈그림 V-6〉. 우리나라 최초로 양장을 착용한 여성은 윤치호의 부인 윤고려로 1899년 윤치호가 외국 유학에서 돌아와 양복을 입고 다닐 때 그의 부인 윤고려도 양장을 착용하였다. 이 시기에 상류층에서는 각국 공사와 더불어 파티를 열었으며 이 때 부인들은 모자에 양장을 하고 참석하였다.

그림 V-6 엄비의 양장

양장의 형태는 양어깨가 올라간 큰 소매에 길이가 길고 폭이 넓어 밑으로 퍼진 스커트인 깁슨 걸 스타일(Gibson girl style)로 목에 리본을 달아 여성적으로 보이는 스타일이었다.

1930년대는 한복을 착용하던 여학생들이 한복에서 양복을 입게 됨으로써 양장이 일반화된 시기이다. 이 시기에는 치마의 폭이 줄어들고 짧아졌으며, 양말과 양화(洋靴)가 유행하게 되어 버선과 양말이 병행되는 이중구조로 변하게 되었다.

속적삼, 고쟁이 등이 없어지고 서양식 하복류(下服類)를 많이 입게 되었다. 1930년대 전후에 핸드백이 들어와 신여성들에게 사용되었으며 이전에 사용되었던 주머니는 노인들이 1940년대까지 패용하였다. 양장 도입기에 있어 여성복의 이러한 변화 과정은 서서히 이루어진 것이나 개혁적인 신여성들은 새로운 스타일을 찾고 흡수하는데 더욱 적극적이었다.

일본은 이러한 변화에 편승하여 우리민족의 미풍양속을 말살시키려는 음모로 한복 착용을 방해하였다. 이러한 강압에 의해 여학생의 교복은 점차적으로 양장 교복으로 바뀌어갔다.

주로 블라우스에 곤색 주름치마를 많이 입었으며 겨울에는 짙은 남색, 또는 자주색 쎄라복을 입고 스웨터를 입기도 하였다. 학생들의 교복이 양장으로 변화되면서 일반부녀자들도 양장을 많이 하게 되어 양장하는 사람 수가 크게 증가하여 우라나라 여성 복식이 양장화되는 계기가 되었다〈그림 V-7〉.

그림 V-7 1930년대 여학생복

6장 현 대

1. 1940년대

1) 역사적 배경

1941년 일본은 태평양전쟁 즉 제2차대전을 일으켜 싸우다가 연합군의 공격을 받아 1945년 8월 15일 무조건 항복함으로써 우리나라는 일본으로부터 35년 만에 해방되었다. 그러나 우리나라는 38선으로 국토가 양단되는 비운을 겪게 되게 해방의 기쁨과 아울러 좌우 격돌의 시기를 맞게 되었다. 해방 후 민주주의 교육은 제도 및 법적으로 남녀에게 대등한 여성교육이 이루어졌다. 그 결과 여성교육은 근대화 및 민주화의 급진적인 변화를 가져왔다.

2) 미용문화

(1) 두식(頭飾)

그림 Ⅵ-1 퍼머머리

1945년 광복 이후 여자들의 머리스타일은 일제 말기에 금지되었던 퍼머넌트가 다시 유행하여 일반여성들도 퍼머나 세팅 또는 아이롱으로 웨이브를 내어 멋을 부렸다. 유행의 선도자인 영화배우, 특수직업에 종사하는 여인들 사이는 링고 스타일이 유행하였는데 이 머리모양의 형태는 이마 앞머리를 짧게 잘라 위로 향하게 둥글게 말아서 붙인 것으로 머리 윗부분에 웨이브가 있는 형태로 한복과 양장에 모두 어울려 일제시대부터 광복 후까지 지속적으로 유행하던 머리형태이다.

광복 후의 퍼머는 주로 전기퍼머였으나 북한의 화력발전소에서 전력 공급을 중단하여 전기공급에 문제가 발생하자 불퍼머를 개발하여 시행하였다. 광복 후에는 미용업을 하는 여성들의 권익보호와 친목을 위하여 미용조합연합회가 구성되었으며 1948년에는 서울시 위생과의 관리하에 미용사 자격시험이 제정되었다. 그 후부터 오늘날에 이르기까지 미용사 시험에 합격증이 있어야만 미용실 개설의 자격이 주어진다.

(2) 화장(化粧) 형태

1945년 해방을 계기로 하여 서양문물이 대거 몰려들었으나 의상이나 머리모양에 비하여 화장에 대한 일반인의 인식은 여전히 소극적 자세를 취하고 있었다. 게다가 신식화장품을 생산 판매하는 일본의 역할마저 없어지자 일반인들은 화장품의 구입조차 힘들어지게 되었다. 해방 후 화장에 나타난 새로운 현상은 일본이나 유럽등지에 나가있던 사람들의 귀국으로 인하여 기초미용마사지법의 국내 보급정도에 불과했다.

3) 복식(服飾) 문화

그림 Ⅵ-2 1950년대 양장

그림 Ⅵ-3 뉴 룩(New look)

1940년대 제 2차대전이 심해지자 전시복(戰時服)으로 치마 위에 일본의 작업복인 몸뻬를 입게 되어 우리나라 여성이 치마 위로 바지를 입게 된 것이 또한 특징이라 하겠다. 1946년에는 여학생의 교복도 새로 제정되어 여학생들에게 양장교복을 입게 권하였고 여학생들도 전투복 차림으로 슬랙스나 몸뻬를 권장하여 여름에는 블라우스에 몸뻬, 겨울철에는 쟈켓과 몸뻬를 입게 되었다. 특히 해외에 거주하던 교포들이 돌아오게 되고, 외국인들의 빈번한 출입과 더불어 미군이 주둔하게 되면서 최신 양장이 눈에 띄게 되었다. 또한 여자들의 사회진출과 더불어 높은 교육열을 배경으로 여자 대학생의 수가 증가하였기 때문에 이들의 활동적인 복장이 양장화에 더욱 박차를 가하였다. 의상스타일은 주로 남성적인 밀리터리 룩(military look)의 테일러드 슈트(tailored suit)로 무릎 아래 15cm까지 내려오는 긴 스커트와 각진 어깨 패드가 있는 자켓으로 구성된 의상이었다〈그림 Ⅵ-1〉.

1947년 프랑스의 디자이너인 크리스티앙 디올(Christian Dior)이 뉴 룩(New look)을 발표하였고 이것은 한국에도 파급되었다. 이 시기는 세계 제 2차대전의 상처가 차츰 아물게 되고 평화를 추구하려는 소비자의 욕구가 강해졌다. 이런 용구가 반영된 디올이 발표한 뉴룩의 영향으로 가는 허리와 둥근어깨, 넓은 플레어 스커트(flare skirt)는 전 세계 여성의 미를 되살리는 중요한 역할을 하였으며 우리나라 여성들에게도 입혀졌다〈그림 Ⅵ-1〉.

2. 1950년대

1) 역사적 배경

1950년대에 들어서면서 해방 직후의 혼란했던 사회도 차츰 안정 되었으나 1950년 6월 25일 민족의 비극인 6.25 사변이 일어나게 되었다. 전쟁의 극한적인 상황을 거치면서 생활에 곤란을 느낀 여성들의 사회적 진출이 활발하게 이루어졌다.

2) 미용문화

(1) 두식(頭飾)

1950년대는 한국전쟁 이후 유엔군이 주둔하고, 서양의 잡지, 영화가 유입되는 등 서양의 문물이 여러 경로를 통하여 유입되어 서양식의 패션을일반 여성들도 쉽게 접할 수 있게 되었다. 특히 서양영화에 등장하는 배우들의 의상, 머리모양, 화장 등의 패션은 유행에 많은 영향을 주게 되었다. 배우들의 머리모양은 우리나라 여성들의 머리모양을 다양화시키고 새로운 유행을 일으켰다. 뒷머리가 짧은 오드리 헵번(Audrey Hepbum)의 짧은 쇼트 스타일과 스잔 헤이워드(Susan Hayworth), 리타 헤어워드(Rita Hayworth)의 웨이브진 긴 머리스타일이 많이 모방되었다. 여성들은 여전히 아이롱으로 단발형의 우지마끼(안말음)과 소데마끼(바깥말음)을 선호하였다.

머리모양은 점점 더 다양화되었다. 덕크테일(duck tail)형의 머리도 동양적 실루엣이 감돈다는 이유로 환영받았는데 이것은 옆머리가 위로 치켜지며 뒤 중앙에서 오리 꼬리 모양으로 아물어지는 형태이다. 1955년에는 말꼬리 모양의 머리인 포니테일(pony tail) 스타일의 긴머리가 젊은층에 유행되었으며 1956년에는 S형의 웨이브를 만들어 귀를 덮고 볼륨을 주는 스타일인 로맨스 스타일(romance style)이 인기가 있었다. 그밖에 보이 스타일, 스완 라인(swan line)등 다양한 머리형이 등장하였다. 1950년대는 미용실의 증가로 인하여 퍼머머리와 고데기로 생머리에 굵은 웨이브를 주어 손질하는 등의 머리모양이 일반화되었다. 1950년대의 머리형태를 전반적으로 살펴보면 광복 이후에는 젊은 여성들 사이에서 어깨 정도 길이의 긴머리가 유행했으나 1950년대 후반으로 올수록 점차 짧은 머리의 여성들이 늘어났다. 또한 한복이나 양장에 올림머리를 주로 하였다.

(2) 화장(化粧) 형태

1950년대의 화장문화는 화장에 대한 기초지식 부족과 정보부족으로 인하여 단순한 모방 수준에 머물러 있었다. 6.25전쟁의 발발로 인한 국내화장품산업은 위축되고, 미군 주둔으로 인한 밀수 화장품과 PX 화장품이 국내시장을 주도하고 있었다.

선진 외국과의 활발한 교류로 인하여 서양영화도 많이 유입되었으며 이는 일반인들의 주요한 여가생활이 되었다. 이에 따라 서양영화에 등장하는 배우들의 패션과 화장법이 유행하게 되었다. 1950년대에 유행하던 화장경향은 피부톤을 약간 밝게하고 눈썹은 두껍고 진하게 그리고, 긴 속눈썹에 아이라인을 길게 빼서 그려줌으로써 눈매를 강조하였다. 이는 서양에서 유행하던 오드리 헵번풍의 화장법에 영향을 받은 것으로 볼 수 있다. 또한 쉐도우를 사용할 때도 입체감을 살리는 방법을 선택하였으며 피부표현에 있어서도 서양여성과 같은 혈색을 나타내기 위하여 핑크계열의 화운데이션과 립스틱을 사용하였다.

기초 화장품 사용에 있어서 가장 두드러진 특징은 콜드크림의 사용으로 볼 수 있으며 일명 만능 크림으로 불렸다. 즉 화장을 지울 때, 기초화장용, 마사지용 등으로 폭넓게 사용되었다. 1950년대에 유행하는 화장은 폭 넓은 콜드크림의 사용으로 인하여 윤기가 흐르고 번들거리는 화장법이 유행되었다.

3) 복식(服飾) 문화

여성들의 사회진출로 인해 젊은층에서는 대중적으로 입혀지던 한복 대신에 활동하기에 간편한 스타일의 양장을 하게 되었다. 그러나 우리나라는 6. 25 전쟁으로 말미암아 사회가 안정되지 못한 탓으로 여성미를 과시하는 서구 패션의 영향을 충분히 받아들일 수 없었다. 그런 중에도 원조물자에 의한 미국 스타일, 미군(美軍)과 교류하는 여성들이 도입하는 패션이 심심치 않게 유행을 만들었다. 대부분의 여성들은 전란으로 생활을 위협당하게 되자, 1940년대에 입혀졌던 길고 폭넓은 치렁치렁한 플레어스커트 대신에 길이는 여전히 길었으나 폭이 좁은 스커트를 입기 시작하여 차를 타기 어려울 정도로 좁아졌다. 1959년에는 타이트(tight)의 반동으로 다시 플레어(falre)가 부활하였으며, '패티코트'라는 속옷이 소개되어 전체적으로 여성적인 느낌을 주는 스타일이 유행되었다. 1953년 처음으로 일본에서 나일론이 수입되어 우리나라에 나일론과 합성섬유가 등장하였다. 이로 인해 세탁과 뒤처리에 손이 많이 가던 재래의 면섬유에서 탈피하기 시작하여 비닐코트나 나일론 블라우스가 입혀지기 시작했다.

3. 1960년대

1) 역사적 배경

1959년 미국과 구소련이 인공위성을 발사하여 우주시대의 막을 열었다. 우리나라는 4. 19와 5. 16을 거쳐 경제개발이 시작되었으며 사회안정과 경제의 부흥이 서서히 시작되었고, 한일국교정상화 이후 국제 교류가 증대되었다.

2) 미용문화

(1) 두식(頭飾)

1960년대는 여러가지 형태의 머리형과 컷트기술의 발달로 인해 다양한 형태의 컷트형이 유행되었다. 1960년대 초에는 외국영화 여배우의 이름을 딴 세슬커트가 유행하였고 귀 양끝이 뾰족하게 뻗치는 형태인 로켓트라인이 유행하기도 하였다.

또한 앞과 양 옆에 이중으로 볼륨을 주는 듀오라인(일명 바가지 스타일)과 이것이 변형된 백조라인이 유행하기도 하였다. 듀오라인과 백조라인은 크라운 봄베이지 스타일이라고 한다. 1960년대 중반에는 머리모양과 의상과의 관계를 중시 여겨 부분 가발이 유행하기 시작하였다. 또한 동양인의 커다란 머리크기와 뒤통수가 납작한 단점을 보완하기 위해 기하학적 헤어커팅이 등장하기도 하였다. 1960년대 후반에는 젊은 시절 가수 윤복희의 대표적인 머리형태로 알려져 있는 상고단발, 즉 뒷부분을 둥글게 단차를 둔 머리모양이 유행되었다. 또한 고전적인 모습의 올림머리와 고데기를 사용하여 머리의 형태를 살리고 장식적인 컬을 만들기도 하였다.

(2) 화장(化粧) 형태

1960년대 영화산업은 호황을 누리게 되었고 그로 인하여 외국 영화에 나타난 배우의 화장경향이 여전히 널리 유행되었다. 프랑스 배우인 브리짓드 바르도와 같은 반항적이면서 섹시한 경향의 화장을 하는 것이다. 눈화장은 눈을 크고 아름답게 보이기 위하여 엷은 그린색이나 푸른색의 아이쉐도우를 발라주었으며 여기에 인조 속눈썹을 붙이고 눈꼬리가 길게 올라가도록 아이 라인을 그려주고 마스카라로 속눈썹을 바짝 올려 주었다. 입술은 투명한 색이나 옅은 베이지, 브라운 컬러 등으로 칠한 후 립라이너로 원래의 입술보다 윤곽을 크고 또렷하게 그려 육감적으로 보이도록 했다.

피부색의 표현에 있어서는 이전 서양인의 피부톤과 같은 핑크계열을 사용하던 모방의 단계에서 벗어나 한국인의 피부톤에 맞는 오크계(Oak)의 화운데이션의 화장법이 보급된 것을 특징으로 볼 수 있다. 이로서 1960년대의 화장법이 모방의 단계에서 벗어나 우리에게 맞는 화장법으로 진일보되었음을 알 수 있다.

3) 복식(服飾) 문화

우리나라의 복식계는 1960년의 4.19혁명 이후에 생긴 혼란과 61년의 5. 16혁명으로 인하여 정지 상태를 이루다가 사회 안정과 경제 부흥을 배경으로 복식도 국제무대 진출을 시작하였다. 파리 유행의 유입은 반년차에 불과하며 일본으로부터 유입되는 유행 경향은 동시적으로 이루어졌다.

명동에 양장점이 집중되고 패션 발표의 계기를 만들어 주어 복장의 변화가 많아졌으며 양장에 대한 본격적인 시도가 시작되었다. 즉 1950년대 자유당 말기에 입었던 긴 360도의 플레어 스커트(flare skirt)는 타이트 스커트(tight skirt)로 변하였으며 1966년 월남파병이 의상에도 영향을 미쳐 월남 고유의상에서 얻어진 '월남치마'가 일반 여성에게 유행되기도 하였다.

1967년에 도입된 미니스커트(mini skirt)의 폭발적인 인기로 마이크로 미니(micro mini)로까지 발전하여 풍기 단속의 대상이 되기도 하였다. 1969년에는 밑단이 넓어지는 나팔바지인 판타롱(pantaloon)이 등장하였는데 이는 프랑스의 우주개발 의욕의 영향 하에 생긴 우주복 패션쇼에서 발표된 바지였다.

1960년대 중반부터는 유행에 민감한 반응을 보여 신문, 잡지, 텔레비전을 통해 유행을 신속하게 받아들이게 되었을 뿐만 아니라 패션쇼가 자주 열려 시간(T)·장소(P)·목적(O)에 맞는 옷을 입는 요령이 소개되어 차츰 바른 양장생활의 기틀이 잡혀가기 시작했다.

4. 1970년대

1) 역사적 배경

1970년대는 세계적인 유류 파동(oil shock)으로 세계 경제가 인플레되고 불황이 심해졌다. 따라서 소비가 미덕인 시대에서 절약이 미덕인 시대로 변하여 소비자들은 좀 더 실질적이고 합리적인 생활을 추구하였다.

1975년 베트남 전쟁이 종전되었고, 1977년에는 등소평이 등장하여 개혁정치를 추구함으로써 국제적인 긴장이 완화되었다. 1970년대 젊은이들은 기성사회에 대한 집단적 저항대신 개인적인 목적과 독자적인 라이프 스타일을 지향하기 시작하였고 개인의 건강과 활동을 중시하였다.

2) 미용문화

(1) 두식(頭飾)

1970년대는 우리나라 미용에서 컷트의 개념이 새롭게 정립된 시기이다. 국내의 미용 전문가들은 해외의 미용세미나에 참석하기 시작하였으며, 외국에서 유행하는 비달사순의 기하학적인 헤어스타일이 우리나라에 들어와 유행하기 시작하였다. 이러한 여러 가지 미용환경의 변화는 기존의 머리를 자른다는 커트의 개념을 모발의 각도에 따라 나누어 기하학적으로 자른다는 개념으로 발전시켰다.

1970년대 초반은 커트의 붐이 절정을 이루던 시기로 내추럴 경향을 바탕으로 여성의 진정한 개성화를 추구하게 되었다. 따라서 여성들의 머리모양은 얼굴형에 따른 디자인 커트와 그에 의한 퍼머 스타일이 유행하게 되었다. 이 때에 유행한 커트는 쉐기 커트(shaddy cut), 일명 거지 커트로 쉐기의 뜻인 거칠다라는 원래의 말뜻과는 달리 아주 섬세하여 어느 쪽을 들추더라도 직선적이며 머리끝이 가지런한 것이 특징이다. 퍼머스타일도 바디퍼머가 유행되었는데 이는 자연스러운 웨이브와 간편한 손질을 특징으로 하는 머리형태이다.

버디퍼머의 유행은 여성들의 사회진출로 인하여 시간 절약이 요구되었기 때문이기도 하다. 1970년대 중반부터 1980년대 까지는 머쉬룸(mushroom), 즉 버섯형태의 머리모양이 유행되었다. 형태에 있어서의 기능성과 여성다움을 잃지 않는 미적 측면을 동시에 만족시켜 주어 오랜기간에 걸쳐서 여인들에게 애용되었던 스타일이다. 1970년대 후반에는 불균형적으로 정돈되지 않은 듯한 머리 모양이 등장하기 시작하였다.

(2) 화장(化粧) 형태

1970년대에는 메이크업에 대한 관심이 대중적이고 보편적이 되었으며 서양의 미의식에 의해 얼굴의 윤곽을 강조하고 입체감을 주기 위한 화장을 하였다. 1970년대 화장경향의 가장 큰 특징을 단적으로 표현한다면 '다양한 색채의 사용'이라고 할 수 있다. 1960년대까지는 다양하게 사용되지 않았던 아이 쉐도우가 1970년대에는 여러가지 색채가 사용되었는가 하면 볼터치의 사용으로 얼굴 윤곽을 뚜렷하게 표현하였다. 1970년대 초반의 화장경향은 해마다 조금씩 차이가 있으나 공통점은 눈썹에 관한 관심이 깊다는 것이다. 눈화장에 있어서의 공통점은 속눈썹이 길고 짙어보이도록 하여 아이라인, 속눈썹을 사용하고 눈썹을 가늘게 그리는 것이 당시의 경향이었다. 당시 인기 있는 여배우의 영화 속 모습에서도 당시에 유행하는 가는 눈화장의 형태를 살펴볼 수 있다. 1970년대 중반에는 전반적인 패션 경향이 서양적인 분위기에서 동양적인 분위기로 전환됨에 따라 화장 패턴도 동양인의 얼굴에 맞는 자연스러움을 강조하게 되었다.

3) 복식(服飾) 문화

1970년대에 들어와서는 서구의 유행이 바로 우리나라 여성에게도 받아들여졌다. 1970년대 가을에는 서구에서 유행했던 긴 길이의 맥시(Maxi) 스타일과 중간 길이의 미디(Midi) 스타일을 받아들였다. 발등을 덮는 길이는맥시는 일부층에서 잠시 유행하였으나 활동하기 불편하고 키가 작은 동양인에게 어울리지 않아 많은 사람들에게 비판의 대상이 되어 1972년에는 짧지도 길지도 않은 샤넬(Chanel) 길이로 되돌아갔다. 서구에서 1959년에 유행하였던 샤넬라인이 10년 후에 우리나라에서 유행하게 된 것이다. 1971년 봄에는 젊은층에서 핫 팬츠(hot pants)가 등장하여 사회적 물의를 일으켰으나 이 핫팬츠도 미니에 못지않게 전 세계에 전파되어 유행되었던 스타일이다. 1972년 판타롱의 길이는 약간 길어졌으며 스트레이트한 슬랙스가 유행되어 굽이 높은 힐을 신었고, 티셔츠(T-shirts)와 진(jean)이 매스패션(mass fashion)화 되었다.

1974년부터는 커프스가 달린 통바지가 소개되어 바지통이 점점 넓어지면서 1977년까지 유행되었고, 이 무렵 긴 길이의 엘레강스한 패션이 선을 보였다. 1977년 1978년에는 '여성다움'을 강조하는 복고풍이 일기 시작하여 로라애슐리의 전원풍 의상들이 유행하였고, 루즈 룩(loose look)과 밀리터리 룩(military look)이 등장하여 드롭 숄더(drop shoulder)에 패드(pad)를 넣어 어깨를 강조하는 스타일이 유행되었다. 합리적이고 개성을 살리는 의복을 착용하려는 경향으로 여러 개의 옷을 겹쳐 입는 레이어드 룩(layered look)도 입혀졌으며 80년에 접어들어서는 여러 가지 다양한 토탈패션(total fashion)이 지향되었다.

5. 1980년대

1) 역사적 배경

1980년대에는 이란·이라크 전쟁으로 인한 계속적인 에너지 파동으로 세계경제는 계속 침체되었으며 이는 사람들의 가치관이나 생활 양식을 근본적으로 변화시켜 현명한 소비생활과 절약풍조가 사회전반은 물론 개인의 생활에까지 영향을 끼쳐 제품의 질적인 추구와 다양화, 개성화가 요구되었다.

현대 여성들의 사회진출 증대와 생활영역의 확대는 생활수준과 소득의 향상을 가져와 여가를 더 중시하게 되었다. 동서냉전의 분위기 속에서 동구공산권 국가들이 1987년 러시아 고르바초프 대통령의 글라스노스트와 페레스트로이카 같은 개방과 정치개혁을 서두로 다양한 국제교류가 진행되었고, 환경의 중요성을 인식하면서 세계는 공동운명체의 지구촌이라는 자각이 일어났다. 컴퓨터에 기초한 기술의 산업화가 1980년대의 실세가 되었다 컴퓨터, 전화, 컬러 TV와 더불어 디지털 코드나 섬유광학와 같은 다른 기술과 위성은 원격 통신에 큰 변화를 가져왔다. 이와 더불어 MTV(Music TV), VCR, CD의 등장은 새로운 기술 혁신 시대의 문을 열었고 산업 공학의 발달로 인하여 산업용 로봇시대가 도래하였으며 산업구조의 변혁이 이루어졌다.

2) 미용문화

(1) 두식(頭飾)

1980년대에는 중성적인 헤어스타일의 유행으로 펑크헤어, 디스코 머리가 유행되었다. 또한 갖가지 패션의 흐름 속에서 머리모양의 위치가 중시되기 시작하였다. 커트와 퍼머의 디자인이 다양해졌으며 단정하고 딱딱한 머리 스타일에서 자연스럽고 부드러운 퍼머스타일이 유행되었다.

1980년대 중반에는 가위와 바리깡의 부조화 디자인이 유행되었으며 그에 따라 헤어 디자인에 바리깡이 본격적으로 사용되었다. 이 때에는 자연스럽게 물결치는 웨이브를 특징으로 하고 있는 2단계 보브 스타일이 유행되었으며 이 스타일은 1983년 파리에서부터 유행하기 시작하였다.

1980년대 중반에는 의상에서 다양한 길이의 스커트가 유행되었던 것처럼 유행하는 퍼머의 디자인이 다양해졌다. 유행에 민감한 젊은 층에서는 긴머리의 퍼머스타일이과 스트레이트의 긴머리가 함께 유행하고 머리핀과 리본 등의 헤어 패션이 등장하기 시작하였으나 나이 든 여성층에서는 굵은 퍼머 스타일이 일반적인 머리형태였다. 1980년대 후반에는 머리 염색에 있어서 전체적인 염색보다는 부분적인 컬러링으로 엑센트를 주거나 대담한 컬러링이 사용되는 등 컬러링은 헤어패션에 필수적인 아이템으로 등장하게 되었다.

(2) 화장(化粧) 형태

1980년대는 국민경제의 안정과 함께 개인의 건강과 여가생활의 중요성이 대두되기 시작하였으며, 국가적으로는 88서울 올림픽이 개최되었고 TV의 컬러 방송시대가 시작되는 등 국민의 라이프 스타일에 변화를 주는 여러가지 변화요소가 등장하였다. 특히 TV의 컬러 방송과 학생들의 교복 자율화는 국민들에게 색에 대한 관심을 높이고 개성화 시킬 수 있는 계기를 마련해주었다.

여성의 사회적 진출로 인하여 바쁜 여성의 시간을 절약할 수 있는 트윈케익, 즉 화운데이션과 파우더의 기능을 합한 제품이 출시되었으며, 오존층 파괴로 인한 환경오염으로부터 피부를 보호하기 위한 스킨케어 개념이 색조화장품에도 도입되었다.

1980년대 초반에 유행하던 화장법은 짙은 눈썹, 빨간 립스틱, 브라운계의 아이쉐도우에 의한 보이쉬(boyish)이미지가 유행하였으며 80년대 후반부터는 여성스러움을 강조하는 화장표현이 유행하였다. 1988년 올림픽을 계기로 하여 한국적인 아름다움을 표현하기 위하여 황금색과 빨간색을 위주로 하는 코리아 환타지 메이크업이 유행되기도 하였다.

컴퓨터, 사무 자동화 등으로 이어지는 하이테크 문화의 영향으로 70년대의 내츄럴 칼라는 80년대에 들어와서 회색, 흰색, 검정 등의 무채색이 전성기를 이루게 되었다. 이와 같이 화장품 업계는 소비자에게 다양하게 화장의 유행을 주도해 나가지만 선택은 소비자의 센스와 라이프 스타일에 의해 결정되는 지적 소비자 시대가 전개되었다.

3) 복식(服飾) 문화

1980년대 포스트 모더니즘의 영향으로 패션은 역사성 도입, 토착적이며 민속적인 요소의 도입, 복합적 상징성과 전위성을 나타내었으며, 패션 디자인에 있어 포스트 모던이란 과거의 모드를 현대로 가져와 의복의 새로운 매력을 창조하는 것으로 동서양 양식의 절충적 전통적 품목의 이미지 변화와 남성복 요소를 여성복에 도입함에 따른 이미지 변화, 수공예 기법과 현대 감각의 절충, 아르데코 감각의 부활로 설명할 수 있다.

오존층 파괴, 생태계 파괴 등 환경오염에 대한 관심의 증가로 패션에서도 에콜로지 룩(Ecology look)과 리사이클 패션(Recycle fashion)이 등장하였다. 1984년 말부터 여성복의 매니쉬(manish) 현상과 1980년대 들어와 부각되고 있는 짧은 커트 헤어스타일, 록 가수의 여장이나 남자의 메이크업과 자유롭게 남녀의 의복을 겹쳐입는 엔드로지너스 룩(androgynous look)을 등장시켰다.

6. 1990년대

1) 역사적 배경

세계는 정치 이데올로기의 퇴조에 따라 정치적 양극체제에서 경제력에 바탕을 둔 다극체제로 전환하는 양상을 보였다. 과학기술의 진보와 산업공해에 따른 환경문제가 큰 관심사로 등장하였다. 인간의 도덕성 회복과 인간성 회복에 초점을 맞추어 인간 본연의 자연스러움으로 돌아가고자 하는 자연주의(naturalism)가 유행하였다. 사회적으로는 소비 생활에 많은 변화가 발생하였는데 1990년대가 되면서 1980년대 물쓰듯하는 소비형태는 많이 자제되었고 절약으로 모든 상품의 판매가 감소하였다. 그리고 개인용 컴퓨터(PC)가 일반화되었고, 정보의 네트워크화가 이루어졌으며 전후 컴퓨터 세대들은 인터넷을 통해 그들만의 독특한 문화를 형성하게 되어 리조트와 쾌락, 감각주의로 빠져드는 경향도 나타났다.

2) 미용문화

(1) 두식(頭飾)

1990년대는 각자의 개성을 추구하는 풍조가 정착되면서 한가지 스타일로의 획일화에서 벗어나 각자의 라이프 스타일에 따른 헤어스타일이 정착되는 시기이다. 1990년대 초에는 1960년대의 복고풍으로 돌아가 크라운 부위에 부드럽게 볼륨감을 살리면서 현대 감각에 맞게 재창조된 자연스러운 스타일이 유행하였다.

1991년 미용회보지에 소개된 유행 헤어스타일 경향을 보면 헤어 커트의 형태가 주로 레저를 사용하여 기존의 숱치는 가위를 사용했을 때와는 달리 위쪽은 약간의 볼륨이 생기고 아래쪽은 자연스럽게 좁혀든 특징을 지니고 있음을 알 수 있다. 또한 퍼머스타일이 여전히 유행하면서도 자연스러운 새로운 웨이브의 흐름을 추구하고 있으며 아이론이나 세팅은 외면당하였다.

1990년대 중반부터 일기 시작한 복고의 바람으로 세팅이나 아이롱이 다시 등장하였으나 각자의 취향에 따라 다양한 형태의 머리형이 선택되었다. 이러한 형태의 머리형과 함께 가벼운 스타일로 고정관념에서 벗어나 많은 변화를 줄 수 있고 다양한 연출이 가능한 스타일과 무스나 젤을 이용하여 간단하게 손을 이용하여 웨이브나 컬을 살릴 수 있는 머리형이 유행하였다.

젊은 층에서는 밴드와 핀을 사용하여 액센트를 주는 경향이 더욱 확산되었다. 1990년대는 헤어컬러링의 경향도 전체적 염색보다는 각자의 취향에 따른 색을 선정하여 모발다발을 블리치(bleach)하는 경향을 보였다. 또 하나의 특징은 자신의 한가지 헤어스타일에서 벗어나 스타일의 변화를 주기 위하여 패션가발을 사용하였다.

점차로 헤어패션의 범위는 커져가고 컬러의 조화, 미적 심미안 등을 높이기 위한 미용사의 전문성이 요구되는 시대가 되었다. 시대적 요구에 의하여 2000년에는 미용관련 학과가 개설된 대학이 전국에 59개교에 달하고 있으며 세계적인 헤어디자이너들이 한국에 와서 콜렉션을 갖는 등 미용의 주변 환경에 많은 변화와 발전이 나타나고 있다.

(2) 화장(化粧) 형태

1990년대 이후는 생활패턴이 개성화됨에 따라 화장의 색채도 본인의 개성에 의해 다양한 색채를 사용하게 되었다. 또한 토탈패션의 개념이 일반화되어 착용한 의상의 색채에 어울리는 색채화장을 하게 되었다.

또한 화장경향에 있어서도 환경문제의 대두라는 세계적인 추세에 따라 에콜로지(ecology)경향과 포스트모더니즘의 영향으로 인한 복고의 경향이 대표적인 추세로 나타난다. 따라서 화장 경향은 에콜로지의 영향으로 자연스러운 피부표현과 파스텔 색조의 쉐도우를 사용하고 노랑과 빨강을 중심으로 한 동양적인 스타일이 유행되고 있으나 무엇보다 각자의 개성을 표출하면서 독창적인 분위기를 연출하는 것이 중시되었다.

3) 복식(服飾) 문화

1990년대는 환경오염문제의 심각성 인식으로 인해 현재 소유하고 있는 것을 소중히 하자는 리사이클 패션(recycle fashion)이 나타났고, 에콜로지 테마(ecology theme)가 1980년대에 이어 더욱 확산되었다.

1980년대는 건강과 여가에 관련된 스포츠 웨어와 레져 웨어의 개념이 더욱 확대되었으며, 물질적 풍요보다는 정신적 풍요를 중시하였다. 자연주의 성향과 복고풍의 분위기는 에스닉 스타일(ethnic style), 그런지 스타일(grungy style), 네오 히피 스타일(neo- hippy style), 네오 클래식 스타일(neo-classic style) 등으로 나타났다.

1990년대 패션에 큰 영향을 준 것 중의 하나는 스트리트 패션(street fashion)이다. 현대 패션은 스트리트 패션의 젊은이들로부터 시작되어 하이패션(high fashion)에 영향을 주는 경향으로 변화하고 있다. 특히 1990년대가 되면서 이러한 현상은 급증하였으며, 1990년대 중반에 접어들면서 정점을 이루고 있다. 1990년대에는 특별히 어떤 양식이 정해져 있지 않고 잘 어울린다고 느껴지는 것을 규칙에 얽매이지 않게 표현함으로써 다양한 스타일이 혼합되는 양상으로 발전하고 있다.

제2편

서양의 미용문화

1장 고 대

1. 이집트

1) 역사적 배경

나일강 중심으로 발달한 고대 이집트(Egypt)문명은 여러 부족들(Ham족)이 나일강 유역에 흩어져 부족국가를 세웠으며 B.C. 2850년경 메네스(Menes)왕에 의해 상(上),하(下) 이집트로 통일되었다.

약 3000년간 3왕국 26왕조로(고 왕국(B.C.3400~2160), 중 왕국(B.C.216~1580), 신 왕국(B.C.1580~525)의 시대로 구분된다. B.C.1600년경부터 시작되는 신 왕국 시대에는 모든 분야에서 국력이 크게 융성하였으며 이집트는 건조한 아열대성 기후로 주위가 사막으로 둘러 싸여 있어서 외적의 침입이 어려워 폐쇄적인 정치, 경제 사회체제를 유지하였다.

이집트의 사회구조는 신격화된 국왕인 파라오가 절대권력을 갖고 있고 그 밑에 신관(神官), 귀족, 관리, 군인, 직인, 농민, 노예 순으로 절대적 계급사회를 이루는 강력한 중앙집권과 관료제를 실시하였다. 경제기반은 농업이 주이며 이집트의 산물인 파피루스, 마포(麻布)를 수출하고 아프리카나 서아시아로부터 금, 은, 동, 향료, 목재, 동물의 가죽, 타조 깃털을 수입하였다. 종교는 천체와 자연현상, 영혼불멸을 숭배하는 다신교와 범신교, 그 중에서도 가장 강력한 신은 태양신(Ra)이며 태양이 모든 생물의 생과 사, 재생의 회귀를 좌우한다고 보고 여러 가지 의식을 통해서 태양을 숭배하였다. 그러나 자연현상의 원리에 대한 마술적 요소 이외에 토목, 의학, 금속 등 실용적 문제해결에도 큰 관심을 나타내었고 미술분야에도 자연숭배와 내세관이 반영되어 이집트문명의 특징을 잘 나타내고 있다.

2) 복식문화

이집트 고 왕국 복식의 형태는 몸에 천을 둘러 입는 단순한 형태에서 신왕국에 와서 타민족과의 접촉으로 인해 동방의 문화가 융합되면서 옷 길이, 여유분, 입는 방법과 장식물에 있어서 다양한 형태의 변화를 가져왔다.

상류지배계층은 T자형의 튜닉(Tunic)과 칼라시리스(Kalasiris), 하이크(Haik)를 착용하였고, 하층계급은 간단한 요의(Loincloth)를 입었다. 옷감은 주로 아마(linen), 라미(ramie)를 사용했으며 의복의 대부분은 흰색이고 더운 기후로 인하여 피부를 많이 노출시키는 대신 많은 장신구(황,적,녹,청, 자색)를 사용하였다. 요의는 인간이 최초로 입기 시작한 의복형태로 고 왕국부터 모든 계층의 남녀가 입었던 의복이다. 후에 로인클로스는 일반남녀가 입었던 쉔티(Shenti)와 롱 스커트의 실루엣으로 변형된 킬트(Kilt)로 다양화된다. 또한 왕족의 남자들이 입었던 옷으로 양쪽 끝자락이 도련에서 허리를 향해 곡선으로 연결되어 전면에 주름이 있으며 여러 가지 보석으로 장식한 쉔도트(Shendot)도 착용하였다. 여자가 주로 착용한 쉬스 스커트(Sheath Skirt)는 간단한 관형(straight narrow sheath gown), 일종의 튜닉(Tunic)형이며 가슴 바로 밑에서 시작해서 발목까지 내려오고 어깨 끈을 V자형으로 한쪽 혹은 양쪽으로 착용하였으며 복잡한 기하학적인 무늬로 색이 화려하였다.

칼라시리스(Kalasiris)는 신 왕국 때 남녀가 다 입은 의복으로 허리에 넓은 천을 감아서 입었으며 왕은 옆 솔기를 태슬로 장식을 하였다. 여자들은 허리선보다 약간 위로 긴 띠를 매었고 옷감은 얇고 매우 곱게 짠 린넨을 사용하였다. 신 왕국 시대 이후 왕족들이 그들의 위용을 과시하기 위해서 몸에 두르거나 걸쳐 입었던 하이크(Haik)는 매우 우아한 형태였다. 상류계급의 남녀가 입었던 의복으로 천의 크기나 모양, 입는 방법에 따라서 다양한 형태가 연출되었다.

그림 I -1 넵 아몬(Neb-Amon)묘의 벽화

고 왕국 시대에는 왕 이하 모든 계층이 맨발로 다녔으며, 후에 샌들(Sandal)을 신었다. 왕과 귀족들은 금과 보석으로 장식된 앞이 뾰족한 샌들을 신었으며 재료는 가죽, 갈대, 파피루스, 종려나무 잎 등을 사용하였다. 몸을 많이 노출시키는 이집트인은 금속, 칠보 세공이 발달하여 복식과 관련된 장신구를 사용하였고 이러한 장식품은 원시적이고 내세에 대한 신앙과 관련된 부적의 의미를 가지기도 하였다.

넓은 칼라와 같은 목걸이 파시움(Passium)은 실제모양이 아닌 기하학적인 형태로 조형화 하여 그들의 뛰어난 미의식을 보여 주었다.

3) 미용문화

(1) 헤어스타일과 머리장식

이집트의 남녀는 종교적인 의식과 청결의 이유로 머리를 깍고 가발이나 머리쓰개를 쓰고 신분에 따라 모자를 쓰기도 하였다. 이집트인들은 많은 관심을 가지고 자신들의 몸과 모발을 가꾸었으며 직사광선을 피하기 위하여 중류계층의 사람들은 머리를 밀었고 둥근 모자나 모직으로 만든 짧은 가발을 썼다.

그림 I -2
이집트 여성의 헤어스타일

로인클로스를 입은 노예들은 머리를 짧게 깍았거나 단발형 가발을 쓰기도 하였으며 승려들은 깍은머리 형태 그대로를 드러내고 가발이나 머리쓰개는 쓰지 않았다. 가발은 왕과 여왕의 위용을 나타냈고 신분을 나타내는 장식물로 금, 구슬, 꽃, 리본으로 장식하였고 그 위에 관을 착용하였다.

가발의 재료는 자신의 머리카락을 사용하거나 종려나무 섬유를 사용하였으며 성글게 짠 망으로 된 캡(Cap)위에 가발재료를 가늘게 땋거나 간추려 붙여서 만들었으며, 또는 컬(Curl)하여 아랫단이 수평에 가깝도록 하는 것이 보통이었다. 가발의 길이 및 크기는 왕조에 따라 유행에 차이가 있었으나 대체로 초기보다 짧거나 아니면 아주 길어졌다.

가발의 형태는 역삼각형의 칼라 시리스나 로인 클로스와 더불어 타 지역의 두발상태에 비해 뚜렷하고 단순하며 기하학적인 삼각형의 윤곽을 이루고 있다. 사제 및 왕족의 어린이는 한 타래의 꼬부라진 머리카락을 한쪽 관자놀이에 늘어뜨렸는데 이 머리 타래는 신성을 상징하였던 것이다. 제사나 상중에는 머리카락이 자라도록 내버려두었으며, 이집트인의 두발이나 관에 붙은 장식물은 단순한 수식 이라기 보다는 종교적 표상이어서 연꽃은 다산, 독사는 왕의 권력, 신성을 나타내는 암소 뿔, 우주를 뜻하는 붉은 원판 등으로 장식되어 있다.

그림 I -3 화장하는 여인

그림 I -4 람세스 II 세의부인 / 헤드드레스(head dress)

이집트 여자의 가발은 남자의 것보다 길이가 길고 어깨나 가슴까지 닿았고 묶는방법, 머리 땋는 법, 가르마를 내는 위치 또는 엮는 방법에 따라 매우 다양하였다. 또한 여성들은 가발로 작게 땋은 다수의 머리를 그들의 모발에 땋아 늘어뜨렸다. 신 왕국 시대에 와서 가발은 매우 복잡하고 장식화되어서 각종 보석이나 리본, 칠보 등으로 화려하게 장식하였으며 가발과 함께 관을 착용하였다.

가발의 색은 일반적으로 검정색이 많았으며 점차 의복형태가 복잡해지고 식물의 유출액으로 부터 염료를 만들어 강한 원색의 의복을 즐겨 입게 되자 가발도 진한 청색 또는 황금색으로 염색하였으며 흑색 가발에는 금장식을 붙이기도 하였다. 이 시대의 헤어스타일은 매우 다양하고 정교하게 꾸며져 있어서 부유층 여성들은 머리모양을 손상시키지 않도록 특별히 고안된 기구 위에 머리를 놓고 휴식을 취하였다.

그림 I -5 커치프

또한 이집트인은 두껍고 빳빳한 천으로 만든 피라미드 모양의 머릿수건 커치프(Kerchief)를 썼으며 왕과 여왕도 황금색과 청색의 줄무늬가 있는 클라프트(Klaft)라는 커치프를 머리에 돌려쓰고 양옆 자락을 앞으로 늘어뜨린 특이한 모습을 나타냈다.

왕은 인공수염(Postiche)을 턱에 달아 그 위용을 과시하였고 고 왕국 시대의 것은 비교적 짧고 단순하나 신 왕국에 들어오면 매우 길고 기교적인 모양으로 변하였다. 또한 왕의 권위를 상징하는 뱀머리 모양의 유리어스(Uraeus)와 독수리를 왕관에 장식하기도 하였다. 그리고 이집트인들은 향료 바르는 것을 좋아하여 향료 병을 머리의 장식으로 사용하기도 하였다.

퍼퓸 콘(Perfume corn)은 머리 위 약 황금으로 만든 제 원추형 관에 향내가 나는 기름을 넣어 이것이 더운 공기와 몸의 열로 녹아서 서서히 머리와 어깨 위로 내려와 의복과 몸에 달라붙어 인체의 형태를 나타내게 되었고 몸 전체에서는 향기가 나고 피부와 모발은 윤이 나도록 하였다.

또한 정교한 머리장식에는 청동이나 금, 나무 등으로 만든 약 20cm 정도의 머리핀과 딱딱한 나무, 뼈 등으로 만든 빗을 사용하였다. 이것들은 장식적인 것보다는 머리를 빗거나 고정시키기 위해 사용되었고 로터스 (lotus)나 파피루스(papyrus)로 머리장식을 하기도 하였다. 이와 같이 이집트인들의 헤어스타일은 신분과 계급에 따라 형태와 재료사용이 달랐으며 의복에 비해서 매우 다양하였다.

(2) 화장형태

처음으로 화장품이 제조되기 시작한 것은 후기 고대 이집트 시대부터였다. 이집트에서 초기 화장의 발달은 시체에 향유나 연고, 방부제를 바르는 등 그들의 영생을 믿는 종교관에서 비롯하였다. 고대 이집트의 고온 건조한 기후로부터 피부가 상하는 것을 방지하기 위해서 연고를 제조한 것으로 이는 태양열로부터 피부의 노화방지를 위한 방편이었을 것이다. 그 이후에 개발된 이집트의 화장품은 기름과 향수를 많이 사용하는 특색이 있었으며, 실용적인 목적으로 계급과 성별의 구별 없이 화장이 보편화되었다. 분, 볼연지, 입술연지 등도 애용되었고 입술은 홍색, 뺨은 분홍색, 손톱은 오렌지 빛으로 물들였다는 기록이 있다.

그림 I -6
투탕카멘의 황금마스크

이집트는 단순한 의복으로 인해 과도하게 노출되는 신체를 장식하기 위한 메이크업 문화가 발달하게 되었다. 이집트 문화는 종교와 관련하여 발달되었는데 미용술도 종교적인 의식과 기후조건에 많은 영향을 받아 독특하게 발전하였다.

벌레나 햇빛으로부터 피부를 보호하기 위해 향유를 하루에도 몇 번씩 발랐으며 남녀 모두 화장을 필수적으로 하였다. 시나이 반도에서 구해지는 공작 석에서 나일 블루(nile blue)라는 청색으로 눈을 더욱 시원하게 보이도록 하였으며 곤충으로부터 보호하기도 하였다. 검은 색 코올(kohl)로 아이라인을 짙게 칠하였는데 이러한 강렬한 눈 화장은 마귀를 쫓기 위한 종교적인 의미와 태양광선에 의한 눈병의 예방 및 치료로 사용되었다. 남성도 여성과 마찬가지로 화장을 하였으나 후기로 접어들어 여성화장이 더욱 화려해졌으며 색채에 중점을 두는 장식적인 화장이 이루어졌다.

그림 I -7
네페르티티 여왕의 화장형태

2. 메소포타미아

1) 역사적 배경

메소포타미아는 티그리스와 유프라테스(Tigris, Euphrates)강 사이의 비옥한 삼각형 모양의 지대로 고대문명의 발상지이다. B.C.3000년경 수메르인이 메소포타미아 문명의 기반을 구축하였으며, 이 지역의 개방적인 환경조건 때문에 끊임없는 침입과 이주가 반복되었고 수메르 문명을 중심으로 자신들의 새로운 문명을 융합한 바빌로니아, 아시리아, 페르시아가 강대한 제국으로 성장하였다.

수메르는(Sumer : B.C. 3500~2000년)역사상 처음으로 도시를 건설한 사람들로 왕에 의해 통치되었고 농업과 목축에 종사하였다. 수메르인은 3계급으로 나뉘어져(귀족과 성직자, 평민, 노예) 각각의 도시 수호신을(Ur: 우르) 숭배하였으며, 후에 군사기술을 강화시켜 영토확장을 하였다. 곡물은 서아시아에 수출하고 금속, 석재, 목재를 수입하여 장신구나 무기들을 만들었다. 또한 이들은 금속으로 만든 도구와 무기를 사용하였고 계산을 하거나 행정을 알리기 위해 사용한 설형문자는 오늘날 알파벳의 시조가 되었다.

바빌로니아는(Babylonia : B.C.1894~1595년) 셈(Sam)족인 수메르인과 아카드인(Akkadian)을 정복하고 바빌론을 중심으로 발달한 도시국가이다. 바빌로니아 인은 기존의 수메르 인의 문화, 종교를 기반으로 자신들의 새로운 문화와 기술을 발전시켜 나갔으며 함무라비 왕 때 최 전성기를 누렸다. 경제적 기반은 농업과 목축이며 금속을 추출하는 기술과 무역의 발달로 국제무역의 중심지 역할을 하였다. 즉 메소포타미아의 문화적 요소를 그리스나 유럽에 전달하는 통로의 역할을 하였다.

아시리아는(Assyria : B.C. 911~612년) 메소포타미아 지역을 통합한 최초의 제국이며 고대에서 제일 우수한 군대를 보유하였고 호전적이며 정복자적 기질을 가진 민족이었다. 그 결과로 군복이 발달하였고 동방복식 요소의 도입이 복식에도 영향을 주었다. 종교는 수메르 문화를 바탕으로 하고 있으며 국가 신 아수르는 초기의 메소포타미아와 구분하기 어려우나 문화전통을 충실히 계승하여 전파하였다.

페르시아는(Persia : B.C .550~330년) 고원 산악지대에 세워졌던 나라로 기마 생활과 사냥을 주로 하면서 메디아를 멸망시키고 세운 나라이다. 페르시아는 중앙집권적 전제국가로 다리우스(Darius) 1세 때에 고대 동방의 여러 원주민들과 유목민을 통합한 동방 최대의 통일국가이다. 그들의 문화는 유화정책을 실시하여 주변 이웃국가의 문화를 흡수하여 발전시켜 절충적 성격을 띠고 있다.

2) 복식문화

메소포타미아 지역은 개방된 지형 때문에 서로 침공을 하고 정복하고 지배하였다. 그러므로 침공에 의한 타문화와의 접촉으로 민족의 관습과 문화가 서로 융합된 특성을 보여주기도 한다.

(1) 수메르인의 복식

수메르인은 남녀 모두 랩 어라운드(wrap around)스커트와 맨틀을 입었으며 길이는 종아리나 발목까지인 스커트 단은 꽃잎모양이나 술이 달려있다. 특징적인 것은 겉에 술이 여러 층으로 늘어져 있는 티어드(tiered)형태의 카우나크스(kaunakes)라는 복식형태를 착용하였다. 후에 카우나크스는 메소포타미아의 여러 나라와 로마, 중세 의상까지지도 술이 달린 의복에 영향을 미쳤다.

(2) 바빌로니아인의 복식

기본복식은 튜닉과 숄이며 초기에는 수메르식의 영향을 받은 형태를 보여주었고 국력이 신장되면서 바빌로니아 특유의 복식이 형성되었다. 튜닉은 몸에 꼭 맞고 짧은 소매가 달려있고 발목길이였으며 하류층과 군인의 튜닉은 무릎길이이다.

숄은 전신을 덮는 직사각형의 가장자리에 술이 달려있어서 왼쪽 어깨에 걸쳐 늘어뜨려 입었다. 또한 직조기술이 발달하여 모, 마직물 외에 금사를 넣어 짠 종류와 보석으로 장식한 직물들을 복식에 사용하였다.

(3) 아시리아인의 복식

아시리아인의 기본복식도 튜닉과 숄이며 바빌로니아인의 복식과 별 차이가 없었으며 여자의 튜닉은 소매길이와 옷 길이가 길고 허리에 끈을 매거나 그대로 입었으며 숄을 머리까지 둘러 입기도 하였다. 아시리아는 군복이 발달하였으며 가죽, 청동, 구리 철을 사용하여 만든 헬멧과 갑옷은 군복의 기능을 갖춘 최초의 형태였다.

튜닉과 숄의 소재는 모직물 외에 리넨과 실크의 반입으로 복식의 다양한 소재를 사용하였고 동양적인 색채나 자수장식을 가능하게 하였다. 술장식은 술의 길이와 정도로 신분의 지위를 나타내었고 튜닉의 길이도 신분을 나타내었다.

그림 I -8
페르시아 왕의 경비병

(4) 페르시안인의 복식

페르시아는 추운 기후에 대처하기 위해서 몸에 잘 맞는 옷을 입었으며 메디아 인의 국민 복인 캔디스(Candys)를 관복으로 채택하였다. 페르시아인의 코트는 턱시도 칼라와 소매를 입체적으로 붙인 봉제된 의복이며 무릎길이의 튜닉과 함께 발목길이의 바지를 입었다.

이처럼 페르시아인의 복식은 절충적인 양상을 보였으며 몸에 맞추어 재봉된 의복을 제작했다는 점은 복식사적으로 큰 의미를 가진다. 아시리아의 보병과 기병은 정강이까지 오는 부츠를 신었고 일반인은 굽이 있는 샌들로 발꿈치를 가리는 것이 특징이었다. 여자와 일반인은 맨발이었으며, 후에 샌들은 금사나 자수로 장식하였다. 페르시아인의 신발은 발목까지 오는 것으로 구두창이 없이 발을 감싸는 모카신(moccassin)을 신었으며 재료는 가죽이나 펠트 천을 사용하였다.

3) 미용문화

(1) 헤어스타일과 머리장식

초기에는 긴 수염을 기르고 길게 자란 머리를 머리 꼭대기에서 묶거나 혹은 머리띠로 묶고 남은 머리를 어깨 위로 늘어뜨렸으며 후기에 이르면서 수염이나 두발 혹은 이 두 가지를 모두 밀어버리는 풍조를 보였다. 여자들은 머리를 길게 묶어 곤봉형으로 정리하여 망이나 주름 잡은 천으로 쌌으며 좀더 짧게 자른 머리는 컬하여 이마 위를 지나는 두 줄의 머리띠로 정리하여 이마 위에는 짧은 컬을 하고 남은 머리는 어깨 위에 늘어뜨렸다.

고대 바빌로니아와 아시리아인의 남자들은 머리와 수염을 기르고 곱슬거리게 하였고 왕은 3중관(tiara)과 토크(togue), 터번 그리고 서민층의 남자는 챙이 달린 모자를 썼다. 남녀 모두 금이나 은 보석으로 된 귀걸이나 목걸이 팔찌를 사용했으며 권위를 상징하는 인장반지를 하였다.아시리아 인은 머리가 검고 덥수룩한 머리카락을 어깨까지 늘어뜨리고 곱슬거리게 하여 가발을 쓰기도 하였으며, 여자들은 머리카락을 늘어뜨리거나 뒷목덜미에 쪽을 하였다. 상류층은 머리에 장식밴드인 머리띠를 했으며 신분의 지위에 따라 수염을 기르기도 하였다.

(2) 화장형태

페르시아인의 남자들은 어깨, 목, 뺨을 가리는 쓰개와 프리지안 보닛(Phrygian bonnet)을 썼다. 중동아시아 및 아시리아 인은 화장품, 모발 염색제를 사용하기에 있어서는 이집트인에 못지 않았다. 남녀 모두 눈썹과 속눈썹을 까맣게 칠하거나 염색하고, 눈에는 분말의 안티모니(antimony)로 아이라인(eye line)을 그려 넣었다.

여자뿐 아니라 남자들도 백납으로 얼굴을 화장하였고, 입술과 볼을 빨갛게 칠하고, 손톱과 손바닥에는 헤너(Henna)를 사용했으며, B.C.7세기의 아수르바니팔왕(KingAssurbanipal)은 진하게 화장을 하고 향수를 뿌렸다고 전해진다. 페르시아에서 남자들은 헤너(Henna)로 수염, 두발 그리고 눈썹을 물들였으며 수염은 컬(Curl)을 하고 기름을 바르고, 때로는 가짜 수염을 덧붙여서 더 길게 보이게 하였다.

3. 크리트(Crete)

1) 역사적 배경

에게해 연안에 번성하였던 크리트는 지중해 가운데 있는 큰 섬으로 크리트 왕 미노스(Minos)의 이름을 본따서 미노아(Minoa)문명이라 불리웠다. 에게문명의 4대 문화권중 하나인 크리트 문명은 해상활동을 활발히 벌인 상업 민족이며 해양 민족답게 쾌활하고 활력적인 스포츠를 즐기는 민족이었다. 사회구조는 비군사적 성격을 띠고 엄격한 계급제도가 없었으며 모계중심 사회로 자연의 힘을 상징하는 신과 다산과 풍요의 여신을 섬겼고 사슴소, 뱀 같은 동물을 숭상하였다. 크리트의 기후는 일년 내내 온화하고 전형적인 지중해성 기후이며 과실재배를 주로 하였다. 그들의 궁전은 개방적이고, 특히 원주는 아래쪽으로 갈수록 점점 가늘어지고 꼭대기에는 넓은 방석모양으로 된 형태가 복식에 영향을 받은 것으로 볼 수 있다.

크레타인은 조형미술의 천재성을 기지고 있었으며 건축도 기능과 미를 갖춘 고도의 건축기술을 표현하였다. 미술이나 복식에서 느껴지는 생명감 있고 약동 적인 표현은 이들의 생활 습관이 개방적이고 활기 있었다는 것을 말해주며 복식에 나타난 새롭고 다채로운 색상이나 크고 다양한 무늬들은 그들 특유의 관능적인 미의식을 나타낸다.

2) 복식문화

크리트의 복식은 개방적이고 지리적인 여건과 기후, 재능 있는 민족에 의해 고도로 발달된 재단과 재봉을 통해 입체적인 실루엣으로 나타났다. 뱀의 여신에서 종 모양의 스커트와 허리를 가늘게 졸라매고 가슴을 드러내놓은 정교한 솜씨가 근대의상과 같은 실루엣을 보여주고 있다.

남자들의 복식은 상체를 벗고 특정한 형식을 떠나서 인체를 주제로 하는 운동감각이 넘치는 요의를 입었다. 사선의 단이 단순하면서도 미적 감각이 있었으며 허리에 가죽이나 금속 띠를 매어 허리를 가늘게 졸라매는 경향이 있었다.

그림 I -9 뱀의 여신

여자들은 상체의 앞가슴을 드러내고 허리를 졸라매어 유방을 떠 받쳐주는 몸에 꼭 맞는 블라우스를 입었으며 짧고 좁은 소매는 몸 판에 이어져 붙였다. 상대적으로 스커트는 힙의 곡선이 잘 나타나는 종 모양의 실루엣으로 수평의 층계 식 디자인이며 허리에는 혀 모양의 에이프런을 둘렀고 무늬는 크고 대담한 기하학적인 선 무늬가 많이 보여진다. 종교의식 때 입은 것 같은 짧은 소매의 튜닉은 목둘레를 직선 또는 곡선으로 하여 허리에 벨트를 매어 입었고 도련에는 태슬(tassel) 장식을 대기도 하였다.

크리트 문화는 다른 문화에 비해 장신구가 풍부하였고 무덤에서 발견된 여러 가지 보석에서는 금, 은 세공기술이 발달되었던 것을 알 수 있다. 평민과 귀족들 모두 팔찌와 목걸이를 하였고 귀족들은 사치스런 보석으로, 평민들은 돌 구슬 등을 꿰어서 만든 단순한 형태들이다.

크리트인의 신발은 기능적으로 샌들이나 굽이 있는 신발, 긴 부츠 등을 신었고 부츠나 샌들은 가죽으로 된 창과 끈으로 묶게 되어 있는 형태이고 붉은 색, 흰색, 자연적인 색 등의 가죽이 주로 사용되었다.

3) 미용문화

(1) 헤어스타일과 머리장식

크리트인의 남녀 머리모양은 곱슬거리게 한 머리로 어깨나 허리까지 길게 내려뜨렸으며, 남자들은 여자보다 오히려 길게 기른 머리를 컬하여 땋거나 늘어뜨려 머리꼭대기에 나선형 금속 머리장식으로 고정시켰다. 이들은 보통 맨머리로 다녔으며 때로는 짐승가죽으로 된 캡이나 페타소스(petasus)와 비슷한 모자를 쓰고 커다란 깃털장식을 하기도 하였다.

그림 I -10 미노아시대 벽화에 나타난 여인들

그림 I -11 화장형태

여자들은 머리높이를 높여주는 형태를 좋아했으며 헤어밴드를 하여 물결치는 듯 곱슬거리게 한 머리를 정리하기도 하였다. 그리고 헤어밴드로 앞머리를 가지런히 정리하고 양쪽 귀에 몇 가닥의 컬(curl)한 머리를 늘어뜨린 것을 볼 수 있다. 컬한 머리칼을 머리꼭대기에서 리본으로 묶어 뒷목 아래 및 양쪽 귀 앞으로 내려뜨리거나 아니면 상당히 폭 넓은 머리띠로 긴 머리를 쓸어 올려 높이 묶어 주었다.

또한 머리띠나 금, 동 장식이 붙은 머리핀 또는 화려한 관으로 머리를 장식하기도 하였다. 남자들은 앞이마와 귀에 몇 가닥의 컬을 남기고 전부 뒤로 모아 올리는 원추형 머리형태도 보인다. 여자들의 모자는 상당히 높고 층이진 형태를 취하고 있으며 높은 캡, 챙이 넓은 모자, 끝이 잘린 원뿔형 모자, 터번, 뾰족한 모자 및 일종의 삼각모 형태와 유사하였다. 그 모습은 다양하며 때로는 장미, 리본, 깃털로 화려하게 장식하여 멋을 더해 주기도 하였다. 뱀의 여신을 중심으로 한 크리트의 복식은 근본 모티브가 곡선에 있었고 남녀 모두 인체상의 급한 곡선의 흐름을 강조하였으며 헤어스타일도 구불구불한 곡선의 인상이 어느 시대보다 강하게 나타났다. 머리칼의 이러한 곡선(curl)은 의상의 과장된 곡선과 더불어 전체적 통일 감을 주었으며, 또한 즐겨 착용한 층이 진 높은 모자는 이들 고유의 층 치마를 연장하는 것으로 연결된다.

4. 그리스

1) 역사적 배경

지중해와 에게해 사이에 위치한 그리스 반도에는 B.C. 1100년경부터 그리스 문명이 시작되었다. 북유럽에서 내려온 이오니아인, 소아시아에서 이동한 도리아인, 에투루리아인 등이 부족을 결성하여 도시국가를 형성하였고, 동방 여러 나라와 접하여 동방문화를 형성하기에 적합한 지역이었다. 그리스 문화는 기독교와 함께 서양문명의 각 분야에서 본질적인 기반을 이루어 놓았다.

그리스의 발전을 시대적으로 구분해 보면, 이집트나 크리트의 혼합양식을 보인 알카익 시대, 순수하고 창의성 있는 그리스 풍이 성립된 고전시대, 동방의 요소가 매우 강했던 헬레니스틱 시대로 말할 수 있다. 기후는 온화하고 강우량이 적고 건조하였으며, 맑은 공기와 밝은 태양 아래서 그리스인들은 옥외 생활을 즐겼으며, 야외극장이나 경기장에서 나체 경기를 행하는 풍습으로 올림픽 경기가 시작되었다.

이러한 풍토적 영향하에 성립한 정치적 단위는 도시와 그 주위의 전원을 포함한 도시국가, 즉 폴리스(Polise)가 성립되었으며, 일찍부터 민주정치를 실시하여 군주, 귀족 ,민주제를 절충한 혼합 형식의 정치 조직을 갖추었다. 이들 도시국가중 아테네(athens), 스파르타(sparta), 코린트(corinth)가 가장 발달하고 세력이 강한 폴리스들로서 그리스의 중심이 되었다. 이들 폴리스는 정치보다는 종교적 공동 단체로 집회나 시장 등 아고라 광장을 중심으로 자유롭고 개방적인 공동체 생활을 하였고, 이는 그리스 민주주의 발달의 요인이 되었다.

이 도시 국가들은 지중해와 에게해를 무대로 한 교역으로 다채로운 외래 문화를 받아들여 독자적인 성격으로 발전시켰을 뿐 아니라 항해술의 발달을 스페인 및 유럽 내륙 등지에 전파했다는 점에서 큰 의의를 갖는다. 그 중에서 이오니아인과 도리아인의 대표적 환경으로 스파르타의 도리아인은 농업을 주업으로 한 보수적이고 상무적인 기질을 갖고 실질적인데 반해, 아테네를 중심으로 한 이오니아 인은 상공업을 위주로 개방적이고 자유로운 기질을 소유했으며 예술적으로 섬세하고 융화적이었다.

모권사회에서 부권사회로의 사회구조가 변화함으로, 사회생활에서 열등한 위치에 놓이게된 여자들은 집안 일을 보거나 자수 등 섬세한 작업에 열중하며 자신들의 치장에 관심을 갖게된다. 이러한 차이는 건축양식과 비교해 볼 때 보다 확실해 진다. 도리아 건축은 세로 홈(flute)이 패인 튼튼한 원주의 주두(柱頭)가 매우 단순한 것으로 소박한 느낌을 주며, 파르테논(parthenon)신전의 건강한 외양은 도리아 복식의 단순하고 굵은 주름으로 반영된다. 반면 이오니아 건축물인, 아크로폴리스(Acropolis)의 니케 신전(Temple of Nike)을 보면 기둥의 몸통(柱身)과 세로의 홈은 한결 가늘며 기둥머리는 소용돌이 모양의 스크롤(scroll)로 화려하게 장식되었으며 이는 의복에서 바디스에 구성된 섬세하고 많은 주름과 어깨에서 팔로 이어진 곡선 주름으로 표현된다.

그리스인들은 예술과 아름다움을 처음으로 의식한 민족으로 순수하고 전체적인 조화를 중시하며, 황금분할(Golden mean)의 엄격한 비례와 균형미, 조화미를 창출하였다. 그리스문화의 기본적인 특성은 인간 존엄성을 강조한 인간 중심의 휴머니즘이 지배적이었고, 인간과 사회의 원리를 철학적으로 사고하였으며, 인간성이 자유롭게 표현된 조각 작품들은 그리스인의 이상주의적 정신세계를 표현한 것이다. 또한 자연현상을 자연계의 법칙에 따라 탐구하고 합리적으로 사고함으로 자연과학 및 역사를 체계화하였다. 그들은 독창적인 문화를 형성하면서 과학과 철학, 역사와 정치학, 시와 연극, 건축과 조각, 법 개념 및 자유로운 정치이론 등 각 분야에서 서양문명의 본질을 이루게 되었다.

2) 복식문화

초기 그리스 복식은 직선적 감각의 단순한 형태였으나 동양 문물이 도입되면서 점점 복잡하고 화려하게 변화하였다. 자유로운 사고와 창조적 예술성을 소유한 그리스인들은 직사각형의 유연한 직물을 이용해 자유자재로 두르거나 걸침으로 단련된 육체가 그대로 표현되는 드레이퍼리 형이 대표적이다.

이는 세부적인 것보다는 전체적인 비율과 균형, 조화로서의 실루엣을 중시하였음을 의미한다. 그리스의복은 크게 키톤 (chiton)형과 외투역할을 하는 히마티온(himation)과 클라미스(chlamys)가 있다. 키톤에는 도리아식과 이오니아식의 두 가지 스타일이 있으며 도릭 키톤(Doric chiton)은 도리아 남녀 모두가 입기 시작한 기본복식으로 직사각형 천 을 반으로 접어 몸에 두르고 피불라(fibula)나 브로치로 어깨에 고정시켜 더 긴 부분을 어깨 밖으로 접어 케이프처럼 늘어뜨렸다.

남자들은 무릎 길이로 짧게 입기도 했으며 두터운 울 소재로 만들어져 실용적이고 활동적이었다. 이오닉키톤(Ionic chiton)은 도릭키톤보다 폭이 훨씬 넓어서 허리 부분을 끈으로 돌리고 다시 다양한 형태로 묶는 장식을 하며 창조적 연출을 하였다. 얇은 린넨을 소재로 하여 드레이프가 많아졌으며 가장자리에 놓은 자수 장식은 우아하고 화려하여 여성적인 분위기를 주었다. 짧은 키톤 위에 입혀진 망토 형식의 클라미스(Chlamys)는 대부분 여행자나 군인이 입었고 잠잘 때는 담요로도 사용되었다.

외출 시 많이 착용한 겉옷인 히마티온(Himation)은 특수복 또는 망토의 의미로서 여러 가지 색상의 울로 만들었다. 거의 3배 정도 되는 직사각형의 천을 한쪽 어깨에서 시작해 몸을 두 세 번 휘감고 한쪽 끝은 왼팔에 두르거나, 어깨에 걸치는 형식으로 상가에 갈 때는 머리에 감싸기도 하였다.

후기로 갈수록 부피가 더욱 커졌으며, 이는 로마에서 토가(Toga)와 팔리움(Pallium)또는 팔라(Palla)로 변형되고 비잔틴 시대에는 로룸(Lorum)이라는 귀족복으로 바뀌는 드레이퍼리형 복식이 되었다. 이런 드레이퍼리한 복식을 고정하기 위한 피불라는 청동 금속제로 된 장식 핀으로 그리스 복식의 중요한 장신구였다. 그리스인들은 옥내에서는 맨발이었으나 외출시 문화가 발달함에 다양한 신을 착용하였다.

그림 I -12 이오닉 키톤

그림 I -13
그리스시대 남성의 헤어스타일

그림 I -14 히마티온

그림 I -15 돌리아

파피루스나 가죽으로 된 샌들을 신었고, 더욱 복잡해진 형태로 크레피스(crepis), 여행용이나 군인용 부츠로 버스킨(buskin)이 있었다. 모두 통풍을 고려해 발가락이 노출되었으며 여자용은 붉은색, 노란색, 흰색, 녹색 등이고 남자용은 가죽 색, 검정 색이 주를 이루었다. 이외에 머리 빗, 귀고리, 펜던트 형의 목걸이 등과 건강과 부귀를 상징하는 반지를 즐겨 사용했으며 주인의 안락을 위해 노예들은 양산과 부채를 들고 다녔다

3) 미용문화

(1) 헤어스타일과 머리장식

그리스인들은 금발을 아름답게 여기고 자연적인 모습 그대로의 미를 표현하고자 하였다. 비교적 단순한 의상으로 인해 머리치장에 많은 관심을 가졌으며 머리를 깨끗이 하고 컬을 만들거나 잿물로 표백하고 노란 꽃을 으깬 물에 머리를 헹구어 황금색으로 착색하는 것이 유행이었다. 여기에 오일이나 향수를 머리뿐 아니라 몸 전체에 사용해 윤을 내기도 하였다.

남자의 헤어스타일은 컬을 이마위로 내리고 여기에 금속밴드나 은장식을 한 형태, 앞머리의 컬을 뒤로 굽슬거리게 빗어 넘기는 형태, 뒤는 길게 타래머리한 형태, 귀와 같은 길이로 둥글게 자른 형태 등 다양하고, 초기에는 긴 머리를 했으나 후기에는 단발형을 선호하였다.

수염은 머리와 조화를 이루기 위해 여러 방법으로 깎거나 가짜 수염을 사용하기도 하고 직업에 따라 수염의 형태도 달라 역사가는 짧은 수염을, 에피큐리안 학파는 장발에 긴 수염을, 스토아 학파는 아예 깍지 않고 그대로 내버려두었다. 그러나 짧은 머리가 유행하자 수염도 면도로 밀기 시작해서 노인과 철학자를 제외하고는 일반적으로 수염의 흔적을 남기지 않았다. 여자들의 경우 초기에는 주로 웨이브진 긴 머리카락을 자연스럽게 풀어 내리거나 뒷머리 꼭대기나 목덜미에서 쉬뇽 스타일(chignon)로 틀어 붙였으며 후기에는 의상이 화려해지면서 머리장식도 복잡해져 컬 이나 프리즐링(frizzling)의 기교를 부리기 시작하였다.

머리를 뒤통수에서 바깥쪽으로 틀어 올려 그물이나 리본 밴드로 묶거나 캡(Cap)모양의 머리개를 쓰고 머리핀을 꽂았는데 그 전체모양이 뒤로 향한 원추형의 타래머리 형태였다. 컬한 머리 전체를 걷어올려 묶어서 풍만한 머리 타래를 이마위로 풀어 흩뜨리는 등 다양한 형태가 나타났다. 머리 장식으로는 금사나 구슬로 된 망과 정교한 헤어스타일을 유지하기 위해 금 ,은, 구리로 된 헤어밴드를 사용했으며 또 다른 형은 머리 앞쪽에 초생달 모양의 관을 쓰고 천을 드레이프 시켜 감싸는 형태인 스테판(stephane) 이나 머리를 완전히 감싸는 삭코스(sakkos) 형태가 있었다.

그림 I -16 그리스 시대 여성의 헤어스타일

그림 I -17 베일과 머리장식

그림 I -18 머리핀 / 스테판 / 테라코타

머리를 자른 몇 가지 예를 보면 성인 식이나 신부가 결혼할 때, 상을 당했을 때 아내가 전쟁에 나간 남편의 무사귀환을 기원 할 때 등 일종의 공양이나 희생의 의미로 자른 머리카락을 신전에 바쳤으며. 노예는 머리를 짧게 깎았다. 온화한 기후로 모자는 실용적 필요 외에는 거의 사용치 않았으며 보통 때는 히마티온의 한 자락을 머리에 두르는 것으로 만족했다. 여자들은 햇볕이 강한 날은 히마티온이나 페플로스를 두르고 그 위에 돌리아 (tholia)를 썼으며 상류사회 여자들은 흰색 면포의 눈부신 베일을 사용했는데 상(喪)중에는 푸른색이나 붉은 보라색을 사용하였다.

남자모자로는 농부나 목동이 햇볕을 가리기 위해 쓴 넓은 챙의 페타소스(Petasos)로, 이는 종려 잎이나 펠트 천으로 만든 브림이 달린 최초의 모자이다. 농부나 어부들이 쓰던 필로스(Pilos)는 좁은 챙이 있는 것과 없는 것이 있으며 캡(cap)모양이나 원추형이며 펠트나 털로 짠것이다. 병사들은 헬멧을 썼으며, 전시 외에는 목에 걸고 다녔다.

남·녀 모두 사용한 프리지안 보닛(Phyrigian bonnet)은 가죽이나 울로 만들었고 모자 끝이 둥근 후드모양이며 모자가 뻣뻣한 천일 경우 앞을 향해 구부러진 모양이 되기도 하였다. 양쪽 귀 뒤로 두 자락의 끈(flap)이 늘어졌는데 이를 앞에서 묶기도 하였다. 소아시아의 프리지안들이 처음 쓰기 시작한 이 모자는 그리스 시대에는 구속의 의미로 노예의 모발을 잘랐을 때 석방의 표시로 일종의 보닛을 씌어주었는데 로마시대에는 노예를 석방하는 절차에 사법관 앞에서 백색의 보닛을 씌워 준 것에서 유래되어 자유의 상징으로 기원을 찾기도 한다.

(2) 화장형태

그리스시대는 인공적인 아름다움보다는 자연 그대로의 꾸밈없는 인간의 모습을 중시하고 열악한 여성의 지위로 이집트시대에 비해 색조화장이 발달하지 못했다. B.C 9세기경까지는 남녀 모두 목욕 후 향유를 바르는 정도의 화장문화를 가졌으나 이집트로부터 화장품과 화장법이 전래되어 색조화장이 본격화되었다. 화장법을 배워 익힌 것은 주로 악기를 연주하거나 춤을 추는 헤타이라(창녀)들이었다. 일반여성들은 피부손질에 주력하고 색조화장을 하지 않았으나 헤타이라는 전신화장과 짙은 화장을 즐겨하였다. 백납분으로 얼굴을 하얗게 하고 볼연지를 사용하여 생기를 주었으며 붉은 색의 입술연지를 발랐다. 눈썹은 섬세하고 긴 아치형으로 그렸으며 인조속눈썹을 사용하기도 하였다. 매니큐어와 패디큐어가 널리 행해졌으며 직업상 유두를 붉게 칠하고 볼연지와 분을 섞어 엉덩이에 둥글게 칠하는 전신 화장을 하였다. 연지는 초기에는 해초 뽕나무의 열매나 조개로부터 채취하다가 진사 등의 광물성 원료를 사용되게 되었다.

그리스는 화장품 및 화장법이 과학적, 의학적 원리에 입각하여 연구된 시기로 미용식, 일광욕, 특수목욕, 맛사지 들을 권장하기도 하였다. 곡물의 가루를 반죽해서 밤에 잘 때 얼굴에 뷰티 마스크를 하는 것도 그리스로부터 시작되었는데 오늘날 팩과 같은 기능을 하였다. 후기 그리스시대에는 헤타이라 외에 상류층 여성을 중심으로 메이크업이 시행되어 차츰 일반화 되었는데 이때부터는 남자도 여자와 같이 화장을 하였다.

5. 에투루리아

1) 역사적 배경

로마 왕국을 세우기 이전에 이탈리아 반도에 정착해 살던 에투루리아 인은 B.C 8세기경 소아시아로부터 이민해 와서 티베르 강과 라티움 평야 북쪽 지역에 정착하였다. 그들은 고대 근동과 밀접한 유대를 갖고 그리스와 접촉함으로 나름대로의 문화가 더욱 발달했을 것이라 추측한다.

B.C 6,7 세기경 코르시카를 정복하고 로마를 지배하는 등 서 지중해를 제압하여 광대한 상업 권을 확보했으나 불완전한 개개의 도시국가 형태의 연합체는 로마인에게 차례로 패배 당하고 B.C 1세기에 로마에 의해 점령되었다.

에투루리아는 3면이 바다라는 조건으로 해상무역과 농업으로 번영을 이루었고 그리스를 비롯해 지중해를 둘러싼 인접국들과의 교류가 왕성하였다. 복식을 다양하게 하였으며 미술품들은 그리스의 영향을 많이 받아 그들만의 독창성을 갖고 있고 이는 종교적 분묘 등을 통해 알 수 있다.

2) 복식문화

에투루리아 복식은 이집트와 크리트에서 유래한 듯한 린넨 스커트, 소아시아 지방의 화려한 색상의 트리밍, 그리스의 드레이퍼리 의복등 고대 여러나라 복식의 특징적 요소들이 혼합되어 종합적으로 나타나며 이런 복합적인 요소들을 로마복식에 연결해주는 다리 역할을 했다는 점에서 큰 의의를 갖는다. 남녀 간단한 튜닉을 입고 그 위에 테베나를 걸치는 형식이 보편적이었으며 초기 튜닉(Tunic)은 넉넉한 실루엣으로 허리띠를 한 두 번 감아 입었다. 후기엔 간단한 T자형의 원피스 형태에 다양한 종류의 소매가 달린 실루엣이 형성되어 얇은 린넨을 사용해 몸의 곡선을 드러냈다. 튜닉 의 옷길이는 다양하여 여자가 남자 보다 좀더 길게 입었고 젊은 사람은 짧게, 노인들은 길게 입었으며 귀족들은 대부분 발목 길이의 긴 튜닉을 입고 클래비(clavi)를 장식하였다.

테베나(Tebenna)는 튜닉 위에 걸치는 모직물로 된 케이프(cape)로서 남녀 모두 입었으며 그 형태나 두르는 방식이 다양하고 특유해서 에투루리아인의 미적 감각이 반영된 가장 독창적인 의상으로 후에 로마의 토가로 이어졌다고 보는 학자도 있다. 크리트 여자들이 입었던 롱스커트 보다 훨씬 여성적이고 우아한 느낌을 주는 종 모양의 롱 스커트와 무릎선 길이의 풍성한 주름이 잡힌 스커트를 입었으며 여자들만이 스커트 위에 튜닉처럼 짧은 소매가 달린 블라우스를 착용하고 방한용의 긴 오버 블라우스를 입었다. B.C 7세기경에는 대부분 맨발이었으나 에투루리아 인들의 신발은 붉은색, 녹색, 갈색 등을 사용하였다. 단순한 슬리퍼에서 보다 정교하게 만든 샌들은 그리스의 영향을 받았고, 소아시아의 영향으로 부츠의 발끝은 뾰족하게 위로 올라간 것이 특징이다. 청동 기술이 일찍이 발달한 에투루리아 인들은 외모에 관심이 많아 몸치장을 위한 보석 제조 등 금은 세공 술이 뛰어났다. 크기와 다자인이 다양한 목걸이, 귀걸이, 팔지, 반지, 피불라. 브로치등 다양한 장신구가 있었으며 특히 귀고리는 가장 중요한 액세서리로 취급되었다. 우리 나라 복 주머니 모양의 불라(bulla)는 속이 비어 있는 금낭으로 남녀 모두 목에 걸어 사용하였다.

3) 미용 문화

(1) 헤어스타일과 머리장식

에투루리아 인의 헤어스타일은 동시대의 다른 해양 국가들과 별 차이가 없었으며 남자는 머리 전체가 짧은 곱슬머리였고 옆 수염을 길렀다. 초기 여자의 헤어스타일은 단순하게 앞가리마를 하고 뒤로 당겨 귀 뒤에서 두 개로 묶어 허리까지 길게 늘어 뜨렸으나 후기에는 얼굴 근처의 앞머리는 나선형으로 곱슬거리게하고 뒤에는 몇 가닥으로 땋아서 바닥까지 가발을 사용하기도하고 머리장식으로는 금속으로 만든 보석 관을 하기도 하였다.

그림 I -19 테라코타 관 뚜껑 위의 조각

그림 I -20 에투루리아인의 헤어스타일과 수염

또한 여자들의 모자로 가죽이나 펠트 직물로 만들어 꼭대기에 둥근 방울을 단 긴 원추형의 테툴루스(tetulus) 라는 모자의 모습을 5세기경 유물에서 찾아 볼 수 있다.

6. 로마

1) 역사적 배경

그리스문화가 발달되고 있던 기원전 8~10세기경 이탈리아 반도에는 여러 민족이 이동해와 정착하였다. 가장 주된 종족인 라틴족은 티베르(Tiber) 강 남쪽에 정착해 기원전 8세기 중엽 도시국가인 로마시를 건설하였다. 초기에는 지중해 지역 대부분을 통치하게되고 드디어는 현대의 유럽전역과 동방(Orient)까지 지배하는 가장 큰 통일 국가인 로마제국으로 발전하였다. 로마는 정복에의해 식민지도시를 건설, 통합하면서도 분리 통치권을 시행하여 서로 다른 지역적인 특색을 살린 코스모폴리탄 적인 사회를 건설하였다.

건국 초 왕정으로 시작되었으나 점차 평민의 지위가 보장되는 발전을 이루었다. 영토확장과 정치적, 군사적 투쟁과 변천을 거듭하면서 왕을 선출하는 등의 공공문제를 처리하는 원로원이 각 족장에 의해 조직되는 민주정치 사회였다. 여성의 사회적인 지위는 상당히 낮았으며 절대적인 계급사회였던 로마의 신분계급은 시민권을 소유한 특권계층의 귀족과 자유민, 소농·임금노동자·수공업자로 구성되는 평민과 노예 등의 계급으로 나뉘어진다.

로마는 농업 중심국으로 초기부터 토지 사유제를 실시했으며 정복한 여러 지역으로부터 호화로운 직물이나 사치 풍이 수입되어 사회풍조는 사치와 방종으로 매우 문란해졌다. 이런 불건전한 상태는 제정의 수립을 초래하게 되며, 부의 축적과 노예들에 의한 노동력으로 빈부의 격차는 더욱 심해져 반란을 초래하여 국력의 소멸을 가져오고 마침내 394년 동·서 로마로 분리되기에 이르렀다.

로마인들은 실질적인 면에 치중하여 법률, 수사학, 의학, 토목, 건축 등의 합리적이고 실용적인 자연과학의 학문이 발달하였다. 그리스 건축의 기본요소인 원주는 로마시대에 들어와 더욱 화려하게 발전해 코린트 양식으로 형성하게 되고 에투루리아로 부터 배운 둥근 아치를 독자적으로 발달 시킨 형태를 목욕탕이나, 다리, 개선문, 원형경기장 등 로마유적에서 쉽게 찾아 볼 수 있다. 이밖에 둥근 지붕·돔(dome)을 디자인하였으며, 이러한 반원형의 곡선감각은 로마 주민의 복식에 있어 새로운 감각으로 반영되었다.

이처럼 로마의 건축은 이전시대의 건축양식을 모방하여 종합적으로 발전시킨 것이다. 후기에 이르러서는 현 유럽문화의 기본이 된 기독교가 동방에서 전래되어, 현세적인 로마인들의 종교관에 천국이라는 내세관념을 불러일으키며 지하조직으로 급속히 전파되다가 313년 콘스탄틴(constantinus)대제의 칙령으로 기독교가 공인되었다. 476년 로마 최후의 황제인 로물루스 아우구스툴루스가 폐위됨으로서 오랜 역사는 끝이 나고 서양사에서 유럽의 고대 세계는 막을 내린다.

2) 복식문화

로마의 복식은 에투루리아인의 복식을 근본 바탕으로 하여 그리스의 복식을 로마시대양상에 맞게 변화 발전시켰으며 여성의 사회적 지위는 상당히 낮아 남성중심의 사회였기 때문에 남성 의복이 발달하였다. 신분계급이 뚜렷한 로마사회는 복식에도 사회적 지위나 생활 수준이 반영되어 의복자체가 사회적 의의를 지녔다. 고대의 드레이퍼리형 의복이 로마를 전환점으로 비(非) 로마 적 튜닉형으로, 중세의 기본적인 의복이 되었다.

리넨(linen), 울 등과 더불어 실크로드를 통해 전해진 실크 등이 의복에 사용되었으며 백색을 기본으로 하여 보라색, 자주색이 사용되다가 염색기술의 발달로 색상이 다채로워지고 복식의 색상을 통해 사회 계층을 구별하였다. 로마의 대표적인 기본 의복인 토가(toga)는 초기엔 남녀 노소모두 착용하다가 제정시대부터 공식복으로 지배계급에서만 입었다.

그림 I -21 스톨라, 팔라

토가는 몸을 감싸거나 두르는 드레이퍼리 형식의 의복으로 반원형, 타원형, 팔각형의 천을 접어 몸에 둘러 입었고 그리스의 히마치온에서 발전하였다. 초기에는 비교적 간단했으나 후기로 갈수록 점점 복잡해지고 형식화되어 계급에 따라 형태나 착용방법을 달리하였다. 제정 말기에 이르러서는 점차 축소되어 긴띠 형태의 로룸(lorum)으로 변하였다.

팔라(Palla)는 그리스 히마티온이 계승된 것으로 여자가 착용했고 남자가 착용한 것을 팔리움(Pallium)이라 했다. 튜니카나 스톨라 위에 입었으며 대개 중류 이상의 계급에서 착용하였으며 형태나 착용방법이 토가와 비슷하고 공화정 중기부터는 토가 대신 간단한 팔라나 팔리움을 애용하였다.

튜니카(Tunica)는 고대로마의 튜닉을 가르키는 것으로 그리스의 도릭 키톤에서 발달된 T자형의 의복이다. 초기엔 직사각형의 천을 반으로 접어서 머리부분을 파내고 옆 솔기 선을 진동 선만 남기고 봉제해 토가의 속옷으로 착용하다 점차 소매를 달아 겉옷으로 착용하게 되었다.

스톨라(Stola)는 로마여성의 기본적인 의복으로 그리스의 도릭키톤과 이오닉키톤이 약간 변형, 발전된 것으로 형식은 튜닉형으로 되어있다. 팔루다멘툼(Paludamentum)은 대형의 망토 형식의 의복으로서 그리스의 클라미스의 형태와 유사한 직사각형이나 정사각형의 천으로 되어있으며 토가 대신 황제와 장군들은 튜닉 위에 착용하였다.

외투의 종류로는 북쪽의 추운 날씨에 대비해 방한용으로 서민과 노예들이 착용한 케이프형식의 라케르나(Lacerna), 페눌라(Paenula)는 모든 계급에게 입혀진 케이프 일종이고 사굼(Sagum)은 군사들이 입었던 군복의 일종이다.

여자들이 착용한 간단한 형태의 운동복인 스트로피움(Strophium)은 브래지어와 팬티의 원조라고 할 수 있다. 로마는 정복지로부터 다 종 다량의 보석류를 가져와 장신구는 더욱 사치스러워졌다. 특히신발은 실크로 만든 슬리퍼에서 가죽을 소재로 한 하이 부츠에 이르기까지 종류가 다양하였다. 샌들(Sandal)이 주종을 이루었는데 끈 묶는 방법이 더욱 복잡해졌고 장식 등의 정교함에 의해 사회적 신분을 표현하였다. 또한 뛰어난 세공 술과 사치스런 사회풍조로 장신구가 거의 필수품이 되었다.

3) 미용문화

(1) 헤어스타일과 머리장식

로마시대의 헤어스타일은 왕녀들의 초상을 새긴 화폐를 통하여 알 수 있는데 그리이스의 형태에서 큰 변화를 보이지 못했으나 후기로 갈수록 복잡해지고 화려해졌다.

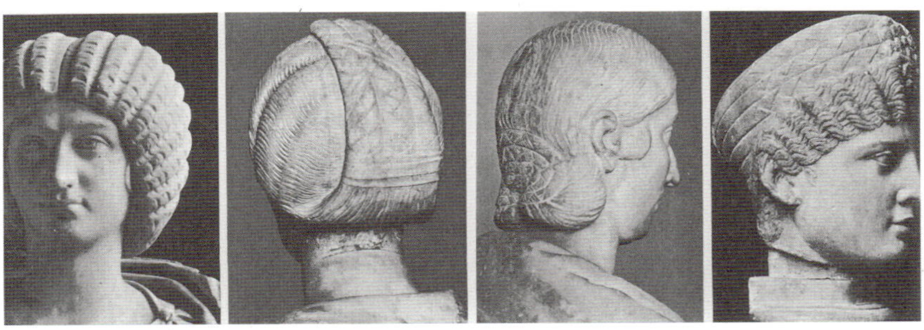

그림 I -22 로마시대 여성의 헤어스타일

그림 I -23 로마시대 여성의 헤어스타일

그러나 근본적으로는 부드럽고 자연스러운 웨이브를 기본으로 하여 크레타나 바빌론 등의 헤어스타일에 비해 인위나 기교의 느낌이 비교가 되지 않을 정도로 약했다. 제국시대에 이르면 헤어스타일이 다양해질 뿐 아니라 크기도 상당하여 귀부인들은 미용사의 도움을 받아 가발을 다듬거나 탈색 및 염색을 하였다.

남자들은 로마초기왕정시기에 머리와 수염을 길게 길렀는데 특히 철학자는 장발에 턱수염을 길게 길렀다. B.C 2세기경부터는 머리를 짧게 깎아 곱슬거리게 손질했으며 수염도 밀었으나 하드리마누스왕(117~138AD)치하에서 다시 수염이 유행하였고, 제정시기가 되면서 다시 연장자나 성직자들이 머리와 수염을 길게 길렀다. 이 시대에 이르면서 남자도 머리 손질에 많은 시간을 투자해 황제의 머리형태를 흉내내는데 열중하고 컬을 한 후에 향수를 뿌렸다. 그러기 위해 큰 거리마다 이발소가 있어 시실리아로부터 이용사 들을 고용해 왔다.

전쟁에서의 승리자나 경기의 우승자에게는 긴 리본과 월계수 가지와 잎사귀로 장식된 월계관을 씌어 주었다. 결혼식이나 축제 때에는 머리에 금분을 뿌리고 화관을 썼으며 황제는 보석으로 장식된 관을 썼다. 로마인들은 청결과 몸치장을 중요시하여 목욕탕이 매우 발달하였으며 남성들은 이를 깨끗이 손질하고 커다란 대형의 공중목욕탕에서 운동을 하고 향유로 몸을 치장하였다. 여자들 역시 개인 욕실을 사용해 날마다 우유로 목욕을 하고 향유로 몸을 가꿨으며 손과 손톱을 단정히 가꾸었다.

그림 I -24 로마시대 남성의 헤어스타일

여자의 머리형은 초기에 그리스 헤어모드에 기초를 두어 단순했으나 후기로 갈수록 복잡해지고 화려해졌다. 공화정 시대에는 앞가리마를 타고 양쪽 머리를 곱슬거리게 늘어뜨리거나 머리를 뒤 중심에서 묶어 위로 올린 쉬농 스타일(Chignon), 혹은 머리 전체를 짧게 컬 하는 등 단순한 스타일이 주를 이루었고 제정시기에는 정교하고 복잡하게 발전하였다.

앞머리는 작은 컬이 높게 솟아오르게 하고, 뒷머리는 땋아서 늘어뜨리거나 위로 둥글게 말아 올린 스타일을 많이 볼수 있으며, 머리카락을 모두 뒤로 빗어 넘기는 퐁파두르(ponpadour) 스타일도 조각품에서 볼 수 있 다. 뒤로 땋은 머리를 뒤통수에 올려붙인 형이나 머리둘레에다 땋은 머리를 감은 스타일 등이 있었다. 머리에 리본, 화환, 장식 망, 진주 등으로 장식하였고 보석 장식의 스테판(Stephane)을 쓰기도 하였다. 금발을 이상적으로 여긴 로마인들도 블론드(blonde)의 인모를 골(Gaul)족으로부터 수입하거나 게르만족으로부터 구입한 비누를 사용해서머리를 검정 색이나 갈색으로 물들였으며 야한 황색 및 청색은 창부의 색으로 여겼다. 대체로 기혼부인들이 복잡한 헤어스타일을 즐겼던 반면 하층 여인들이나 미혼녀들은 단순한 헤어스타일을 애용했다. 처음에는 단순한 천 조각에 불과하던 머리 띠는 차차 보석으로 장식된 관 형태를 띠었으며, 구갑(龜甲)으로 된 머리 빗 및 대형 머리핀 등이 자주 사용되었는데 이 핀은 속이 비어있어 향수나 호신용 독을 넣는 기물의 역할도 하였다. 로마인들은 온화한 기후조건으로 모자가 그다지 필요치 않았는데 햇볕이나 비등을 피할 때는 팔라나 팔리움을 끌어 올려 쓰면 되었기 때문이다. 여행 시에는 챙이 있는 페타서스(Petasus)를 주로 썼고, 필로스(Pilos)라는 원뿔형의 머리에 꼭 맞는 펠트직의 모자는 평민이나 노예들이 썼다. 특히 교회에 갈 때는 그리스도교의 계율에 의해 반드시 베일을 써서 머리를 감추는 관습이 있었다.

(2) 화장형태

오래된 로마의 역사에 비해 본격적인 화장을 하게 된 것은 B.C 3세기경 그리스의 식민지였던 남 이탈리아를 정복함으로서 습득되었다고 전해진다. B.C 1세기경부터 여성의 머리 염색, 가발, 향료, 분과 연지를 사용하면서 차츰 치장이 심해지게 되었는데 주변국으로부터 다양한 화장품이 유입되어 화장술이 급속히 발달하였다.

로마의 특권층 여인들은 피부관리와 메이크업을 선호하였으며 특히 흰 피부는 여인들의 주된 관심이었다 이때부터 남자도 여자와 같이 화장을 하게 되었다. 로마인은 피부미용에 관심이 많아 밀기울이나 당나귀밀크로 목욕하기도 하기도 하였으며 네로 황제(재위 54년~68년)의 처 폼파이에어사비나는 오일, 벌꿀, 곡물의 가루로 제조한 뷰티마스크를 얼굴에 바르고 다음날 당나귀 밀크로 씻어내었는데 이를 폼파이에어 마스크로 불리 웠다.

그리스의 헬레니즘 시대와 로마에 이르러서는 화장품, 화장술에 관한 처방이 마술이나 미신 종교에서 벗어나 학문적 원리에 기초를 두고 의학적으로 연구하는 시기를 맞이하게 되었다. 로마시대의 화장품은 약의 일종으로 취급되었는데 의사인 가렌(Galen, AD 130~200)은 콜드크림의 원형인 시원해지는 연고(Creatum refrgerans)를 제조하는 업적을 남기기도 하였다. 로마전성기에 상류층 여성들은 맛사지, 피부손질, 매니큐어와 패디큐어, 머리손질, 메이크업, 의상 등 각각의 전문분야의 여러 시녀들에게 수 시간에 걸쳐 몸치장을 담당하게 하는 등 외모를 꾸미는 일에 많은 투자를 하였다.

로마여성의 화장 양식은 그리스 여성과 대체로 유사하였는데, 얼굴에는 연분을 바르고 눈과 눈썹을 짙게하기 위해 안티몬(Antimon), 납, 검댕으로 만든 것을 사용해 검게 칠하고 볼에는 연지를 발랐으며 코 위에서 만나는 눈썹이 아름다움의 상징이라 생각하였다.

또한 그 당시에도 피부색에 맞는 분과 연지 및 아이새도우 등이 있었다. 1세기경 로마의 미인형은 훤칠한 키에 금발머리, 눈에는 검은 색 라인을 그린 후 샤프란 등으로 황색 선을 긋고 속눈썹은 짙게 칠한 모습이었으며 또한 17세기에 대유행을 하게될 뷰티점을 볼이나 목, 대담하게 노출된 팔이나 어깨에 붙이기도 하였다.

그림 I -25 폼페이 벽화

그림 I -26 로마시대 여성의 화장형태

MAXIMIANVS

2장 중 세

1. 비잔틴 제국

1) 역사적 배경

비잔틴 제국은 동로마 제국을 일컫는 말로서 콘스탄티노플을 수도로 동로마 제국이 성립된 후 약 1000년 간 계속되다가 1453년 오스만 트루크(Osman Turk)에게 망하였다. 콘스탄티노플은 아시아와 유럽을 연결하는 무역, 군사상의 요점이며, 지중해와 흑해를 맺는 요지이고 유럽세계의 유행 중심지였다. 이러한 지정학적 위치가 무역업과 제조업을 번성시켰으며 문화 교류에도 용이한 조건이었으므로 경제적으로 부유한 국가로 발달시키는 데 결정적인 역할을 하였다.

경제의 중추는 농업이었으며 주로 곡물, 올리브, 포도가 주종을 이루었고 유스티니아누스 황제 때 양잠술도 성행 하였다. 비잔틴 제국은 직물, 금속, 유리제품의 제조업 및 세공 법이 발달하였으며 특히 직물산업이 번성하였다.

비잔틴의 실크는 품질과 색채 문양이 화려하여 복식의 발전에 결정적인 역할을 하였으며 색채도 주로 자색과 적색이며 문양은 종교적인 주제와 사람, 동물 문양 등이 있었다. 비잔틴 제국의 문화는 그리스 문화와 기독교 사상, 동방의 문화가 융합된 독자적인 문화를 형성하였고, 비잔틴 미술의 근본적 원천은 도교 숭상에 있었고 특히 건축은 비잔틴 문화 중 탁월한 예술 분야로서 독특한 양식을 발전시켰다.

그리스 미술이 바탕이 된 비잔틴 미술은 모자이크에 나타난 기적적이고 성스러움, 신과 인간과의 신비로움을 찬양하는 융합된 밝은 색채와 풍부한 장식성이 종교적 관념과 연결되어 매우 독특한 양식을 보여준다. 비잔틴 모자이크는 전체적으로 비사실적 요소가 강하고 평탄한 인상을 주지만 반짝거리는 표현은 매우 놀라운 장식적 효과를 나타낸다.

2) 복식문화

비잔틴 복식은 그리스와 로마 풍 스타일에 종교적 영향과 동양의 영향을 받아 독특한 양식을 만들어 내었다. 이러한 종교적 영향은 비잔틴 복식에 반영되었고 외형은 기독교적인 정숙의 의미에서 신체를 감추고 감싸는 형태로 나타났다.

기독교를 상징하는 문양을 동방의 화려한 색채감각으로 비단직물에 금사나 수를 놓고 보석장식을 하여 신비로움을 표현하기도 하였다. 이처럼 외형보다는 색채의 효과를 중시하였고 복식에 호화롭고 다채롭게 전개되었다. 비잔틴의 남녀의 기본복식은 튜닉(tunic)과 달마티카(Dalmatica), 팔루다멘툼(Paludamentum)이다.

비잔틴 복식은 성별에 따라 의복의 형태가 구별되기 시작하였고 남자의 튜닉은 짧은 길이에 옆선이 퍼지게 하였고 소매도 길고 좁았으며, 여자의 튜닉은 발 길이까지 길어지면서 소맷부리가 넓어지고 허리를 몸에 맞게 하는 로브의 기본형으로 나타났다. 또한 허리에 띠를 남자는 로우웨이스트(low waist)에 여자는 하이 웨이스트(high waist)에 매어 입었다.

그림 Ⅱ-1 창세기의 요셉과 포티팔의부인

튜닉의 앞뒤 몸판, 양어깨, 아랫단 양옆에 장식된 클라비스(clavis)와 세그멘티(segmenti)의 넓이와 색, 무늬에 따라 신분의 표시로 나타나며 직물은 실크나 울을 신분에 관계없이 사용하였다. 또한 튜닉 위에 소매통이 넓고 소매길이가 짧은 수퍼 튜닉(super tunic)을 덧입기도 하였다. 달마티카는 초기에 기독교인들이 입은 옷이며 후에 널리 이용되었다. 달마티카는 직사각형을 반으로 접어서 양쪽 팔 밑을 각지게 잘라내고 가운데 머리가 들어갈 부분을 파서 만들어 졌으며 어깨부터 아랫단까지 그리고 소매 단에 클라비스로 장식하기도 하였다. 또한 의복 전체에 종교적인 주제로 무늬를 장식하기도 하였으며 재료는 마직물 또는 모직물, 실크를 사용하여 화려하고 다양해졌다. 비잔틴의 대표적인 복식은 팔루다멘툼이며 형태는 그리스의 클라미스와 같으며 사다리꼴 또는 반원형의 천을 몸에 두르고 왼쪽 어깨는 완전히 감싸고 오른쪽 어깨에서 장식 핀으로 고정시켜 입었다.

팔루다멘툼은 색과 장식에 따라 계급을 나타냈으며 왕족은 양쪽 가장자리 중간에 금, 은실로 자수를 놓거나 보석으로 장식된 타블리온(tablion)이라는 사각형의 헝겊을 붙였으며 이 타블리온의 색과 장식무늬에 따라서는 왕과 왕비에게만 사용이 허락되기도 하였다. 후기에는 팔루다멘툼이 일반인에게는 금지되고 왕족, 귀족 사제에게만 국한되어 공식의복으로 정해졌다. 이처럼 천년동안 이어진 비잔틴 복식은 러시아 의상과 천주교 법의의 기초가 되었고 서양복식 발달에 크게 기여하게 되었다.

비잔틴의 신발은 샌들, 부츠, 슈즈의 세 가지형으로 로마의 것보다 발을 좀더 감싸는 형태로 되어있다. 샌들은 보석버클로 연결시켜 발목 부분에서 묶어 매도록 되어있고 부츠는 발목, 종아리 중간 무릎 아래의 여러 길이로 부드러운 가죽이나 모직물을 사용하였으며 색은 옷에 비해서 일정한 규제가 없었다.

신발의 형태는 길고 앞 부리가 뾰족하고 남녀 차이가 없었으며 귀족들의 신발에는 금사로 수를 놓거나 보석장식을 하기도 하였다. 비잔틴은 금, 은, 유리 세공기술이 발달하여 보석이 다양하였고 사치스러웠다. 금 밴드에 보석과 진주, 에메랄드로 장식된 왕관과 부피가 크고 권위를 상징하는 반지, 그리고 이집트의 폭넓은 목걸이와 유사한 목걸이, 귀걸이, 머리장식품, 팔찌, 벨트, 피불라 등이 화려한 복식에 맞추어 사용되기도 하였다.

직물은 전체가 무늬로 채워져 있는 것이 많으며 종교적인 주제가 많이 나타난다. 성서의 내용에 나오는 인물, 동물문양, 식물문양, 기하학적인 문양 등을 사용했으며 직물문양과 액세서리에 쓰인 색채도 상징적인 의미가 있었다.

3) 미용문화

(1) 헤어스타일과 머리장식

초기의 헤어스타일은 남녀모두 로마인들의 헤어스타일과 비슷하였으나 6세기 경 부터는 그들의 독특한 형태로 발전하였다. 비잔틴인 들은 머리에 쓰는 관이나 장식 등을 중요시하였고 관으로 그 권위를 구별하는 동방의 영향을 많이 받았다고 볼 수 있다. 초기에는 로마양식처럼 땋아서 밴드나 리본으로 묶거나 올리는 형태였으나 8세기 이후 머리를 감싸는 형이 주를 이루어 머리 자체의 형태보다는 수식이 발달하게 되었다.

남자는 앞이마가 내려오는 짧은 단발머리형이고 여자는 머리를 땋아서 내려뜨리거나 리본이나 밴드로 묶거나 올리는 형태에서 후기로 갈수록 터번이나 베일로 머리 전체를 싸서 장식하는 수식이 발달하였다. 또한 여자들의 베일은 직사각형, 삼각형의 모양으로 어깨나 허리 발목까지 다 덮는 것 등 매우 다양하였다. 베일 위에 밴드나 관을 쓰기도 하였고 왕후는 터번 위에 관을 쓰기도 하였으며 소재는 마, 모, 견, 면이며 색은 주로 흰색이었고 때론 자색을 쓰기도 하였다. 이 시기의 머리에 쓰는 관은 특징적인 헤드 드레스(head dress)로 값비싼 보석으로 장식하고 금속으로 만들었다. 특히 왕과 왕비의 관은 진기한 보석으로 장식되어 있고 높이가 5인치나 되었으며 이것은 동방과의 교류로 비잔틴의 화려한 문화를 보여주었다. 평민 남자들은 캡모양의 모자나 페타서스(petasus), 쿠쿨루스(cucullus), 피리지안 캡(pyrigian cap)을 썼으며 페타서스는 농부들이, 쿠클루스는 수도승들이 주로 착용을 하였다. 여성들의 헤어스타일은 초기에 머리를 깍는 것이 금지되었으며 자연 그대로의 머리를 늘어뜨리거나 양쪽으로 길게 땋아 허리나 무릎까지 길게 늘어 뜨렸다. 4세기경에는 터번과 같이 생기고 가장자리에 롤과 패드를 댄 큰 캡(cap)이 귀부인들 사이에서 유행 되었다. 이것은 약 5cm폭의 황금색 천에 진주를 붙인 패드를 같은 폭으로 롤 위에 여러 개 붙였으며 롤의 색깔은 궁중이나 상류계급에서는 흑색 비단으로 하고 일반 여인들은 자색이나 다른 색으로 하였다. 이것은 이마와 귓불이 나올 정도로 눌러 써서 머리카락을 모두 감추었으나 점차 캡이 작아지자 패드의 숫자도 5개 정도로 줄어들었다.

(2) 화장형태

기독교의 종교이념으로 인하여 극도의 절제된 생활을 강요하여 문화 예술 면에서 침체기에 빠지게 되었다. 특히 여성의 몸치장에 대하여 경시할 뿐만 아니라 과장된 화장은 신에게 죄를 짓는 것으로 여겨 색조 화장은 매우 절제되었다.

화장은 신이 주신 인간의 얼굴을 가면으로 감추는 행동으로 여겨 신에 대한 모독과 나쁜 언동으로 받아들여져 금기 시 되었고 육체를 꾸미는 것을 헛된 것으로 생각하였다. 다만 교회박사 그레구 아르드 나지앙스는 붉은 색을 쓰는 것을 처녀들에게 허락하였다.

2. 중세 초기(5~10세기)

1) 역사적 배경

중세는 5세기말 서 로마가 멸망한 시기부터 동 로마가 멸망한 15세기까지 약 천년간을 말한다. 게르만 민족의 대이동으로 인해 서 로마가 476년 멸망한 후에 게르만 민족이 부족국가를 만들어 서북부 유럽 등에 나라의 기초를 만드는 5세기에서 9세기에 이르는 동안 유럽은 암흑시대(Dark age)를 겪게 되었다. 중세 문화의 근원은 게르만족에 의해서 그리스와 로마문화를 배경으로 하여 게르만적 요소들과 융합하여 기독교의 영향을 받으며 형성되어 갔다. 게르만 민족의 대이동으로 서북부유럽에 여러 국가들이 형성하게 되었고 프랑크(Frank)족은 갈리아 지방을 통일하여 메로빙(Meroving)왕조와 카롤링(Caroling)왕조로 이어지는 중세 서유럽의 가장 중심적인 국가를 이루고 강력한 국가체제를 갖추게 되었다.

프랑크족은 카톨릭으로 개종을 하여 로마인과 융합이 잘 되어 로마교회와 밀접한 관계를 맺게되어 유럽전역을 지배할 수 있는 권위와 힘을 가지게 되었으며 11세기 후반에는 북부 브리튼(Britain)이 노르망디 공 윌리엄에 의해 정복되었다. 이처럼 중세초기는 혼란과 통일, 분열이라는 악순환이 거듭하면서 사회제도나 문화에서 암흑 시대의 어둠이 나타났으나 완전한 정체가 아니었으며 수도원 중심으로 문학, 예술활동이 발달하게 되었다. 또한 자급 자족적인 농촌 경제로 자체 내에서 필요한 물품을 생산하게 되므로 직조기술이나 금세공기술이 발달하였다.

2) 복식 문화

중세 초기의 복식은 서로 다른 요소들이 혼합되어 나타났다. 게르만 요소, 로마 요소, 이슬람 요소, 노르만 요소, 훈족의 호복의 요소, 비잔틴 요소들이 정착한 곳의 지리적 위치에 따라 게르만 복식문화에 반영되었다.

초기에는 서로마의 영향을 받았으나 후기로 갈수록 비잔틴의 영향을 받아 매우 화려하게 변화되었다. 서유럽인의 복식은 로마적 요소와 비잔틴 영향이 융합되었으며 그리스, 로마적인 복식을 기반으로 기독교의 종교적 요소와 게르만 적 의복구성 요소를 혼합하여 새로운 형태로 발전시켰다.

기본 복식은 튜닉과 맨틀, 브레이며 지역과 종족에 따라 다양한 복식형태를 갖고 있다. 남녀 모두 T자형의 기본 의복 튜닉을 입었으며 남자들은 무릎까지 여자들은 발목까지 길게 입었다. 귀족들은 목선, 앞 중심선과 아랫단에 트리밍을 했으며 왕족은 양어깨에 세그멘티(segmenti)를 붙였으며 소매의 진동둘레는 넓고 손목으로 갈수록 좁아지는 튜닉을 입었다. 기독교의 영향과 사회적 법적으로 여성의 지위가 낮기 때문에 여자들은 머리와 얼굴을 완전히 감싸는 스타일이며 여자 로브의 길이가 땅에 끌릴 정도로 길어졌고 반대로 남자는 짧아졌다.

직물은 리넨과 울을 사용하였고 장식적인 벨트는 중요한 의류 부속품으로 등장하게 된다. 중세초기에 추위를 막기 위해 몸을 감싸는 외투는 원형 정사각형 직사각형, 반원형의 천을 어깨에 두르고 앞 중심 또는 오른쪽 어깨에서 장식 핀으로 고정시켜 입었다.

여자들은 가운데 머리가 들어갈 구멍을 내고 뒤집어서 입은 큐큘러스(cuculus)를 착용하기도 하였으며 남자들은 튜닉아래 '브레(braies)'라는 바지를 입었으며 가죽이나 거칠게 짠 직물로 된 바지는 말을 탈 때나 노동할 때 남자들만 입었다.

중세초기에 유럽지역의 기후나 생활 유형에 따라 실용적인 성격을 띤 신발들을 착용했으며 여러 가지 종류와 형태가 전개되었다. 다양한 스타일의 부츠와 슈즈 등이 있었고 부츠의 길이는 발목이나 종아리 높이의 것이 있으며 양말처럼 보이는 부츠도 그 당시 그림에서 볼 수 있다. 슈즈는 발 잔 등에서 X자형으로 끈을 매어 신은 것이 있었고 여자의 슈즈에는 발등에서 끈으로 매거나 발목에 밴드가 있고 앞에서 버클로 잠그게 된 것 등이 있다. 장신구는 각자의 위엄이나 아름다움을 표현하고 신분을 상징하는 것으로 금속제의 독특한 스타일이 많이 나타났다.

장신구의 종류는 금관, 목걸이, 팔찌, 머리핀, 귀걸이, 반지, 피블라, 버클 등이 있으며 이들은 금, 은세공 한 것에 보석을 끼워 크고 다종다양한 변화를 주었다. 반지는 로마시대의 것과 비슷하며 팔찌는 여자들과 어린이들만이 착용하였다. 중세초기 장신구 중 가장 독특한 것은 의복을 여미는데 필요한 도구인 피블라와 여러가지 형태로 나타난다.

차의 바퀴모양, 둥근 모양, 다각형모양의 피블라는 보석이나 칠보로 장식하였고 동물의 모티브도 다양하게 나타난다. 중세에는 거들이 중요한 장식품으로 쓰여졌으며 남녀 모두 튜닉 위에 착용하였고 남자들은 무기를 여자들은 주머니를 허리거들에 매달았으며 재료는 가죽이나 헝겊을 사용하였다.

3) 미용문화

(1) 헤어스타일과 머리장식

여러 종족으로 구성된 북방인 들은 정착한 지리적 위치에 따라 서로마, 동로마 문화권 특색이 복식에 영향을 받았으며 머리장식이나 장신구 등에도 공통점이 보인다. 남자의 헤어스타일은 짧게 자르거나 어깨까지 자연스럽게 늘어뜨리는 형이며 머리색은 금발이나 붉은 머리털을 좋아했으며 고울 족은 붉은 색 머리를 좋아하였다. 여자는 자연 그대로 머리를 늘어뜨리거나 양쪽으로 길게 땋아 허리나 무릎까지 길어 늘어뜨렸다. 사각형의 흰색 린넨이나 색이 있는 천을 머리에 두르고 보석장식을 한 금속 밴드로 관처럼 써서 고정시켰으며, 터번을 쓰거나 장방형의 천을 머리와 목에 감아서 드레이프 시킨 것도 있다. 남자는 계층과 직업에 따라 머리쓰개가 차이가 있으며 왕이나 영주는 금관을 썼다. 이처럼 8세기 이후에는 머리를 감싸는 형태가 주를 이루고 머리 자체의 형태보다는 부드럽고 얇은 천에 보석으로 장식하거나 술을 단 베일을 붙여 뒤로 늘어뜨리고 금속밴드로 관처럼 고정시켰다. 9세기부터는 베일을 고정시키는 밴드가 사회적 지위를 나타내었고 형태도 삼각형, 사각형 등 다양하였고 길이도 다양해졌다.

색은 주로 흰색이었으며 때로는 붉은 보라를 쓰기도 하였으며, 최 상류층은 보석 박힌 금 밴드를 착용하였고 신분에 따라 은 밴드와 헝겊밴드를 하였다. 중세의 많은 여인들이 머리를 염색하였으며 헤어스타일은 화장기법에 있어서의 변화보다 더 빨리 변하였다. 초기 프랑크 법에는 여성의 머리를 헝클어트려서 그녀의 오보(obbo-모자의 종류)가 땅에 떨어지면 많은 벌금을 물었고, 여성들의 머리를 자른다는 것은 중대사였다.

버건디(Burgundian)의 법에 의하면, 자유인이 여자 노예의 머리카락을 자르면 벌을 받게 되었고, 노예가 자유여인의 머리카락을 자를 경우 사형을 하였다라고 기록되어 있다. 앵글로족과 색슨족 또한 숱 많은 머리카락을 기르며 수염을 초록색, 오렌지색, 푸른색으로 물들이는 등 미용술에 관심이 많았으며, 색의 장식에 일관성 있게 남녀 모두의 머리가 푸른색으로 칠해져 있는 것으로 봐서, 실생활에서는 염료나 분말로 염색되었으리라 추정된다.

(2) 화장형태

중세의 교회에서는 가발사용과 화장을 엄격히 금지하여 '행실 나쁜 여자'와 예능인, 연극인들만이 화장품을 사용한다고 여겼다. 기독교 전파와 함께 향유를 사용한 기록은 조금 보이나 화장이나 화장품에 대한 기록은 전해지지 않는다.

초기의 기독교 지도자들은 여성을 육체적인 유혹이 많은 죄악의 원천으로 간주하고 있었으므로 여성이 목욕하거나 화장하는 것을 금지시켰다. 목욕마저도 제한하여 청결을 위한 것과 고해와 영성체 전날의 목욕만 허용했고 제한된 목욕으로 인한 체취는 향수로 해결하였다.

3. 중세 중기(11~12세기 - 로마네스크)

1) 역사적 배경

유럽은 10세기 후기에 접어들면서 통일과 안정을 누리게 되었으며 문화적 지평이 확대되는 문화 부흥의 시대가 되었다. 870년 메르센(mersen)조약에 의해 독일, 프랑스, 이탈리아로 분리되어 통일국가로서의 기초가 확립되었고 군주제에 의한 근대적인 국가들이 체제를 갖추기 시작하였다.

오토 1세가 독일왕권을 확립하여 신성로마제국을 건설하였고 봉건제후들에 의해 장원경제 체제가 순조롭게 발전해갔다. 이런 통일국가들은 자급자족을 원칙으로 한 폐쇄적인 농업경제를 탈피하기 시작하여 도시의 발달, 생산기술의 발달, 공업기술 발달의 변화가 일어났다. 경제활동이 활기를 띠면서 도시의 발달을 더욱 촉진시켰으며 생활 수준도 향상되어 자신을 치장하는 일에 관심을 갖게 되었다. 교회를 통한 직조 술이나 자수의 보급, 동방으로부터의 풍부한 염료 수입으로 직물공업이 기반을 닦게 되자 복식이 점차 일반화되기 시작했다.11세기말에서 13세기말까지 계속된 십자군 전쟁은 기독교의 교세 확장을 주목적으로 일어난 종교전쟁이었으며 십자군 전쟁으로 한 시대의 문화사조를 대변하는 예술양식이 나타났다. 십자군 전쟁을 계기로 그리스, 로마양식을 바탕으로 한 비잔틴 양식이 전래되어 교회와 수도원 중심으로 새로운 양식의 예술이 일어나게 되는데 이것이 로마네스크(Romanesque) 예술이다.

로마네스크 건축 양식은 환상적이며 신비로우며 비현실적인 느낌이 강하게 풍기며 주로 둥근 아치, 거대한 기둥, 조그만 창문에 나타나며 민족과 풍토에 따라 여러 가지 지방적인 특성이 나타난다. 로마네스크 양식은 건축뿐 아니라 조각, 벽화, 공예품에도 영향을 주었으며 12세기 중엽부터는 완전한 로마네스크 스타일이 등장하였다. 로마네스크 장식의 모티프는 인간, 공상화 된 동물, 식물, 등이 문양 화되고 이것을 다양하게 조합하여 사용했으며 기하학적 모양도 규칙적으로 반복되어 직물과 장식품에 사용하였다. 십자군 전쟁으로 인하여 견직물과 면직물의 기술이 수입되었고 비잔틴 제국과 인접한 제네바, 피사, 피렌체를 통해 염료, 금속류와 같은 수공업의 원료가 수입되면서 복식도 도시의 발달에 따라 문물의 교류를 담당한 상공업자나 기술자의 능력에 의존하게 되었다.

12세기에는 봉건제도와 기사도 정신이 여자들의 일상 생활에 많은 영향을 주어 귀족사회에서 여성의 지위를 다소 높이는데 영향을 주었으며 그 결과 여성의 아름다움을 예찬하여 신체의 자연적인 아름다운 미를 더욱 가꾸기 위해 복식이 화려해지고 몸의 실루엣을 그대로 드러내는 밀착되는 형태로 변화하는데 중요한 요인이 되었다.

2) 복식문화

로마네스크 스타일이란 고대 로마의 부활만을 뜻하는 것이 아니라 동로마 제국인 비잔틴의 영향을 받은 의복의 형태를 말한다. 로마네스크 복식은 전체적으로 헐렁한 형에서 몸에 맞는 형으로 발전해 가는 과도기의 성격을 갖고 있다.

11세기에의 기본복식은 블리오(bliaud)이다. 블리오는 남녀 모두 착용한 옷이며 초기에는 몸통이 헐렁하고 소매통이 넓은 원피스였는데 점차 이오닉 키톤의 부드러운 주름의 미와 달마티카의 풍부한 장식성이 조화된 의복으로 전개되었다. 블리오는 윗몸의 윤곽선이 나타날 정도로 꼭 끼고 소매가 길고 넓으며 스커트 부분은 길고 넓어서 잔주름이 생기는 의복이다. 이 옷의 특징은 깔대기 처럼 넓게 퍼진 소매이며 소매가 길어서 땅에 끌리지 않게 매듭을 지어 묶기도 하였다. 목둘레는 장식 선이 둘러져 있으며 뒷 중심에서 단추나 끈으로 여미게 되어 있다. 여왕의 경우에는 블리오를 입고 그 위에 보석이나 금으로 장식된 거들을 매었으며 긴 허리장식 끈을 허리에 한번 돌린 다음 다시 아랫배에서 매고 끝을 앞으로 길게 늘어뜨렸다. 이처럼 여성의 가는 허리와 배의 둥근 곡선을 나타내는 곡선화의 경향은 후에 유럽 여자 복식의 형태를 결정짓는 변화 요인이 된다. 남자는 무릎길이와 발목길이의 블리오를 입고 허리에 벨트를 하고 아래에 브레를 입었다. 12세기에는 부드러운 직물을 사용하여 주름지게 하여 드레이프의 미를 나타냈으나 후반에는 인체의 윤곽선을 드러내는 형태로 변화하였다.

몸에 꼭 맞는 의복은 입고 벗기 편하게 단추나 끈으로 조여서 여미는 방법을 고안하였으며, 또한 십자군 원정기간 동안 쉬르꼬(surcot)라는 새로운 의복이 나타났고 자수 법이 발달되었다. 서민계층에서는 튜닉을 입었으며 대부분 둥근 목둘레나 스퀘어 넥크 이고 남자들은 짧은 튜닉아래 브레를 함께 입었다. 언더튜닉 쉥즈(chainse)는 몸에 꼭 맞고 발목까지의 길이에 폭이 좁고 소매통이 좁았으며 소매부리에 수를 놓거나 장식 선을 대어 매우 화려하였다.

그림Ⅱ-2 라데공드의 생애

이 옷은 중세 말기에 슈미즈(chemise)로 바뀌었으며 재료는 실크나 모직물을 사용하였다.여자들은 블리오 위에 쪼끼형의 의복 코르사주(corsage)를 입었으며 몸의 곡선을 나타내기 위해서 힙 선까지의 길이에 허리둘레가 꼭 맞게 입었으며 등뒤를 트고 끈을 끼워서 잡아 당겼다. 재료는 실크와 모직의 교직물의 얇은 천을 두 세 겹 겹쳐서 금, 은사를 사용하여 누비어서 신축성을 주었다. 이 시대의 장신구는 주머니와 허리끈(Girdle, Belt)이며 앨모너(almoner)라는 주머니를 허리끈에 달고 다녔으며 점차 일반인과 여자들에게도 퍼지게 되었다. 또한 블리오의 허리와 아랫배를 매주는 허리끈은 값비싼 보석으로 장식되어있어 귀하게 다루어 졌다. 여자들은 허리에 구리나 금, 은으로 만든 버클 달린 벨트를 하여 앞 중심에 펜던트를 하기도 하였다. 신발은 슈즈와 부츠의 형태로 발목길이와 종아리길이가 있었다. 이 시기는 근세와 같은 구두의 형식을 낳기 위한 과도기이었으므로 여러 종류의 구두가 있었다. 11세기 말경부터는 비잔틴의 영향으로 앞이 뾰족한 구두인 크랙코우(crackow)가 유행을 하였으며 12 세기부터는 신발이 더욱 길어졌다. 이 때부터 나막신 패튼(patten)을 신었으며 신발의 재료는 가죽과 견직물, 벨벳 등에 보석을 달거나 금, 은사로 수를 놓아 장식을 하기도 하였다.

그림Ⅱ-3 성쥴리아상

3) 미용문화

(1) 헤어스타일과 머리장식

11세기 남자의 헤어스타일은 머리를 짧게 깍은 단발형과 어깨까지 늘어지는 형이 있으며 어깨를 덮는 케이프가 달린 후드(Hood)가 유행하여 모든 신분의 남녀 공용으로 널리 애용되었다. 이 후드는 샤프롱(chaperon)으로 고딕양식 시기까지 계속 애용되어 진다. 여자들은 앞 가르마를 타서 앞가슴쪽으로 머리를 두 가닥이나 세 가닥으로 땋아서 길게 늘어뜨리는 형태가 주이며 리본으로 머리를 함께 땋아서 발까지 길게 타래를 만들기도 했으며 기혼 여성들은 땋은 머리를 머리 뒤쪽에 감아 매는 형태를 하기도 하였다.

그림Ⅱ-4 머리장식

일반 여자들은 외출 시나 종교행사 때는 린넨의 직사각형의 천으로 된 흰색의 베일 윔플(wimple)을 착용하였으며 양쪽 귀와 머리를 완전히 감싸서 드레이프 지게 하였고, 맨틀을 머리까지 두르고 가슴에서 끈으로 여미는 샤프(chape)도 애용하였다. 여성들이 착용한 고젯(gorget)은 목과 턱을 감싸는 것으로 맨 위에 베일을 쓰고 장식적인 가는 관(circle)으로 고정시켰다.

또한 귀부인들은 관과 베일을 쓰기도 했으며 머리 위에 한 종류 이상의 원형이나 장방형의 베일을 얼굴이 나올 수 있을 정도로 구멍을 뚫어 사용하였다. 길이는 어깨나 허리 또는 발까지 내려오는 것 등으로 다양하였다. 베일의 재료는 면, 모, 마 등으로 개인 취향에 따라 다르게 사용했으며 상류층의 부인들은 비치는 베일에 금이나 은으로 장식을 하여 사용하였고 베일을 고정시키기 위하여 머리 위에 여러 가지 띠를 둘렀으며 이것은 금, 은, 면, 보석 등으로 만들어져 있어 신분의 계급과 지위를 나타내었다. 미혼녀들은 베일을 거의 착용하지 않았으며 리본이나 꽃 등으로 만든 머리띠를 두르거나 관을 썼다.

그림Ⅱ-5 코아프

그림Ⅱ-6 여성의 베일

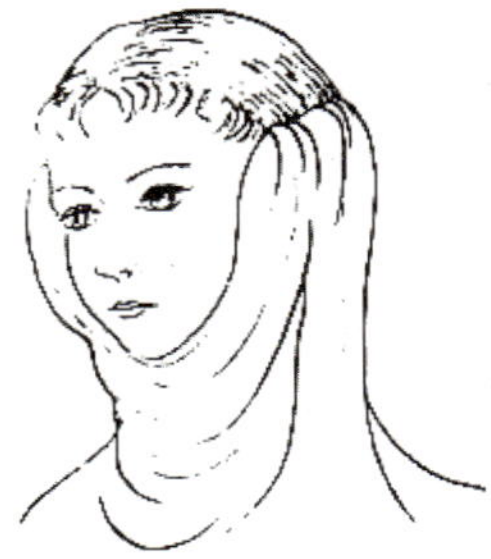

12세기에는 처음으로 모자의 형태가 갖추어 졌으며 턱을 가리고 넓적한 친 밴드(chinband)를 하고 그 위에 모자를 쓰는 필 박스(pillbox) 형태가 나타난다. 이제까지 여자들이 길게 땋아 늘어뜨렸던 머리는 위로 올려 꼭 붙게 망으로 쌓으며 여기에 두 개의 띠 바비트(barbette)와 필레(fillet)를 사용하여 머리에 둘렀으며 바비트는 턱을 지나 귀 위로 올려 머리 위에서 고정시켰고 필레는 이마 위에 둘렀으며, 필레 윗 부분은 꽃잎 모양의 가장자리를 하였다. 재료는 흰색 마로 만들었으며 미망인들이 많이 사용하였다. 이와 같이 기독교 영향으로 의복뿐 아니라 머리 전체를 덮는 머리쓰개가 주로 착용되었고 중세 후기까지 계속 사용되어진다.

(2) 화장형태

십자군 전쟁 이후 동양으로부터 안티몬과 향유 등 진기한 화장재료들과 회교도의 화장 풍습이 전해져서 여자들 사이에 아름답게 치장하는 것에 대한 관심이 다시 생겨났다. 중세시대 여성들 역시 하얗게 보이기 위해 흰색과 핑크 색의 수용성 안료를 사용하였다. 스페인에서는 장미색 계통의 입술연지가, 독일과 영국에서는 오렌지색 계통, 프랑스에서는 진홍색 입술연지가 사용되었다.

입술은 공통적으로 볼륨 있는 도톰한 형태가 선호되었으며, 눈썹은 14C 무렵까지는 자연스러운 형이 선호 되었으나 고딕 이후에는 가는 눈썹이 유행되었다. 12세기에는 파르(fard ; 화장품)라는 명사가 생겨났으며 채색하다 라는 의미를 지니고 있는 프랑스어 파르주안(farjwan) 또는 파르위동(farwidon)에서 파생되었을 것으로 추측된다.

그림Ⅱ-6 화장형태

4. 중세말기(13~14세기 - 고딕)

1) 역사적 배경

고딕시대라 함은 게르만민족인 고드족이라는 어휘에서 유래된 것으로 로마·비잔틴 양식이 후퇴한 미술용어이다. 십자군 원정으로 학문, 예술 산업 등이 비약적으로 발전했으며 동방과의 교역으로 소규모의 수공업은 본격적인 가내 공업적 생산체제로 발전해갔다. 상공업의 발달로 도시가 번성하게 되고 유력한 상인인 부르조아(Bourgeois)가 출현하여 사회의 중심세력으로 활약하기 시작하였다. 시민계급의 대두는 봉건귀족의 몰락을 가져왔으며 십자군전쟁의 실패로 인해서 귀족세력이 급속히 약화되었고 이는 군주권의 강화를 가져왔다. 십자군 전쟁이 실패로 끝나자 교회의 절대적 권위는 무너지게 되고, 사람들은 중세적 기독교관념에서 벗어나 좀 더 인간적인 즐거움을 찾으려고 노력했으며 이는 자신의 치장에 관심을 갖게 만들었다. 고딕양식이란 12세기 후반 프랑스를 시작으로 하여 북으로는 영국, 남으로는 이탈리아, 스페인 등 유럽 전역에 보급된 중세특유의 독자적이 건축양식을 말한다. 이 새로운 양식은 건축에 우선 적용되어 사원과 교회당의 건축을 비롯하여 점차 왕 이하 귀족의 저택, 도시 공공물에까지 성행하여 시민생활 속으로 깊숙이 침투되었으며 따라서 가구나 공예품, 장신구에 이르기까지 영향을 주었다. 고딕 건축의 특징은 하늘을 찌를 듯한 뾰족한 탑, 첨형(尖形)아치와 서로 얽힌 격자무늬, 내부의 스테인드 글라스(Stained glass)로 주축을 이루며 성자 상이 섬세하게 조각된 고딕 양식의 성당은 당시 사람들의 종교감정을 자극할 뿐 아니라 미적 감각를 높이는데 기여하였다. 지방자치도시의 형성과 강력한 국가체제를 이룬 영국과 프랑스에서는 왕위계승문제를 둘러싸고 내적으로는 정치적, 경제적 문제가 가중되어 백년 전쟁(1337~1453)이 발발 하였다. 100년 전쟁으로 양국 국민들이 시달리고 있음에도 불구하고 귀족 계급에서는 부유하고 사치스런 생활을 하였고 상업도 급격히 성장해 부가 증가되었다. 중세 말인 13, 14세기는 근세로 넘어가는 과도기로 급변하는 시대에 적응하기 위해 생활 전반에 걸쳐 이동성과 활동성을 추구하였다.

2) 복식문화

인체의 윤곽선을 잘 나타내 주던 12세기 의상은, 13세기에 유럽을 휩쓴 흑사병과 천재지변을 치른 후, 밀착된 의상에 대한 반발로 잠시 무겁고 헐렁하게 인체를 감추는 듯 하더니, 다시 부드러운 옷감을 사용해 육체의 곡선미를 나타내기 시작했다.

그림Ⅱ-7 꼬뜨를 입은 여성들

십자군 원정에서 비롯된 특징 중 하나로 각 가문의 상징인 문장(紋章)으로 가문을 상징하는 문양을 수놓은 문장장식이 유행했다. 이것이 점차 평상시 복식에 문양화가 되면서 직물과 장신구의 세부적인 곳에까지 널리 사용되었다. 따라서 이 시대의 복식은 로마나 동방의 모방을 떠나 북유럽의 독자적인 스타일을 형성하게 되었다.

14세기에는 수세기 동안 거의 없던 남녀 의복의 성 차가 처음으로 뚜렷해졌는데 남자의 의상은 짧아지고 여자의 의상은 주름의 미를 강조하며, 신체의 실루엣을 자연스럽게 나타내기 위해 상체는 꼭 맞고 스커트는 넓고 길어진 것이 특징이다.

여자복식으로 꼬뜨(Cotte)는 블리오 대신 나타난 남녀 공통의 원피스 드레스 형의 튜닉으로 바닥에 끌릴 정도로 길며 소매는 돌먼 슬리브(Dolman sleeve)나 타이트 슬리브에 목둘레가 둥글고 몸 판과 힙 까지 꼭 맞고 스커트부분은 넓어 주름이 잡히도록 되어있다. 꼬뜨 속에는 린넨으로 된 속옷인 쉥즈를 입었는데 이는 목둘레와 소매부리에 금실, 색실로 자수, 레이스 장식을 했다. 꼬뜨는 실내복으로 사용되었으며 외출이나 의식 때에는 꼬뜨 위에 쉬르코를 입었다.

쉬르코는 십자군 전쟁 당시 갑옷을 보호하기 위해 병사들이 갑옷 위에 입기 시작한 의상으로 점차 장식적인 겉옷으로 변해 꼬뜨나 코따르디 위에 입혀진 남·녀 공용의상이며 14C에서 15C에는 쉬르코가 변형된 쉬르코 투베르(Surcot-ouvert)가 유행되었다. 이 옷의 특징은 진동둘레가 힙 선까지 길게 파여진 현재 점퍼스커트(jumper skirt)형으로 진동둘레에 모피 등을 장식하였다.

푸르푸앵(Pourpoint)은 14C중엽에 나타난 짧은 의상으로 남자들이 몸에 꼭 맞는 갑옷으로부터 몸을 보호하기 위해 심을 넣고 누벼서 입은, 누비옷으로 지퐁이 변형 발달된 것이며 후기에는 일반화되면서 남자 상의로 중요한 위치를 차지하게 되었다. 푸르푸앵은 앞 중심에 촘촘이 단추가 달려있고 단추 구멍을 사용했는데 이는 동방의 영향을 받은 것이다. 후기로 갈수록 몸에 꼭 맞고 패드를 넣어 가슴과 어깨를 부풀린 것이 특징이며 푸르푸앵과 상하 한 벌을 이루게 되는 쇼오스(chausse)는 원래 양말 형태였던 것이 짧은 길이의 푸르푸앵의 등장으로 바지역할을 하게 되고 부드러운 긴 바지였던 브레(Braies)는 점차 길이가 짧아져 단순한 내의로 바뀌게 되었다.

그림Ⅱ-8 남녀 우플랑드와 모자

우플랑드(Houppelande)는 14세기말부터 나타난 것으로 남녀 모두 입었으며 풍성한 품에 소매 끝이 바닥에 끌릴 정도로 길고 부리는 깔대기 처럼 넓어 가장자리에 다양한 무늬를 장식한 소매와 귀밑까지 높게 세운 칼라가 달린 코트스타일의 원피스 드레스로 코타르디나 푸르푸앵 위에 입었다. 옷길이는 땅에 끌릴 정도로 긴 것과 무릎 위까지 짧아진 것도 있고 벨트를 매기도 했다.

귀족들은 보석 ,금실과 색실의 자수로 화려함을 더했다. 신발은 일반적으로 발목길이의 슈즈를 많이 신었는데 상류층으로 갈수록 앞 부리가 뾰족하고 길었다. 이는 고딕건축의 첨두적 외관의 뾰족한 감각이 그대로 반영되었으며 앞 부리의 뾰족함은 이 시기에 이르러 절정에 달해 길이가 25~30㎝정도 긴 것도 있었다.

앞 부리가 긴 구두를 크랙코우(craccow)라 하고 프랑스에서는 풀레느(poulaine)라 하며 가죽, 벨벳, 펠트, 두꺼운 견직물을 사용했고 뾰족한 앞 부리의 길이로 계급을 나타냈다. 13세기 후기에는 신발 앞 끝이 길어서 체인으로 발목에 연결시키기도 하였다. 이 부드러운 크랙코우 가죽신을 보호하기 위해 나막신인 패튼(patten)을 크랙코우와 겹쳐 신었다.

보석사용이 행운과 승리를 가져온다는 믿음으로 계속 유행하였고 허리에 보석 박힌 장식적인 벨트를 매고 남자들은 단검 걸이와 작은 종을 달았으며 여성들은 주머니, 앨모너(almoner)를 매달고 다녔다. 가죽과 벨벳, 실크 등 재료를 사용한 장갑은 남녀 모두 착용하였으며 상교역의 확장으로 전 유럽에 전파된 유리거울도 남녀 모두 장신구로 이용하였다. 그리고 보석 박힌 손수건이나 부채 파라솔 등은 여자들의 액세서리로 사용되었다.

3) 미용문화

(1) 헤어스타일과 머리장식

14세기에 남녀 헤어스타일과 모자에 있어서도 복식이 다양하고 화려해진 것에 상응하여 인위적인 과장과 변화가 수반되었다. 남성들의 헤어스타일은 중앙을 갈라 컬(curl)을 해서 어깨까지 늘어뜨렸고 그 위에 관을 쓰기도 했으며, 후에 가서는 사제의 머리와 같이 뒷목 밑을 깨끗이 면도하여 머리를 짧게 자른 스타일도 등장하였다.

여자의 헤어스타일과 장식은 고딕 시대에 본격적인 발달을 보게 되었는데 미혼 여성들은 일반적으로 컬한 머리를 자연스럽게 늘어뜨렸으며 기혼 여성은 머리를 전부 올리고 밴드나 끈으로 묶거나 또는 머리 중앙을 가르고 양쪽으로 땋아서 귀 위에 바퀴모양으로 장식했는데 이를 양의 뿔(Ram's horn)스타일이라고 한다.

머리전체나 양옆의 땋은 머리에다 금, 은, 견사와 보석으로 장식한 그물망을 씌우거나 작은 케이프를 쓰기도 하였다. 머리를 좌우에서 땋아 얼굴 양옆에 수직으로 늘어뜨리고 보석장식의 가는 관(circlet)을 베일과 함께 쓰는 헤어스타일도 있었다.

머리 망은 15세기까지 중요한 머리 장식으로 쓰였는데 귀부인들의 망은 견사나 금사로 만들고 교차점에 보석을 달았다. 여성들은 얇은 실크나 리넨으로 된 베일(veil)을 썼는데 길이는 다양하여 때로는 바닥에 끌리기도 하였고, 특히 교회에서는 여성들이 베일을 쓰도록 하고 베일을 쓰지 않으면 교회출입을 금지하였다.

모자의 경우 13세기에 등장한 샤프롱은 후드와 케이프가 붙은 형태로 후드 부분의 끝이 점차 길어지기 시작하여 대롱형상이 되었는데 이를 리리피프(liripipe)라고 하였다. 리리피프 길이는 고딕 양식의 길고 흐르는 듯한 특징이 나타난 것으로 심한 경우에는 바닥까지 닿았는데 이를 목이나 팔에 두르기도 하고 꼬리부분에 솜을 넣어 머리에 둘러 도우넛 모양의 터번을 만들었는데 이를 라운드 릿(roundlet)이라고 한다.

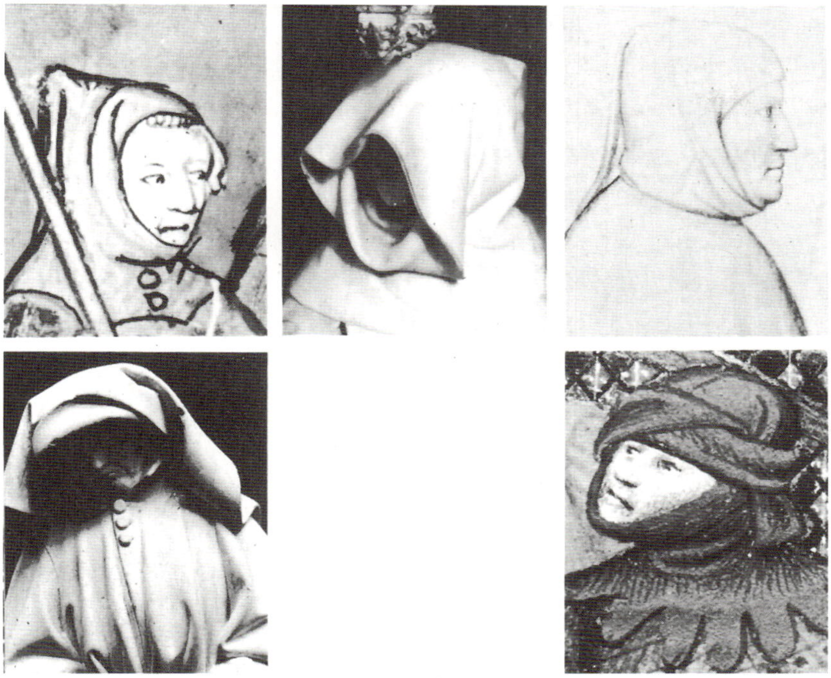

그림Ⅱ-9 남성용 머리쓰개

리리피프는 14C에 이르러 점차 접혀져 터번(turban) 형태로 되고 이를 샤프롱 터번이라 하였다. 서민들은 후드만 쓸 수 있고 리리피프는 허용되지 않았다. 14세기말에 쓰인 로빈 훗 모자는 크라운이 약간 높고 챙이 위로 말려 올라가고 타조 깃털을 꽂았는데 여기에 3개의 깃털을 꽂은 것은 웨일즈 왕자의 상징이었다.

고딕시대의 가장 특징적인 헤드 드레스(head dress)는 에넹(hennin)으로 이태리에서 등장하였다. 이것은 에넹 부인이 고안해 낸 스타일로 고딕 건축의 뾰족함을 가장 잘 살리고, 딱딱한 천으로 원추형의 모자를 만들고 그 위에 원형의 베일을 덮어 옷자락까지 늘어뜨린 형태로 100년 이상 사용되었다.

에넹은 디자인이 다양해져 하트(heart)형태도 등장하고 뿔이 두 개 달린 형태도 등장했으며, 높이는 착용자의 사회적 신분이나 부에 따라 다양해져 높아졌다.

13세기에는 코이프(coif)라는 특징있는 모자가 나타났으며 그 형태는 크기가 작은 어린아이의 모자와 같이 턱밑에서 묶는 것으로 상류층 여자들에게 애용되기 시작하였다.

그림Ⅱ-10 여성용 머리쓰개

그림Ⅱ-11 고딕시대 여성의 헤어스타일

(2) 화장형태

당시 여성들은 그리스나 로마처럼 얼굴을 창백하게 하고 머리를 다갈색으로 물들이고 치아를 상아처럼 보이게 하는 화장법이 유행하였다. 당시의 미인은 창백한 피부, 넓은 이마, 갈색 아치형의 눈썹, 장미 빛 작은 입술, 새하얀 치아, 섬세한 손톱을 가진 여성이었는데 이탈리아 뿐 아니라 프랑스나 독일에서도 마찬가지였다.

중세의 많은 여인들이 얼굴에 화장하고, 머리를 염색했지만 시대적, 종교적 영향으로여성의 자연스러운 아름다움이 대개의 남자들과 시인들에 의해 찬미되었던 것도 당연한 것이며 헤어스타일은 화장기법에 있어서의 변화보다 더 빨리 변했다.

앵글로색슨족은 어떤 연유인지 푸른 머리를 선호하는 경향이 있었는데 그 당시 색의 장식에 일관성 있게 남녀 모두의 머리가 푸른색으로 칠해져 있는 것으로 봐서, 실생활에서는 염료나 분말로 염색되었으리라 추정된다.

펠라타족(Fellatah) 여인들은 헤나(Henna)잎으로 손가락과 발가락을 감싸서 물을 들였고 안티몬(Antimon) 황화물로 눈꺼풀에 화장하고, 인디고(Indigo : 인도의 염료의 뜻에서 남색, 쪽빛)로 머리카락을 염색하였으며 노란색, 자주색, 푸른색으로 치아를 물들였다.

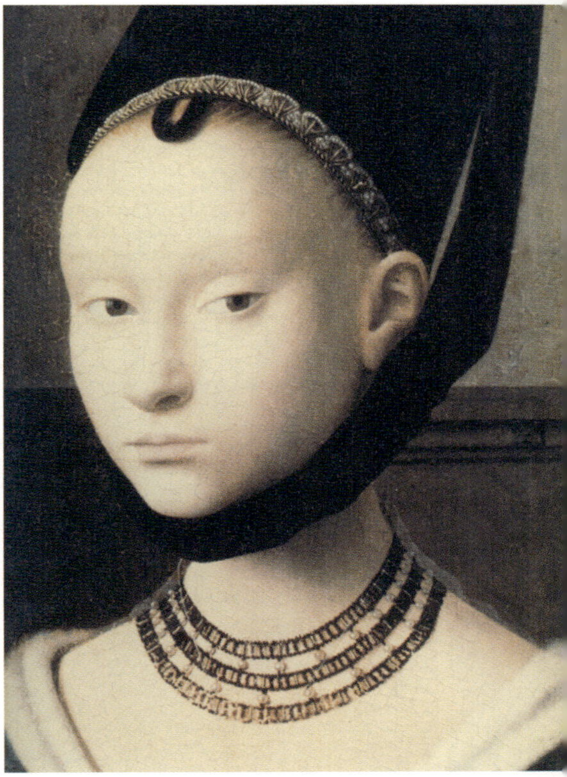

그림Ⅱ-11 화장형태

3장 근세

1. 르네상스 시대 복식

1) 역사적 배경

1453년 오스만 투르크(Osman Turk)에 의해 비잔틴 제국이 함락되자 예술가, 학자들이 서유럽으로 망명해와 1000년을 지속해온 유럽의 문화권이 본격적으로 서유럽으로 이양하기 시작했으며 이것이 계기가 되어 이탈리아를 선두로 르네상스 운동이 유럽 전지역으로 확대 되어갔다. 르네상스의 이상은 그리스 · 로마의 고전문화의 부흥이었으나 중세적 속박으로부터 인간을 해방시키려는 혁신 운동으로 인간 중심의 순수한 미의식을 추구하고 인간자아를 발견하고자 하는 휴머니즘을 바탕으로 정치 · 경제 · 문화 · 사회 등에서 커다란 변화가 초래되었다. 16세기에는 루터(Martin Lutter, 1483~1546년)와 캘빈(John Calvin, 1509~1564년)에 의한 프로테스탄티즘의 종교 개혁으로 발전하여 유럽의 여러 나라로 확산되고 근대 문화를 창조하는 원동력이 되었다. 16세기에는 그리스 · 로마의 고전을 수집 · 연구함으로 사학이 발달하였고 자연과학분야나 인쇄술의 발달로 학문이나 문화가 눈부신 발전을 이루는 등 모든 분야의 학문이 비약적으로 발전하였다. 16세기전반기에 들어서자 지중해 무역은 대양 무역으로 전개되면서 프랑스와 네덜란드가 중심지로 활약하게 되었고 교역의 확장으로 중세시대의 길드는 공장제 수공업 체제로 확대되었다. 자본가와 임금 노동자에 의한 자본주의가 싹트기 시작하면서 부를 축적한 부르조아 상인들은 왕과 결탁해서 새로운 귀족층을 형성하고 중앙 집권 체제로 왕권이 강화되었다. 이런 사회구조는 16~18세기에 이르기까지 유럽의 복식문화를 왕실과 재산을 가진 귀족 중심으로 발달하게 만들었다. 15세기말에는 직물 산업과 은행업이 발달한 이탈리아가, 16세기에는 아메리카의 발견으로 막대한 부를 축적한 스페인이 중심적 존재로 군림했으나 프랑스는 계속 독자적이며 종합적인 패션의 중심지로 존재하여 17~18세기의 유럽 복식 문화를 대표하였다. 인간자아의 발견으로 16세기에는 신중심의 생활에서 인간 중심의 생활로 바뀌었고 이로 인해 개인주의의 향락주의 풍조가 만연했다.

2) 복식문화

인체의 아름다움을 살리고자 하는 그리스 · 로마의상의 본질은 르네상스 복식의 표면정신이 되어 입체적인 실루엣으로 인체 미를 강조했다. 남자들은 패드나 주름을 사용해 상체에 볼륨을 주어 남성미를 강조하고, 여자들은 관능 적인 아름다움에 치중하여 인간의 인체 미를 변형시켜 가면서까지 과장된 실루엣을 형성하였다.

무엇보다 르네상스 시대의 주된 특징은 찢어진 군복에서 착상되어 발전한 슬래쉬와 규칙적으로 배열된 주름으로 형성된 러프 칼라로서 이들은 의상전체의 실루엣과 리듬의 조화를 잘 이루어 의상을 더욱 아름답게 했다. 실루엣뿐 아니라 자수와 보석의 과다한 장식 또한 특징으로서 화려함을 더하여 복식 자체가 하나의 예술품이었다. 르네상스 시대의 복식은 매우 다양하고 개성적인 여러 형태가 공존하는 등 중세에서 근대로 넘어가는 과도기의 성격을 갖고 있었다.

15세기초는 전세기의 스타일이 그대로 유행하였으며 15세기말에서 16세기전반부에는 독일복식의 영향으로 슬래쉬와 퍼프 기법이 발달해 유행하였으며, 16세기후반에는 스페인이 유럽을 주도하면서 프랑스 · 영국 · 이태리에 영향을 주었는데 복식의 특징은 딱딱하게 보이는 실루엣과 스커트를 부풀리는 파팅게일을 처음으로 만들어 내어 콜셋과 함께 사용해 인공적인 인체의 실루엣을 형성하였다.

그림Ⅲ-1
구스타프1세의 딸 엘리자베스

르네상스시대 여자 복식의 대표적 의상인 로브(Robe)는 꼬뜨와 우플랑드가 변형되어 나타난 것으로 가운 또는 드레스라 불려졌으며, 16세기에는 목선이 많이 내려가고 스커트 길이는 마루에 끌릴 정도가 되었고, 페티코트 스커트를 입기 시작했다. 목선에는 러프 칼라가 달리고, 부풀린 소매와 소매장식, 역삼각형의 앞 장식과 스터머커, 슬래쉬로 특징 지워진다.

꼭맞는 소매의 슬래쉬된 틈으로 화려한 속옷이 보이기도 하고 다양하게 디자인된 소매를 교대로 착 · 탈 할 수 있도록 구성되었고 연결 부위는 자수나 보석 등을 장식한 에폴렛을 달았다.

목에다는 장식 칼라라는 뜻의 러프(ruff)는 물결치는 듯한 주름 칼라로 전성기에는 풀을 먹여 정교하게 S자로 주름 잡아놓은 둥근 칼라를 말하며 이탈리아에서 창안되어 스페인에서 유행하였다. 초기의 작은 형태의 러프 칼라는 스커트 크기와 비례해 확대되면서 장식성을 더해 갔다.

둥근 칼라의 앞을 트고 옆으로 부채모양을 이룬 매디치 칼라(Medici collar)는 프랑스 앙리 2세의 왕비 캐서린드 메디치(Catherine de Medici)가 애용하였고, 당시 패션리더였던 엘리자베스 1세 여왕은 타원형의 부채모양을 한 거창한 러프 칼라를 애용했으며 후에 그의 이름을 붙여 퀸 엘리자베스 칼라라 불린다. 러프의 주름과 스커트의 주름은 서로 리드미컬한 조화를 이루어 돋보이게 했다.

콜셋의 초기 형태는 천으로 된 띠를 몸에 감아 조이던 것에서 조끼 형식의 바스킨(basquine)혹은 코르피케(corps-pique)로 발전했으며 두 겹의 리넨 천 사이에 딱딱하게 바스크를 넣어 속치마와 연결해서 입었다. 베르튀가댕(Vertugadin)은 스커트를 부풀리기 위한 벨 모양의 버팀대로 스페인의 귀족의상에서 실현된 이 실루엣은 허리를 조이고 힙을 크게 부풀려 귀족풍의 위엄, 박력, 아름다움을 과시했으며 유럽 여러 나라 궁정으로 급속히 전파되어 16세기 후엽에는 더욱 팽창된 오스퀴(Haussecul)로 변하게 되는데 이는 허리에서 수평으로 수레바퀴 모양의 실루엣을 형성해 활동하기 훨씬 편했기 때문에 승마를 즐기는 프랑스 귀부인들 뿐 아니라 서민에게 까지 많이 보급되어 애용되었다.

중세의 우플랑드와 쉬르코가 변형된 코트(coat)는 프런트 오프닝(Front Opening) 형식으로 상체는 넉넉히 맞고 허리부터 스커트 부분은 풍성한 실루엣을 이룬다. 이때부터 남 · 녀 복식의 형태는 차이가 뚜렷해 졌으며, 푸르푸앵의 커다란 볼륨과 쇼오스의 타이트한 약동감의 대비, 하의에 부착된 카드피스는 남성들의 에로티시즘적 표현이었다.

16세기 남자들의 대표적인 상의인 푸르푸앵(Pourpoint)은 앞트임 형식으로 셔츠 위에 입었으며 장식적인 끈을 매거나 갖가지 보석으로 단추를 달았다. 초기의 낮은 목둘레 선은 후기로 가면서 스페인의 영향을 받아 점점 높아져 러프(ruff)로 변하였다. 다양한 모양의 슬래쉬를 만든 소매와 함께 어깨는 패드를 넣어 남성미를 과시했고 기묘한 모양이 고안되어 소매가 복잡해지자 여성복과 같이 에폴렛(epáulette)을 달았다.

16세기 후엽에 와서는 허리를 'V'자로 가늘게 조였으며, 허리선에 여러 가지 모양의 페프럼을 달았다. 중세 후반 일반시민이 착용하던 바지 형태의 소스(chausses)는 16C가 되면서 편리함과 장식성을 가미해 양말형태의 바 드 쇼스(Bas de Chausses)와 반바지 형식의 오 드 쇼스(Haut de Chausses)로 분리되었다. 16세기부터는 길이가 길어지고 슬래쉬가 많아짐과 함께 부피도 늘어났으며 오드 쇼스 앞 가운데는 역삼각형의 천으로 주머니 모양의 앞트임 덮개를 만들어 핀이나 끈으로 고정시켰는데 이를 브라게트(braquette) 또는 카드피스(codpiece)라 하며 남성우위를 과시하거나 성기 보호를 목적으로 유행했다.

고딕풍의 뾰족한 구두는 사라지고 1490년경에 들어서면서부터 앞 부리가 넓고 둥글며 굽이 없는 부드러운 구두가 유행하여, 남녀 모두 신었으며 넓은 앞 부리 부분에 슬래쉬를 넣어 장식하기도 했다. 16세기후기에는 쇼핀(chopines)이라는 슬리퍼형의 높은 신발이 이탈리아에서 시작하여 귀부인들 사이에서 유행하였는데 높이가 무려 30cm나 되는 것도 있었다. 영국에서는 엘리자베스 여왕이 처음으로 실크 스타킹을 신었다.

르네상스 시대는 남 · 녀 모두 보석이 박힌 펜던트, 반지, 귀걸이, 팔찌 등을 사용해 외모를 과장하기 시작하면서 장신구는 더욱 사치스러워 졌으나 목욕하는 습관이 거의 없어 불결하고 악취가 났다. 이런 습관으로 냄새를 제거하기 위해 강한 향수를 과다하게 사용하였다.

장식품으로 손수건이나 부채, 모피로 만든 머프(muff)를 착용했다. 특징적 장식으로 극장의 연기자들이 처음 쓰기 시작한 마스크(mask)가 일상 생활에서도 유행하게 되었는데 여성들은 승마시 햇볕을 가리는 목적으로 쓰였으나 신분을 감추기 위한 목적으로도 계속 유행하였다.

3) 미용문화

(1) 헤어스타일과 머리장식

르네상스 초기 남자의 헤어스타일과 모자는 극히 간단하여 전세기처럼 컬을 하고 보석이 박히거나 공작 털이나 보석, 금박으로 장식된 장식 관을 쓰기도 하였다. 16세기초에는 단발이었으나 후기가 되면서 컬(curl)을 하여 어깨까지 자연스럽게 늘어뜨렸고 러프 칼라가 대형화됨에 따라 머리를 짧게 자르고 단정하게 빗어 넘겼다. 또한 여러 나라 각 계층의 남자들이 수염을 소중히 여기기 시작하여 초기에는 기발한 형태의 수염이 나타났으나 1530년경부터는 턱밑 전체를 덮는 풍부한 수염이 유행하였다.

1570년경부터 머리는 조금 길어졌으며 머리카락에 공을 들여서 빗질을 하고 향수를 뿌렸다. 멋쟁이 신사는 대머리를 매우 싫어했기 때문에 가발을 사용하는 경우도 있었다. 이 시대에 이발사는 외과의사들 이었는데 그들 중에 가장 유명한 앙브로아즈파레는 면도와 머리손질을 위해 수염을 깍고 머리를 잘라주었다. 이 단체는 1637년까지 강력한 힘을 갖고 있었다.

남자의 모자는 전세기에 이용되었던 것이 계속 사용되었고 그 중에서도 널리 애용된 것은 샤프롱으로 종류가 다양했으나 가장 특징적인 것은 둥근 터번 상의 롤(roll)의 안쪽에 자루 형태의 후드를 붙인 것으로 후드의 모양을 꽃잎 형태, 잎사귀 형태로 다양하게 정리하였다. 샤프롱은 1460년경부터 점차 자취를 감추고 리리피프만 장식의 일부로 사용되었다.

후기에 들어 가장 일반적인 것은 바레뜨(barrette)로서 이는 원래 원형의 천을 머리 둘레에 맞추어서 머리 뒷부분에서 끈으로 맨 것이다. 프랑스의 바레뜨(barrette)는 브림(brim)이 늘어지는게 아니고 위쪽으로 향해 있는 것이 특징이고 1530년경 바레뜨의 브림은 알맞은 크기에 평평하고 그후의 것은 일반적으로 소형이었다.

앙리 3세 시대에는 복장이 다양해짐에 따라 여러 가지 모자가 출현되었는데, 둥글고 높은 크라운을 가진 토크(toque), 베레(beret)를 닮은 넓적하고 평평한 카스케트(casquette), 낮은 크라운과 좁은 챙을 가진 토크 등이 유행되었으며 테 없는 베레모도 많이 사용되었다. 펠트, 모직물, 벨벳, 새틴, 태프터 등에 부드러운 견으로 안을 대고 깃털이나 보석장식을 한 검정색이 주종이었으나 색채가 다양해져 선명한 색과 빨간색도 많았다. 르네상스 시대 동안 여성들의 헤어스타일이 자유로워지게 되었으며, 머리 장식은 급진적으로 변하였다.

15세기 후반에 들어오면서 상류 계급의 여성들 사이에서 에스코피온(escoffion)이 나타났는데 이는 넓이를 강조시킨 모자로 머리 위 양쪽에 가벼운 천으로 풀을 먹이고 철사를 대어 뾰족한 뿔모양 2개를 만들고 그 뿔 끝에 비단이나 얇은 사로 된 베일을 달아 뒤로 늘어뜨렸다.

16세기에 이르러 거대한 에넹은 차츰 사라졌고 이때부터 앞 중심에 가르마를 타거나 올백으로 빗어 넘겨 앞이마를 전체적으로 내놓았으며 뒷머리는 목덜미에 붙였고 머리에는 얇은 거즈나 보일로 된 베일을 씌우는 것이 유행하였다.

점차 장식이 적어지고 머리카락을 보이는 풍속이 등장하여 모든 부인들은 많은 머리를 과시했고 따라서 가발을 쓰기도 하고 염색을 하기도 했다. 1548년 이탈리아의 수도사이자 문인이던 휘렌주올라(Firenzuola)는 '여성의 아름다움에 관한 대화'라는 책을 통해 모발에 대해 정확히 묘사하기를 "모발은 꿀벌과 같이 금빛으로 반드시 가늘고 금발이며, 태양의 빛나는 빛과 번쩍임같이 물결치고, 풍부한 숱을 지녀야 한다"라고 하였다.

베네치아 연인들은 금발머리를 선호하여 솔라나(Solana)라고 불리는 캡(cap)이 없는 모자를 쓰고 매일같이 모발을 부식성 용액에 흠뻑 적셔서 하루의 가장 더운 시간에 3~4시간 햇볕아래 나가 앉아있었다. 이것이 바로 티티안(Titina)이 유명하게 알린 베네치아 풍의 붉은 금발 색조이다.

그림Ⅲ-2 르네상스 여성의 헤어스타일

1602년 휴 플랫(Hugh Plat)은 독자들에게 "삼십분만에 머리카락이나 수염을 밤나무 색으로 염색하는 법"을 지도했다는 것으로 보아 그 당시 모발 염색제가 사용되었고 염색이 아주 일반화 된 것을 알 수 있다. 16세기에는 은이 햇빛에 노출될 때 산화되어 검게 변하는 원리를 이용해 은을 모발염색에 사용하였다.

여자들은 남자보다 값비싼 모자를 사용해 보석을 장식한 보닛류, 섬세한 레이스가 달린 마제후드나 벨벳 후드가 유행되었다. 머리수건인 바브(barbe)는 과부들이 썼으며 발조(balzo)는 둥근형 토크로 머리 전체를 감싸고 목을 강조해 가늘어 보이게 하였다.

프렌치 후드(french hood)를 일반적으로 많이 썼는데, 이는 앞머리를 드러내어 머리카락을 많이 보이게 하고, 흰 리넨으로 만든 코이프(coiffe)나 금 망을 머리에 쓴 다음 그 위에 비단으로 된 보닛 모양의 캡을 뒤쪽으로 쓰고 턱에서 끈으로 매는 형식이다.

16세기초부터 유행한 게이블 후드(gable hood)는 앞 중앙에 철사를 넣어 마치 지붕의 박공처럼 각이 지게하고 래핏(lappet)이 양쪽으로 늘어진 것과 래핏을 위로 접어 올려 양옆으로 고정시킨 것이 있으며 앞의 머리는 약간 보이게 썼으나 1525년경부터는 속으로 감추어졌다.

그림Ⅲ-3 르네상스 회화에 나타난 여성의 헤어스타일

그림Ⅲ-4 르네상스시대 여성의 헤어스타일

슈튜어트 여왕의 얼굴에 맞도록 만든 것에서 명명된 스튜어트 후드(stuart hood)는 16세기 후반에 유행한 것으로 1575년경까지 사용했다. 이것은 모자 중앙이 약간 내려왔으므로 머리에 쓰면 얼굴형이 하트(heart)형이 되었다.

그 이외 16세기말까지 인기를 끌었던 베브(veuve)는 베일이 이마의 중앙에서 각을 지며 가늘게 드리워져서 다시 뒤쪽으로 늘어뜨린 것이다. 깃털장식이 달린 토크나 바보레(bavolet)도 있었는데 이마에서 수평으로 각이 지면서 뒤쪽으로 드리워진 것이 특징이다.기혼여성은 집안에서도 모자를 쓰는 습관이 있었으나 미혼여성은 아무 것도 쓰지 않았다.

베일은 중세를 통하여 종교적 의미를 가지고 보급되었으나 16세기에 와서는 장식으로서 중요한 위치를 차지하여 색채나 장식의 변화가 많았다.

그림Ⅲ-5 헤어스타일

그림Ⅲ-6 르네상스시대 여성의 헤어스타일과 머리장식

그림Ⅲ-7 르네상스 시대의 헤어스타일과 머리장식

(2) 화장형태

중세의 기독교적인 속박에서 벗어나 여성의 아름다움에 대한 관심이 증가하여 여성들이 화장을 하기 시작한 것은 르네상스가 시작된 이탈리아로서 그 무렵 이탈리아를 중심으로 고대의 화장이 유럽 각지로 확산되었으며, "피부, 치아는 흰색이어야 하고, 눈, 눈썹, 머리카락은 검정 색 이어야하며, 입술, 뺨, 손톱은 붉은 색이어야 한다."는 인식이 강해졌다.

당시 이탈리아에서는 이미 화장법에 대한 책이 출판되었으며 화장품을 제조하여 판매하는 상인이 생겨나게 되었다. 그런데 당시 베니스의 여자들이 사용하고 있는 화장품은 부착력이 좋지 않아 저녁때가 되면 얼굴이 창백하게 되어 무서운 얼굴이 되었다고 한다. 당시 베니스에는 많은 창부들이 있었는데 이들은 가슴이 노출된 의복을 입고 유방까지 백분을 발랐을 뿐만 아니라 머리에서 발끝까지 전신화장을 하였다고 한다.

1553년 프랑스의 오를레앙공과 결혼한 이탈리아 메디치가의 카트린느 드 메디치에 의해 이탈리아 풍의 짙은 화장이 프랑스에 전해졌는데 그녀는 화장뿐만 아니라 파라솔, 하이힐, 가장무도회 등 이탈리아의 선진 패션문화를 프랑스에 전하기도 하였다. 르네상스시대에 수은을 원료로 한 분이 제조되어 과다하게 사용한 까닭으로 당시의 여성들은 화장을 지운 얼굴이 매우 흉하게 보였다고 한다. 영국의 엘리자베스1세(재위1558~1603)는 이탈리아의 유행 풍과 동시에 화장법을 받아들여 분을 약 1센티 두께로 발라서 표정을 알 수 없었다고 하며 여왕의 화장은 그대로 궁정여성이나 귀족 부인들의 본보기가 되었다.

2. 바로크 시대

1) 역사적 배경

17세기는 르네상스에서 바로크(Baroque)시대로 이어지는 시기로서 유럽의 정세는 크게 변화하여 절대주의 정치 체계가 형성되었고 기독교 사상의 지배에서 벗어난 계몽 사상 시대에 해당된다.

바로크(Baroque)란 1580년경부터 1715년경까지의 활동적이며 과장적인 외관 장식을 지닌 미술양식을 말하는데 바로크의 어원은 '일그러진 진주'를 의미하는 스페인 말인 'barrucca'에서 연유한 것으로 열정적이고 감각적인 기품을 바탕으로 한 조화와 균형이 파괴된대서 오는 부조화나 황당무계함을 본질적 특징으로 하는 17세기의 시기를 가리키며 다음과 같이 3기로 나눌 수 있다.

제 1기는 1630년까지의 스페인 궁정 세력과 프랑스 세력의 교체기로서 16세기에 뒤이어 스페인이 유행의 지도적인 역할을 담당하였으며, 제 2기는 1631년부터 1660년 루이 14세의 출현까지로 유럽각 국은 30년전쟁 때문에 불안정한 시기였으므로 그 동안은 네덜란드 시민 계급의 복식이 영향을 미쳤다.

제 3기는 루이 14세가 즉위해서 사망할 때(1643~1715)까지 프랑스 절대 왕제가 번영한 시기로서 일반적으로 이 시대는 유럽의 모드가 지방적인 것에서 세계적으로, 국가적인 것에서 국제적인 것으로 이동한 시대이다. 독일 지방의 종교분쟁으로 시작된 30년전쟁(1618-1648)이 국제전쟁으로 확대되자 유럽 전역은 전쟁에 휘말려 들게되고 해외시장 개척으로 활동의 범위가 커졌다.

17세기 초기인 1630년대까지는 스페인 풍이 지배적이었지만 무리한 과세로 인해 스페인을 떠난 상공업자들이 네덜란드로 이주해와 독립을 선언하고 공화 연방국가를 세웠으며 이러한 자유로운 정치 체제가 네덜란드의 상업, 농업을 발전시켰다.

이들은 직물 공업으로 경제적 내실을 기하고 자유로운 시민정신인 프로테스탄트(신교) 사상의 확립으로 활기를 띠게 되어 유럽의 해상 활동을 독점하였으며 아시아로 진출해 인도에 동인도 회사를 설립하고 영국과 패권을 다투는 등 상업과 무역에 있어서 경제 강국으로 유럽세계에 부상하면서 시민복풍의 실용적이고 합리적인 네덜란드복식을 택하는 새로운 경향이 지배적이었다. 그러나 스페인의 세력 하에 있던 나라에서는 스페인모드가 그대로 유지되어 17세기 중엽까지 계속되었다.

17세기중엽 영국에서도 시민계급이 스스로를 해방시키려는 투쟁인 청교도 혁명이 일어나 봉건 귀족을 타파하고 자유주의, 민주주의 길을 열었다. 크롬웰(O.Cromwell)에 의해 공화정이 실시되자 경제력은 더욱 강해졌고 네덜란드로부터 해상권을 장악하게 되었다.

한편 프랑스도 통일국가로 발전하여 17세기후반부터는 태양왕 이라 불리우던 루이 14세의 진출로 정치적 권력의 중심이 절대 왕정인 프랑스 궁전에서 확립되었으며 특히 명재상 콜베르(J. Colbert)를 기용하여 탁월한 외교수완과 중상주의 정책에 힘입어 프랑스 절대 왕정과 경제의 기반을 확립하며 유럽 최대 강국으로 위치를 구축하였다. 또한 장식가인 부룬(Charles be Brun)의 예술적 보좌로 바로크 양식의 예술적 발전을 보게 되었다. 마침내 프랑스는 전제 왕정 하에 새로운 귀족문화의 출현을 계기로 바로크 예술의 상징이라 할 호화스러운 베르사이유(Versailles)궁을 탄생시켰다.

그 밖의 미술이나 예술에 관심이 많아 예술가들의 창작 활동에 후원을 아끼지 않았으며 장식 미술등의 생활 예술에 있어서 바로크 양식이 크게 발달할 수 있었다. 17세기 초에 네덜란드의 단순한 실용성을 추구하던 사람들도 후반에 전체적인 조화보다는 다만 호화스러움만을 목적으로 한 바로크 복식에 현혹되어 갔다.

프랑스 모드는 이렇게 유럽 전체를 휩쓸었고 주로「판도라」라 불리 우는 인형에 입혀져서 각 국으로 전해졌으며, 인쇄술의 발달로 프랑스의 최초 정기 간행물인 주간지 메르퀴르 드 프랑스(Mercule de France)라는 잡지가 1728년 발간되어 모드는 유럽 각 국으로 파급되었다.

2) 복식문화

17세기 전반부는 르네상스 스타일과 네덜란드의 시민 복장이 교체된 시기로 루이 14세가 즉위한 중엽부터는 패션의 중심지가 프랑스와 영국으로 옮겨가면서 바로크 스타일이 복식에도 나타났다. 이 시기의 복식에 관한 연구는 당시 화가들이 그린 초상화나 예술가들의 조각 · 화폐 등을 통해 볼 수 있다.

복식에 표현된 바로크 스타일의 특성은 여성적인 취향으로서 복합적이고 다채로우며 장식 모티브 등의 배열로 물결치는 듯한 자유로운 곡선과 눈부시게 화려한 장식으로 정열적이며 요염한 분위기를 나타낸다. 또한 암청색, 자색, 빨간색, 노란색, 갈색, 초록색을 주로 사용했으며 특히 빨간색은 루이 14세의 침실 내부장식이나 여자의상에 애용되었다.

사치 금지령으로 보석과 레이스에 대한 사용이 금지되자 여러 가지 천을 이용한 독창적인 루프(loop) 장식이 발달되었고 거창한 가발이나 화려한 레이스, 넘쳐나는 루프다발 등은 단지 호화스러움만을 목적으로 한 장식적 나열로서 바로크는 루프와 태슬(tassel)의 시대라 말할 수 있다. 이런 취향은 여성의 복식을 매력적으로 돋보이게 했으나 실상 남자복식에도 과도하게 사용되어 남성들의 옷차림은 여성복을 입은 것과 같은 양상을 띠었다.

여자복식은 1620년대 중엽까지 귀족풍의 스페인 스타일이 그대로 유행하였고 루이 13세가 통치하던 17세기전반부에는 네덜란드의 영향으로 스커트의 버팀대가 축소되어 자연스럽고 부드러운 실루엣의 기능적인 형태로 변화했으나 루이 14세 즉위 이후에는 다시 거창한 실루엣이 등장해 요란한 취향이 더욱 강조되었다. 17세기 여자 옷은 바디스(bodice)와 스커트(skirt)의 투피스 형식으로 구성되었으나 착용에 의해 완전한 원피스 드레스 형태가 되면서 가운 또는 로브(Robe)로 불리웠다.

그림Ⅲ-8
바로크 시대 후반의 여성복식

초기에는 꼭 끼인 실루엣의 바디스 였으며 러플 칼라가 다른 형태의 칼라(collar)와 함께 유행하거나 넓게 파인 네크라인을 따라 레이스로 장식한 형태가 유행했다. 바디스와 가슴 장식인 스터머커는 앞 중심으로 길게 연장되어 허리선이 길어 보였으며 끝이 둥글거나 뾰족하여 다양한 형태의 짧은 페프럼이 달렸다.

소매는 타이트 슬리브, 작은 퍼프와 슬래쉬가 있는 레그 오브 머튼(leg of mutton)이 있었고, 스페인과 이탈리아에서는 긴 행인 슬리브가 남아 있었으며끝에는 좁은 프릴이나 커프스를 달아 칼라의 레이스와 조화를 이루었다. 스커트의 실루엣은 16세기 유행되던 스페인 풍의 비활동적이고 귀족적인 원추형 · 원통형 · 종모양의 스커트가 공존하였다. 1630년대가 되자 네덜란드의 영향으로 허리선은 원래 위치로 올라가고 몸에 자연스럽게 맞는 형태로 바뀌면서 코르피케도 사용치 않았고, 여기에 플랫 칼라(Flat collar), 즉 폴링 칼라(Falling collar)와 위스크 칼라(Whisk collar)가 유행했다.

커프스가 없는 팔꿈치 길이의 짧은 소매 아래로는 슈미즈에 프릴을 단 소매가 보였으며 풀 슬리브(Full Sleeve)는 여자의 팔을 처음으로 노출시킨 예이다. 스커트는 전체적인 실루엣이 활동적인 형태로 변했으나 1650년대 이후 다시 파니에(Panier)를 사용한 거창한 실루엣을 이루었고 스커트 버팀대를 이용하지 않은 드레스는 여러 겹의 다양한 색상의 페티코트를 입었으며 뒷자락이 바닥에 끌리도록 옷 길이가 길어졌다.

루이 14세가 즉위하자 다시 귀족풍이 유행하게 되어 바디스는 콜셋에 의해 타이트해지고 프랑스에서는 콜셋을 겸한 고래수염을 넣은 바디스란 뜻의 코르발레네가 고안되었다. 스터머커는 주로 뒤에서 끈으로 묶거나 앞여밈일 경우 각종 보석으로 고정시키고 루프 다발이나 레이스로 장식했다. 1650년부터 목둘레를 많이 판 데콜테(décolleté) 현상이 다시 생기면서 레이스나 프릴로 장식하거나 대담하게 유방을 노출시켜 풍만한 유방의 미를 강조하였다.

1680년대는 트레인을 길게 늘어뜨린 스커트가 유행해 보행 시 스커트 겉자락을 끌어올리거나 앞을 ∧형으로 터놓아 갈라진 자락을 양옆에서 브로치나 리본으로 고정하기도 하며, 엉덩이 부위로 끌어올려 버슬(bustle)의 효과를 냈다. 이때 나타난 버슬 스타일은 19세기말 유럽의 모든 여성들이 즐겼고 250년 간 패션에서 사라지지 않았다.

남자 복식은 17세기가 되면서 네덜란드의 영향으로 실생활에 맞는 기능적인 의복으로 변하여 시민 복 확립에 큰 역활을 하게되고. 간편해진 푸르푸앵과 넉넉한 바지는 17세기 전반부를 대표하게 되고 17세기 후반에는 귀족풍의 복장과 시민복이 융합된 독특한 바로크양식이 유행한다. 이때 귀족적인 시민복인 쥐스토코르(justaucorps)는 반바지 퀼로트와 함께 후반을 대표하는 복식이 되었다. 푸르푸앵(pourpoint) 역시 실용적이고 간편한 복장으로 변하여 주름 없는 레이스를 사용하게 되었고 간편한 부채모양의 위스크와 폴링 칼라로 바뀌었다.

17세기 후반에는 길이가 매우 짧아져 허리 위로 올라가고 반소매가 되다가 말경에는 소매 달린 짧은 조끼 형태로 변하면서 종적을 감추게 된다. 쥐스토코르(justau corps)는 1670년경부터 귀족풍에 대항하여 착용하기 시작한 남자 상의로 푸르푸앵이 사라지면서 대신 착용했다. 초기에는 울을 사용한 H라인의 실루엣이었으나 후기 들어 궁정 귀족이 착용하면서 색상이 화려해지고 벨벳이나 실크를 사용해 몸을 가늘게 조이고 허리에서 밑단으로 넓어지는 실루엣이 되었고 폭넓은 커프스에 폴링칼라는 사라지고 프랑스 군인들이 목을 보호하기 위해 목에 머플러를 두른 것이 기원이 된 크라바트(Cravat)가 등장해 남성복의 네크웨어로 유행하였다. 슈미즈와 쥐스트코르 사이에는 실내에서 입는 간단한 상의인 베스트를 착용했다.

반바지 형태의 오 드 쇼오스(Haut de Chausses)는 코드피스나 패드, 슬래쉬가 사라지면서 다리에 꼭 맞는 스타일, 풍성한 스타일 등 여러 가지 형태가 같이 병행하면서 유행하였다. 투루스(Trousse)는 후에 신사복 트라우저스(Trousers)의 모체가 되었고 타이트하게 맞는 간단한 형태의 퀼로트는 계속 착용되었다.

랭그라브는 다양한 형태의 스커트 바지로 초기에는 긴 천을 하체에 둘러 입는 방법으로 궁정에서만 입혀졌으나 간편화되어 차차 일반인들에게도 보급되었다. 오 드 쇼오스가 유행하던 17C에는 넓은 커프스가 달린 밝은 색상의 부드럽고 긴 가죽 부츠가 유행하다가 바지가 길어짐에 따라 짧은 부츠를 신게 되었다. 부츠의 끝에는 루프나 레이스로 장식했다. 중기에는 통 넓은 부츠가 기사들 사이에서만 착용되었고 일반인은 루이 14세형이라는 앞 끝이 사각 지고 비교적 가늘고 뒷 굽이 우미한 실용적인 슈즈가 보급되었다.

여성들의 구두도 남자신발과 별로 차이가 없었으나 앞 끝이 좁고 뾰족하여 가죽이나 새틴으로 된 굽이 높은 힐이었다. 바로크 초기에 남자들도 여성들과 같이 귀걸이, 목걸이, 반지, 팔찌 등 많은 장식을 하였으나 점차 이런 경향이 사라지고 장식적인 목적으로 부드러운 가죽으로 된 장갑과 손수건, 부채 등을 들고 다녔다. 남성들이 차기 시작한 볼드릭(baldric)은 어깨에서 허리로 비스듬히 걸치고 여기에 검을 차도록 한 것으로 벨벳이나 가죽 등으로 만들고 실크에는 자수장식을 하였다.

3) 미용문화

(1) 머리장식과 모자

초기 남성들의 헤어스타일은 러프 칼라의 영향으로 짧은 머리였으나 점차 칼라(collar)가 낮아지면서 머리를 어깨까지 늘어뜨리게 되었고 1630년에는 아주 긴 머리가 유행하였다. 긴머리는 물결치듯 컬을 하여 등 뒤로 늘어뜨렸는데 머리 형태 중 러브 로크(love lock)는 오른쪽 머리를 사각으로 자르고 왼쪽머리는 컬을 하여 늘어뜨린 것으로 주로 기사들의 머리 형태였다.

후기에는 가늘게 땋은 머리에 리본을 달고 아래로 내려뜨린 것, 컬된 머리를 빗질해서 간추린 것 등 머리카락의 풍성함을 자랑하는 여러 가지 모양이 나타났다. 루이13세 시대 프랑스 상류 사회나 궁정의 풍속 가운데 가발이 등장했는데 이는 왕이 처음 쓰기 시작하여 모든 궁중인 들이 착용하게 되었다.

남성들의 머리가 길어지고 컬을 하게 되면서 이러한 머리를 좀더 아름답게 표현하기 위함으로 1660년대 이후 페리위그(Peri wig)나 풀 버텀 위그(Full bottom wig)를 쓰는 것이 널리 유행 되었으며 프랑스 궁정에서는 200여명의 가발 만드는 사람이 고용되었다는 기록이 있다.

페리 위그는 앞머리를 뒤로 빗어 넘긴 형으로 곱슬거리는 머리카락이 어깨와 앞가슴을 내리덮으며 각종 분을 뿌려 착색하였고 이를 포마드(Pomade)로 고정시켰으며 향수를 뿌렸다. 밝은 색을 선호하여 제일 비쌌고 가장 싼 것은 검정 색이었으며 초기 가발은 자신들의 머리로 사용했으나 결국 염소 털, 말총 등 인조로 만들어서 사용하였다.

풀 버텀 위그는 앞 중앙에 가르마를 타고 전체적으로 컬을 하여 늘어뜨린 형태로 매우 거대하고 무거워서 활동하는데 지장이 있을 정도 였으나 서 유럽 상류층에서는 1700년대까지 이 가발을 쓰는 것이 필수적인 것으로 간주되었다. 남성들이 실내에서 무거운 가발대신 리넨이나 울로 된 나이트 캡(cap)을 쓰는 풍습이 생겼고 공공 장소에서 머리를 빗는 것을 멋으로 여겼다.

17C 초에는 챙이 좁고 크라운이 높은 빳빳한 형태의 깃털장식을 한 모자를 사용했고 청교도들이 사용한 퓨리턴 햇(puritan hat)과 이외에도 비버햇(beaver hat), 펠트 햇(felt hat) 등이 있었다. 17세기 남성들은 금발머리나 빨강머리를 좋아하지 않았으며 검은 색 또는 밤색머리에 어울리는 피부색을 갖춘 사람을 선호 하였다.

여성들의 초기 헤어스타일은 머리카락을 앞에서 뒤로 높게 빗어 올린 후 머릿속에 가발을 넣고 포마드로 굳혀서 보석과 진주로 장식을 해서 귀족적인 분위기를 나타냈다.

그림Ⅲ-9 17세기 남성의 헤어스타일

1630년, 가르세트(에스파니아풍의 헤어스타일)풍의 헤어스타일이 출현하였는데 모발은 매우 길고, 앞머리를 자르고 이마를 컬로 장식하였으며, 나머지 모발을 뒤로 당겨서 둥글게 올려 묶어 주었다. 시민 풍의 플랫 칼라의 등장으로 높은 머리는 없어지고 자연스럽게 컬을 해서 어깨 위로 늘어뜨렸고, 한편 앞 중앙에 가르마를 타고 양옆을 부풀리는 스타일도 유행했다.

루이14세 때는 퐁탕주(fontange)라는 우아하고 기교적인 헤어스타일이 등장했는데 이것은 루이 14세의 총애를 받았던 부인의 이름 'Duchesse de Fontanges'에서 따온 머리 장식으로 퐁땅쥬 부인이 궁전사냥 파티에서 말을 탈 때, 바람에 머리카락이 날리는 것을 막기 위해 양말 대님(garter)으로 머리를 묶은 것에서 유래된 것이다.

이것은 흰색 리넨 또는 레이스에 풀을 빳빳이 먹여서 오르간 파이프(organ pipe)와 같이 잔주름을 잡아 철사로 받쳐 두 층 또는 세 층씩 층층이 세워 탑같이 60cm쯤 높이 올려 다이아몬드나 진주를 박은 핀을 꽂아 앞에서 보면 마치 부채를 편 것 같이 보이게 한 것이다. 1680년대에 프랑스에서는 머리 전체를 화려하고 커다랗게 부풀린 양배추 머리형도 유행되었다. 이와 같이 17세기의 기발한 머리형과 장식은 18세기말에 이르러 극치에 달하게 된다.

그림Ⅲ-10
위를루 베를루 스타일

그림Ⅲ-11 퐁탕쥬 스타일

(2) 화장 형태

여성들은 화려한 의상과 함께 17C초에는 화장을 하지 않은 얼굴은 거의 눈에 띄지 않을 정도로 화장이 일반화되었는데 이것은 주로 런던이나 기타 대도시 여성들만의 유행이었고 시골에 살고 있던 처녀들에게는 화장의 유행이 영향을 주지 않았다. 엘리자베스 시대의 여성들은 기교적인 몸짓을 연습하였을 뿐 아니라 얼굴에 짙은 화장을 하고 점을 붙였는데 루즈를 바르고 그 위에 그린 점을 붙이는 풍습(뷰티점)이 유행으로 변해갔으며 또한 몸 냄새를 감추기 위해 진한 향수를 많이 사용하였다.

당시의 사치스런 문화는 여성의 화장을 과도하게 하는 결과를 초래하여 피부에는 백분을 발라 희게 하였으며 볼에는 연지를 섞어 장미빛으로 표현하였다. 전대에 이어 흰 피부를 선호하였으므로 피부가 태양에 그을리는 것을 방지하기 위하여 16세기부터 유행하기 시작한 가면이 여전히 사용되었고 이 가면은 단추를 이빨사이에 묶어서 얼굴에 고정하는 방법으로 착용하였다.

초기의 가면은 얼굴전체를 숨길만큼 대형의 것으로 천연두의 흉터자국을 감추기 위해서도 이용되었으며 특히 얼굴이 연백분으로 중독 된 여성에게 있어서는 사람을 만나거나 외출할 때에는 필수적인 액세서리였다. 마스크의 표면은 빌로도, 태피, 수자(공단)등으로 만들어졌고 안에는 견이나 부드러운 가죽이 붙어있었다. 마스크의 안쪽에는 입 근처에 은이나 뼈로 만든 것이 있어서 이 사이에 단단히 끼워 넣게 되어 있어 이가 튼튼한 여성이 아니면 사용할 수 없었다. 마스크는 이탈리아로 부터 프랑스, 영국으로 전해진 것이다.

뷰티점이 파리에 나타난 것은 16세기부터였지만 17세기가 되어 유행이 되고 18세기까지 이어졌으며 처음의 점은 태프터(옷감의 이름) 혹은 스페인 산의 가죽을 색색의 작은 모양으로 잘라 얼굴에 붙인 것으로 빌로드나 종이가 이용되기도 하였다. 프랑스에서는 이것을 무슈, 영국에서는 패치라고 불렀으며 안에 붙임용 고무가 붙어 있었다.

형태는 별, 반달, 다이아몬드 등이 일반적인 것이었고 디자인이 다른 것을 몇 개씩 이마와 얼굴에 붙였다. 프랑스의 여성들은 붙이는 장소에 따라 의미를 달리하였는데, 이마에 붙이는 것은 위엄을, 눈 근처에 붙이는 것은 정열을, 입가에 붙이는 것은 요염함을 나타내었다. 패치를 붙이는 것은 흰 피부를 강조하거나 이성의 관심을 끌기 위한 목적이 있지만 본래는 얼굴의 상처나 여드름을 감추는 것에서 시작되었다고 한다. 1670~1685년 사이에는 넓고 토실토실한 얼굴에 둥그스름한 붉은 입술, 큰 눈, 짙은 눈썹과 짙은 머리색 그리고 이중 턱을 한 얼굴이 선호 되었다.

3. 로코코 시대(Rococo)

1) 역사적 배경

18 세기 초까지 프랑스는 유럽전역을 대표하는 문화로 독보적인 존재였다.그 이유는 유럽의 정세가 프랑스에게 유리하게 작용했기 때문이다. 그러나 프랑스의 절대왕정의 틀이 부드러워지고 귀족사회가 몰락해 가는 문화양식으로 변모하기 시작하면서 프랑스 사회는 형식적이고 엄격한 규칙을 버리고 감성적이며 쾌락을 추구하는 새로운 예술 양식으로 형성되어 갔다.

왕실과 귀족계급의 사치스럽고 호화로운 형식에서 벗어나 인간적이고 자유로운 생활이 되었다. 이러한 사회풍조로 인하여 복식의 개념이 권력표시를 위한 호화로움과 규칙이 아닌 환상적이고 정겨움이 넘치는 모양으로 특징 지워졌다. 복식뿐만 아니라 건축 실내장식 가구, 조각, 음악, 직물의 문양에서도 유동적이며 굵은 직선은 간드러지게 휘어져 섬세하게 형태를 표현하기 시작하였고, 고전적 제한을 타파한 자유분방한 곡선의 중복, 이른바 패각형 곡선의 적용으로 즉 섬세하고 우아한 곡선미를 표현하는 로코코(Rococo)양식으로 발전하게 되었다.

로코코의 어원은 불어인 자갈(rocaille)과 조개껍질(coquille)이란 두 단어의 합성어로 정원의 장식으로 사용된 조개껍데기나 작은 돌의 곡선을 의미한다. 이 곡선의 감각은 잔잔히 흐르는 듯 인공적이며 실내적인 특색을 지니게 되고 리드미컬한 곡선이 주제를 이루어 밝고 화려하며 세련된 귀족취미를 바탕으로 하였다. 따라서 로코코는 외형상의 양식이기보다는 장식의 성격을 개념화 한 것이다.

로코코양식은 신고전주의와 융합되어 유럽과 아메리카 대륙에서 제각기 독자적인 양식으로 발전하였다. 고대 식의 간소한 아름다움이 로코코 양식에 융합되어 굽이치는 곡선과 소용돌이 대신 품위 있는 직선을 좋아하게 되었으며 자유분방한 움직임에서 어떤 일정한 틀에 들어가려는 표현이 나타나기 시작하였다. 고전 풍에 관심을 갖기 시작하면서 복식은 수 십 년간을 쾌락적인 부드러운 양식과 간소한 고전 풍이 부분적으로 혼합되어 나타났다.

유럽에서는 인간중심사상이 17세기말부터 18세기에 걸쳐 계몽주의로 확산되어 이성의 시대가 전개되었고 또한 사람들의 사고 방식을 변화시켜 과학, 문학, 미술, 의, 식, 주 전반에 영향을 미쳤다. 특히 과학에 대한 흥미가 사회전반에 일반화되면서 화학의 발전이 두드러져 현대과학의 기초가 구축되었다.

영국에서는 과학뿐 아니라 대농경영이 증가하면서 산업혁명의 경제적 뒷받침이 되어 18세기 중반에 영국에서 시작된 산업혁명은 기술혁신에 의해 생산과 분배에 직접적인 영향을 미쳤다. 18세기 복식이 그토록 화려할 수 있었던 것도 당대의 직물공업을 주로 한 산업발전의 힘이며 산업혁명은 근대 복식의 발전에 크게 공헌하였다.

리본이나 레이스 직조 방법이 개량되어 섬세한 것도 비교적 용이하게 생산되었고 편성기의 개량으로 바지의 진보적인 결과를 가져왔다. 이처럼 영국은 공업생산의 자본주의적 형태를 갖추고 해상무역에서 대권을 잡아 유럽문화에 영향력을 주었다.

18 세기 복식사에서 대표적인 두 인물은 루이 15세의 애인인 마담 퐁파두르(Madame de Ponpadour)와 루이 16세의 왕비 마리 앙투아네트(Marie Antoinette)이다. 이들은 당시 유럽의 패션리더 역할을 하였고 프랑스 복식을 유럽 전역으로 파급시켰다.

마담 퐁파두르는 다양한 예술적 취미로 프랑스 문예를 진흥시켰고 예술과 의상을 발전시키는 촉매제가 되었고, 마리 앙투아네트는 로코코의 복식문화를 더욱 화려하게 꾸미는데 공헌하였지만 허영과 사치의 표본으로 나타난다. 또한 인쇄기술의 발달로 잡지가 대량으로 출판되면서 의상의 형태, 재료, 자수의 도안 등 문화전반에 대한 자료가 기록되어 복식문화 발전에 공헌하기도 하였다.

2) 복식문화

18세기 복식의 대부분은 왕족, 부유한 상인, 로마교회에 의해서 주도되었으며 로코코 양식으로 가장 화려한 시기는 루이 15세의 친정기와 루이 16세의 초기이다. 루이 15세 때는 형식주의를 배척하고 살롱을 중심으로 사교 생활을 했으며 주위의 귀족들도 방종하고 풍류 적인 생활을 즐겼다. 이러한 생활은 복식과 실내장식에도 반영되어 환상과 우아함의 구상화로서 여성적인 취향이 뚜렷이 나타났으며 섬세한 여성적인 곡선과 장식적인 요소로 새로운 형태를 형성하였다.

로코코 복식에서 부인복은 사교장의 주요한 실내장식이 되었으며 환상적인 거대한 머리모양, 가는 허리, 부풀린 스커트, 넘쳐흐르는 듯한 장식 등은 하나의 예술품이었다. 18세기 복식은 가슴을 깊이파고 허리를 졸라매어 힙을 펼침으로써 여성적인 곡선미를 의식적으로 강조하였고 이러한 경향은 남자복식에도 영향을 미쳐 남성복도 여성적인 우아함을 지니게 되었고 허리를 조이는 풍조는 남자복식에도 적용되어 허리가 들어가고 단이 퍼지는 실루엣으로 변하게 되었다.

로코코 시대는 살롱에서 여성들에 의해 이룩된 문화로 그 특성이 여성복에 더욱 많은 변화가 있었다. 꽃, 깃털, 리본, 루프, 꽃바구니 등의 섬세한 모티브들이 세련된 감각으로 배치하여 조화로운 곡선미를 표현하였다. 특히 여성복에 환상적인 분위기를 연출하여 관능미를 나타내도록 하였고, 유방이 드러날 정도로 깊이 파인 넥크 라인과 조인 허리, 거대하게 부풀린 플레어(flare)스커트 방법이 가장 중요한 요소이다.

화가 와토(watteau)가 즐겨 그린 와토가운(watteau gown)은 느슨한 주름이 어깨 뒤로부터 늘어져 스커트의 부분이 되는 것으로 드레스 위에 입었으며, 1730년 와토가운 '로브 아 라 프랑세스'(robe a là francaise)가 되었고 1770년경에는 궁중에서 입는 의식 복이 되었다. 재료는 새틴(satin), 로운(lawn) 실크 등으로 레이스 장식이 많이 사용되어 여성의 섬세한 분위기를 한층 돋보이게 하였다.

주로 가벼운 직물을 사용하였고 색조는 부드럽고 환상적인 파스텔 색상이 주로 사용되었으며 밝고 따뜻한 색상들로 여성미를 돋보이게 하였다. 가는 허리를 위하여 꼬르 발레네(corps balein)라는 콜셋을 하였고 플레어를 위하여는 파니에(panier)를 사용하여 로코코 의상의 특징을 나타냈으며 가장 겉에 입은 화려한 로브(robe)는 로코코 의상미의 극치를 이루었다.

이처럼 로코코 복식의 특징은 장식기법으로 리본장식, 꽃 장식, 레이스장식, 자수장식 등을 화려하게 사용하였으며 주로 가슴과 스커트에 집중적으로 장식되어 수많은 꽃과 곡선이 파도처럼 연이어 약동하는 느낌을 주었다.

그림Ⅲ-12 로코코 시대 로브

그림Ⅲ-13 로코코 시대 로브

남자의 복식은 쥐스또꼬르(justaucorps), 조끼(veste), 바지(culotte)가 기본 복이며 바로크 양식을 그대로 계승하고 있으며 현대 남성복에도 그 잔영이 남아 있다. 쥐스또꼬르 특징은 꼭 맞는 허리와 뒤쪽으로 퍼진 웨이스트 플레어가 있는 자켓의 전신으로 코트성격을 많이 띠고 있다.

쥐스또꼬르 속에 입는 베스트는 값진 단추와 섬세한 꽃 모양의 자수를 놓아 화려하게 장식하였으며 다리에 꼭 끼는 짧은 바지를 착용하였다. 그러나 1780년부터는 재정이 빈곤해짐과 더불어 영국의 의상에 영향을 받기 시작하여 단순해지기 시작하였다.

로코코 초기의 남성구두는 바로크의 영향으로 사각인 구두를 신었으며 18세기 후반으로 가면서 구두의 앞 부리가 뾰족해지고 굽이 낮아지기 시작했다. 승마, 사냥, 여행, 군대용으로 신은 부츠는 무릎을 덮는 형과 무릎 아래로 접는 부분이 있는 죠키 부츠(jockey boots)를 착용하여 단순해지고 실용적인 형태로 변하였다. 구두의 재료는 얇고 부드러운 가죽을 사용하였으며 끈으로 묶는 펌프스도 유행하였다.

여자 신발은 굽이 높은 신발로 굽의 상하가 곡선으로 휘어지고 붉은 색의 구두 루이 힐(Louis heel)을 사용했으며 귀부인들은 앞 부리가 뾰족한 슬리퍼형 구두를 신기도 하였다. 재료는 가죽 외 벨벳이나 고급 사슴, 또는 새끼 염소가죽을 사용하여 자수를 놓고 보석을 달아 하나의 예술작품과 같았다. 스타킹은 계속 사용되었고 초기에는 금, 은사로 자수를 놓은 실크 스타킹이 귀부인들에게 사용되었으며 흰색의 면 스타킹도 유행되었다.

18세기의 장신구로 머프(muff)는 남녀 필수품이 되었고 크기가 점차 대형화 되었으며 보온과 재력을 나타내는 목적으로 사용하였다. 남자들은 외출 시 지팡이를 들고 다녔으며 손잡이는 매우 장식적이고 외눈 안경과 금, 은 거북이 껍질로 세공한 회중시계를 늘 착용을 하였다. 여성들은 여전히 진주나 다른 보석 등을 즐겨 사용하였고 여성의 우아한 멋을 더해주는 액세서리로 부채를 가지고 다녔다. 부채는 반원형으로 비단 천에 금, 은 자개로 장식을 하였고 그림을 그려 넣어 하나의 예술품처럼 만들어져 귀족계급의 부인들에게는 필수품이 되었다. 또한 가운 속에 둘러 입은 네모모양의 주머니는 비단 천에 수를 놓아 술로 장식하기도 하였고 레이스 장식의 손수건과 패치를 넣어 다니는 패치 박스(patch box)가 장신구로서 한 몫을 차지하였다.

3) 미용문화

(1) 헤어스타일과 머리장식

로코코시대 남성들의 머리는 바로코 시대에 비해 단정한 것으로 나타났다. 머리는 항상 뺨 양옆으로 자연스럽게 컬하여 늘어뜨려 양 귀를 덮었으며 가장 중요한 변화 중의 하나는 가발의 변화로서 직업, 복장, 나이에 따라 가발이 매우 다양해졌다. 1710년경부터는 높이가 줄어들고 길이가 짧아져서 좀 더 편리한 가발이 되었고 로코코 후반에는 경쾌하고 우아한 모습으로 머리 모양을 꾸미기도 하였다.

18세기에 유행되었던 남자가발은 머리를 땋아서 리본으로 묶거나 주머니에 넣는 형과 땋은 변발이 없고 웨이브와 컬이 있는 형으로 나눌 수 있다. 짧아진 가발을 뒤에서 간단하게 매어주거나 땋아서 늘어뜨리는 형태와, 머리카락을 앞이마에서 뒤로 빗어 넘기고 양옆 귀 위로 한 개나 두 개의 컬이 수평 되게 말아 올리고 뒤에서 머리를 검정색 리본으로 묶는 형태가 나타난다.

카도간 위그(cadogan wig)는 머리를 뒤 중심으로 모아 리본으로 묶고 리본의 나머지 부분을 앞 목에서 브로치로 고정시킨 형이며 컷 위그(cut wig)는 주로 농부나 노동계층에서 애용된 가발로 가발의 전체길이가 짧고 컬이 없는 단순한 형이다. 백 위그(bag wig)는 정장차림에 쓴 가발로 땋은 머리를 검정색 네모난 주머니에 넣고 뒷목에서 검정색 리본으로 나비처럼 묶어주는 형이다. 당시 중국인의 머리형을 닮은 피그테일 위그(pig tail wig)는 길게 땋은 머리를 검정색 리본으로 감아주어 마치 꼬리처럼 보이고 머리 끝 과 뒷목에서 리본을 나비형으로 묶어주었고 정장이 아닌 의복에 이 가발을 썼고 매우 스마트한 헤어스타일로 나타난다.

라밀리 위그(ramillie wig)는 머리를 길게 땋아서 뒷목과 맨 끝, 두 군데를 검정색 리본으로 매어주거나 끝에서만 매어준 것으로 영국에서는 근위병 장교나 젊은이들이 이 가발을 썼다. 이들의 가발은 항상 백색 파우더를 뿌려 나이를 구별하기 힘들게 하였으며 이런 머리 가루는 살롱에서의 에티켓으로 남자, 여자, 어린아이 모두 다 과도하게 사용하기도 하였다.

가발의 색은 검정색, 회색 ,흰색, 갈색, 연한 황갈색으로 재료는 사람의 머리털이나 소, 말, 염소의 털 그리고 송아지꼬리 여우꼬리, 양모 털실 등을 이용하였다.

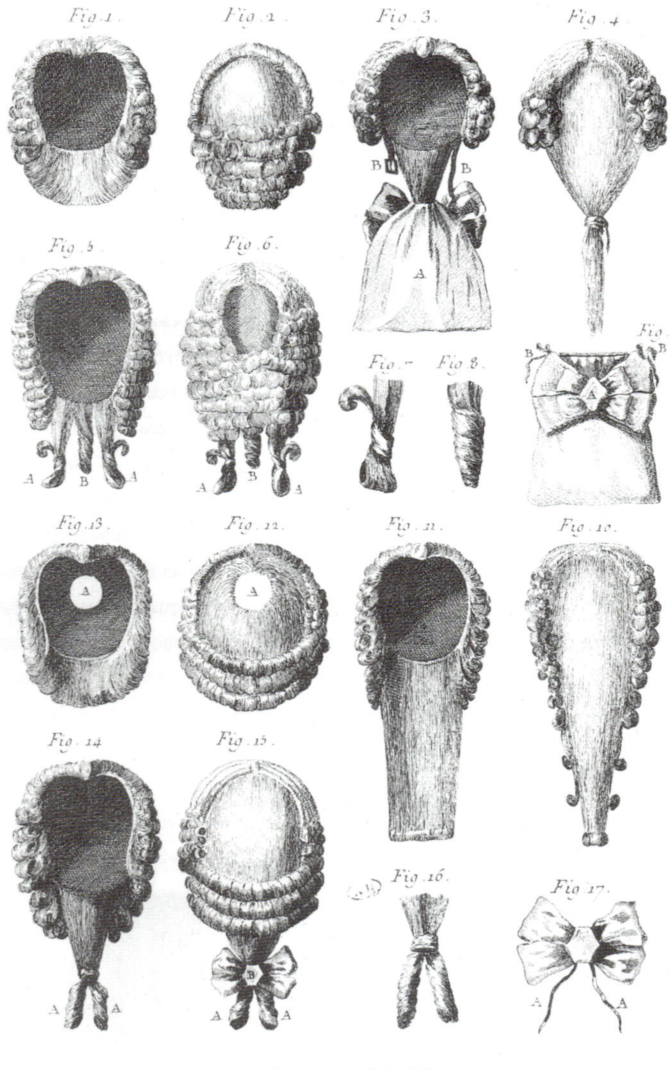

그림Ⅲ-14 가발의 종류

18세기의 모자는 실용성보다 주로 장식용으로 쓰였으며 창의 모서리가 3각인 트리콘 햇(tricone hat)이 유행하였으며 리본이나 밴드 공작 깃털로 장식을 하였다. 후에는 앞 뒤에 플랩(flap)이 있고 트리콘(tricone)과 비슷한 비이콘(bicorn)도 유행하였으며 후기에는 모자를 사용하지 않고 팔에 끼고 다녔다.

18세기 여자들의 헤어스타일은 가장 흥미를 집중시키는 스타일이 연출되었으며 18세기 초 까지는 바로크 시대에 유행했던 퐁탕주 스타일이 전성을 이루었으나 루이 14세가 사망한 후 퐁파두르(pompadour)라는 낮은 헤어스타일이 유행하게 되었다.

그림Ⅲ-15
남성의 헤어스타일을 다루는 정경

루이 15세 때 왕의 총애를 받던 마담 퐁파두르가 앞이마를 내놓고 얼굴 둘레에 후광을 주면서 수평으로 컬을 만들어 주는 헤어스타일을 시도하였다. 이 헤어스타일은 머리카락을 뒤로 빗어 넘긴 부풀리지 않은 납작한 머리에 레이스로 된 작은 캡을 쓰거나 리본을 매었다. 1760년부터는 여자 머리형에 변화가 나타나 점차 거대해지고 높아져 갔으며 그 위에 장식이 높이 쌓여졌다.

이러한 방법은 루이 16세 치하동안 계속되었으며 1750년경에는 헤어 패드의 시조인 작은 쿠션을 부족한 본래의 모발을 넣어 대형 헤어스타일을 만들었으며. 1775년경에는 꾸와피르(coiffure)의 높이가 70cm가 넘는 것도 등장하여 결국에는 믿을 수 없을 정도로 높아지게 되었다.

1780년에는 사상 최대의 건축 적인 머리형이 남자 미용사에 의해 만들어졌으며 그 당시 미용사는 예술가의 대우를 받았는데 르그로(Legros)는 파리의 유명한 미용사로서 머리형에 관한 책을 출판하였고 미용사를 길러내는 학원을 세워 미용기술을 전수하기도 하였다.

머리장식의 재료는 무한하며 이제까지 사용해 왔던 장식 외에 나무판 인형, 별, 달, 과일, 태양을 사용했으며 명칭은 시사성 있는 주제나 환상적인 이름 그 배치와 모양에 따라 이름을 붙이기도 하였다. 머리가 거대함에 따라 모자는 작은 린넨 캡(linen cap)이 사용되었고 폭 넓은 챙을 가진 샤포라와 거대한 머리에 적합한 보닛(bonnet)형의 거북한 깔라쉬(calash)가 등장하였다.

1795년경부터는 혁명기를 거친 복장의 간소화로 대형 스타일도 사라지고 끄와피르가 축소되고 보닛의 크기도 작아져 햇(hat)이 등장하게 된다.

그림Ⅲ-16 로코코시대 여성의 헤어스타일과 머리장식

그림Ⅲ-17 로코코시대 마스크

로코코의 여성들은 보다 머리에 더욱 관심이 있었으며 많은 가발을 사용하여 단순한 헤어스타일 뿐 아니라 여러 가지의 형태로 만들어 머리 위에 올리고 각기 다른 명칭을 붙였다. 형태로는 정원, 과일바구니, 새 또는 마차 야채바구니 및 배 등 갖가지 모양이 있고 크기도 거대하였다. 이 시대의 취향은 머리형을 예술적이고 환상적인 것의 극치로 이르게 되었고 장식 기교에 있어서 가능성의 극한점까지 도달하였다. 그 당시 모든 계급의 여자들은 여왕의 머리를 모방했으며 거대한 머리의 높이나 장식의 과용은 당시 여자들에게 병적으로 번지게 된 자기과시를 말해주었다.

머리를 높고 가장 거대한 머리형으로 하기 위해 캡 위그(cap wig), 말털 쿠션, 철사 받침 등의 패드를 머리 위에 얹고 자기 머리로 패드를 덮어 연출하였다. 이런 건축적인 머리형을 준비하는 데는 오랜 시간이 걸렸기 때문에 중류계급의 여인들은 3개월 정도 귀부인들은 약 10일간 까지 빗지 고 그대로 두었으므로 악취를 풍기게 되었고 머리 긁는 도구로 황금이나 상아로 만든 가늘고 긴 빗을 항상 사용하였다.

그림Ⅲ-18 로코코시대
여성의 헤어스타일

그림Ⅲ-19 마리앙뜨와네뜨

그림Ⅲ-20
로코코시대 여성의 헤어스타일을 다듬는 경경

그림Ⅲ-21 로코코시대 여성의 헤어스타일

(2) 화장형태

로코코 시대는 세련된 감각이 무엇보다도 중요시되었으며 따라서 의상, 화장, 헤어스타일, 몸짓 등에 대해 더욱 정성을 들이게 되어 노인은 젊게 보이려고 장미색으로 볼을 칠했고 젊은이는 현명하게 보이도록 노인과 같은 흰머리를 만들고자 흰 가루를 뿌리는 유행이 생겨났다. 남녀 모두 공들여 화장하고 정성 들여 의상을 차려 입어 자신을 살아있는 예술품으로 만들어 놓는 것을 즐겼다. 로코코 시대에 이르러 화장품의 제조는 더욱 활발해졌고 화려하고 무분별한 화장은 극에 달했다. 1770년 영국에서는 영국귀족에 의해 영국 최초의 비누와 화장수 회사가 생겼으며 1774년 프랑스 파리에서는 향수와 화장품 가게가 생겼고, 프랑스 남쪽 지중해 연안의 풍부한 꽃 생산지를 중심으로는 향수제조가 발달했는데, 이밖에도 화장품은 여러 직업에 의해 비전문적인 방법으로 제조되어 마술적인 처방과 함께 선전되었다.

18세기는 하얀 피부를 찬미하여 여전히 피부화장을 두껍게 하였으며 전체적으로 분을 발라 얼굴바탕을 희게 하고 관자놀이 부근은 갈색, 입술 주위는 밝은 색조를 띄게 하여 광대뼈와 눈 가까이에 볼 화장을 하였다. 눈에 열정을 부여한다는 이유로 남녀 모두 아래 눈꺼풀에 두꺼운 화장을 하였으며 심지어는 여인들이 잠들 때도 옅은 볼 화장을 하였다. 바로크 시대부터 시작된 패치는 검은 벨벳 등의 천 조각과 종이 조각 등을 여러 모양으로 손톱 크기만큼 잘라 붙이는 뷰티 스팟(beauty spot)으로 매우 유행하였으며 패치는 둥근 모양 외에도 별, 십자가, 색색의 동물형들이 사용되어졌는데, 표면에 고무를 입혀 방수한 검은 견이 이용되었고 귀부인들은 여기에 다이아몬드를 박기도 하였다.

가면은 18C후반까지 사용되었으며 가면 위에조차도 패치가 사용되어 패치의 사용은 극치를 이루게 된다. 당시에는 패치의 사용이 젊고 매력적으로 보이게 한다고 믿으며 남성들도 여성과 마찬가지로 백납 분을 사용하여 얼굴을 희게 표현하였는데, 이것은 로마시대의 네로 황제 때부터 이어져온 것이다. 또한 볼과 입술에 루즈(Rouge)를 칠한 후 뺨에는 패치를 붙였으며그러한 모습을 한 남성이 세련된 신사로 인식되었다.

18세기 유럽에서는 눈동자의 동공이 클수록 아름답다고 생각해서 가지 과에 속하는 벨라도나(Belladona)의 즙을 사용하여 확대시키기도 하였다. 18 세기 말 에는 백납 분이나 벨라도나, 알카넷 대신 붉은 포도주의 찌꺼기나 장미꽃잎에서 추출된 붉은색 등의 자연적인 색채의 메이크업 용품이 나타나게 되었다. 영국 여성은 적색(赤色) 황화 수 혹은 알카넷(Alkanet : 식물) 염료의 빨간 색과 백납으로 만든 흰색 분(紛)을 사용하였으며, 영국 남자들도 프랑스의 유행을 받아들여 메이크업을 하게 되었다. 이와 같이 이 시기는 우아함을 가장하여 꾸며진 남녀의 인형 같은 얼굴은 당시의 에티켓과 예의 규범이었던 것이다.

4장 근 대

1. 엠파이어 스타일 시대(1789~1815)

1) 역사적 배경

7세기이래 강대한 무력에 전제적인 기초를 굳혀온 프랑스를 비롯한 유럽 각국의 왕권은 18세기에 와서 점차 타락하여 루이 14세 때부터 재정난에 시달려오다 루이 16세에 이르러 사치스러운 왕비 마리 앙뜨와네뜨에 의해 파산직전에 이르게 된다. 국고의 고갈을 시민계급의 재력으로 끌어 낼 목적이었으나 소수의 특권계급은 특권을 누리고 시민과 농민은 차별대우를 받자 이에 반발을 느껴 1789년 자유와 평등이라는 민주주의의 기수를 들고 대혁명이 일어났다.

19세기는 근대사회의 발생과 발전의 시기이며 정치적으로 민주주의의 기틀이 다져진 시기이며, 산업혁명과 민주주의를 추구하는 정치혁명으로 중산층의 수요가 증가하고 사회전반에 그들의 영향을 받아 시민적인 문화가 형성된 시기이다. 즉 자본가와 노동자라는 두 계급과 부유하지도 않고 아주 빈곤하지도 않은 소시민층으로 구성되는 자본주의 사회가 형성되었다.

영국은 이시기에 여왕의 전통적인 민주주의 체제하에서 자유주의 경제 정책을 실시하여 유럽사회에서 경제적인 강대국으로 발전하였다. 서구사회의 산업은 눈부시게 발전하였으며 영국에서 개최된 제 1회 국제 박람회의 영향으로 무역과 제조업에 대한 중요성을 다시 인식하게 되었다.

사회풍조는 구 귀족들이 과거에 누렸던 호화스러운 생활로 돌아갔으며 성장한 자본주의 사회에서 경쟁력을 장악한 중산층들은 더욱 사치스러운 생활을 즐겼다. 또한 과학기술의 발달과 합리적인 사고, 생활수준의 향상은 사회를 사실주의 시대로 변화 시켰으며 문화는 실용적인 것이 적용되어 현대문화의 급속한 발전을 촉진 시켰다. 이러한 경향은 기계화된 산업의 결과이며 건축이나 가구 등에 반영되어 인공적인 감각이 두드러지게 나타났다.

이 시기의 여성들은 자신의 권리를 찾기 위해 캠페인을 계속적으로 하였으며 교육이나 사회참여의 기회도 균등하게 되었고 남자들의 점유물인 활동적인 운동도 즐기는 등 여성의 지위가 매우 향상되었다. 이와 같이 18 세기 말에 발생한 프랑스혁명을 계기로 유럽에서는 계속하여 여러 차례의 정치적인 혁명이 일어났고 민족적 통일 국가간의 권력다툼을 위하여 끊임없이 크고 작은 전쟁이 일어났다. 이러한 정치적인 혁명과 전쟁을 통하여 유럽의 근대 국가로서의 기틀이 확고해졌으며 정치, 경제, 문학, 과학의 모든 면에서 커다란 발전을 보게 되었다.

2) 복식문화

18세기 말 프랑스 혁명을 겪음으로써 평등이 자본주의 구호가 되었다. 복식 사에도 귀족과 시민의 구별이 사라지고 국가간의 고유성도 없어져 민족문화는 제각기 빠르게 그 양상을 바꾸어 갔다. 새 사회계급의 출현과 자유주의 민주주의의 발달은 일반 시민을 중심으로 한 대중적인 패션으로 전환시켰으며 기성복의 출현은 대중을 위한 패션으로 또 다른 전환점이 되었다. 직물 생산의 기계화와 재봉틀의 발명은 기성복의 생산과 보급을 촉진 시켰으며 의복의 표준화를 촉진시켜 중세 이후 의복의 복잡한 디테일은 없어지고 단순하고 기능적인 남자 옷의 기본이 성립되었다. 근대복식의 변천과정에서 나타난 특징은 의복의 국제화 현상이다. 통신, 수송기관의 발달은 여행을 자유롭게 하였고 빠르게 유행정보 교환이 가능하게 하여 민족의 특성을 지닌 고유민속의상만 남고 일반 대중은 국제적으로 표준화된 일상 복을 입었다. 19세기 전후의 시대사조는 정서와 본능을 강조하는 것으로 과학만능에 반발하는 심리현상으로 고전을 동경하고 자연을 찬양하는 낭만적인 풍조가 일어나 의복에도 부분적으로 재현되었다. 19세기 복식 변천의 특징은 시대별로 구분할 수 있다.

▶ 엠파이어 스타일 시대 : 1789~1815년 (Empire Style)
▶ 로맨틱 스타일 : 1815~1848년 (Romantic Style)
▶ 크리놀린 스타일 : 1848~1870년 (Crinolin Style)
▶ 버슬 스타일 : 1870~1890년 (Bustle Style)
▶ 아르누보 스타일 : 1890~1910년 (Art Nouveau Style)

프랑스 혁명 이후 궁정과 귀족사회의 취향인 과장된 실루엣과 화려한 장식에서 벗어나 인간 본래의 자연스러운 모습을 이상으로 하는 고전주의를 표현한 복식으로 바뀌었다.

원래 고전주의 의상은 영국에서 이미 등장하였으며 그들은 진보된 사고로 신체를 억압하는 파니에로부터 신체의 자유를 원했기 때문이다. 직조기술의 발달로 인해 투명한 직물생산이 가능했고 가늘고 꼭 맞는 몸체는 옛 형태의 모습이었으나 얇은 천의 부드러운 스커트가 새로운 감각을 느끼게 하였다. 엠파이어 스타일의 특징은 여자 가운이 대표적이며 고대, 그리스, 로마 복식을 연상케 하는 홀쭉한 형태이다.

자연스러운 신체의 윤곽선을 살리거나 속옷이 비치는 수직선의 실루엣으로 가슴을 많이 내놓고 허리선이 유방 바로 밑까지 올라간 하이 웨이스트라인에 리본 띠를 매어 가슴을 강조하였고 소매는 길고 꼭 끼었으며 짧은 소매일 경우에는 긴 장갑을 끼었다. 얇고 비치는 머슬린을 사용하여 몸의 곡선이 그대로 드러나는 슈미즈 가운은 여성의 에로틱한 각선미를 그대로 드러냈다.

여성들은 속이 들여다보이는 얇은 머슬린으로 만든 슈미즈 가운을 입고 이 머슬린 가운이 몸에 달라붙게 입기 위하여 물에 적셔서 입기도 하였다. 이로 인해 1803년 겨울에는 매일 6만 여명의 인플루엔자 환자가 생겨 이를 머슬린 디지즈(muslin disease) 환자라고 하였다. 외출 시에는 슈미즈 가운 위에 숄(shawl)을 걸쳐 우아한 자태를 돋보이게 하였다. 겉옷으로는 현대의 반코트와 비슷한 스펜서(spencer)와 깐느쥬(canezou)를 입었고 몸 전체를 덮는 쁠리스(pelisse)와 방한용 코트인 르뎅고뜨(redingote)도 착용하였다.

그림 Ⅳ-1
엠파이어스타일시대의 남녀복식과 헤어스타일

그림 Ⅳ-2 마담레까미에

그림 Ⅳ-3
로베스삐에르의 초상

프랑스 혁명은 복장상 민주화를 헌법으로 보장하여 실질적인 복장의 평등화가 이루어 졌다. 남자복식은 혁명군들이 착용했던 상의인 까르마뇰(carmagnle)과 하의인 판탈롱(pantalon)을 입고 실질적이며 간소한 복장을 즐겨 착용하였다. 혁명으로 인한 남자 복식의 경우 색조나 재료에도 변화가 있었으며 혁명파는 청색, 흑색, 갈색등 어두운 색을 입어 정치성이 농후하게 나타났다. 남자복장의 대표적인 것은 프락(frac), 슈미즈(chemise), 판탈롱(pantalon), 질레(gilet), 르뎅고뜨(redingote)이며 군복의 영향을 많이 받았으며 재료도 수수한 모직물로 만들었다.

혁명으로 인해 구두는 화려한 힐(heel)이나 장식성이 사라지고 부츠(boots)나 낮은 굽의 펌프스(pumpus)를 착용하였다. 부츠는 3가지 스타일로 하트 모양의 탑(top)으로 술이 달린 헤시안 부츠 (hessian boots)와 위부분이 네모지고 장화의 무릎 뒷부분이 잘려 나간 것 같은 웰링톤 부츠(wellington boots), 얇은 가죽으로 만든 넓은 커프스(cuffs)의 죠키 부츠(jockey boots)가 있다. 19세기에 부츠는 주로 승마용으로 신었으며 보수적인 남자들은 무릎 길이의 바지에 실크 스타킹을 신고 낮은 구두를 신었다. 여자들은 굽이 없는 샌들 형식의 슬리퍼(slipper)가 유행하였으며 실크로 만든 앞이 뾰족하고 리본장식이나 가는 끈으로 발목을 묶는 발레리나의 신발과 같은 형태나 발등을 끈으로 엮어 신은 것도 있다. 또한 진흙탕에서 신을 보호하기 위하여 쇠로 된 링이 달린 패튼(patten)을 신었다.

남자의 장신구로는 시계줄과 장갑이 주 품목이었으며 여자들은 짧은 소매의 슈미즈 드레스에 긴 장갑을 착용하였다. 초기에는 보석을 장식에 쓰지 않고 한 두 줄의 목걸이만 하였으며 파라솔, 토시, 백(bag)을 사용하였다. 특히 헝겊으로 씌운 단추가 등장하여 장식성을 띄고 있다.

3) 미용문화

(1) 헤어스타일과 머리장식

남자의 헤어스타일은 로마 스타일이 유행하여 부르터스 커트(brutus cut)라는 짧은 단발을 하였다. 앞머리를 짧게 자른 스타일이 1806년에는 뒤도 한층 짧아져 목까지 왔고 얼굴의 반 정도까지 늘어뜨렸다. 남자는 크라운이 높은 검정색이나 회색 모자를 많이 썼다. 정장에는 비버 햇(beaver hat)이나 바이콘 (bicorn)을 썼으며 또한 고대 풍의 샤포(chapeau)가 유행을 했으며 드미바토 (demibateau)형은 폭넓은 챙이 있어서 양옆을 치켜올려 아름다운 곡선을 만든 것이 특징이다. 여자의 헤어스타일은 18세기 말 이후 머리를 짧게 깍아 티투스(titus)형으로 하거나 도그스 이어스(dog's ears)라는 끝이 같지 않게 잘라 앞과 옆으로 늘어뜨린 형이 등장하였다.

곱슬거리는 컬(curl)은 부분적으로 늘어뜨리고 머리를 뒤쪽으로 높게 치켜 빗고 리본으로 묶는 그리스 시대의 헤어스타일이 유행하였다. 18세기 중반에는 넓은 이마와 '패드'를 넣어 완성한 높고 큰 머리 스타일이 유행이어서 여성들은 앞머리를 뽑고 이마를 넓게 만들었으며 자신의 머리와 붙이는 털을 이용하여 시간과 노력을 들여 오랫동안 스타일을 유지하였다.

그리고 다양한 색을 내기 위해 파우더가 만들어 졌는데 염색을 원하는 사람들은 매년 증명서를 사야만 했고 이 수료증을 머리 파우더를 도포하기 전에 헤어 디자이너에게 보여야만했다.그러나 1790년대부터는 폭넓은 컬을 한 스타일도, 가발과 머리 분도 한꺼번에 없어졌다.

여자의 모자는 보닛(bonnet), 햇(hat), 캡(cap) 형태가 많이 애용되었고 프릴 달린 수놓은 랭지리 캡(lingerie cap)을 실내나 옥외에서 썼고 밀짚모자가 유행하였다.

챙이 넓은 보닛형의 모자는 챙이 앞쪽으로 쭉 뻗쳐 얼굴을 가리게 되어 있고, 밀짚모자에는 조화나 깃털로 장식하고 리본을 메고 베일을 달기도 하였다. 또한 인도에서 유래한 터번형은 군 모의 영향을 받은 모자이며 남자들의 비버 햇과 같이 크라운이 높은 모자도 여자들에게 인기가 있었다. 모자의 재료는 펠트나 부드러운 울, 실크, 벨벳 천을 사용하였으며 색상은 검은 색, 회색, 갈색이 많았다.

그림 Ⅳ-4
남성의 헤어스타일과 모자

그림 Ⅳ-5 여성의 헤어스타일

그림 Ⅳ-6 마담꼬삐아

그림 Ⅳ-7 바비에 와본느

그림 Ⅳ-8 여성의 헤어스타일과 머리장식

(2) 화장형태

1789년 프랑스 대혁명 이후 창백한 화장이 유행하기 시작하였고 연지를 바르는 화장법은 쇠퇴하기 시작하였다. 영국에서도 청교도에 의한 시민혁명이 일어나 청교도적인 순박한 생활이 일반화되면서 강한 화장은 사라지기 시작하였다. 과잉장식을 단순한 것으로 바꾸어 놓아 자연스럽게 머리를 늘어뜨렸으며 화장을 하지 않은 얼굴이 대부분이었고 화장은 단지 향수만을 사용하여 자연스러움을 강조하게 되었다.

2. 로맨틱 스타일(1815~1848)

1) 역사적 배경

나폴레옹은 장기간의 전쟁으로 경제가 빈곤하여 추방당하고 루이 16세의 동생 루이 18세가 즉위되어 부르봉 왕조가 다시 복고되었다. 귀족들과 성직자들은 계급제도를 다시 수립하여 특권을 부활시키며 사회를 혁명의 위험으로부터 안정시키려 하였다. 프랑스에서는 루이 18세가 몰락한 후 보수반동정권의 지지자 샤를 10세가 정권을 잡으면서 반동보수 경향은 자연히 구 귀족 중심의 사회가 되었고 따라서 생활 전반에 걸쳐 지난날의 기호와 양식이 소생하기 시작하였다. 이때에는 낭만적인 스타일이 일어나 르네상스를 그리워하면서도 이 시대의 독특한 형이 이루어졌다. 즉 루이 18세에서 샤를 10세와 루이 필립으로 이어지는 왕정으로 되돌아간 시기가 로맨틱 스타일 시대이다. 이시기는 반동시대 반혁명의 시기로 유럽의 사상적 배경이 된 계몽사상의 반발로 낭만주의 운동이 나타났으며 고전주의에 반발한 낭만주의는 정서, 감정, 전통, 신앙을 중시하는 새로운 가치관을 제시하였다. 유럽사회는 상반되는 감성주의와 낭만주의가 싹트게 되었고 이와 같은 사회적 정치적 격동 속에서 시인과 음악가, 미술가들은 낭만주의의 새로운 표현 양식을 전개시켜 나갔다.

독일의 하이네, 프랑스의 빅토르 위고, 영국의 워즈워드 키이츠, 쉘리, 바이론,월터 스코트경은 문학사상과 사회풍조에 크게 영향을 주었다. 미술에서는 낭만주의 경향 속에서 근세 풍이 채택되어 신고전주의(Neo-classicism)가 파생되었고 그 밖의 동양적인 요소도 첨가되었다. 음악에서는 베토벤 슈베르트와 같은 낭만음악을 창시하였으며 이런 낭만주의 사상은 인간이 충동에 따라 자연스럽게 행동하는 것, 야성적인 것, 제어되지 않는 것 등 인간의 자연적 감정을 강조하였다. 낭만주의는 현실에서의 단순한 도피가 아니라 오히려 민중의 마음속에 생생한 창조력을 유발시킨다는 데에 매우 의의가 크다. 자본주의 사회에서 부를 모은 부유한 시민계층은 1820년부터 정치적 관여를 포기하고 음악, 미술, 문학에 몰두하게 되어 사회전반의 낭만적인 분위기를 고조시켰으며 로맨틱 스타일 형성에 커다란 역할을 하였다.

2) 복식문화

복식에서도 낭만주의적 요인이 작용하여 여자 드레스 실루엣은 소매와 스커트를 과도하게 부풀리고 허리를 졸라매어 X자형의 과장된 실루엣으로 나타나게 되었으며 이런 실루엣은 16세기의 르네상스 실루엣과 비슷하여 신 르네상스(Neo-Renaissance)스타일 이라고도 하였다.

유럽은 자본주의 체제가 이루어진 영국을 선두로 하여 기계화가 이루어지고 과학적으로 발전하기 시작하였다. 이러한 기계화는 직물생산과 염색공업이 발전하여 특수한 계급이나 지역에 국한되었던 복식이 자본주의 사회의 출현과 함께 기계에 의하여 의복 재료가 생산되므로 모든 계층에서 자유롭고 평등한 복식을 착용할 수 있게 되었다. 왕정의 복고로 귀족풍 문화가 부활되고 이에 가장 큰 영향을 받은 것은 여성복이었으며, 르네상스 이후로 혁명기까지 사랑을 받아온 X형 실루엣은 혁신적인 변화이며 완전히 변화된 스타일이었다.

여자의 복식은 올라간 허리선이 점차 내려가기 시작하였고 허리를 가늘게 조여 어깨는 소매를 부풀려 넓게 보이게 하고 스커트는 종 모양으로 플라워(flower), 리본(ribbon), 러플, 브레이드 등으로 화려하게 장식을 하여 귀족적인 우아함과 낭만적이고 호화로운 분위기를 표현하였다. 바디스가 몸에 맞게 되고 가는 허리가 미로 간주되자 허리를 가늘게 조이는 콜셋이 다시 부활되어 여성복에서 중요한 품목이 되었다.

그림 Ⅳ-9 마담 마리아 데브리아

또한 1830년대에 이르러서는 스커트의 폭을 부풀리기 위해 페티코트(petticoat)가 일반화되었고 스커트 밑에 5~6개의 페티코트를 겹쳐 착용하여 극도의 풍성한 실루엣을 이루게 되었으며 페티코트에도 레이스나 자수로 사치스럽게 장식을 하기도 하였다.

허리를 가늘게 조이고 스커트가 종 모양으로 변하여 곡선 실루엣으로 되자 전체 균형을 이루기 위해서 소매를 부풀리는 방법으로 어깨를 강조하였다.

레그 오브 머튼 슬리브(leg of mutton sleeve), 지고 슬리브(gigot sleeve), 매머루크 슬리브(mameluke sleeve)등 여러 소매의 형태는 어깨를 강조하는 것을 주 목적으로 하였다. 이와 같이 여성복은 여성의 곡선미를 강조하는 실루엣에 고급스러우며 화려하고 다양한 재료나 색상이 사용되었고, 레이스, 프릴, 리본, 플라운스 등으로 의상을 장식하여 우아하고 환상적인 로맨틱 스타일 의복을 형성하였다. 남성의복은 왕정의 복고로 모든 문화가 귀족풍으로 되돌아 간 것 같이 보다 간편한 옷차림으로 변하였다.

그림 Ⅳ-10 로맨틱 스타일

실루엣의 변화로는 허리를 꼭 맞게 하는 것이 유행하여 질레(gilet)나 프락(frac)의 허리도 꼭 맞게 하였고, 허리를 강조하기 위하여 남성들도 가슴과 힙에 패드(pad)를 넣어 가슴과 힙을 강조하였다.

남성복의 색상은 주로 검정색과 진한 갈색을 사용했으며 반면에 질레(gilet)는 밝은 색상의 재료를 사용하기도 하였다. 남성복에 가장 큰 변화가 있었던 판탈롱은 평상복이나 이브닝에 모두 착용하는 대표적인 하의로 정착되었으며 밑 부분에는 스트랩(strap)이 달려 있어 신발에 꿰어 신기도 하였다. 재료는 고급 캐시미어나 드릴(drill)을 사용하여 댄디스타일을 강조하였으며 체크나 줄무늬 옷이 많이 사용되었다. 이와 같이 산업혁명의 결과 남성복은 고급직물만이 아니라 정교한 재단, 기능적이고 고급스러운 테일러링 등으로 최고의 수준에 달하였다.

신발은 남녀 모두 발목 높이의 구두를 신었으며 앞 부리는 비교적 짧고 둥근 형태이고 낮은 사각 굽으로 되어있다. 당시 남자들은 주로 부츠를 착용하였으며 트라우저(trouser) 착용으로 발목이 짧은 부츠도 착용되었다. 여자들은 뒤축이 없는 슬리퍼형으로 새틴, 벨벳, 부드러운 가죽 등을 사용하여 발에 꼭 맞도록 만들었으며 이는 발목을 끈으로 묶고 앞 부리가 길고 둥글었다. 여성들도 실내에서는 슬리퍼, 외출 시는 부츠를 신었으며 슬리퍼에는 보석이나 자수로 아름답게 장식하기도 하였다. 로맨틱 시대의 장식품은 거대한 크기의 여우 털이나 친칠라 털 머프(muff)가 애용되었고 보석들도 점차적으로 많이 사용하였다.

남자들은 지팡이를 들고 다니는 것이 유행이었고 장갑을 용도별로 사용하였다. 여자들은 접으면 지팡이처럼 보이는 파라솔과 담비 털이나 헝겊으로 만든 토시를 방한용으로 애용하였다. 가장자리가 레이스로 된 수놓은 손수건을 들고 다니기도 하였으며, 실크로 만든 에이프론을 모닝 드레스와 같이 입기도 하였고, 어깨에 긴 직사각형의 목도리와 같은 천을 느슨하게 걸치거나 뱀처럼 긴 털로 된 스톨(stole)을 목에 걸치기도 하였다.

3) 미용문화

(1) 헤어스타일과 머리장식

이 시기는 어두운 갈색과 검은 모발이 유행하여 남자들은 머리를 짧게 자르고 한쪽 옆으로 가르마를 타고 옆으로 빗어 넘겼다. 이 시기에는 크라운의 높이가 굴뚝처럼 높아졌으며 챙의 넓이는 변하지 않고 챙이 위로 말려 올라간 모양이나 편평한 모양이 유행하였다.

그림 Ⅳ-11
마리아 크리스티나 여왕

그림 Ⅳ-12 마담 도브레

모자로는 비버 햇(beaver hat), 실크 햇(silk hat)등이 유행하였으며 비교적 현대적인 모습으로 나타났다. 여자들의 헤어스타일은 짧게 다듬은 형태도 보이고 있으며 웨이브 없는 생 머리를 가운데 가르마를 하고 양쪽으로 빗어 머리 뒷부분으로 말아 붙인 모양과 앞이마에 곱슬 거리는 컬이 양쪽으로 갈라져 머리를 부풀려 과장하는 형태가 있었다.

이브닝 웨어 차림에 하는 특이한 헤어스타일로 머리 위에 머리카락을 빗어 올려 머리카락을 고리처럼 루프를 여러 개 만들고 여기에 꽃 보석, 핀, 깃털로 장식한 아폴로 놋(apollo knot)이라는 헤어스타일도 등장하였다. 또한 가운데 가르마를 타고 양쪽에 소시지 컬(sausage curl)이 귀를 덮어 늘어뜨리고 뒤통수에는 둥글게 뒤 머리를 말아 붙여 꽃 등 여러가지로 장식한 헤어스타일도 유행을 하였다. 모자로는 다양한 형태의 보닛(bonnet), 터번(turban), 캡(cap)이 있었다.

1820년 중엽부터는 장식도 훨씬 화려해지고 모자의 챙이 넓어지고 비스듬하게 쓰거나 뒤로 젖혀 쓰는 등보다 자유로운 모습이 연출되었다. 또한 폭이 넓은 색 리본을 모자에 달아 허리까지 길게 늘어뜨리기도 하였고 꽃이나 깃털 등을 장식하여 여성다운 분위기를 표현하였다. 보닛은 레이스나 실크, 벨벳 등 헝겊으로 만든 것과 밀짚으로 만든 것이 있으며 앞에 챙이 많이 나온 것 또는 셔링으로 처리한 것 우스꽝스러운 형태 등 다양하였다. 앞 챙이 커지기 시작한 포크(poke)보닛과, 길고 폭넓은 천을 한쪽 방향으로 꼬아서 머리둘레에 두른 터번도 깃털로 화려하게 장식을 하였다.

그림 Ⅳ-13 여성의 로맨틱 헤어스타일

그림 Ⅳ-14 로맨틱 헤어스타일

캡은 모닝 웨어나 디너드레스에도 썼으며 잠을 잘 때나 목욕을 할 때도 착용을 하였으며 가장자리에 레이스로 주름장식을 하였고 끈을 턱밑에서 매고 넓은 리본 끈이 자연스럽게 늘어지도록 하였다. 이와 같이 모자는 많은 꽃이나 진주 깃털 등으로 장식하였고 낭만적인 분위기를 자아내기 위하여 장식적인 베일을 사용하기도 하였다.

그림 Ⅳ-15
로맨틱시대 여성의
헤어스타일과 머리장식

그림 Ⅳ-16. 로맨틱 헤어스타일

(2) 화장 형태

19세기에 들어서면서 자연주의 사상의 대두와 함께 자연스러운 화장이 주조를 이루며 인위적이고 유해한 화장품의 과도한 사용을 자제하려는 분위기가 확산되었다.

가능한 한 창백한 피부화장과 하지 않은 듯한 눈 화장, 머리를 자연스럽게 늘어뜨린 낭만적인 화장법을 선호하였다. 프랑스 부르조아 혁명의 영향으로 여성의 메이크업은 훨씬 자연스러운 모습이 되었고 얼굴에 백납 분을 사용하는 정도가 매우 약해졌으며, 입술과 뺨 위에 루즈를 사용하는 것을 미덕으로 생각하지 않았다.

볼연지와 입술화장은 여전히 메이크업의 중심이 되었으며 아이라인과 인조 속눈썹도 등장하였고 볼연지의 위치가 볼 위쪽으로 옮겨진 것이 특징이었다. 19세기의 산업혁명은 화학분야에서도 급속한 발전을 가져와서 화장품의 품질개량에 앞장서게 되었다. 1866년에는 산화아연을 만들어냄으로써 유럽뿐만 아니라 미국에서도 백 납분 보다 훨씬 안전하고 새로운 분(粉)을 공급하게 되었다.

19세기 중반부터는 화학과 기술의 발달로 점차 화장품의 성분과 제조 술이 개선되면서 의학에 바탕을 둔 미용 학의 분야가 새로운 부흥기를 맞게 되었다. 화장에서도 이제는 아름다움 뿐 만 아니라 위생과 청결을 중요시 여기게 되었고, 비누의 사용이 보편화되었다. 향수는 여전히 애용되었으나 두꺼운 화장은 이미 유행에 뒤진 것이 되어 연극이나 무대에 한정되었고, 일반 여성은 자연스러움을 중요시하게 되었다. 한편 왕족이나 귀족의 전유물이었던 크림이나 로션 등도 일반인 역시 쉽게 접할 수 있게 되었으며 질도 향상되어 좋은 제품이 다양하게 사용되었다.

3. 크리놀린 스타일 (1848-1870)

1) 역사적 배경

크리놀린 스타일 시대는 프랑스의 루이 나폴레옹 3세가 황제로 즉위한 1848년에서 1870년대까지를 말한다. 부르조아 왕정의 편견된 정책으로 경제의 부조화를 초래하여 국민들의 생활을 위협하고, 물가 상승 등 유럽 전역이 자주 유혈폭동을 일으키는 원인이 되었고 시민들의 불만은 1848년 절정에 달해 2月 혁명이 발생하였다. 2月 혁명 후 귀족적 경향을 배제하고 궁정은 대중에 의하여 검거되어 임시 공화제 정부가 수립되었으나 정부는 소수 부르조아를 위한 것으로 파산한 소시민은 점차 프롤레타리아로 편입되어 갔다. 그 결과 프랑스의 계급은 부르조아, 프롤레타리아, 농민으로 크게 분리되는데 대다수 농민이었다.

1848년 12月 전 농민의 지지에 의해 루이 나폴레옹이 공화국 대통령으로 선출되고 황제의 지위에 올라 나폴레옹 3세라 명명됨으로 제 2제정이 탄생되었다. 그는 국내뿐 아니라 대외적으로 프랑스의 지위를 강화시켰고, 1855년 파리 세계 박람회의 개최는 루이 14세 이후 프랑스가 다시 한번 예술 · 공업 · 외교의 중심지임을 과시하는 것으로 사회 · 문화 발전의 절정기를 누릴 수 있었으나 계급간의 불균형은 더욱 심화되어 부르조아 들은 특권을 누리며 사치스런 생활을 즐겼다.

유럽 각 국은 여러 종류의 전쟁등 정치적 변동에도 불구하고 산업은 눈부시게 발전했다. 이미 산업 혁명이 진행된 영국은 무역의 규모가 확대되고 프랑스의 산업혁명도 주로 이 시기에 행해져 기계화의 실현으로 생산량의 증대 및 다종 다량의 직물을 공급하게 되었다.

공업산업의 발전과 더불어 복식 문화에 있어서 의복 제조에 혁신적인 발전이 이루어지고 합성염료의 발명 또한 직물 염색에 큰 변화를 이루게 되어 크리놀린 스타일에 적합한 다양한 색상이나 무늬로 프린트된 직물들이 대량 생산 되어 여성의 욕구를 충족시켰다. 프랑스의 식민 정책은 중국을 향하고 있어서 문화 · 예술 분야에서 중국풍이 성행하고 제2제정 수반에는 실용적인 경향으로 바뀌어 현대문화의 확립과 급속한 발전을 촉진시켰다. 19세기후반 실용성을 추구하는 사실주의 사조는 자연과학의 발달과 철학적 합리주의 정신에 영향을 주어 그 시대를 지배하고 있었다.

2) 복식문화

나폴레옹 3세 시대는 귀족적 분위기를 동경하여 로코코 양식을 다시 부활 시켰으며, 그의 여인 유제니(Eugénie, 1862~1920)의 고상하고 우아한 매력과 더불어 그의 전속 의상 제작자인 워스(Worth)에 의해 제작된 독창적인 의상으로 패션 리더(Fashion Leader)로서의 역할을 하였다. 1850년대 로코코의 모방은 크리놀린(Crinoline)이라는 스커트의 버팀대를 등장하게 하였는데 1860년대는 스커트 도련이 10야드가 되는 복식 사상 최대의 넓이로 확대되었던 시기이다.

라틴어로 '머리카락'이란 뜻의 크리니스(Crinis)에서 유래한 크리놀린은 스커트 폭을 크게 늘리기 위한 페티코트 자체를 의미하게 되었다. 크리놀린 밑에 밝은 색상의 페티코트가 발달한 것은 화류계 여성에서 시작하여 모든 여성이 모방하게 된 것으로 이는 하층에서 상층으로 거슬러 올라가는경향으로 당시 프랑스 사회의 도덕이 타락했음을 입증하는 것이다.드레스 길이가 약간 짧아지자 페티코트 스커트는 아름답게 장식되어 겉치마의 성격을 띠게 되고 드레스를 리본으로 들어올려 속에 입은 화려한 페티코트 스커트를 내보이기 시작했다.

겉에 입은 레이스의 단은 러플, 태슬, 브레이드, 리본, 자수 등으로 장식했으며 재봉틀의 도입으로 장식은 더욱 정교하고 성대하게 구성되었다. 크리놀린의 모양은 나폴레옹 3세 초기에는 벨 모양이었던 것이 1850년대 후반기에는 닭장처럼 아래가 둥그렇게 최대로 퍼진 형태가 되었고 1860년대 중반부터는 앞이 납작해지고 힙의 양쪽과 뒤가 부풀려지기 시작했으며 스커트 길이는 마루바닥을 끌 정도로 길어졌다.

1860년 후반부에는 긴 드레스 자락을 들고 걷다보니 커튼처럼 코드(cord)로 걷어올리는 폴로네즈 스타일(Polonaise Style)이 다시 부활하게 되었다. 왕정복고와 함께 로맨틱 스타일의 드레스가 출현함으로 다시 콜셋이 등장했고 코딩(cording : 끈을 넣고 바느질하는 것)과 퀼팅(quilting : 누빔질)등으로 빳빳하게 풀기를 준 발전된 형태의 콜셋으로 위생, 건강 등 동작의 자유로움이 배려되었다. 또한 드레스의 뾰족하게 각진 허리선과 조화를 이룬 데콜테(décolleté) 목둘레선은 레이스나 러플, 트리밍, 자수 등으로 장식했다.

소매형은 드레스에 변화를 주는 중요한 부분으로 길이가 다양했고 1850년경에는 파고드(pagode)라 부르는 층진 주름의 소매가 짧거나 긴 형태로 유행했다. 직물 생산의 발달로 옷감의 종류가 다양했으며 이중색을 띠는 태프터, 브로케이드 외에 각종 무늬가 놓인 실크가 전세계적으로 유행했고 얇은 직물로는 모슬린(mousseline)이나, 크레이프 드 신(crépe de chine), 오간디(organdy)등 그밖에 헤어 섬유와 카튼, 리넨등이 사용되었다.

1848년 2月 혁명 이후 남녀평등 사상으로 여자의 바지 착용을 주장하였고 스포츠에 관심이 깊어지면서 조금씩 나타나기 시작했다. 미국의 아멜리아 블루머가 발표한 아라비아 풍의 바지는 찬 · 반의 논쟁으로 센세이션을 일으켰으며, 그 후 스커트 밑에 드로어즈(drawers : 고쟁이처럼 가운데가 트인 옷)를 속옷처럼 입는 것이 널리 보급되고 크리놀린 속에 드로어즈나 판탈롱 착용이 보편화되었다.

크리놀린을 입어서 스커트가 넓게 퍼졌으므로 스커트와 소매의 부풀림에 따라 르뎅 코트보다는 사각형의 큰 어깨 숄이 유행했고 이브닝 웨어에 두르는 숄에는 가장자리에 레이스나 술장식을 했다. 또한 후드가 달린 망토형 외투가 유행했다. 2월 혁명이래 남자 기본 복식은 프락(frac), 질레(gilet), 판타롱(pantalon)을 한 세트로 한 시민적인 검소한 복장이었으나 궁중 귀족, 신사들은 프락에 화려한 자수로 장식을 했다. 판타롱은 경쾌한 느낌의 체크 무늬나 줄무늬가 많아졌다.

일반시민들 사이에는 프락 대신 자켓과 베스통 이라는 실용적인 상의가 유행하기 시작했고 자켓의 앞자락은 직각 또는 둥글게 굴렸다. 자켓과 판타롱이 어두운 색인데 비해 질레는 밝고 화려한 색으로 대비를 이루었다. 턱밑까지 세우던 칼라는 1850년경부터 넓은 칼라에 풀을 먹이고 크라바트로 가느다란 밴드 모양의 넥타이를 착용했고 1860년경 나비넥타이를 매어 접는 칼라의 형식이 시작되었다.

그림 Ⅳ-17 마틸드 여왕

외투로는 르댕 코트가 잘리어 베스통으로 입혀지다가 짧고 경쾌한 스타일의 망토가 다시 유행했다. 이 시대의 신발은 고무의 이용과 제화기의 발명으로 간편하고 실용적인 구두가 세계적으로 보급되었다. 승마나 사냥을 할 때는 목이 긴 부츠를 신었으나 일상용으로는 끈으로 묶는 슈즈를 신고 사교용으로는 펌프스 형을 신었다. 여성들의 신발은 작은 힐이 붙은 것이 대부분으로 목 짧은 부츠가 크리놀린 의상과 같이 애용되었으며, 외출용이나 야외용으로는 에스카르뱅이 애용되었다 남성들은 사각이나 둥근 테의 안경을 쓰고 지팡이를 일상적으로 들고 다녔으며 여성들은 보석 박힌 금속제 팔찌나 반지를 끼고 손잡이가 짧은 파라솔을 들고 다녔다.

3) 미용문화

(1) 헤어스타일과 머리장식

남자들의 헤어스타일은 머리카락이 뒷목에 닿지 않을 정도로 짧게 깎고 그것을 볼 수염과 연결 되도록 정리하는 것을 멋진 치장으로 여겼고 이는 국가에 충성을 맹세하는 남자의 표식으로 간주되었다. 또한 나폴레옹 3세의 이용사에 의해 소개된 '황제수염'이 많은 남성들에게 유행되었다.

모자는 신사복과 함께 필수적인 것으로 시대에 따라 크라운의 높이와 챙의 폭이 변화했다. 그 중에도 원통형 모자는 정치에 대한 확신을 표시한 것으로서 애용되어서 즉 민주주의적 견해가 넓어질수록 폭 넓은 브림을 위로 올린 펠트 모가 유행하여 1848년 혁명이 고조되었을 때는 전성기를 맞았다.

그림 Ⅳ-18
크리놀린 시대 여성복식과 헤어스타일

그림 Ⅳ-19
크리놀린 시대 여성의 헤어스타일

그 후 반동세력이 세상을 지배할 때는 원통형의 견제 모자가 또 다시 인기를 얻어 이전 보다 한층 높이를 더해서, 브림의 폭은 좁고 섬세한 곡선을 그리며 접혀 올라가게 되었다. 이외에도 중절모자와 실크 햇(silk hat), 밀짚모자가 있었고 딱딱한 펠트로 만든 크라운이 낮고 둥글며 챙이 넓은 모자도 있었다.

제2제정의 화려한 의상에 비해 여자의 헤어스타일은 품위 있고 단정한 형태가 유행되었다. 머리 가운데에 가르마를 두고 컬된 머리를 양쪽으로 얌전하게 빗어 넘기거나 컬된 머리를 위에다 틀어 얹은 헤어스타일, 뒤를 높게 올리고 일부의 머리는 내려놓는 헤어스타일등 간단한 스타일이 유행했다.

1860년대에는 유제니 왕비의 붉은 갈색의 머리색을 모방하기 위해 여성들은 머리 염색제과 탈색제를 사용하였다. 모자는 카포트(capote)가 종전대로 쓰이다가 1860년대 초부터는 천으로 된 부드러운 두건형의 모자로 뒤쪽으로 젖혀 쓰고 턱 밑에서 리본으로 묶는 모자 형태인 바볼레(bavolet)가 유행했다. 또한 당시 유행하였던 것으로 임페라트리스(imperatrice)라고 하는 샤뽀가 있었는데, 이것은 브림의 양측이 치켜 올라간 것으로 새털과 벨벳 리본으로 장식되었다.

이 외에 영국에서 유행한 윈저형 카스케트(casquette windsor)는 알맞은 높이의 크라운에 작은 챙이 붙은 것이었다. 1865년경부터 높은 머리형에 조화되는 소형의 샤뽀가 유행하였다. 그 가운데서도 샤뽀 베르제르(chapeau bergre)는 작고 품위 있는 것으로 높은 머리의 앞쪽에 가볍게 얹은 것처럼 사용하였다.

그림 Ⅳ-20
크리놀린 시대 여성의
헤어스타일과 머리장식

4. 19C 말(버슬 스타일, 아르누보 스타일)

1) 역사적 배경

1870년부터 1914년 제1차 세계대전에 이르기까지 제국주의 시대가 전개되었으며 비교적 평온한 국제 관계를 유지하면서 전체적인 사회풍조는 부귀와 향락을 즐기는 경향으로 흘렀다.

프랑스는 공화제가 확립되면서 산업의 진흥과 국외로의 세력확장 등으로 정치 · 경제 · 문화면에서 계속 중심적 역할을 했고 영국은 빅토리아 여왕시대와 에드워드 왕국시대(1901~1910)로서 식민지 개척에 앞장서 해외로 세력신장을 하고 있었고, 1870년에 로마 합병으로 민족적 통일을 완성하고 자유주의 국가로 발전한 이탈리아와 군국주의국가를 성취한 프로이센이 부각되었으며 미국도 세계 강국중의 하나로 등장함으로서 현대 사회의 기초는 주로 이 시기에 굳혀진 것이라고 볼 수 있다. 19세기 자연과학의 발전은 합성섬유와 합성염료의 발명 등 직물에 있어 기술적 혁신을 가져왔고 산업발전과 함께 도시 생활이 확대됨에 따라 다양한 일상생활의 용도에 맞도록 복식도 분리 발전되었다.

산업규모가 확장됨에 따라 노동력을 갖춘 여성들의 사회 참여가 많아지자 여자의상은 활동적이고 실용적인 테일러드 수트가 등장하였다. 크리놀린 스타일은 1870년대에 들어서면서 진보와 보수의 문화적 대립속에 발전하면서 그 화려함과 함께 실용성을 기반으로 하는 새로운 양상을 보인다.

이는 사실주의와 자연주의 사조의 영향으로 화려한 분위기의 크리놀린 스타일은 비교적 간소화되어 폴로네즈 스타일(Polonaise Style)로 바뀌었고 이는 다시 버슬 스타일(Bustle Style)로 변화하게 되었다.

1890년대가 되면서 공예의 실용성과 사회성을 강조한 새로운 예술양식인 아르누보가 프랑스와 벨기에를 중심으로 유럽에서 일어났다. 윌리엄 모리스(William Morris:1834~1896)에 의해 제창된 이 미술공예 운동은 자연을 이상으로 한 장식상의 새로운 양식으로 생활 미술 전반에 걸쳐 나타났으며 선이나 형체에 추상적인 식물을 모티브로 하여 여성의 곡선미와 같은 유동적인 S커브 라인으로 표현했다. 이는 복식에도 영향을 주어 흐르는 듯한 곡선의 실루엣을 낳게된다.

2) 복식문화

(1) 버슬 스타일(Bustle Style 1870~1890)

실용화의 경향으로 크리놀린 스타일은 스커트의 부풀림이 줄어들고 길이도 약간 짧아지면서 폴로네즈 스타일(Polonaise Style)로 바뀌었고 스커트 폭이 점차 좁아지게 되고 여성의 힙을 강조하는 관능적인 버슬 스타일이 등장하게 되었다. 이 시대는 장식적인 스커트에 비해 상의는 대체로 날씬하고 변화가 적었으며 힙을 부풀리기 위해 뒤가 짧고 앞이 납작한 콜셋이 창안되었다. 초기에는 여성의 힙을 강조하기 위하여 스커트의 여유 분을 드레이프지게 힙 위로 모아 올리고 뒷자락은 바닥에 길게 늘어 뜨려 트레인 역할을 하였다.

버슬 부분이나 트레인은 복잡한 주름과 과다한 러플, 레이스로 장식하여 멋을 냈으며 드레스가 더러워지는 것을 막기 위해 페티코트 드레스는 먼지걸레인 더스트 러플(dust ruffle)을 달기도 했다. 1876년경 버슬이 없어지고 호리호리한 펜슬 실루엣이 나왔으나 오래가지 못하고 다시 버슬 스타일이 유행하게 되었다. 걷어올려진 겉 스커트 아래로 고급 레이스장식을 하거나 층층이 플라운스 장식을 한 언더 스커트는 겉 스커트와 조화를 이루며 매력적인 아이템이 되었다.

1880년대가 되면서 스커트의 버슬 패드를 이용해 뒷부분이 다시 확대되기 시작하여 거의 직각이 될 정도로 돌출 되었으나 1888년이 되면서 크기가 갑자기 약화되고 1890년대가 되면 거의 사라져 새로운 아워 글라스 실루엣으로 변화하게 되었다.

그림 Ⅳ-21
직각으로 부풀린 버슬 스타일

(2) 아르누보 스타일(Art Nouveau Style 1890~1910)

아르누보 양식의 복식 스타일은 1890년경부터 1900년경까지 나타난 아워 글라스 스타일과 1900년경부터 1910년경까지 나타난 S-커브 스타일로 구분할 수 있다. 1890년대가 되면서 유행은 변화된 미의식에 부응하여 버슬의 심한 곡선이 부드럽게 흘러내리는 스커트 형태로 바뀌면서 날씬한 실루엣을 이루었다.

버슬의 화려함이 단순해지면서 초점이 어깨와 소매로 옮겨져 어깨를 장식하고 소매를 여러 형태로 부풀려주기 시작했다. 그래서 심한 곡선을 이룬 큰소매와 가는 허리, 플레어로 퍼진 스커트로 구성된 아워 글라스 실루엣이 창출되었다. 어두운 색조가 만연하던 1890년대 이전과는 달리 파스텔 계통의 부드러운 색조가 유행하였고 시폰이나 오간디, 조젯 등 가볍고 부드러운 소재를 사용하였다.

산업혁명 이후 기성복의 발달과 함께 여성들의 사회 참여가 활발해지자 편리하고 기능적인 투피스형의 테일러드 수트가 보급되었으며 수트 안에는 스탠딩 칼라의 블라우스에 타이를 매거나 자보(jabot)를 앞에 장식하였다. 여자들의 외투로는 프린세스 라인의 르댕코트와 펠리스코트, 케이프와 후드가 달린 팰리토우가 있었다.

여자 의상은 프랑스가 중심이 되었지만 남성복은 18C이래 영국 모드가 지배적으로 유행되었다. 남성복의 기본형은 이때까지와 다름없었고 1848년 혁명이후 엉덩이 길이의 실용적인 상의인 재킷이 나타났고 질레와 바지도 같은 색조인 천을 사용했다. 남성복의 특징은 밝고 화려한 색상이 사라지고 고급 소재의 침착한 색상이 정착되어갔다. 조끼 안에는 무늬가 있는 슈미즈를 입었고 칼라는 좁아졌으며 셔츠라 불리었던 크라바트는 넥타이 형태로 변화했다.

예복으로서의 프락 코트(frac coat), 모닝코트(morning coat)등은 거의 이 시기에 영국에서 확립된 것이다. 남성들은 지팡이를 들고 시계를 차고 다녔는데 시계 줄의 한 끝은 단추 구멍에 끼우고 그 줄에 달아 주머니에 넣고 다녔고, 상의의 윗 주머니에 손수건을 꽂아 옷과의 조화를 이루도록 하였다.

활동이 많아진 탓으로 발목까지 오는 부츠나 단추를 채우거나 끈으로 매는 슈즈가 일반적인 신발 형태가 되고 1880년 이후 흰색과 검은색의 콤비로 된 스포츠화와 흰 가죽제의 옥스퍼드가 보급되었다. 여성의 신발도 실용성이 추구된 짧은 부츠로 끈을 매거나, 단추를 달고, 부츠에 고무를 댄 것이 널리 보급되었으며 대체로 앞 부리가 뾰족한 하이힐을 신고 흰색 비단 펌프스는 결혼의상이나 이브닝 웨어에 맞춰 신었다.

3) 미용문화

(1) 헤어스타일과 머리장식

약간씩 형태만 달리할 뿐 남자들의 헤어스타일은 짧아졌으며 중앙에 가르마를 탔고 1860년대까지 기르던 턱수염은 깎고 콧수염만 가늘게 만들었고 외 알 안경을 끼는 것을 멋으로 여겼으며 1880년대에 이르러서는 단정하게 빗어 기름을 발랐으며 일반적으로 콧수염과 턱수염을 길렀으며 카이젤(kaiser)이라 하는 양끝이 위로 말아 올라 간 콧수염은 염색을 하거나 왁스를 발라 손질하였다.

제3 공화정 시대인 1872년 마르셀 그라또우 (Marcel Grateau) 는 〈마르셀 아이로〉 이라 불리우는 컬을 만들기 위한 작은 철 기구를 발명하면서 헤어 스타일의 세계를 뒤흔들어 놓았다. 그는 1882년부터 그 시대의 최고 미용인이 되었다. 1873년 파리 고용주 조합이 창설되었고 1889년 프랑스 미용학교가 설립되었다.

그림 Ⅳ-22 남성의 수염형태

그림 Ⅳ-23 여성의 헤어스타일과 모자

남자 모자는 다양하여 정장용으로는 높은 크라운과 좁은 브림이 특징인 실크 햇(silk hat)이 20세기까지 애용되었으며 일상복에는 중절모를 썼고, 펠트모자, 밀짚모자 등이 있으며 스포츠용으로 캡(cap) 형태의 모자를 썼다. 1870년 이후 여자들은 한층 우아하게 꾸며진 머리를 하고 힙 뒤를 부풀려 하이힐(high heel)을 신고 약간 앞으로 숙인 듯이 걷는 것이 특징적이었다. 머리형도 둥글게 감거나 땋은 머리를 높게 다듬어 전체가 갸름해 보이게 했다. 모자는 정장용 보닛(bonnet)과 사교용 샤포(chapeau)로서 비교적 소형으로 만들어 높은 머리에 가볍게 얹었다.

1880년대 모자는 머리형보다 더욱 특징적으로 샤포의 챙과 크라운을 각자 개성대로 변형시켰고 동물과 식물을 모방한 기이한 장식을 하여 주목을 끌었다. 이 같은 취향은 영국과 미국의 젊은 여성들이 샤포를 여성해방의 상징으로 썼기 때문이다. 1890년대는 챙이 작은 펠트 모자나 밀짚모자를 앞이마 쪽으로 기울게 쓰고 모자에 리본, 꽃, 깃털, 레이스로 장식했으며 스포티한 차림에는 비버 햇을 썼다. 1900년대는 크라운이 낮아지고 챙이 넓어져서 아우어 글라스 실루엣과 조화를 이루었다.

그림 Ⅳ-24 여성의 헤어스타일과 모자

(2) 화장형태

1861년 남편이 죽자 빅토리아 여왕은 상심하여 화장을 안하게 되었는데, 이런 파리한 여왕의 모습이 오히려 유행이 되어 창백하게 보이게 하기 위해 비상(砒霜)으로 얼굴을 표백하였고 파운데이션은 얼굴의 결점을 보완하는 정도로 사용했으며, 야외에서는 찰필로 눈을 크게 그렸고 화장의 색조는 자연스럽고 가벼운 정도로 터치했다. 19세기 말 의학과 유기화학이 급속히 발달하면서 새로운 연구업적이 발표되었고 1886년에는 미국의 해리엄 험버드(Harriet Hubbart)가 현대적 의미의 화장품을 제조하게 되었다.

5장 현 대

20세기는 사회전반에 걸쳐 획기적이며 커다란 변혁이 일어났다. 1차 대전에서 앙골라 대전까지 폭력의 역사이며 전지구적 전쟁과 혁명의 시대로 규정된다. 과학의 발달에 전기 에너지나 원자력 활용이 산업발달을 촉진시켰고 산업화 사회로 되는 과정에서 가치관, 예술양식 ,생활양식에 큰 영향을 받았다. 20세기는 2차례의 세계대전을 겪으면서 파괴된 폐허 속에서 삶에 대한 열망이 강해졌고 사회적인 개혁보다는 자신에 관한 관심이 많이 나타난다. 여성들은 전쟁으로 인하여 사회참여가 더욱 증가되면서 여성들의 지위가 향상되었고 더 많은 권리와 경제적인 독립 등 진정한 여성해방이 이루어지기 시작하였다. 전쟁이 종결된 후 유럽 각국의 제국주의적인 세력경쟁은 더욱 치열하여 생산의 침체를 극복하기 위하여 노동력이 생산에 새로 종사하게 되었고, 아르 데코의 예술사조와 기능주의 추구로 더욱 성숙한 단계로 들어갔다. 전쟁 후 20년대는 번영의 자극, 도전의 유혹, 극도의 사치, 이러한 것들로 흥분된 시대였다. 새로운 도덕의 자유 즉 여성들의 해방, 젊음이 20년대의 우상이었다. 1929년에는 미국의 증권시장의 파탄과 함께 몰아닥친 경제공황은 미국뿐 아니라 전 세계에 영향을 주었고 1933년 미국 대통령 루즈벨트의 뉴딜(New Deal)정책으로 경제적인 안정이 이루어졌다. 1차 대전 이후에는 민족주의 세력이 각성되어 새로운 국가가 탄생하였으며 정치적으로는 소련이 공산주의가 되고 독일과 이탈리아가 독재국가가 되어 의회제도를 밀어내었다. 1930년대 독일의 히틀러는 그들의 영토를 재정비하고 영역을 확장하기 위해 2차 세계대전을 일으켜 태평양과 소련의 영토까지 침공하였으나 1945년 독일과 일본의 항복으로 세계대전은 종말을 보게 된다.비교적 안정을 찾던 세계정세는 1950년 한반도 전쟁으로 인하여 미국과 소련을 중심으로 하는 냉전체제가 사회주의와 자본주의의 대비적 상황으로 이루어지게 된다. 20세기는 과학으로 향하는 세대이며 향상된 교육과 풍부한 재원으로 과학은 비약적인 진보를 이루었고, 특히 신비에만 쌓였던 새로운 우주탐험의 시대가 도래하였다. 20세기 특징 중 하나는 하나의 예술양식이 탄생되는 것이 아니라 사회, 문학, 예술이 서로 협동하여 다양한 예술양식이 창조되었다.

1. 1900년대

1) 역사적 배경

19세기부터 이루어진 식민지 확보는 1900년대에 와서 각 나라가 시장확보가 아니라 영토확장이라는 정치적인 성격을 띄게되며 이는 결과적으로 세계적인 분쟁을 일으키는 요인이 되었다. 이 시기는 산업주의와 제국주의의 새로운 발전의 시기였으며 과학 기술의 비약적 발전과 공업의 발달, 공장의 확장 등으로 자본주의가 더욱 발전하였다. 또한 자연과학의 진보가 획기적이었으며 경제적인 발전과 자연과학의 발전으로 생활 수준이 향상되어 사람들은 안락과 편리에 대한 희망을 가지게 된다.

1900년 파리 만국박람회와 1905년 자동차의 대량생산으로 중산계급이 대두되었고 이런 과학과 기술의 발전은 20 세기 초 라는 이미지 즉 첫 번째 가치 기준이 되면서 사색적이며 단순하고 기능적인 것으로 변화되기 시작하였다. 20세기에 들어서면서 여성해방운동이 더욱 확산되었고 예술면에서는 탱고 음악과 드비시, 스트라빈스키 등의 근대파 음악이 나타난다. 1907년 독일에서 일어난 예술운동인 아르 데코(Art Deco)는 기능적이고 고전적인 직선미를 추구하였으며 현대공예의 전개에 결정적 계기를 마련하였다. 20세기 공예는 새로운 재료의 발명, 적극적인 기계, 기능의 활용에 따른 새로운 디자인의 문제와 용도에 적합한 합리성, 기능성 등의 문제가 대두되었다. 동시에 미적인 가치도 중시되고 저렴한 가격으로 대량생산을 할 것이 요구되면서 새로운 기능주의가 세계적으로 영향을 주었다.

아르데코는 미술의 표현양식인 야수주의(Fauvism)와 1909년 러시아 발레단의 무대장치나 무대의상의 풍부한 색채와 동양적 이미지로 색상도 밝은 색상과 강렬하고 뚜렷한 색채 대비를 구사하였다. 즉 아르 데코는 아르누보 스타일에 대치되는 장식, 응용미술의 최신 유행 품의 모든 것으로 아르누보의 곡선 적이고 유기적인 성격과는 달리 직선적이고 기하학적인 성격을 대표적 특징으로 한다.

2) 복식 문화

20세기에 들어서면서 여성해방운동이 더욱 확산되었고 새로운 예술운동인 아르 데코(Art Deco)나 기능주의도 복식에 많은 영향력을 발휘한다. 1900년 초에는 아르누보 시대부터 잠재되어 온 변화에의 욕구를 수렴하여 S-커브 스타일이 유행을 하였다. 형태는 부푼 가슴을 강조하고 허리를 가늘게 하고 힙은 부드러운 곡선으로 하여 옆에서 보면 S자형 실루엣을 나타낸다.

그러므로 초기까지는 콜셋과 패티코트가 착용되었고 1908년 폴 쁘와레(paul poiret)에 의해 극심하게 조였던 콜셋이 사라지는 새로운 디자인이 나타난다. 그의 새로운 디자인은 엠파이어 튜닉 스타일(Empire Tunic Style)에서 부드러운 주름이 스커트 단 까지 곧게 스트레이트 롱 실루엣으로 흐르도록 단순하고 편하게 디자인되었다. 남자복식은 19세기에 입었던 기본형이 그대로 이어지면서 기능별로 더욱 세분화되고 정장 형태로 변화되었다.

그림 Ⅴ-1
S-커브 스타일의 드레스

3) 미용문화

(1) 머리장식과 모자

1900년대의 머리장식은 퐁파두르 스타일(pompadour style)이 유행하였다. 퐁파두르 스타일이란 본래 프랑스의 국왕 루이 15세의 정부였던 마담 퐁파두르 'Marquise de Pompadour(1721~1764)'가 유행시킨 헤어스타일로 그녀의 이름을 따서 퐁파두르라고 부르게 된 것이다.

퐁파두르가 처음 나타난 당시 이 헤어스타일은 가르마를 하지 않고 머리카락을 두상에 딱 붙여 빗어 올려 머리 뒤에서 정리해 양쪽 귀 밑으로 애교머리를 내놓는 방식으로 나타났다. 그러나 20세기 아르누보 시대에 유행했던 퐁파두르는 18세기에 나타난 것과는 다르게 느슨한 형태가 인기 있었고 여러 가지 변형이 나타났다. 즉 앞머리는 이마 위로 빗어 올리고 기다란 뒷머리는 뒤에서 올려 높이 고정시켰는데 가끔은 랫(rat)이나 스위치(switch)와 같은 머리다리나 인공패드를 머릿속에 집어넣어 부풀리는 효과를 주었다.

또한 부풀리는 효과를 줄 때는 백 콤(back-comb) 효과를 주었으며 뒷머리는 머리카락을 뒷 부분 에서 묶어 틀어 올린 쉬뇽(chignon)으로 했으며, 앞이마 너머로 넘겨지거나 퍼프되고, 웨이브를 주어 매력적으로 보이게 하였다. 그리고 금박이나 보석으로 장식된 거북이 껍질이나 호박으로 만든 빗이 머리 모양을 유지시키는데 사용되었고 패드나 쉬뇽은 이마 가까운 곳이나, 머리 꼭데기 혹은 목의 중간 높이나 낮은 곳에 다양하게 부착되었다. 퐁파두르 스타일을 시기 별로 살펴보면, 1903~1904년에 여덟 개로 크게 땋은 머리가 머리 뒷부분에 자주 나타났는데 이것은 퐁파두르에 다양성을 가져왔다. 1906년에는 쉬뇽을 더 위로 끌어올린 머리가 나타났으며 머리 옆에 붙인 피스를 유지하기 위해서 빗이 사용되었고, 1909년까지 리본 밴드가 자주 사용되었다.

그림 Ⅴ-2 1900년대 헤어스타일

그림 Ⅴ-3 1900년대 헤어스타일

그림 Ⅴ-4 아르데코 스타일의 모자

땋은 머리는 빗이나 리본대신에 머리를 고정시키는데 사용되었으며 앞머리는 이런 방법으로 약간 올려지기도 했다. 즉 앞머리에 웨이브를 주어 땋은 머리더미 앞에 세웠는데, 1913년부터는 뒤쪽의 작은 쉬뇽 앞에 세웠다. 그러나 퍼머넌트 웨이빙의 발명으로 1906년부터는 웨이빙(waving)집게와 컬링 핀, 그리고 페이퍼의 사용이 줄어들었다.

타원형의 머리형태는 머리의 양쪽을 감는 형태였는데, 이것은 머리 뒤 부분에서 머리를 끌어내어 머리끝을 뒤집어 귀 위로 올려서, 부드럽게 머리타래에 감아 핀을 꽂아서 머리카락이 미끄러져 내려가지 않게 한 것이었다. 이 퐁파두르 스타일의 머리형태는 아르누보의 풍요로움과 곡선미가 머리형태에도 나타난 것이라 할 수 있다. 즉 이 머리는 아직도 곱게 치장된 장식적 스타일을 벗어나지 못하고 있는데, 이것은 이 시대의 풍요로움이 머리 장식에도 나타나고 있는 것 이였고, 아르누보 양식의 곡선미는 느슨하고 부드럽게 치켜올린 머리형태의 전체적 실루엣에서 나타난 것이라고 볼 수 있다. 그러나 이 머리형태는 20세기 이전보다는 무척 단순화되었고, 이것은 전시대의 과잉 장식적 머리형태에서 단순한 형태로 가는 첫 단계에 나타난 스타일이라고 볼 수 있다.

남자들의 헤어스타일은 머리카락을 앞에서 뒤로 빗어 넘긴 형이 유행하였다. 또한 1909년 프랑스에서 개발된 안전한 시판용 염색은 대부분의 여성들이 머리카락을 염색한다는 생각에는 반대하였다. 옛날에는 남성 쪽이 여성보다 더 많이 염색을 하였지만 20세기에는 2천년전의 염색유행을 여성들이 주도하게 되었다.

그림 Ⅴ-5
1900년대 헤어스타일

(2) 화장형태

19세기 말 의학과 유기화학이 급속히 발달하면서 새로운 화합물의 합성·분리 등에 관한 연구 업적들이 발표되었다. 이 시기를 전후하여 화장문화는 20세기의 유행의 급속한 변화와 더불어 새로운 특성과 가치를 부여하게 되었다. 또한 1900년대는 쾌락주의와 소비주의 성장이 특징이며 급진적 사회개혁과 페미니즘운동과 더불어 확산된 민주화의 시초를 제시하였다. 여성의 사회적 해방이 주장되고 스포츠가 유행하고 의복이 단순화되면서 메이크업도 의복의 간결성에 맞추어졌으며 새로운 테크닉이 나타났다.

사회적 미적 가치기준이 변화되었고 도발적이고 경박하며 은근히 성적인 여성미로 변화하였으며 이러한 도덕적 변혁과 더불어 여성들은 다소 자유롭고 대담한 메이크업을 하기 시작하였다. 1900년에는 루즈가 가장 많은 수요를 차지했으며 향수와 파우더의 소비도 늘어났다. 이처럼 화장품의 제조가 활발해지고 비누도 등장하였으며 피부를 희고 깨끗하게 가꾸는 기초화장품인 크림이나 로션이 애용되었다.

1905년에는 Laidies home journal에서 한 미용전문가가 속눈썹과 눈썹을 강조하기위해 인도잉크를 바른 것과 콜크를 태워서 그 검은 숯을 이용하라고 제안하기도 하였다. 그러나 20세기 여성활동의 증가로 과거 매일 미용에 할애했던 시간이 많이 침해를 받기 시작했으며 인공적인 것에 대한 관대함이 패션 뿐 아니라 헤어와 메이크업에도 나타났다. 합성 헤어컬러가 만들어지면서 피부색과 전체적인 조화를 이루기 위해서 파우더와 루즈의 효과에 더 의존하게 되었다. 이 시기 유럽을 휩쓴 동양풍에 대한 열정과 더불어 메이크업이 가장 정교하게 표현이 되었고 색상 또한 획기적으로 개혁되었다. 파스텔 톤에서 1세기 이상 허용되지 않은 선명하고 밝은 색들이 메이크업에도 등장하게된다. 이처럼 러시아 발레는 화장품, 향수, 무대장식에 밝고 진한 색을 유행시켰으며 광고조차도 동양풍 취향을 선택하였고 메이크업 이름도 동양적으로 하였다. 대표적인 화장법은 광택 없는 창백한 얼굴에 눈은 선명하게 길고 위쪽으로 비스듬하게 선을 그리고 속눈썹은 두텁게 칠하며 입은 크기를 과장하여 검은 색 윤곽을 한 다음 짙은 진홍색으로 칠했으며 입술이 빛나 보이도록 바셀린으로 처리하였다.

그림 Ⅴ-6
1900년대 화장품 케이스

폴 쁘와레(paul poiret)는 디자이너로는 최초로 향수와 화장품을 만들었으며 화장품 사업인 토탈 패션 산업에 뛰어든 사람으로 동양적인 색과 스타일을 많이 발표하였다.

2. 1910년대

1) 역사적 배경

1914년부터 1918년까지 계속된 1차 세계대전은 대단히 큰 변혁을 가져왔으며 생활 양식이 크게 바뀌어 예법이나 의상에 변화가 왔다. 전통적인 까다로운 예법을 누그러지고 사회적 관행이나 경직성이 없어지고 형식적인 겉치례가 사라지게 되었다. 전쟁에 군인으로 나간 남자들의 공백을 여자들이 사회적 분야에 진출하게 되었고 댄스홀의 인기가 높아지고 성도덕이 문란해지면서 사생아 출산이 증가하였다. 1912년 이후 영화산업이 성행하기 시작하였으며 영화를 통해서 새로운 뉴스 전달도 일반화되었고 새로운 섬유가 개발되어 직물가공업과 염색기술이 발달하여 다양한 의복소재가 생산되었다. 1919년 알콕(Alcock)와 브라운(Brown)이 대서양 횡단비행을 한 것도 중요한 의미를 갖는다.

2) 복식문화

그림 V-7
폴 쁘와레가 디자인한 미너렛 스타일

1905년 노일전쟁에서 일본이 승리하면서 일본의 색채와 실루엣이 복식에 반영되었고 러시아 발레단의 파리공연과 페르시아, 중국, 아라비아의 무역으로 이국적인 분위기가 복식에 많은 영향을 주었다. 이렇게 소개된 동양풍의 의상디자인은 실루엣의 변화를 가져오게 한 커다란 요인 중의 하나이다. 1차 세계대전으로 여자들의 사회적 진출로 인해 복장의 합리성과 기능성을 추구하게된다.

프랑스의 패션리더 폴 쁘와레(paul poiret)는 오랫동안 콜셋의 구속으로부터 여성들을 해방시켰고 새로운 작품을 발표하여 의상계에 큰 관심을 모았다.

쁘와레는 여자의 자연스러운 신체의 곡선을 살리는 우아한 스타일을 창안했으며 호블 스커트(hobble skirt), 하렘 스타일(haram style), 미너렛 스타일(minarat style), 기모노 스타일(kimono style)등이 새롭게 등장하였다. 쁘와레는 20세기 모드의 기초를 만들었고 생동감 있고 직물과 색채의 이미지를 작품에 표현하였다. 호블 스커트와 같은 여성적인 복장과 함께 보다 기능적이고 활동적인 복장, 즉 스포츠 웨어로 바지가 착용되었다.

여성의 사회진출의 증대에 따라 여자들의 상의는 남자용 상의와 거의 같은 형으로 변해갔으며 더블칼라의 재킷과 롱 스커트라는 테일러드 슈트가 애용되었다. 이 시기에는 전기와 기계를 이용하여 대량생산이 촉진되면서 기성복이 보급되었고 우편 주문제도가 도입되어 기성복 보급과 카탈로그가 지방의 소비자들에게 전달되어 이용되었다.

1914년에는 여자의 스커트가 복식사상 처음으로 짧아졌으며 미국에서는 최초의 패션쇼가 열렸다. 1917년에는 겨울 스포츠용 의복도 새롭게 고안되었고 과거보다 여자들이 자유를 누릴 수 있게 된 것은 테일러드 슈트를 입거나 자전거를 타는 것이었다. 이처럼 테일러드 슈트는 기능적으로 완전히 정착되어 여성들에게 보급 되기시작하였다. 군복의 영향으로 여자들이 닉커버커(knikker bocker)를 입거나 승마용 짧은 바지를 입기도 하였다. 이와 같이 여자 복식이 전쟁 전에 비하여 옷 길이가 짧아지거나 지나친 장식물이 없어지면서 많이 단순해졌으나 아직 기능적인 복식이 되지는 못하였다.

남자의 복식은 상의에는 어깨에 패드를 넣어 폭이 넓어 보이게 하였고 바지는 힙을 헐렁하게 하고 아랫단을 좁게 하여 전체적으로 역삼각형의 실루엣을 만들어 호블 스커트와 조화를 이루었다. 이 시기에는 스커트 길이가 짧아지면서 스타킹과 신발이 중요한 품목이 되었다. 스타킹은 실크나 레이스로 장식을 하였고 신발은 단추나 끈으로 채우는 목이 긴 부츠와 앞이 뾰족하고 굽이 높은 구두가 유행되었다. 장신구는 털로 만든 둥근 베개모양의 토시와 가죽이나 헝겊의 핸드백이나 흰 장갑 등을 들 수 있다.

3) 미용문화

(1) 헤어스타일과 머리장식

이 시기는 기능주의가 팽창했던 벨 에포크(Belle Epoque)의 끝 부분으로 세계사적으로 볼 때 큰 변화가 없는 시기로써, 특별나게 독특한 스타일을 볼 수가 없으며 전시대의 과잉장식의 형태에서 단순한 형태의 스타일이 선보이게 된다. 앞머리를 뒤로 올려 빗어 탑처럼 높게 보이게 하고, 길게 늘어 뜨려 놓은 윗머리는 뒤쪽에서 올려 높이 고정시켰다. 뒷머리는 머리카락을 뒷부분에서 묶어 틀어 올려 이마나 탑, 혹은 네이프의 중간, 높낮이 등 다양한 곳에서 연출하는 퐁파두르 스타일도 보였다. 전 시대의 과잉 적인 장식에서 현대화로 가는 첫 스타일로도 볼 수 있으며 1910년대에 착용하였던 액세서리와 의상, 헤어스타일이 현재에도 많이 응용되고 있다.

그림 V-8
1900~1910년대 헤어스타일

그림 Ⅴ-9 테다 바라

그림 Ⅴ-10 1900~1910년대 헤어스타일

머리를 한 가닥으로 굵직하게 땋아서 머리에다 터번 모양으로 두른"트레머리", 여성스러움을 강조하는 여러 가지 스타일이 복잡하게 나타나고 유행하게 되었다. 남성들 사이에서는 하이카라 머리를 많이 하였으며, 짧게 자르기보다는 전체적으로 정리하는 형태의 커트가 유행되었음을 알 수 있으며, 헤어스타일의 마무리에 스타일링 제품인 포마드를 사용하였음을 알 수 있다. 또한 시대적으로 특이할 사항으로는 퍼머가 잠시 유행하기도 하였다.

스타일을 자세히 살피면 컬 인 웨이브(Curls in Waves)로 가냘픈 소녀의 청순 미가 느껴지면서 세련미를 느끼게 하는 정제된 컬로 모발의 끝 부분이 말리지 않게 연출한 것이 포인트이다. 하지만 이 시대의 퍼머 스타일은 퍼머 스타일의 발전에는 크게 기여하지 못하였다. 웨이브가 있는 미디엄 스타일의 로맨틱함을 포인트로 아름다운 여성 헤어스타일이 보여진다. 뒤로 뻗친 머리가 개성에 맞도록 다양하게 연출할 수 있는 원 앤 쿡 스타일 (One and Cook Style)로 나타나며 현대적 이미지의 파격적인 스타일로써 히피와 펑크 문화의 시조 적인 역할을 하는 헤어스타일이 나타난다. 모자는 스커트가 홀쭉하게 좁아짐에 따라 더욱 커지고 타조 깃털 장식을 한 것이 나왔다.

챙이 넓고 깃털장식을 한 커다란 모자나 크라운이 높고 챙이 좁은 모자 토크(toque)형의 모자를 착용하였다. 베일은 얼굴의 일부를 가리는 것에서부터 긴 베일을 모자의 뒷부분에 드레이프 시키거나 머리를 전부 덮는 것 등이 나타난다.

특징적인 것은 1910년대를 대표할 수 있는 보브 스타일이 등장한다. 보브 스타일이란 뒷머리는 짧고 직선적인 뭉뚝한 커트(blunt cut)를 하고 앞머리는 일직선상으로 짧게 내리는 것을 말하는데 본래는 네덜란드인들의 전통적 머리형태로 서양에서는 주로 어린 소녀들이 이 형태의 머리를 하고 다녔었다.

보브 스타일이 처음으로 서구 여성에게 나타난 당시 보브란 '자른다(cut)'의 별칭으로서 전술한 것과 같은 지금의 단발(dutch bob)과 쇼트 커트(shingle bob)를 총칭하는 것 이었다. 보브가 처음 나타난 것은 20세기 초반인 1910년대이다. 이때는 과학과 기술의 급격한 발전으로 기능주의가 대두되어 과잉장식과 허식을 벗어나 단순함과 기능성을 추구하는 방향으로의 전환이 나타났다. 이러한 단순함과 기능성에 대한 추구는 헤어스타일에도 나타나 보브 스타일이라 불리는 짧은 단발머리가 출현하게 되었다. 이것을 처음으로 여성들이 하게 된 것은 1914년에 탱고 댄서로 유명했던 이이런 캐슬(Irene Castle)이 보브 스타일을 하고 춤을 추게 되면서부터였다.

또한 그 당시 유명한 현대 발레리나였던 이사도라 던컨(Isadora Duncan)이 춤출 때 자연적인 신체를 드러내는 그리스 식의 튜블러한 단순한 의상에 보브 스타일의 머리를 한 것도 역시 보브 스타일이 인기를 끄는데 한 몫을 했다. 또한 보브 스타일이 인기를 끌게 된 가장 큰 원인은 제 1차 세계대전과 여성운동이라 할 수 있다. 즉 전쟁 중 여성들이 종군 간호사 등으로 참전한다던가, 가정에 없는 남성들을 대신하여 공장에 나가서 일을 하게 되면서 단순한 스타일의 머리가 편리한 것으로 인식되었고, 전후 직장을 가진 여성들이 늘어남에 따라 남녀평등 사상이 나타나게 되어 남성과 똑같이 짧은 머리를 하게된 것이다.

1918년 영국에서는 집을 소유한 30세 이상의 결혼한 여성에게 투표권을 부여했는데, 이런 남녀평등을 주장하는 사회상황 속에서 보브 스타일은 더욱 인기를 끌게 되었다. 그러나 이런 짧은 머리가 처음부터 쉽게 받아들여진 것은 아니었다. 왜냐하면 여성의 긴 머리는 여성스러운 우아함과 아름다움의 상징 이였기 때문이다. 그래서 고대 이집트 시대와 짧은 머리가 잠시 유행했던 엠파이어 시대를 제외하고는 서양의 역사에 있어서 여성이 남성과 같이 짧은 머리를 한 적은 없었다. 그러나 여성들은 단발을 받아들이는데 주변으로부터 많은 제재를 받아서 짧은 보브 스타일의 머리를 여성들이 꺼려하게 됐으며 다른 이유는 다음에 유행할 스타일이 무엇일지 모른다는 점도 있었다. 왜냐하면 그 당시 유행은 개성의 표현 이라기 보다는 패션 저널이나 신문의 지시에 따른 것이었기 때문이다.

그림 Ⅴ-11
1900~1910년대 보브스타일

그리고 기독교적 사상의 영향도 있어서 여성은 머리를 잘라서는 안 된다고 기록되어 있기 때문이다. 그러나 유행의 힘은 대단한 것 이여서 이런 모든 우려 속에서도 보브 스타일은 무척 유행하여 20년대의 대표적 머리형태가 되었다. 보브 스타일의 머리가 남녀평등 의식의 발현으로 나타나서 그 시대의 유행으로서 많은 사람들이 어떤 의식 없이 따른 스타일이다. 그러나 1950년대 이후 나타난 머리형태와 같이 어떤 반항의지를 가진 사람들을 중심으로 머리형태로 무엇을 전달하려고 했던 행동의 표현이었다. 이런 보브 스타일은 그 길이와 모양을 조금씩 달리해서 계속해서 20세기에 유행을 하였는데 30년대 후반부터 40년대 중반까지 인기를 끌었던 페이지 보이 밥(page boy bob)은 어깨길이의 머리에 끝을 안으로 둥글린 것이었고 70년대에도 이러한 스타일은 다시 인기를 끌었다. 이때는 평행한 보브 스타일(pararell bob)뿐만이 아니라 앞쪽이 길고 뒤쪽이 짧은 스파니엘 스타일(spaniel style)과 앞이 짧고 뒤가 긴 이사도라 스타일(Isadora style)도 나타나게 되었다.

보브 스타일은 기능주의의 영향으로 단순함과 기능성을 추구하던 20 세기 초 의 시대상황과 댄스 붐, 그리고 1차 대전 후 직업을 가진 여성들의 수가 늘어남에 따른 여성해방운동의 영향으로 나타난 머리형태였다. 그것은 이전에는 여성의 아름다움의 상징이던 긴 머리를 자르고 짧은 머리형에서 아름다움을 느끼게 된 것으로, 양식적 특성 면에서 볼 때 여성이 과잉장식을 벗어나 단순하고 기능적이며 스마트한 형태의 짧은 머리를 하게 되는 계기가 되었다.

(2) 화장형태

19세기 후반에 등장하기 시작한 신여성들은 1900년대 들어오면서 더욱더 두각을 나타내기 시작했고 더 많은 여성들이 대학을 다니고 전문직에 종사하였으며 활동적인 운동이나 참정권 운동에도 참가하기 시작하였다.

1910년대에는 메이크업이 점점 더 모든 여성들에게 보편화되었고 대중스타의 스타일이 일반 대중에게도 전파되기 시작하였다.

여자들은 단지 레저활동만을 위해서 화장을 하지 않았으며 많은 수의 젊은 여성들이 화장하는 것을 현명하게 받아들였다. 또한 극장에서 시작된 메이크업에 대한 열광은 사교계 여성에서 판매직 여성에 이르기까지 강좌를 들을 정도였으며, 중요 상점과 호텔에서는 여성고객들이 사용하도록 탈의실과 화장실에 화장품을 비치하였다. 1912년 뉴욕 참정권 집회 때는 저명한 여성들이 외모의 자유와 함께 대담한 메이크업을 옹호했으며 전문직 여성을 돕기 위해 뷰티 전문가로서의 직업을 선택하기도 하였다.

이처럼 1910년대는 화장품의 대량생산이 합법화되고 미용 클리닉과 미용 성형수술이 성행하면서 여성들의 미의 기준이 자연적인 미에서 인위적인 미로 변하기 시작하였다. 상업성 뷰티문화가 곧 모든 여성들에게 미의 주요 수단이 되었다. 대표적인 화장법은 영화배우 테다 바라(Theda bara)와 폴라 네그리 (Pola negri)가 마스카라를 발라 눈매를 더욱 신비롭고 그윽하게 표현하여 관능적인 매력을 나타내면서 일반인들도 튜브형 검은 펜슬로 눈썹을 새까맣게 일자형으로 그리고 눈 주위로 음영을 강하게 넣은 메이크업이 등장하면서 20년대까지 이어진다.

그림 V-12 화장형태

3. 1920년대

1) 역사적 배경

전쟁 직후 세계는 삶에 대한 열망으로 휩싸였고 사회적인 개혁보다는 자기 자신만이 관심의 대상이 되었다. 전후 사회적으로 젊은이들은 재즈(Jazz)와 스포츠에 열광하였으며, 춤에 대한 열광으로 탱고(Tango)춤은 전쟁 후 사람들에게 구원과 기쁨의 대상이 되었다. 또한 사회 문화의 생활화로 인하여 20년대는 현대사회의 특징인 대중문화가 시작되었고 특히 강대국이 된 미국인의 생활 방식이 전 세계적으로 파급되어 나갔다. 여성의 의식변화는 여성들의 지위가 향상되고 경제적으로 독립하면서 자유로운 생활을 영위할 수 있게 되었다.

자유연애를 즐기고 개성적이고 활동적이며 전쟁 후에 남녀평등을 주장하고자 하는 여성의식의 흐름과 젊은이들이 심리적으로 젊음을 강조하는 플래퍼(flapper)라는 젊은 여성의 대명사가 생겨났다. 1920년대는 자동차 보급과 함께 여성의 스포츠 열이 높아졌고 영화 산업이 번창하여 대중들에게 인기 있는 오락이 되었다. 대표적인 여배우 그레타 가르보(Greta Garbo)는 당시 만인의 연인과 같은 존재였다. 1920년대의 예술양식은 모더니즘이 나타나는 다이나믹한 시기이며 신 조형주의 화가인 몬드리안이 수직선과 수평선을 이용한 것, 야수파의 강렬한 원색과 입체화의 표현기법이 새롭게 표현되었다.

1925년 파리의 현대 장식미술, 산업미술, 국제 박람회에서는 현대적이고 기능적인 아르 데코(Art Deco)가 잘 표현되었으며 이러한 예술양식은 복식에 적용되어 나타나기 시작하였다. 그러나 세계 최강국인 미국은 유럽보다 우위를 차지하면서 부가 일부 층에 치중되기 시작하면서 지나친 주식투자에 대공황이라는 불경기를 맞이하게 된다.

2) 복식 문화

1920년대는 재즈와 광란의 시대였으며 일부 여성들은 화려한 차림을 동경하였고 일부는 기능적인 옷을 즐기기도 하였다. 이처럼 개방적인 분위기가 복식에도 반영되어 보이쉬 스타일(Boyish style)이 등장하였다. 기본 실루엣은 몸의 곡선을 나타내지 않는 튜블러한 직선의 형태이고 스커트의 길이는 무릎까지 올라갔으며 가슴은 납작하며 허리의 곡선을 완화시킨 남성적인 스타일로 마치 소년과 같다고 하여 보이쉬 스타일이라고 하였다. 허리를 졸라매던 콜셋에서 해방되었고 브래지어는 가슴을 편평하게 하는 밴드의 역할을 하고 좁은 어깨, 작은 힙, 긴 다리가 이상적인 체형의 조건이었다.

1925년경에는 보이쉬 스타일에 여성적인 면을 가미시킨 새로운 스타일인 가르손느 스타일(gargonne style)이 나타난다. 실루엣은 튜블러 형에 허리선은 로우 웨이스트이고 가슴은 납작하며 스커트의 길이는 점차 짧아져 무릎까지 닿는 길이였다. 주름이나 리본장식을 하고 어깨는 강조하지 않고 아코디언 플리츠(accordion pleats)스커트를 입었다. 1927년에는 스커트의 길이가 복식사상 처음으로 바닥에서 16인치까지 짧아졌고 소재는 여성다운 우아한 멋을 살리기 위해서 실크, 레이스, 쉬폰같은 부드러운 소재를 사용하였다. 화가들은 창작예술의 표현기법을 직물디자인에 도입하여 추상적이고 기하학적인 모티프가 복식디자인의 독창적인 표현욕구를 만족시켰다.

그림 V-13 1920년대 후반의 가르손느 스타일

1920년대에 활약한 디자이너중 대표적인 존재는 샤넬(chanel)이었다. 샤넬은 주름치마를 고안하였고 샤넬 슈트를 대중이 애용하는 슈트의 고전으로 디자인하였으며 그 당대에서나 현재까지도 영향력은 매우 크다. 이 시기에는 원피스 드레스나 앙상블의 기성복이 유행하였으나 보이쉬 스타일이 유행되면서 직물의 소비량이 급격히 줄어 기성복 판매량이 감소되었다.

남자복장은 1910년대와 비슷하고 칼라(collar)의 넓이와 바지의 폭이 약간 넓어졌을 뿐이다. 정장 복 외에 캐주얼 웨어로는 와이셔츠(white shirt)에 넥타이를 매고 그 위에 스웨터를 입고 아래에는 승마용 바지를 입는 것이 유행하였다. 장신구는 길게 또는 여러 줄의 진주 목걸이를 하거나 귀걸이, 팔찌 라펠핀(lapel pin)이 많이 쓰였다. 또한 스커트의 길이가 짧아지면서 스타킹과 구두에 관심이 많아서 색상이 다양해졌고 소재도 면, 모, 견 레이온 등으로 쓰여졌다.

그림 V-14 플래퍼 스타일

3) 미용문화

(1) 헤어스타일과 머리장식

1920년대에는 여성의 참정권도 성립되어 여성의 사회적 지위도 올라갔으며, 특히 이 시기에는 영화의 보급으로 패션의 주를 이끌던 파리와는 별도로 사람들의 관심을 불러일으키게 된다.

전쟁이 여성해방 운동을 가속화시키는 계기가 되었으며 자신이 남성들과 사회적으로 동등함을 인식하게 된 여성들은 수세기 동안 자신들을 묶어 놓았던 종속에 대한 첫 반응으로 머리를 잘랐다. 즉 여성들의 사회 진출이 활발해 짐에 따라 활동성을 강조하게 되며 그 영향으로 인하여 여성들의 헤어스타일은 적극적이며 활동적인 스타일이 나타나게 된다.

이 시기에는 1910년대에 인기를 끌었던 보브 스타일이 유행이었다. 단발과 쇼트 커트는 원랭스 보브와 액센트 보브 등으로 커트의 형태에 따라서 다양한 스타일을 연출하였다. 쇼트 커트는 남성의 머리형태와 같이 아주 짧고 층이 지도록 한 헤어스타일을 말한다. 1910년에 짧은 단발머리를 하기 시작한 여성들은 1920년대 중반에 들어서는 더 짧은 형태의 머리로 나타난다. 이것을 싱글(shingle) 이란 이름으로 불렸는데 형태는 남성들의 전통적 머리모양과 같이 뒷머리를 짧게 쳐주는 것을 의미한다.

그림 V-15
미국인 댄서 조세핀 베이커

그림 Ⅴ-16 1920년대 헤어스타일

싱글(shingle)은 영국에서 이튼 클럽(Eton crop)으로 불리웠으며 이것은 이튼 대학(Eton collage)의 남학생 헤어스타일과 똑같은 모양으로 옆과 뒤를 짧게 쳐주고 옆가리마를 타서 한쪽으로 빗어 넘긴 형태이다.

미국에서서는 보이쉬 밥(boish bob)이라 불렀으며 지금의 단발과 쇼트의 형태였다. 그러므로 싱글(shingle)과 이튼(eton), 크럽(crop), 보이쉬 밥(boish bob)은 비슷한 형태의 쇼트커트의 별칭으로 사용되었다. 밥(bob)형의 짧은 머리형태가 처음 나타난 것은 아이렌 캐슬(Irene castle)이 뉴욕에서 1차 대전 전에 짧은 머리모양을 선보였고 이사도라 던컨(Isadora Duncan)이 짧은 스커트에 짧은 머리를 한 것이 유행이 되었다. 많은 여성들이 쇼트커트의 머리를 하게 된 것은 남녀 평등에 대한 의지를 드러낸 것이고 지위가 향상되었기 때문이다. 또한 과학기술의 발전으로 단순함과 기능성을 중시하였고 재즈댄스의 붐으로 쇼트커트의 유행에 한 몫을 했으며 특히 미국의 흑백 혼혈의 재즈댄서인 조세핀 베이커의 싱글(shingle)은 유행에 박차를 가하였다.

20년대는 중반에 나타난 쇼트 커트는 일종의 보브이나 보브 스타일을 강조해서 더욱 짧고 층이 나게 자른 싱글 컷(shingle cut)으로 양식적 특성 면에서 볼 때 여성이 남성적 스타일의 머리형태를 하게 되어 머리형태상에서)이 나타나게 되는 계기가 되었다. 남자 같은 단발머리는 작은 모자를 필요로 했고 작고 꼭 맞는 모자는 귀를 덮고 눈에 그림자를 줄 정도로 낮게 착용되어 암울한 시대를 표현해 주었다.

그림 Ⅴ-17
1920년대 헤어스타일

일반적으로 널리 쓰여진 모자는 클로쉬 햇(cloche hat)이며 브리튼형, 버섯형, 종형의 모양에 베이지 색이나 검정색의 펠트 직물로 만들었고 사계절 모두 착용하였다. 여름용 모자는 밀짚으로 만들고 인조 과일을 장식하였고 겨울용 모자에는 타조 깃털을 하였다.

(2) 화장형태

1920년대를 '분별없는 20년대' 혹은 '광란의 20년대', '들뜬 20년대'로 특정 지을 만큼 이 시대에는 젊고 새로운 것들에 대한 강조와 이의 과시가 두드러지게 나타났다. 메이크업도 이러한 사회적 분위기와 변화를 뚜렷이 반영하여 전개되었으며 여성의 화장한 얼굴은 전쟁 전 여성스러움의 상징인 깁슨 걸에 대한 반발로 나타났다. 20년대의 얼굴이 전통적 미의 해석을 변화시킴에 따라 어둡게 가장자리 테를 두른 눈 밝게 색칠된 뺨 ,그리고 벌이 쏜 것 같은 입술이 자태를 빛나게 하였다. 20년대 영화 속에서의 여성들은 짧은 단발머리 형태와 선명한 메이크업을 하고 낮에는 점원이나 생산직의 노동자로, 밤에는 파티와 댄스 혹은 모험을 즐기며 자유연애, 흡연, 칵테일 등을 거리낌없이 하는 새로운 여성의 모습으로 묘사되었다. 모자 착용으로 눈썹은 보이지 않고 눈만 보이므로 여성들은 눈에 관심을 모으기 위해 짙은 눈 화장을 하였고 마스카라를 사용하였으며 전통적으로 얼굴에서 가장 성적인 부분인 입술로 시선을 끌어당겼다.

1920년대는 당시 등장한 새로운 여성유형의 자유로워진 사회적 지위와 해방을 상징하는 도구로서 메이크업이 확대되면서 이전까지의 자연스러웠던 얼굴에 인위적인 형태와 색채를 부여하기 시작하였다. 본격적인 산업화의 진행으로 여성의 가치가 단순히 남성의 성적대상으로써 또는 가정에서 현모양처로써의 인식이 지배적으로 확대됨에 따라 아름다움과 성적인 매력이 여성 최고의 가치라는 의식을 더욱 작용하게 되었고 이런 남성의 지배적인 시각에서 만들어진 여성의 이미지는 광고와 대중매체의 역할이 부각되면서 더욱 상업적으로 상품화되었다. 메이크업은 상품화된 여성의 미를 더욱 높은 교환가치를 갖게 하는 도구로써 중요한 역할을 하게 되었다.

클라라 보우(Clara bow)는 1920년대의 불타는 젊음을 섹스의 자유로운 풍부함으로 표현하였다. 밀가루를 바른 것처럼 뽀얗고 창백한 느낌으로 표현하고 크고 검게 메이크업한 게슴츠레한 눈, 그리고 빨간 입술로 성적매력을 발산하였다. 이 입술을 가리켜 큐피트의 활(cupid's bow), 장미봉오리(rose bud), 벌에 쏘인 뾰루퉁한 입술(divine bee-strung lips)로 칭하였다. 그러나 테다 바라의 쇠퇴로 그녀의 메이크업도 변하여 아치모양의 눈썹 윤곽을 명확하게 하고 섬세한 입술 ,완벽하게 선을 그린 눈 그리고 깃 모양을 한 눈 꺼풀로 도시 풍의 세련미를 표현하였다.

그림 V-18
1920년대 헤어스타일

그림 Ⅴ-19
1920년대 메이크업

1920년대는 중산계급의 성장으로 여가시간이 풍요해지고 여성들이 스포츠를 즐기면서 햇볕에 그을린 피부는 풍요로움과 옥외활동에 대한 열정의 결과로 받아들여져 어두운 색 피부가 유행하게 되었다. 많은 여성들이 햇빛에 그을린 것처럼 보이고 싶어서 파우더의 색을 새롭게 응용시켰으며 선 크림과 인스턴트 탠이 많이 팔리게 되었다.

또한 최초로 입체적 얼굴을 위한 메이크업 개념이 소개되었으며 화장품과 향수의 미용산업이 호황을 누리게 되었다. 이와 같이 다양한 화장품 재료들이 공개되고 판매량이 증가하면서 화장품의 품질관리와 안정성 그리고 한정성을 조절 할 수 있는 효과적인 법이 주요 관심사가 되었다.

4. 1930년대

1) 역사적 배경

세계 제 1차 대전 후 미국이 세계 최강국으로 부상하게 되었고 편중된 부의 축적으로 1929년 대 공항이라는 최악의 불경기를 맞게 된다. 미국에서 시작된 재정적 위기가 전세계를 산업침체, 은행파산, 상거래에 큰 타격을 받아 경제적 불황 속으로 몰고 갔다. 실업과 인플레가 늘어나고 이전까지 보이던 여성운동이 계속 되면서 직업여성들을 가정으로 되돌려 보내려는 기운이 일어났다. 이런 상황에서 독일, 일본, 이탈리아는 파시즘 정책을 취하면서 노골적인 침략을 강행하기 시작하였고 마침내 1939년 제 2차 세계대전이 일어나 모든 문화는 거의 정지상태가 되는 시기였다.

1930년대를 지배한 예술의 흐름은 초현실주의와 모더니즘이 있다. 초현실주의는 인간정신의 심층에 묻혀 있고 무의식을 표출시킴으로써 이성이나 고정된 관념으로부터 해방되고 진정한 자유를 얻게 된다고 보았으며 초현실주의는 기본 개념을 꿈의 무한한 힘, 무관심, 사고의 작용 등에 잠재해 있는 억제된 연상의 실재성에 두고 있었다. 즉 인간의 심층심리를 표현하려 하였다.

2) 복식문화

경제 불황은 복식에도 영향을 주어 독창성 없이 유행을 따르는 것보다 개인의 기호를 다라 불필요한 디테일(detail)이 사라지게 하였다. 경제 구호정책인 뉴딜(New Deal)정책으로 롱 스커트(long skirt)의 유행이 나타났고 비활동적이고 우아한 여성적인 것이 중시되는 경향이 되었다. 직선적인 보이쉬 스타일은 사라지고 허리선은 제 위치로 돌아오고 스커트의 길이가 길어지기 시작하였다.

전체적으로 홀쭉하고 긴(slim and long)스타일로 옷감의 바이어스 재단이나 폭을 대어 호리호리 하면서도 스커트 도련이 아랫부분에서 퍼지는 여성적인 형태의 옷을 입었다.

여성의 미를 강조하기 위해 납작한 가슴대신 업리프트(uplift style)스타일이라 부르는 컵(cup)모양의 브래지어(brassiere)에 의해 가슴이 강조되었고, 속옷도 올 인원(all in one)이나 투웨이 스트레치(two way strech) 화운데이션이 개발되었다. 이러한 속옷과 바이어스 재단으로 여성들은 가슴과 허리, 힙을 나타내는 감각적인 옷을 입게 되었다.

1930년대에 대표적인 디자이너로 활동한 스끼야빠렐리(Elsa Schiaparelli)는 스커트 길이가 종아리까지 오고 허리선은 몸에 꼭 맞으며 어깨를 강조하여 넓고 사각으로 각진 실루엣을 발표하였다. 즉 패션의 집중적인 관심을 종전의 힙라인에서 숄더 라인으로 강조되었다.

그림 Ⅴ-20 워스, 슬림, 롱스타일

1937년에는 테일러드 슈트가 현대화되고 변화를 거듭하면서 대표적인 여성정장의 역할을 하게 되었다. 특히 30년대는 의복을 때와 장소에 따라 구별하여 착용하여 기능별로 더욱 세분화 된 시기이다. 가장 놀랄만한 변혁은 뒷 잔 등을 드러내고 앞가슴을 가리는 홀터넥크의 이브닝드레스가 출현했으며 이 시기 이후부터 여자의 가슴, 어깨 다리처럼 여자의 미적, 성적 매력의 노출부위가 되었다. 또한 레이텍스(latex)와 지퍼(zipper)의 획기적인 발명으로 신축성 있는 직물로 가장 편하게 느낄 수 있는 옷이 제작되었고 여성들은 처음으로 자기 체형에 맞는 콜셋을 입을 수 있게 되었다. 1939년 전쟁이 일어나면서 여성의 옷은 어깨 폭에 패드를 넣어 놓게 하고 몸체는 벨트로 꼭 조이고 롱 스커트 대신 무릎정도의 짧은 스커트가 주류를 이루는 밀리터리 룩(Military Look)이 등장하기 시작하였다. 구두는 1920년대 보다 재료와 형태가 더욱 다양해져서 뱀가죽, 악어, 스웨이드 등으로 앞 끝이 둥글고 알맞은 높이의 굽이 달린 구두를 신었다. 이브닝웨어에는 의복의 색에 조화되도록 염색한 비단이나, 금, 은색의 새끼 염소가죽으로 만들어 신었고 샌들이 유행되기 시작하였다.

3) 미용문화

(1) 헤어스타일과 머리장식

1929년 대 공항과 여성운동의 퇴조로 고전으로 되 돌아 가려는 복고풍이 일어나면서 헤어스타일도 남성적인 스타일에서 여성적이고 우아한 퍼머넌트 웨이브 스타일(permanent wave style)이 등장한다.

그림 Ⅴ-21 1930년대 헤어스타일

퍼머넌트 웨이브란 자연 상태의 두발에 대해서 물리적 화학적인 방법을 가하여 두발의 구조나 상태를 오래 지속되는 웨이브 상으로 아름답게 변화시키는 것을 의미하며, 헤어스타일링을 완성시키기 위한 하나의 수단으로 사용되고 있다. 이 퍼머넌트 웨이브의 역사는 고대 이집트로 거슬러 올라갈 수 있다.

고대 이집트인들은 그들은 머리를 젖은 진흙으로 세팅하고 태양아래에서 말린 후 진흙을 빗어내는 방법으로 퍼머넌트 웨이브를 하였다. 1906년 런던의 미용사 찰스 네슬(Charles Nestle)은 클립에 두발을 말고 그 위에 붕사와 물을 페이스트 상으로 반죽하여 두발 위에 발라서 은박지로 싸고 열로 가열하는 히트 웨이브 즉 열 퍼머를 발표하였다. 이 방법은 1870년 프랑스의 마셀 그라또(Marcel Grateau)에 의한 웨이브 방법보다는 획기적이었다. 마셀 웨이브(Marcel wave)는 집게와 같이 생긴 아이론의 열에 의해서 일시적으로 웨이브를 형성하는 방법으로 물이 닿으면 본래의 머리모양으로 돌아가는 단점이 있었다.

히트 웨이브 또한 시간과 열을 이용한 위험 부담이 있으므로 많이 사용되지는 못하였다. 이처럼 가열에 의해 두발을 손상시키거나 부러뜨리는 등의 문제가 생기는 결점을 보완하기 위해 1931년에는 히팅 기구로 전기를 사용하지 않고 특수한 금속으로 만든 히팅크립(heating crip)을 이용하는 가열웨이브(preheat wave)가 도입되었으며, 1932년에는 케미컬 퍼머넌트 웨이브(chemical permanent wave)라고도 하는 특수약품의 화학반응에 의해서 얻어진 반응열을 이용한 머쉰리스 웨이브(machineless wave)가 고안되어졌다.

특히 1936년 영국의 스피크먼(J.B.Speakman)교수에 의해 두발 케라틴의 화학구조를 이용해 열을 사용하지 않고 시스틴 결합을 끊을 수 있는 연구로 콜드 퍼머넌트 웨이브(cold permanent wave)의 원리가 전해지게 되자 커다란 융성을 가져오게 되었다. 이 콜드웨이브(cold wave)의 방법은 시술시간이 2~3시간으로 짧고 열로 인한 위험이 없이 간단한 약품 처리로만 퍼머넌트 웨이브를 얻을 수 있기 때문에 퍼머넌트 웨이브가 일반대중에게 널리 사용되게 하는 계기를 마련했다. 이 원리가 전해지면서 새로운 모습의 퍼머넌트 웨이브가 등장한다.

그림 Ⅴ-22 1930년대 헤어스타일

어깨까지 오는 머리를 안으로 말아 웨이브가 안으로 지게 한 페이지보이 스타일, 그리고 반대로 밖으로 말아 웨이브가 밖으로 지도록 한 플립스타일이 나타난다. 30년대에 유행했던 퍼머넌트 웨이브는 어깨길이의 머리에 중간이나 끝만 부드럽게 웨이브하는 형태로 나타났으며 머리를 마는 방법에 따라 크게 스파이럴(spirel)식과 크로키놀(croquinole)식으로 구분하였다. 스파이럴식은 찰스 네슬이 발명한 퍼머넌트 방식으로 머리를 로드(rod)에 세로로 말아서 위아래 웨이브의 굵기에 차이가 없이 부드러운 웨이브가 나타나게 하는 것이 특징으로 긴 머리에 어울리는 것으로 머리를 마는 로드의 이름을 따서 다양하였다. 또한 짧은 머리에 어울리는 크로키놀식은 스파이럴식 이후에 머리를 로드에 가로로 말아서 위의 웨이브는 굵게 아래의 웨이브는 가늘게 만드는 방식으로 한 웨이브가 나타나는 것이 특징이다. 1930년대의 퍼머넌트 웨이브는 대 공항이라는 최악의 불경기와 실업과 인플레가 늘어나고 이전까지 보이던 여성운동의 퇴조라는 시기적인 상황과 맞물려 고전으로 되돌아가려는 복고풍과 새로운 스타일인 웨이브의 연구가 완성되면서 여성스러움의 요구가 강조되는 시대상황과 과학의 발전으로 나타난 헤어스타일이다. 이것은 꼬불거리는 헤어스타일을 원하는 여성들에게 반영구적인 부드러운 웨이브 머리를 할 수 있게 한, 획기적인 머리의 형태와 시술방법상에서의 혁명이었다.

그림 Ⅴ-23 1930년대 헤어스타일

아름다움과 간소함, 개성을 나타내 줄 수 있는 다양한 스타일을 발전시켜 현재까지도 많은 여성들에게 사랑 받고 있으며 애용되고 있다. 1930년의 모자는 편평하고 챙이 있는 것으로 한쪽 귀와 눈이 가려질 정도로 비스듬히 기울게 쓰는 것이 유행하였다. 초기에는 베레모를 많이 썼으며 모자를 비스듬히 쓰고 앞이마에 짧은 베일을 늘어뜨렸다. 이 당시 도시의 멋쟁이 여성들은 모자를 쓰지 않는다는 것은 상상조차 할 수 없을 정도의 필수품이 되었다.

(2) 화장 형태

1930년대의 메이크업은 플라토닉한 이상적 미의 조각된 형이며 성적으로 불명료한 형태와 특색의 조화로 특징 지울 수 있고 대공항의 헤아릴 수 없는 나락으로부터 탈출구를 제공하였다. 미의 형태도 성적인 접근을 선호하기보다는 완벽한 여성스러움의 실체 없는 이미지가 이상적이었다. 이 시대의 자연주의는 여성자신의 몸과 건강을 독특하게 의식하도록 하였다. 날씬해지려는 욕망이 어느 때 보다도 유행했으며 육체적 건강이 새롭게 강조되어서 가늘고 긴 스타일로 말라보이기 위한 미용법이 나왔으며 매니큐어와 패티큐어가 유행이 되었다.

유행을 쫓아 앞서가는 여성들에 의해서 화장품이 자유롭게 사용되어 얼굴에 파우더를 바르고 눈가에 검정색의 라인을 그렸으며 눈꺼풀에도 검정 음영을 주었다. 눈썹을 가늘게 다듬거나 연필로 정교하게 그렸는데, 이러한 눈썹은 이전까지의 자연스러운 얼굴에서는 볼 수 없었던 가장 두드러진 변화로서 화장한 얼굴을 더욱 낯설고 눈에 띄이게 하였다. 또한 입술은 밝고 반짝이는 선명한 핑크와 붉은 색으로 진하게 강조하였다. 과거의 자연스러움과 대비되는 이러한 인위적 표현은 우상시 되는 영화배우의 등장에 의해서 더욱 확대되었다. 즉 대중들의 가치관 창조와 보급을 위한 인기 있는 매체는 영화였다.

1930년대 메이크업은 변화된 새로운 이미지의 여성을 만들었는데 더 진하고 숙련된 기술로써 성숙한 분위기와 자연스러운 효과를 연출하였다. 1930년대를 '초라한 30년대'라 하였듯이 불황으로 인해 20년대 같은 젊음과 열정은 무감각하게 받아들여지게 되었고, 성숙하고 세련된 여성의 이미지가 새롭게 등장하기 시작했다. 사실 불황이라는 시대적 상황에도 불구하고 여성들의 메이크업을 비롯하여 세련된 치장의 관심과 선호가 계속되었는데 이는 불확실하고 어두운 현실에서 벗어나 도피를 하고자 했던 당시의 사회적 분위기를 반영하는 것이었다.

그림 Ⅴ-24 1930년대 메이크업

영화가 중요한 대중 오락문화로 자리잡으면서 성숙한 여성미를 강조하는 영화 속 스타들의 아름다움은 이 시대 미의 기준이 되었다. 30년대의 여성들은 누구나 화장품을 사용하고 세부 기술을 배워 스타들의 이상적인 모습을 모방하고 추종하였다. 특히 그레타 가르보(Greta Garbo)와 마들렌 디트리히(Marlene Dietrich)의 신비스러우면서도 이국적이고도 냉소적인 모습은 30년대를 대표하는 스타로서 20년대의 클라라 보우(Clara Bow)를 대신하여 새로운 미와 행동의 기준이 되었다.

그림 Ⅴ-25
1930년대 메이크업

가르보(Garbo)는 눈썹을 한 올 한 올 정교하게 뽑고, 가늘고 기교적인 둥근 아치형으로 그리고, 눈뼈 부분의 하이라이트를 매우 강조하고 검은 색과 흰색으로 음영을 강조한 아이 홀 메이크업으로 움푹 꺼진 눈을 표현하였다.

볼의 음영을 브라운 색으로 강하게 강조하여 볼이 들어가고 광대뼈가 매우 나와 보이도록 했으며, 길고 선명한 붉은 입술이 강조점이 되었다. 이외의 뇌쇄적인 금발미녀들 진 할로우(Jean Harlow), 메이 웨스트(Mae West)등은 여성의 에로틱한 면이 새로운 이미지로 부각되었는데, 이때 매혹적이며 성적인 여성스러움과 몸매를 가진 여성을 뜻하는 글래머러스란 단어도 생겼다. 글래머러스 스타일은 당시 할리우드 영화배우들의 관능적인 모습에서 유행된 스타일이므로 '할리우드 스타일'이라 불리기도 한다.

5. 1940년대

1) 역사적 배경

1939년 제 2차 세계대전은 문명파괴가 더욱 심하였고 역사상 유례가 없는 세계적인 규모의 전쟁이었다. 전쟁으로 인하여 물자가 귀하고 경제가 침체 상태에 머무르면서 정치적 사회적으로 불안한 상황이 되었다. 영국과 프랑스는 생활전반에 걸쳐 내핍이 강요되었고 생활필수품의 부족은 심각한 상태였다. 영국은 노동력과 의복재료의 부족이라는 난관을 극복하기 위해 일종의 배급제도인 실용 계획안(Utility Scheme)을 시행하여 의복제조에 관한 규제를 강화하여 장식디자인을 없애고 기본의복을 디자인하도록 하여 의복 스타일을 반강제적으로 단순화 축소화 시켰다. 각 나라들도 물자 절약이라는 국가정책을 내세워 패션계는 거의 실용적인 옷으로 명맥을 이어갔다. 전쟁으로 인해 여성들의 사회진출이 두드러지자 물자부족 및 사회적 제반여건으로 인해 실용적인 기능 복이 전세계적으로 유행하였다.

2) 복식문화

이 시기는 남성적인 테일러드 슈트가 여성복으로 완전히 정착됐으며 옷의 기능성을 중요시하였다. 초기에는 스커트 폭이 좁아지면서 길이가 무릎까지 짧아지고 어깨에는 패드를 넣어 모난 어깨가 강조되었다. 의복 제조에 관한 규제 강화로 시민 복의 근대화를 유도하였으며 과거 어느 때보다도 단순하고 기능적인 복장을 일반대중에게 보급시킴으로써 패션을 특수 계층만의 것이 아닌 일반 대중에게 확대시켰다. 40년대에 가장 눈에 띄는 패션 현상은 틴에이저들의 패션 문화 성립이다.

그림 Ⅴ-26 밀리터리 룩

직장여성이나 가정주부들까지도 이러한 실용적이고 젊은 매력이 넘치는 패션을 받아들여 캐주얼웨어가 전 세계적으로 확산되는 계기를 마련했으며 실용성을 강조한 바지 착용도 확대되었다. 30년대 말부터 1944년까지 지배적이던 짧은 스커트의 테일러드 슈트인 밀리터리 룩은 전쟁 후 다소 여성적인 분위기로 바뀌었다.

1947년 파리 컬렉션에서 크리스챤 디올의 뉴 룩(New Look)은 전쟁기간 동안 유행되었던 각이진 어깨, 좁고 짧은 스커트, 편평한 힙을 강조한 딱딱한 느낌의 패션이 여성의 우아함과 아름다움을 회복시켰다. 좁고 둥근 어깨, 볼록한 가슴, 가는 허리, 꽃처럼 활짝 펼쳐지는 후레어 스커트, 즉 A라인은 전쟁 중 내핍생활의 고통과 획일적인 유니폼에 싫증을 느끼고 있던 여성들에게 극도의 기쁨과 흥분으로 받아들여졌다. 이와 같이 여성미의 포인트가 가슴, 허리, 힙을 강조하는 스타일로 바뀌면서 복고적인 경향이 강하게 나타났다. 이러한 실루엣을 나타내기 위하여 허리를 가늘게 조이는 콜셋이나 브래이저, 스커트를 퍼지게 하는 페티코트가 다시 수용되었다.

둥근 어깨선과 스커트의 많은 주름이나 후레어도 과거의 로맨틱하고 화려했던 복식의 일면을 재현시켰으며 1949년에는 의복이 더욱 화려해져 스커트 도련이 피라밋처럼 넓어지고 새로운 버슬(bustle)스타일이 등장한다. 전후 파리는 패션리더로서의 영광을 되찾았으며 1년에 두 번씩 정기적인 콜렉션을 발표하여 다양한 스타일 라인(style line)을 창조하였다.

40년대의 구두는 둥근 앞 부리의 중간 힐이 유행하였고 앞 부리에서 발뒤꿈치 힐까지 편평한 콜크나 나무 창으로 된 웨지(wedge)타입의 구두가 전쟁말기에 나타나 수년간 유행되었다. 또한 전쟁기간 동안 스타킹의 품귀 현상으로 발목길이의 양말이 유행하기도 하였다.

3) 미용문화

(1) 헤어스타일과 머리장식

제 2차 세계대전은 뒤늦게 참전한 미국의 영향으로 전쟁이 종전되었으며, 이러한 영향으로 정치 경제, 사회, 문화 등 미국의 자유주의 문화를 전파하는 중요한 계기가 되었다. 이러한 경향에 힘입어 고전미를 강조한 복고풍의 유행이 다시 나타나게 되었고 여성스런 아름다움을 강조한 레이어 머리와 중간 길이의 머리를 위로 빗어 올려 정수리에 묶어 고정시킨 다음 컬로 장식하는 업 스위프 스타일이 나타나게 되었다.

그림 Ⅴ-27 1940년대 헤어스타일

그림 Ⅴ-28 1940년대 헤어스타일

또한 자연스러움과 성숙된 여성의 우아함과 단아함을 표현한 자연스러운 웨이브의 미디엄 헤어스타일도 유행하였다. 1910년대의 퐁파두르 스타일을 현대적으로 발전시켜 다양한 스타일을 창출시켰으며, 웨이브를 적절히 가미하여 20년대, 30년대에 유행을 주도하였던 퍼머넌트 스타일이 유명 하였다. 어깨 길이까지 늘어뜨린 헤어스타일에 중간이나 끝 부분에 자연스러우면서도 부드러움을 강조한 웨이브를 스타일링 하여 다양한 형태의 퍼머넌트 웨이브를 연출하였다. 또한 위, 아래 웨이브의 굵기의 차이에 따라 특징적으로 긴 머리에 포인트를 주어 부드러움과 우아함을 강조하면서도 간편함과 함께 아름다움을 개성적으로 표현한 헤어스타일이 유행하였다. 이 시기 여자들의 헤어스타일은 앞머리를 뒤로 빗어 넘기고 뒷목을 덮는 페이지 보이 밥(page boy bob)형에 끝 부분을 웨이브 지게 하거나 위쪽으로 빗어 올린 형이 나타났다. 1944년부터는 여자들이 모자대신에 스카프를 쓰는 것이 유행되었으며 턱에서 매어 쓰거나 스카프를 머리 꼭대기에서 매는 것은 공장 노동자들이 머리를 간단하게 하기 위해 스카프로 잡아매는 스타일과 비슷하였다. 여자 모자는 작은 베레를 많이 썼고 챙이 넓은 모자는 옆으로 기울게 썼으며 모자에 한 개의 깃털을 꽂거나 얼굴을 가리는 베일(Veil)이 달린 보닛형의 모자도 있었다.

그림 Ⅴ-29
1940년대 헤어스타일

(2) 화장형태

전쟁기간 동안 여자들의 화장품은 품귀현상을 빚어 패션잡지에서는 건강미를 살려 화장을 하지 않고도 아름답게 보일 수 있는 미용 법을 소개하기도 하였다.

1940년대에는 전쟁 중 군인들의 영향을 받아서 성적 매력이 있는 여성들의 이미지가 이상적인 스타일로 등장하였으며 육체적이고 관능적인 모습의 이상적인 여성들을 가리켜 '성적여신'(sex goddess)이란 말로 불렀으며 메이크업도 관능적이면서 생동감 있는 표현을 하였고 이것은 40년대의 이상적인 모습이었다.

2차 대전 이후 화장은 이전보다 더 두꺼워졌다. 영화의 분장용으로 개발된 완벽하게 피부를 덮어주는 팬케익(pan-cake)을 사용하여 피부 표면에 부드러운 바탕색을 만든 뒤 화운데이션(Foundation)을 사용하였다.

그 다음 턱을 좁게 하는 어두운 색상의 화운데이션을 바른 뒤 눈이 움푹 들어가 보이도록 아이섀도우(Eye Shadows)를 펴 바른 후, 눈썹을 그리는 연필로 가늘고 정교하게 눈썹을 그리고 부드러운 솔로 얼굴에 남아 있는 파우더(Powder)와 볼연지를 부드럽게 털어 내었고 마스카라(Mascara)로 속눈썹을 검게 하고 인조눈썹을 덧붙여 강조하였다.

그림 Ⅴ-30
1940년대 메이크업

그림 Ⅴ-31
1940년대 메이크업

마지막으로 연필을 이용하여 입술을 크고 선명하게 그리고 립스틱(Lipstick)이나 립 루즈(Lip Rouge)로 안을 칠하는 새로운 패턴의 화장법이 유행되었다. 영화배우들 중 대표적으로 존 크로포드(John Crawford)와 캐서린 햅번(Katharine Hepburn)은 이 시대의 강한 이미지를 나타내는 메이크업을 대표하였다. 두껍고 또렷하게 곡선 적인 형태로 눈썹을 그려 관능적이며 생동감 있게 표현하였고 입술도 크게 그려 풍만해 보이며 반짝거리는 빨간 입술이 유행하였다. 눈에는 회색이나 녹색의 아이섀도우를 칠한 후 검정색의 아이라인을 진하고 길게 꼬리를 늘여 그려 야성적이고 정열적인 느낌이 들게 하였는데 눈 꼬리 부분을 치켜올려 표현한 눈을 강조하는 메이크업은 50년대까지 걸쳐 유행되었다. 1940년대 후반기에는 화장품 소비를 자극하기 위한 잡지와 시각 매체 속에서의 광고에 헐리웃 스타의 사진들이 등장하였으나 그 자세나 표현이 글래머러스 혹은 성적인 매력과 관련되어 지기보다는 상품의 가치를 보증하는 정도로 이용되었다.

6. 1950년대

1) 역사적 배경

제 2차 세계대전 후 유럽은 정신적으로나 물질적으로 재생의 힘이 필요했으며 정치적으로는 초강대국인 미국과 소련을 축으로 하는 냉전체제에 들어간다. 즉 세력을 증대시킨 사회주의와 자본주의의 적대적 관계는 온갖 무기의 생산과 새로운 사회적 분업의 창설과 세분화가 추진되기 시작하며 경제 발전의 속도는 가속화되었다. 또한 전 후 많은 약소국가들이 독립하여 신생국으로 출범을 하게 되었고 패전국들은 경제적인 재건에 주력하여 세계경제가 호황의 전조를 나타낸 시기였다. 과학의 발전과 기술의 진보로 모든 물자가 풍부해졌고 소비자 중심주의 사회가 도래되었다. 1957년에는 소련이 인공위성을 쏘아 올려 우주 개척의 선두주자가 되었으며 미국도 문화적인 면에서는 세계를 리드하게 되었다. 그들 특유의 패션과 음악, 영화, 카페 등 젊은이들의 문화를 이루었고 대중문화에서는 영화계의 호황이 이어졌고 대중 가수 엘비스 프레슬리(Elvis presley)와 척 베리(Chuck Berry)의 활약이 두드러졌다. 이와 같이 팝(pop)문화와 미국적 문화의 대표적인 영화예술은 세계에 영향을 주어 미국의 역할이 커지게 되었다. 이러한 경제적 풍요 속에서 획일화가 강요되면서 얽매이는 동질화에 반항하는 새로운 비트족(Beats)이 등장한다. 그들은 기계적인 획일성과 거대한 조직사회의 소속감으로부터 벗어나 새로운 전망과 실재를 추구하기 위하여 재즈와 블루스, 마약, 섹스, 종교에 관심을 나타내어 자유를 찾고자 하였다.

2) 복식문화

50년대의 문화는 젊은이들의 문화이며 패션도 영향을 받아 새로운 패션을 만들어 낸다. 대중들의 우상이 된 글래머 스타들 엘리자베스 테일러(Elizabeth Taylor), 마릴린 먼로(Marilyn Monro), 에바 가드너(Eva Gardener)등 영화 주인공들의 스타일이 패션의 흐름을 주도하였다. 또한 오트 쿠튀르계의 1인자인 크리스챤 디올(Christian Dior)은 새로운 실루엣들을 발표하여 세계적인 센세이션을 일으키기도 하였다. 즉 틴 에이져 패션과 기성세대를 중심으로 한 하이 패션 두 가지가 공존한 시기였다. 이 시기는 라인시대라고 불릴 만큼 다양한 실루엣이 발표되었으며 각 라인마다 그 시대의 독특한 미의식과 시대 정신이 반영되어 있었다. 디오르는 훌쭉한 버티컬 라인(Vertical line), 달걀모양의 오벌 라인(Oval line), A라인, Y라인, H라인 등 새로운 라인을 유행시켰으며 1954년에는 직선적인 실루엣 H라인을 발표하여 여성다운 곡선미를 부정하는 라인을 내놓았다.

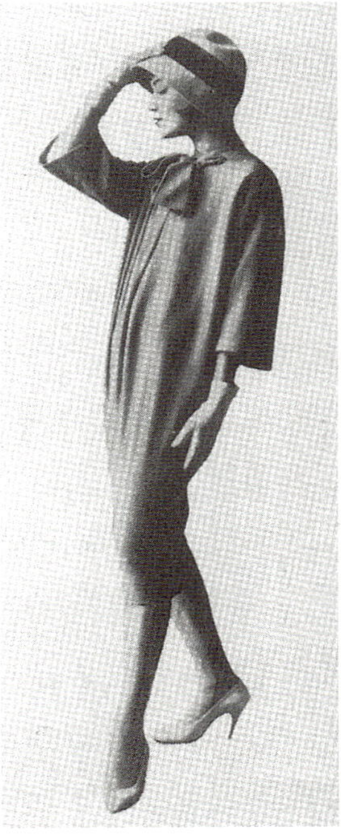

그림 V-32
글리프, 색드레스(1958년)

H라인은 좁은 어깨에 가슴은 편평하고 힙과 허리를 강조하지 않는 형태, 즉 플랫 룩(Flat Look)이라고 불리 웠다. 또한 슬림(slim)하면서 허리선에 이음 선이 없는 색 드레스(sack dress)를 발표하여 다시 콜셋으로부터 여성들을 해방시켰다.

50년대는 여자 복식에서 두드러진 또 다른 변화는 남녀 동등한 지위가 인정되면서 가치관이 변하면서 여자들도 바지를 일상 복으로 착용하게 되었다. 영국에서는 에드워드 풍 스타일의 "테디 보이즈(Teddy Boys)"가 청년들 사이에서 유행하였고 여성스럽고 우아한 분위기가 바뀌어 점차적으로 젊은 층을 대상으로 하는 영 패션(Young Fashion)으로 바뀌게 되었다.

여자구두는 앞 부리가 뾰족해지고 뒤 굽의 힐이 가늘고 높아졌으며 50년대 남성패션은 피에르 카르댕(Pierre Cardin)에 의해 처음 소개된 어깨가 좁은 플란넬(flannel)로 된 2-3 버튼의 싱글 슈트가 유행하였다.

3) 미용문화

(1) 헤어스타일과 머리장식

1950년대 이후 서구사회는 과학과 기술이 도약적으로 발전해 정치적 안정과 경제적 풍요로움은 대중들의 힘을 크게 했다. 이때부터 대중들이 사회 제반 권위에 대한 반항으로 자신들의 목소리를 높여 민주주의가 뿌리를 내리게 되었다. 50년대 유행했던 헤어 스타일은 입체감을 충분히 살리고 풍부한 웨이브를 강조하였다.

그림 V-33
1950년대 헤어스타일

그림 Ⅴ-34 1950년대 헤어스타일

크리스챤 디올의 뉴룩 스타일 영향으로 가능한 한 작은 머리로 표현하였다. 짧은 머리가 인기를 끄는 한편 긴 머리를 자연스럽게 뒤로 빗어 올린 프렌치 스타일(french style)이 젊은 여성들 사이에서 각광을 받았다. 또한 10대 후반부터 20대 초반의 소녀들은 말꼬리 모양의 포니 테일 스타일(pony tail or horse' tail)에 리본을 묶은 헤어스타일이 유행하였다.

사이드 가르마에 올백을 하고 끝 부분에 자연스럽게 안으로 말은 페이지 보이 보브(page boy bob)스타일과 중간부분에서 끝 부분으로 가면서 굵은 웨이브를 한 스타일도 선을 보였다. 경쾌하고 보이쉬한 느낌의 헵번 스타일은 당시 유행했던 긴 머리, 앞이마를 내놓은 스타일에만 의존했던 여성들에게 너무나 깜찍하고 도회적으로 여기는 픽스 컷트 스타일로 신선한 충격을 주었다.

1958년에는 짧은 컷트 스타일인 세실 컷트와 양옆과 위를 짧게 자른 머리형으로 브러쉬 컷이라고 불리던 크루컷도 유행하였다. 이 시기는 시대적 상황을 반영한 히피 스타일(hippie style)로 머리모양이 다양해졌고 앞머리를 단발로 자른 단정한 비틀즈 스타일과 퍼머를 하여 부풀린 형태, 머리를 층지게 자르는 일명 양파 컷이라는 형태가 유행하였으며, 컷트의 기법이 발달되었고 웨이브가 유행을 하였다. 모자는 작은 형태로 다양했으나 대부분 여성들은 장방형 스카프를 썼다.

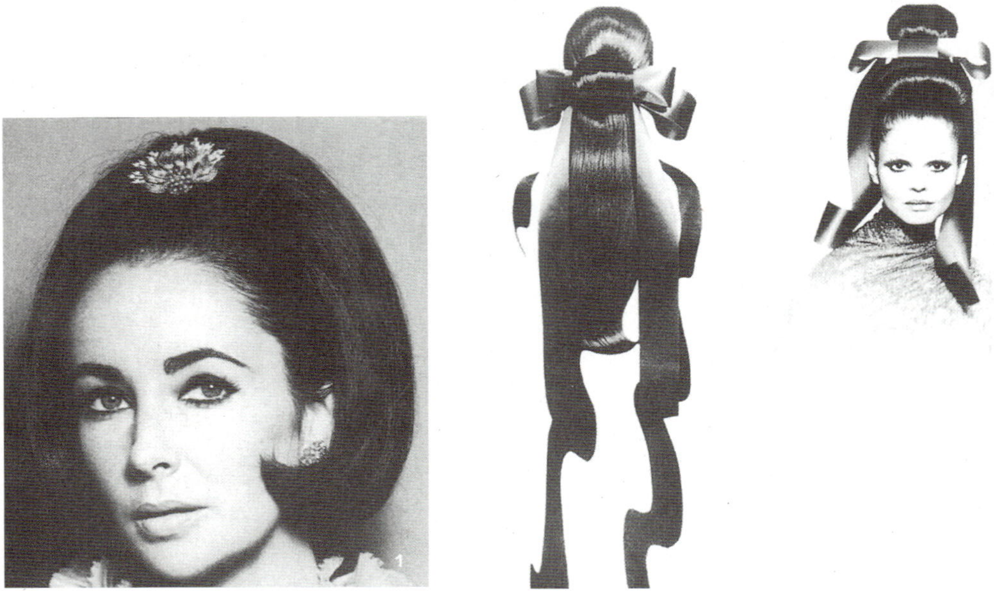

그림 V-35 1950년대 헤어스타일

벨루어로 만든 모자에 깃털장식을 하고 터번형으로 주름을 잡거나 드레이프 시켜 피라밋처럼 높게 만들고 깃털을 꽂은 모자들도 있었다. 그리고 벨벳 천으로 만든 챙이 있는 모자를 한쪽으로 기울어지게 쓰기도 하였고 필박스(pill box)형의 모자를 쓰기도 하였다.

(2) 화장형태

1950년대에는 전쟁이 끝나고 남성들이 다시 사회로 돌아오면서 가정적이고 순종적인 여성을 바람직한 사회의 이상형으로 삼는 사회적 분위기가 형성된다. 여성의 패션과 메이크업이 남성들에게 잘 보이기 위한 여성의 가치를 높이는 중요한 수단이 됨에 따라 성숙하고 우아한 이미지의 여성을 나타내는 메이크업이 유행하였다.

1950년의 패션 컬렉션에서 화장은 밝은 피부색, 진한 입술, 그리고 볼연지를 사용하지 않는 경향을 띄었다. 그 당시 유행했던 메이크업 경향은 조각 같은 아름다움이 다시 대두되어 얼굴을 인공적으로 가꾸도록 유도했다. 이러한 얼굴은 1920년대도 그랬던 것처럼 도전이나 자립의 표현이 아니라 순종의 표현이었다. 냉담하면서도 자제하는 듯한 사슴 같은 눈매의 여성스러움으로 50년대의 새로운 모습을 탄생시켰다.

그림 Ⅴ-36 1950년대 메이크업

가늘고 신비스러운 긴 눈썹 대신 두껍고 또렷하게 곡선 적인 형태를 띄는 눈썹 등 관능적이면서 생동감 있는 표현형태가 지배적으로 나타났다. 즉 여성들의 화장은 입매 강조에서 벗어나 두꺼우면서도 곡선을 이룬 눈썹과 아이 펜슬로 눈 꼬리 부분을 치켜올려서 눈썹과 눈만 강조하였다. 이를 위한 화장법은 40년대의 영화배우들의 메이크업을 기본으로 하였으며 입술은 상대적으로 흐리거나 엷은 분홍색으로 표현하기도 하였다.

50년대까지는 영화스타들의 모습이나 화장이 여성의 외모에 주도적인 영향을 주는 요소였다. 그 결과 인위적인 여성스러움을 강조한 화장과 의복이 확산되었으며 경제적인 부흥으로 인하여 새로운 부와 풍요로움이 생기게 되었다. 기술적인 혁신이 이루어지면서 과거 실용적인 것을 강조하던 풍조에서 벗어나 사치 성향의 상품 소비에 더욱 관심을 기울이게 되었다. 또한 50년대까지는 이상적인 여성미를 기준으로 획일적인 모방이 이루어졌다. 이때 유행했던 마릴린 먼로 메이크업은 성적 매력을 가진 어린아이같이 순종적이며 나약한 이미지를 더욱 부각 시켰다.

눈썹은 회색이나 갈색 펜슬로 굵고 직선적인 느낌을 강조해서 그렸고, 아이 홀에 살구 빛 살색을 바르고 홀 안쪽에 더욱 밝은 색을 발라 눈의 입체감을 부드럽게 표현하고, 아이라인은 과장되게 눈 꼬리 부분을 강조하여 길고 처지게 그렸다. 그리고 아랫입술이 약간 들어가서 시작하며 윗입술은 둥근 모양으로 도톰하게 표현해서 풍요로운 느낌이 들게 하였다.

전 후 오트 쿠튀르(Haute Couture)의 발표로 화장품은 패션 악세서리로 자리를 잡게되었으며 여성들은 메이크업 패션에 관심을 가지게 되었고 이 결과로 화장품 시장이 넓어졌다. 사용하던 화장품을 다 사용한 다음에야 새로 구입하였던 지난날과는 다르게 여러 종류의 화장품을 구비하여 놓고 사용하게 되었다.

그것은 전 후 새로운 과학의 진보로 다방면의 미용 품이 만들어졌고 세련된 광고와 시장 전략으로 상품은 대단한 열기로 팔려 나갔기 때문이다. 이 시기에는 여성을 대상으로 한 화장품 자체의 광고 속에서 여성의 미와 성적 매력의 상품화를 통한 소비자극이 노골적으로 나타났다. 이 당시 여성들이 이전 시대의 여성들과 확연히 구분되는 점은 의상과 메이크업이 조화를 이루게 되는 경향을 보이게 된다는 것이다. 아이섀도우와 마스카라, 그리고 립스틱이 머리색이나 피부색보다는 의상의 색과 조화를 이루게 되었다는 점이다.

7. 1960년대

1) 역사적 배경

1960년대는 새로운 창조력과 역동적인 발전을 이룬 시기로 2차 세계대전 후 베이비 붐을 이루며 태어난 세대가 청년으로 성장한 때이며, 이들은 전체 인구의 많은 비중을 차지하면서 커다란 힘의 집단으로 형성되었다. 60년대의 역사적 사건으로 인류 최초로 달 착륙을 성공하여 과학혁명의 시대가 열렸으며 미 · 소간 의 냉전이 심화되어 자본주의와 사회주의의 갈등의 폭이 넓어졌다.

중국에서는 문화혁명이 전개되었고 중동에서는 이스라엘과 아랍의 분쟁이 계속되었으며, 또한 미국이 월남전에 참전하여 명분 없는 전쟁에 대한 미국내의 저항이 계속되었다. 마침내 미국 내에 사회혼란을 가져와 청년세대의 반전운동으로 신 좌파와 히피(Hippie)를 탄생시켰다. 흑인 세력의 부상으로 마틴 루터 킹(Martin Luther King), 휴이 뉴턴(Hui Newton), 말콤 엑스(Malcom X)등이 시민의 권리를 위해 투쟁하면서 사회적 관심사로 떠올랐다. 세계경제의 호황으로 잡지, TV, 영화 등 대중 매체의 발달로 대중문화가 발달했으며 이로 인해 3C 시대(Color TV, Car, Cooler)가 도래하였다.

1960년의 예술사조는 강렬한 색채와 단순한 형태가 주로 등장하였다. 팝아트(Pop Art), 옵 아트 (Op-Art)등 현대적 감각의 새로운 예술이 추구하였던 것과 같이 형태 면에서는 단순한 팝 아트, 색채 면에서는 대담한 몬드리안 룩(Mondrian Look) 또는 기하학적 무늬로 특수한 효과를 노리기도 하였다. 또한 미니멀리즘(Minimalism)과 같은 단순한 형태의 등장과 모던 아트(Modern Art)의 추상화와 사이키델릭 도입 현상이 두드러지게 나타났다.

이 시기의 젊은이들은 독특한 청년문화를 형성하였는데 특히 록(rock'n roll)음악이 비틀즈와 롤링 스톤즈(Rolling Stons)에 의해 전세계의 젊은이들에게 영향을 주었다. 또한 환각상태에서 음악을 작곡, 연주하는 사이키델릭한 음악도 이때 나타난 특징 중의 하나이다.

기존의 틀에서 벗어나려는 행동을 음악과 미술로 그들의 주장을 대신하였다. 대학생들은 히피(Hippie)모양을 본 따서 현대문명의 물질 만능주의와 실리주의에 대해 회의를 느끼고 기성사회나 기존의 관습에 반발하여 자연으로 돌아가기를 주장하였다.

2) 복식문화

패션은 구매력 있는 젊은이들을 겨냥하여 영 패션(Young Fashion)의 시대를 열었고 직물산업의 발달로 급 성장한 기성복 산업은 젊은이들의 취향에 맞는 의복을 생산해 내었다. 직물가공업으로 의생활dml 혁신을 가져왔을 뿐만 아니라 패션의 민주화가 이루어져 상류사회에서 아래로 내려가던 유행패션의 전통을 깨뜨리는 변화가 일어났다.

캐쥬얼 웨어와 스포츠 웨어가 발달되었고 유니섹스 차림이 생겨났으며 비틀즈의 인기가 영국패션세계 진출에 도움을 주게 되었다. 1964년 복식사상 가장 쇼킹할 만한 것은 영국의 디자이너 메리 퀀트의 미니스커트를 전세계가 수용하기도 하였다. 추상적 기하학적 무늬나 강렬한 색의 배합이 의상에 나타났으며 달 착륙이라는 역사적 사건이 패션에 영향을 미쳐 1964년 꾸레쥬가 문 걸(Moon Girl)을 발표하여 우주시대를 연상시키는 작품들을 발표하였다. 1960년대 영 패션은 의상 뿐 아니라 생활 방식이나 헤어스타일 등 모든 분야에 영향을 주었으며 비트 룩(Beat Look)은 온통 검정색 일색의 가죽 슈트, 외투, 털실로 짠 모자, 하이 터틀넥의 스웨터 차림을 한 것이 대표적인 예이다.

보수적인 기성세대에 대한 심리적인 반항을 의복으로 표현하는 과정에서 영 아이디어(Young Idea)는 중고 시장에서 싼 가격으로 구입한 여러 시대의 옷을 한번에 겹쳐 입기도 하였다. 1963년에는 영국의 패션학교 출신의 젊은 디자이너들이 패션계에 진출하여 새로운 디자인을 내놓았으며 많은 활동을 하였다. 패션경향은 기본적인 실루엣의 새로운 라인을 창안하는데는 한계점에 이르렀으므로 소재 개발 및 프로모션에 변화를 주고자 했고 또한 새로운 특수 소재를 이용하여 소재가 지닌 고유한 느낌에 중점을 둔 디자인을 하였다.

1965년에는 반투명 직물로 만든 시스로우 드레스(Seethrough Dress)나 이브 생 로랑의 몬드리안 룩과 옵아트 직물이 의상에 나타났으며, 다양한 플라스틱, 은색가죽과 쇠사슬 갑옷, 물들인 가발 크롬보석에 얼굴을 덮는 선글라스 등 인공적인 소재들이 패션의 특징을 나타내었다. 파코 라반느(Paco Rabanne)의 쇠사슬과 플라스틱 조각을 연결시킨 중세기 기사의 갑옷을 연상시키는 옷은 패션계에 신선한 충격을 주었다.

그림 V-37 앙드레 꾸레주의 의상

1969년은 패션의 전환기로서 1940년대 후반부터 다양하게 변화를 거듭하던 라인이나 룩(look)의 시대가 끝나고 개성의 시대로 접어들어 자신이 좋아하는 스타일과 자신이 좋아하는 옷 길이로 미니 · 미디 · 맥시 · 숏 팬츠 · 판탈롱 등을 입어도 행인들이 주의를 기울이지 않게 되었다. 디자이너들도 의복뿐만이 아니라 구두 · 핸드백 · 안경 · 모자 · 스카프 등 액세서리에도 개성 있는 디자인을 하여 상업적으로 기업화 시켰다.

3) 미용문화

(1) 헤어스타일과 머리장식

60년대 초기에는 벌집 모양의 비-하이브 스타일이 유행하였고 이는 백코밍(back coming)이 되어 뒤로 넘겨진 스타일을 말하며, 새로운 기술은 아니었으나 60년대 매우 유행했다. 이것으로 헤어피스와 가발이 많이 사용되었고, 염색과 탈색 기술이 증진되면서 모발은 더욱 장식적이 되어갔다. 새로운 컬러 테크닉으로 드래빙(drabbing)은 화이트나 샴페인 색의 린스컬러를 도포 하여 밝은 색 특히 붉은 색과 노란색 의 톤을 낮출 때 사용하였다. 프로스팅(frosting)은 머리 윗 부분의 모든 작은 머리 단을 블리치 하는 것을 포함하며 반면에 티핑(tipping)은 얼굴의 머리 단을 블리치 하는 것을, 스트리킹(streaking, 하이라이트의 다른 말)은 얼굴의 헤어라인에서 시작하는 넓은 몇 개의 머리카락을 블리치 하는 것을 말한다.

그림 V-38. 1960년대 헤어스타일

그림 Ⅴ-39 1960년대 헤어스타일

이때는 문화의 중심이 헐리우드에서 런던으로 넘어간 시기로 50년대에 이어 헤어 컷이 매우 발달하였으며 바우하우스의 영향을 받은 그레주에이션 보브, 지오메트릭 컷이 등장하였다. 튀기(Twiggy) 스타일의 짧고 둥근 컷, 베이직 레이어, 롱 스트레이트 원랭스가 유행하였고 후기에는 히피문화가 발생하여 긴 머리를 다듬지 않은 채로 그대로 풀어헤쳐서 자연스런 모양을 내는 것이 특징이었다.

아프로 스타일(Afro-Style)이란 1950년대 후반부터 일기 시작한 미국의 흑인민권 운동으로 흑인의미가 찬양되면서 머리형태도 흑인의 독특한 아프로 스타일이 유행을 하게 된 것이다.

이것은 꼬불꼬불하고 부스스한 흑인 특유의 머리를 장식이나 손질을 하지 않고 그대로 빗질하여 부풀린 것으로 60년대 말 처음 나타난 아프로 스타일의 초기형태는 모발의 높이와 넓이를 같게 한 것이었다. 이것이 초기에는 좀 길게 나타났으나 그 후에는 내추럴(natural)로 알려진 아프로 스타일보다 짧은 머리가 나타났다.

이것은 남녀 모두에게 인기가 있었으나 여성들에게는 아프로 퍼프(afro puff)라는 가운데 가르마를 하고 머리를 양 귀의 옆으로 모아 부풀린 머리형태가 나타났다. 또한 비달 사순의 1964년도 작품인 지오 메트릭 컷트(Geometric Cut)는 유럽에서 일어난 건축, 예술사조인 바우 하우스의 영향을 느낄수 있는 헤어 컷으로 기하학적인 빗질과 커트기법을 사용하였다. 후기에는 히피문화가 발생하여 롱 스트레이트 혹은 에스닉 풍의 땋은 머리가 유행하였다.

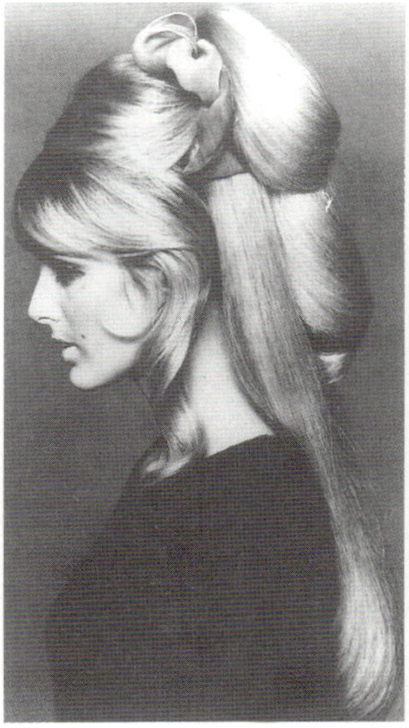

그림 Ⅴ-40
1960년대 헤어스타일

(2) 화장형태

60년대부터는 획일적인 메이크업에서 벗어나 미에 대한 가치 개념의 변화로 개성이 중요시되는 다양한 메이크업이 나타난 시대였다. 60년대 이후 광고 전반에 대담한 성적표현을 사용하면서 외적인 꾸밈에 메이크업이 필수적인 수단이 되었다. 이 시대 섹스 키턴으로 불리던 브리지트 바르도(Brigitte Bardot) 는 진한 눈 화장에 마스카라와 속눈썹으로 눈을 과장되게 강조하였으며 입술은 윤곽만 뚜렷하게 만들고 투명색 이나 엷은 색을 발라 육감적인 표현을 하였다.

비틀즈와 함께 주목받던 디자이너 마리퀀트의 리틀 걸룩(little girl look)과 매치 되는 메이크업으로 깨끗한 피부에 풍성한 아이 래쉬(eye lash), 가짜 죽은깨 (false freckle), 장미빛 볼등 젊음이 돋보이는 주베닐 룩(Juvenile look) 틴 에이져 스타일을 만들어냈다. 또한 재클린 케네디 여사는 거의 분을 칠하지 않는 깨끗한 피부에 마스카라와 라이너, 아이브로우 펜슬로 강하지 않게 강조한 눈 화장, 황갈색 립스틱으로 건강하고 고상한 이미지를 구사해 미국 상류 사회를 위한 새로운 스타일로 표현되었다. 1960년을 전후로 고형의 립스틱이 선을 보였는데 주로 짙은 계열의 붉은색 이었으며 62년에는 화운데이션(foundation), 아이새도우(eye shadow), 매니큐어(manicure), 마스카라(mascare) 등의 화장제품이 본격적으로 제조되어 화장품 산업이 성장기를 맞이하게 되었다.

그림 V-41. 1960년대 메이크업

60년대 중반으로 갈수록 장식화 되고 상업주의적 패션산업의 영향으로 화장은 더욱 극단적이며 대담하게 전개되었다. 이 시기의 모델 트위기(Twiggy) 는 짧고 달라붙는 치마에 검정 색 가죽으로 된 긴 부츠의 패션과 어두운 색으로 강하게 강조한 눈, 창백한 입술 화장으로 특이한 분위기를 연출하였다. 60년대 후반에는 여성을 자유롭게 하여 더 이상 메이크업이 남성을 즐겁게 해주기 위한 성적 대상으로서의 수단에서 벗어나기 시작하였다. 기하학적이며 인위적인 형태와 상업주의에 대한 반발로 새로운 이상을 추구하는 집단인 히피(Hippies)가 출현하였다. 이들은 자연스러우면서 이국적인 취향으로 전반적으로 부드러워지는 경향을 가져왔으며 화장의 색조도 복숭아색, 갈색, 회색등 자연스러운 색상과 함께 얼굴과 몸에 꽃무늬와 색채 추상을 그리는 등 이국적 혹은 민속적 패턴이 등장하였다. 이렇게 60년대는 젊음의 새로운 감성과 의식이 중시되면서 화장은 인조 속 눈썹등 극단적으로 강조된 눈이 중심이 되었고 이러한 화장법은 자유스럽고 사이키델릭한 모습으로 나타났다.

8. 1970년대

1) 역사적 배경

1970년대 에너지 파동을 계기로 경제가 침체되어 실질적이고 합리적인 방향으로 소비하게 되었다. 1975년에는 베트남 전쟁이 평화협정 조인으로 종전되고 중국은 등소평의 개혁 정치로 냉전의 분위기는 서서히 가라앉기 시작했다. 70년대 중요한 시대 사조는 자연으로의 회귀와 여성 운동의 확대이며 스포츠의 활성화였다. 베이비붐 세대의 많은 여성들이 전문분야에 진출함으로써 결혼과 가족생활 양식도 변화가 나타나 의 · 식 · 주를 간소화시켰고, 남성복과 유사한 활동복을 찾게 되어 70~80년대 유니섹스 스타일을 지속시켰다. 건강에 대한 관심으로 식이요법 및 조깅이 성행하고 스포츠인들의 운동복이 일반 패션에 많은 영향을 주었다.

2) 복식문화

70년대는 형식을 떠난 자유로운 패션경향을 보이며 의복을 겹쳐 입는 방식의 레이어드룩(Layered look)이 일반화되었다. 1970년대는 경기침체로 청바지와 판탈롱의 인기가 높았고 랄프로렌과 켈빈클라인 등의 미국 디자이너에 의해 진(Jean)패션이 영 패션으로 각광을 받게 되었다. 또한 펑크(Punk)와 팝(Pop)의 영향으로 일상적이고 편안함을 추구하는 형태가 되었다.

70년대는 세계패션의 선두자리가 파리에서 밀라노로 옮겨가면서 밀라노 패션 시장이 부각되었다. 팬츠의 착용과 함께 71년 겨울에는 핫 팬츠(hot pants)가 유행하면서 사람들을 놀라게 했으나 여름이 되면서 사라지게 되었다. 특히 이 시기에는 어깨선을 패드와 턱으로 과장하고 허리는 가늘게 조이며 힙 라인은 둥근 곡선으로 나타내는 아우어글라스 실루엣이 등장하였다. 이러한 실루엣은 다시 레이어드 룩으로 표현되었고 디스코 댄스(disco dance) 의 선풍적인 붐으로 페그 탑 실루엣의 디스코 팬츠 (disco pants)가 유행하게 되었다.

70년대 들어와 스커트 길이는 차차 미디로 내렸왔으며 1920~1930년대를 연상시키는 테일러드 수트의 어덜트 엘레강스(adult elegance)가 부활하였고 복고적인 디테일과 파스텔 톤의 전원풍의 의상이 하이 패션에 채택되었다. 1976년 런던에서 비롯된 펑크는 염색한 머리칼을 곧게 세우고, 검정 입술 화장을 한 파괴적이고 야만적인 성혼용의 모습(Androgynous Look) 등을 극적으로 나타냈다.

78년과 79년에는 반 지향적이며 거칠고 기이한 일면을 나타내는 펑크 아트가 복식에 도입되어 당시의 빈곤, 실업으로 인한 젊은이의 의상은 보기 흉하고 반 사회적인 펑크패션이 지배적이었다. 복식사상 가장 선정적인 룩(look)을 보인 1970년대 후반의 패션 경향을 보면 첫째, 품위 있고 세련되게 표현한 여성의 섹시함과 싱싱한 약동 감이 뒷받침된 대담하게 노출한 홀터 드레스, 시스루 소재를 이용한 반투명한 섹시무드, 몸의 곡선미를 드러낼 정도의 타이트한 의상으로 표현되었다.

그림 V-42 1970년대 복식

둘째, 네오클래식 스타일은 1940년대 밀리터리 룩과 50년대 할리우드 영화배우의 의상에서 착안한 복고적 경향으로 허리를 잘록하게 조인 타이트 피팅(tight fitting)에 의한 섹시무드를 나타내고 있다. 셋째는 여성적인 부드러움을 바탕으로 감각적인 생동감을 표현한 스포티브 룩(Sportive look)의 흐름으로 이는 대비적인 색상을 통해 표현하였다.

이 시기에는 남성들도 패션에 대해 많은 관심을 가지게 되었는데 커다란 칼라가 달린 셔츠의 앞가슴을 노출시키고 캐주얼한 바지를 정장 대신 즐겨 입었다.

3) 미용문화

(1) 헤어스타일과 머리장식

1970년대는 미디움이나 롱 레이어의 전성기로서 흐르는 듯한 자연스러운 형태를 선호하여 윗머리의 부피감이 없는 스타일로 자연스런 모양의 퍼머 웨이브나 어깨길이의 웨이브가 유행하였다. 짧은 머리는 모든 계층에서 유행했으며 층이 있는 부드러운 웨이브 머리를 목뒤선 까지 길렀다. 특히 젊은이들 사이에는 머리에 층을 내어 머리카락을 어깨위로 향하게 하는 양파 커트가 유행했으며 유니섹스 스타일이 유행하면서 남 · 녀가 같은 헤어스타일을 하였다.

중반으로 들어서면서 30년대의 복고풍으로 자연스럽게 컬 이진 스타일이 선호되었고 긴 머리에 움직임이 많은 모든 종류의 레이어 스타일이 유행하였으며 또한 짧고 말쑥한 퍼머 스타일과 긴 스트레이트 머리가 유행하였다. 아프로 스타일이 60년대 이후 계속 유행하면서 부풀린 흑인 여성의 머리에 긴 귀걸이를 하고 다녔으며, 70년대 후반에는 펑크스타일의 영향으로 뻗힌 머리의 질감이 가미된 둥그런 레이어가 유행했다.

그림 V-43 1970년대
레이어 커트 스타일

그림 V-44 1970년대
아프로 스타일

그림 Ⅴ-45 1970년대 다양한 헤어스타일

(2) 화장형태

60년대 극단적으로 강조하던 화장 형태는 70년대에 들어서면서 얼굴 전체에 풍부한 색조를 부여하는 이미지로 변하면서 복고풍의 우아한 여성미를 과시하였다. 이런 경향으로 크리스찬 다오르에 의해 눈 주위에 빨강, 파란 등의 색 반점을 그리는 컬러 퀘이크(color quake) 화장법이 시작되었는데 이는 93가지의 다양한 색상을 사용하였으며, 자연스런 피부 톤에 인위적인 죽은 깨를 그려주어 전원적인 분위기를 표현하거나 보라, 빨강, 흰색, 금색 등의 강렬한 아이섀도우를 사용했다. 1970년대 중반을 고비로 유행패턴을 점차 동양적인 것으로 바뀌어 부드러우면서도 침착한 카키, 베이지, 갈색, 주황, 블루, 자주, 핑크의 색상이 주류를 이루며 자연스러우면서도 세련된 형태가 되었다.

1977년부터는 눈썹의 형태도 자연스러워졌고 아이섀도우나 아이라이너, 마스카라, 아이브로우를 이용해 명암을 주는 화장 기법을 받아들였고 다양한 화장품을 사용해 이미지 업을 표현 하도록 발전되었으며 단순히 얼굴을 장식한다는 개념에서 벗어나 피부를 아름답게 가꾸고자하는 인식 전환이 일어난 시기이다.

건강한 피부를 그대로 드러내면서 눈 화장은 주로 블랙(black), 그레이(gray), 스모키(smoky) 색상의 콜 아이라이너로 강하게 강조했다. 또한 19세기처럼 흰 피부보다는 건강하고 매력적인 다갈색 피부를 갖기 위해서 일광욕을 즐기는 시대가 되었다.

사회가 변화함에 따라 미에 대한 관심이 높아지면서 화장품은 이제 성별과 연령에 관계없이 그 용도가 다양해지고, 20세기의 여건들은 인간의 아름다움에 관한 미적 가치 기준을 다양하게 변화 시켜서 유해 환경으로부터 피부를 보호하고 인간의 내면까지 관리하는 위생학적 단계까지 이르게 되었다.

그림 V-46 1970년대 메이크업

9. 1980년대

1) 역사적 배경

80년대에는 고도의 과학기술에 의존하면서 반 상업적 특성을 띤 새로운 문명을 창조하려는 경향으로 흐르며 문화전반에 걸쳐 새로운 변화가 구체적으로 표면화되어 가치관이나 생활태도, 환경의 변화가 커가고 인간의 의식구조도 변혁되어갔다.

생활 양상이 다양화되고 인간의 감성을 존중하는 새로운 의식으로 뉴 웨이브(new wave) 의 일반예술이 싹트게 되었다.

1987년 구 소련 고르바초프 대통령의 '페레스트로이카' 정책으로 동구공산권이 개방되어 다양한 국제교류가 진행 되게 되고 또한 환경의 중요성을 인식하면서 '공동 운명체의 지구촌'이 부곽 되었다.

새로운 정보시스템 구축으로 지구촌 문화가 급속히 교류 확대됨으로 다른 민족에 대한 동경과 이해의 폭이 넓어지며 에스닉(ethnic)과 포클로어(folklore)가 패션에 도입되게 되었다. 또한 일본이 국제사회에서 경제대국으로 부상하면서 일본풍의 문화와 의상이 영향을 주며 동양적인 색채를 이끌어 갔다. 여성의 사회진출이 증대되고 생활영역이 확대되면서 생활 수준과 소득의 향상으로 여가를 중시해 질적인 삶을 즐기고자 하였다.

2) 복식문화

생활 양식의 다양화로 뉴 웨이브 패션이 등장하는데 이는 클래식한 분위기의 매니쉬룩에 전위적인 요소를 접목시켜 현대적인 감각을 나타내었다. 이 패션은 펑크(Punk), 포스트모던(Postmodern), 네오모더니즘(Neomodernism), 안드로지너스(androgynous) 등으로 구분되어지며 전통에 구애받지 않고 파격적인 디자인을 선호하는 젊은 아방 가르드(Avant-garde) 한 세대가 주축이 되었다. 70년대 후반 영국 노동자 계층의 젊은이들에 의해 발생한 펑크 패션은 반 모드 현상으로 공격적이고 폭력적 이미지의 액세서리를 애용하며 빌리 아이돌(Billy idol) 로 80년대 펑크 패션을 추종하고 있다.

1982년에 받아들여진 포스트 모던 패션은 과거의 모드를 현대에 가져와 새로운 매력을 창조 하려는 시도로 클래시시즘과 모더니즘, 아방가르드와 노스탈지의 융합으로 볼 수 있다. 20년대의 아르데코의 본질에 전위적인 모던 감각이 융합된 네오 모더니즘이 83년에 유행했으며 이는 하이테크니컬한 차가움속에 유모어, 따뜻함 인간의 정서를 가미시킨 것이 특징이다. 1984년 말부터 등장한 앤드로지너스 룩은 성 구별 없이 남 녀 모두 입을 수 있는 복식으로 코디네이션이 적용된 스타일로 자유로운 변형에 의해 이미지를 변화 시키는 것이다.

그림 V-47 펑크 스타일

그림 V-48 에스닉풍의 복식

또한 파리에서는 레이가와 쿠보의 빅 룩이 유행하면서 겐조나 이세이 미야케 등 일본출신의 디자이너들이 세계적으로 부각 되었다. 미국에서는 랄프로렌, 캘빈클라인, 페리엘리스 와 같은 디자이너들이 국제적 명성을 얻었으며 운동복이 평상복으로 대중화 되어갔다. 1980년 복식의 전반적인 경향은 소득수준의 향상으로 고급스런 소재 사용과 천연 섬유를 선호하면서 신소재 개발등 소재가 다양화되었다. 또한 건강에 대한 관심고조로 스포츠 웨어가 발달하였다. 캐주얼웨어로 시작된 유니섹스 모드는 다양한 형태로 확산되어 실용적인 청바지 등을 가공하여 패션화 시킨 스노우 진(snow jean) 등의 유행을 가져왔다. 생태계 파괴로 인한 환경을 보호하고 자연 회기의식이 확산되면서 자연을 소재로 한 에콜로지 룩(ecology look) 이 유행하였다. 결국 80년대는 동 · 서양 뿐 아니라 서로 다른 이미지의 절충주의 성구별이 없는 앤드로지너스 룩(Androgynous look), 초현실주의 기법을 매개로 한 은유와 상징기법(Symbolic method), 복고풍 (Retro look) 과 장식성 등으로 특징 지울 수 있다

3) 미용 문화

(1) 헤어스타일과 머리장식

1980년대는 헤어 디자이너들의 창작 활동으로 트랜드가 미리 제시되고 전문 뷰티 살롱이 대중화되어 많은 사람들이 애용하였다. 당시 어깨가 강조된 실루엣에 어울리도록 웨이브가 많이진 부풀린 모습으로 스타일링 되거나 모자를 썼으며, 남성스런 짧은 그레주에이션 이나 레이어에 앞머리를 길게 하였다. 남성 헤어스타일은 톱이 평평한 쇼트컷이나 헤비메탈 룩의 어깨 길이의 레이어에 웨이브가 부드럽게 표현되었으며, 여성의 헤어스타일에도 영향을 주었다. 1980년에 가장 특징적인 헤어스타일은 펑크스타일로 이는 머리를 괴상한 모양으로 자르거나 갖가지 색으로 염색하고 다녔다. 머리의 양옆은 면도를 하고 앞이마부터 뒷목둘레까지는 둥근 모양으로 자르는 모혹 스타일(mohawk style)과 불규칙한 길이의 머리를 빳빳이 세운 스파이키 스타일(spiky style), 그리고 옆머리는 자르지 않은 채로 머리가운데 부분으로 머리를 모아서 부채살 모양으로 젤이나 무스로 빳빳이 세운 폴큐핀 스타일(porcupine style), 머리를 빡빡 깎아서 그 위에 물감으로 그림을 그리고 다니기도 한 스킨 헤드(skin head) 등이 있으며 그중 모혹 스타일이 가장 유명했다. 또한 영국 찰스 황태자와 다이애나비의 결혼식으로 다이애나비의 컷트가 폭발적으로 유행했으며 뉴웨이브의 영향으로 칼 루이스의 플랫톱(flat top), 스티브 심프슨 (steve simpson) 의 롱 컬러 헤어 (long curly hair) 등이 유행했다.

그림 Ⅴ-49 전위적인 펑크 헤어스타일

그림 Ⅴ-50 펑크 헤어스타일

1980년대 중반에는 앤드로 지너스 룩의 영향으로 짧은 소년과 같은 머리를 헤어 로션이나 드라이로 손질해 유동 감 있는 여러 스타일로 표현했으며 다양한 색깔의 염색을 많이하고 부드러운 웨이브가 유행하였다.

(2) 화장형태

1980년대는 매트한 느낌의 컬러가 강세를 보이고 유행의 순환이 매우 빨라졌다. 패션과 문화 전반에 복고풍의 영향으로 성숙한 여성의 이미지가 모든 여성에게 어필하였고 초기 여성은 섹시하면서도 진한 에로틱 메이크업이 유행하여 눈썹은 두껍고 강하게, 입술도 선명한 빨강 색으로 표현하였다. 다양한 색상의 사용으로 황금색, 노랑색 펄이 많이 들어간 제품을 눈두덩이에 발라 화려함을 더 하고 볼 터치도 펄이 많은 제품을 사용하였다. 특히 팝 가수 마돈나의 영향으로 섹시하면서도 육감적인 진한 메이크업이 일반여성들에게 영향을 주었다.

1980년대 중반부터는 반대되는 내추럴한 스타일이 유행하게 되어 화장품의 색조도 평범해졌으며 메이크업에 있어서는 질감이 중요시되었다. 투명감을 살리고 칼라 마스카라가 등장하는 등 많은 새로운 제품이 개발되고 여성도 눈썹을 진하게 그리고 화장을 하지 않은 듯 흰색이 많이 섞인 광택 없는 색조로 자연스런 느낌을 주어 남성도 여성도 아닌 것처럼 표현하였다. 또한 사회활동에서 남자들과 경쟁을 해야하는 신세대 여성들은 강한 이미지를 부곽 시킬 수 있는 화장을 하였다.

그림 Ⅴ-51 1980년대 메이크업

10. 1990년대

1) 역사적 배경

동·서로 분리되었던 독일이 통일됨으로 정치적 양극체제는 경제력을 기반으로 다극체제의 전환 양상을 보이고 ,종전과는 다른 자원이나 종교, 소수민족간의문제로 인한 소규모 전쟁들이 발발하였다. 소련의 개방화 정책에 이어 중국이나 동구권의 개방화 현상은 사회전반에 많은 변화를 발생시키는 요인이 되었고 1997년 홍콩의 중국 반환이나 98년 서 유럽 국가들의 유로화 로의 통화권 통일 등 미래의 세계를 변화시킬 요인으로 등장하였다.

사회적으로 소비생활에 많은 변화를 보여 퍼스널 컴퓨터가 일반화되고 인터넷, 개인의 휴대 통신의 보급 등 세계를 하나로 묶는 통신망들이 구축되면서 독특한 문화를 형성하게 되어 리조트나 쾌락, 감각주의에 빠져들게 되었다. 이런 라이프 스타일의 변화로 소비가 확대되고 더욱 성숙해져 생활의 질을 중시하게 되었다. 문명의 이기속에서 환경파괴와 생태계의 보존이 심각한 사회 문제로 대두되고 빈곤, 기아, 후천성 면역결핍증(AIDS) 퇴치, 국가간의 개발격차 해소가 세계의 관심사로 등장하였다.

2) 복식문화

생태계적 관심은 60년대에 이어 더욱 확산되었고 정신적인 세계를 중시하며 과거미래, 동양과 서양이 재구성되어 다양한 트랜드가 공존하면서 상호 보완 작용해 유행을 만들었다. 이런 자연적인 성향과 복고적인 분위기는 에콜로지 룩과 연결되어 에스닉 스타일, 그런지 스타일, 네오 히피 스타일, 네오 클래식 스타일 등1990년대의 두드러진 세계 패션의 흐름을 나타냈다.

90년대 초반에는 60~70년대의 레트로 풍이 부상되면서 종전의 히피의 자연스러움에 샤넬의 우아함을 더한 칼 라거펠트의 네오 히피 스타일이 유행하였다. 오리엔탈 문화권과 아프리카 원시 미술을 테마로 한 에스닉 한 의상이 에콜로지 와 쉽게 접목되어 히피적이면서 펑크 적인 스타일로 표현된 의상들을 유행시켰다. 90년대 중반부터는 쉬폰 이나 레이스, 투명 소재를 사용한 시스루(see through) 의상이나 미니멀(minimal)적 표현 방법을 통해 인체를 노출하거나 속옷이 겉옷으로 디자인된 란제리 룩의 등장으로 여성의 성을 에로틱하게 표현했다. 또한 비대칭 균형으로 여성의 성숙 미를 표현하는 것도 중요한 테마로 등장했다.

90년대 복고 경향은 한 시대의 대표적 인물의 이미지를 재현하는 방법으로 95년 햅번 룩(Hepburn look), 재키 룩(Jakie look), 먼로 룩(Monro look) 등이 유행하였고 다양한 길이로 미니 스커트가 부활되었는데 이는 60년대 보다 훨씬 짧은 길이였다.

80년대 엘리트주의에 대한 반동에서 시작된 그런지 룩(Grunge look)은 도시적인 보헤미아니즘(Bohemianism) 에 뿌리를 두고 영 스트리트 패션의 디딤돌이 되었다. 90년대 후반에는 페미니즘의 극대화라 할 수 있는 의상들이 유행하여 98년 세루티의 몸에 피트되는 테일러드 수트 등은 여성의 관능미를 나타내고 패션의 양성화 현상과 더불어 팬츠 수트의 보이쉬 룩이 인기를 끌면서 남성복도 여성스런 경향으로 전환되어 재킷이 피트되고 화려한 색상이나 프린트 장식을 하였다.

그 밖에도 메탈 등 신소재와 뉴 에이지 컬러로 우주의 제3 차원의 세계를 상징하고 우주의 신비와 아름다움을 표현하여 사이버 펑크나 앤틱 패션등 젊고 신선한 뉴 제너레이션 디자이너들의 실험 정신과 신선한 감각으로 하이테크 소재의 테크니컬한 이미지와 아방 가르드 한 형태 등 다양한 시도로 패션계를 이끌어 갔다.

3) 미용 문화

(1) 헤어스타일과 머리장식

1990년대는 개성이 뚜렷해지면서 다양한 길이의 헤어 컷이 나타나고 있지만 그 중에서도 두상이 작아 보이는 레이어가 유행하였고 레이어링 테크닉에 의한 보브 길이의 변형 컷이 많았다. 헤어 칼라 링도 고도의 발달하여 중요한 부분을 차지하였다. 90년대 초에는 에콜로지 룩이 유행하면서 밝은 칼라의 길고 자연스런 웨이브 형태가 주류를 이루었고 그런지 룩의 유행과 함께 직선적인 뱅(bang)을 짧게 자르고 뒷머리는 쇼트 커트 한 형태도 유행했다.

90년대 중반이 되면서 제 3국에 대한 관심고조로 아프리카 풍의 힙-합 레게(hip-hop reggae) 패션이 유행되고 헤어스타일도 빗질하지 않아 부시시해진 머리를 가닥가닥 나눈 머리, 타이트한 웨이브 머리, 전체 머리를 땋은 아프로브레이드 형식이 유행하였고 두건이 유행하였다. 또한 인도나 중국풍의 생 머리나 직선적 뱅(bang)을 한 헤어스타일이 유행하였다.

미니멀리즘의 유행으로 단순한 헤어스타일을 선호하여 장식을 배제한 짧은 머리나 긴 머리를 할 때는 생 머리 혹은 굵은 웨이브를 하였다. 후반에는 더욱 개성이 강조되면서 헤어스타일도 머리에 볼륨을 주지 않고 두상에 달라붙어 두상을 드러내는 방식의 스트레이트형이 유행하였다.

그림 V-52
1990년대 창작 헤어스타일

90년대 말 비달 사순의 헤어 트랜드를 보면 어시매트릭 렝(asym-metrial lenth)로 길이에 차이를 주거나, 디스콘넥션(disconnetion) 스타일로 머리 길이의 연결을 일부러 끊거나, 콘실 대 리빌(con-cealed vs revealed)형으로 안쪽 층과 바깥 층의 모발의 길이에 차이를 주어 움직임을 최대로 하는데 관심을 두었다. 또한 재질을 강조해 윤기 있고 빛나는 머리 결을 중요시했으며 이를 위해 밝은 금발과 핑크 색이 유행하였고 모발 색이 중요시됨에 따라 강한 붉은 색과 갈색의 자연스런 스타일을 강조하였다. 헤어스타일의 예술화 개념이 확산되어 헤어스타일도 환상적인 모양의 다양한 스타일로 만들어 패션쇼 등에 많이 등장하였다.

그림 V-53 1990년대 다양한 헤어스타일

(2) 화장형태

1990년대에는 특정 스타일의 메이크업이 강조되기보다는 다양한 스타일이 공존하여 초기 화장형태는 복고적인 스타일이 다양하게 시도되었고 92년에는 여성스런 로맨틱 스타일이 유행되었다. 에콜로지의 영향으로 자연적인 중간 색조의 색상이 유행함에 따라 아이보리, 베이지, 그레이, 갈색 계열이 선호하여 화장의 색상도 엷어지고 가벼워졌으며 피부도 투명하게 표현하고 눈썹과 입술은 아주 흐리게 그렸다.

1991년에는 펄이 가미된 회색과 분홍색 등으로 우아하면서도 이지적인 이미지를 연출하였으며 메이크업은 높은 채도의 색상으로 관능적인 아름다움과 화려함을 연출하였다. 1992년에는 60, 70년대의 복고풍의 경향에 따라서 분홍, 주황, 노랑 등의 밝고 따뜻한 난색계열의 색상을 사용하여 생동감 있고 환상적 분위기를 재현하였다. 1993년에는 둥글고 가늘고 엷은 눈썹 선에 도톰한 입술을 표현하는 경향이 나타났으며 여성적인 길고 가는 라인의 40년대 스타일의 패션이 전개됨에 따라서 와인 색으로 여성적이면서도 화려한 메이크업을 하였다.

그림 Ⅴ-54 1990년대 메이크업

1994년에는 갈색 빨간색 자주색의 색상으로 동양적 이미지의 민속적이고 자연스러운 이미지를 표현하였다. 1995년에는 밝은 얼굴 톤에 가느다란 곡선의 진하고 긴 눈썹에 눈매를 강조한 메이크업으로 30,40년대의 복고풍의 패션경향과 매치 하였고 진의 유행으로 다채로운 파랑색의 메이크업이 유행하였다.

1996년에는 달콤한 파스텔, 어두운 색조가 현대적으로 연출되었으며 1997년에는 60,70년대 비틀즈의 모즈 룩을 연상시킨 패션경향에 따라 검정 색 메이크업과 그래피즘 메이크업이 유행하였다. 특히 90년대 후반부터는 질감에 의한 메니크업이 유행하여 펄과 반짝이 글로스 등이 다양하게 사용되어 건강한 피부에 립그로스의 반짝이는 입술로 쉬머하게 표현하였다. 1990년대는 의학의 발달로 여러 측면에서 젊음을 더 유지시키고 싶은 욕구를 충족시키기 위하여 노화방지 및 자연을 목적으로 하는 화장품의 개발이 많아졌다

그림 V-55 1990년대 다양한 메이크업의 연출

찾아보기

【ㅅ】

INDEX

INDEX

참고문헌

· 「高麗圖經」
· 「高麗史」
· 「北史」 卷94 列傳 第八十三 高句麗條
· 「北史」 列傳 百濟條
· 「三國史記」 新羅本紀
· 「三國遺事」
· 「隋書」 與服志, 宋書 與服志
· 「南史」 卷79 列傳 第六十九 夷貊下 高句麗
· 「大明集禮」 郡王妃殿
· 빙허각 이씨, 규합총서
· 석주선, 한국복식사, 보진제, 19850
· 영조실록 권87, 32년 정월조
· 王宇靑, 中國服裝史綱, 第七章 后婦冠服
· 유송옥, 백제의 복식구조-한국의 복식, 한국문화재관리국, 1982
· 유송옥, 한국복식사, 수학사, 1998
· 전완기, 한국화장문화사, 열화당, 1999
· 조선시대의 관모, 온양민속박물관, 1988
· 조효순, 『한국복식풍속사』, 일지사, 1988
· 황호근, 한국장신구미술연구, 일지사
· 유희경, 한국복식사 연구, 이화여자대학교 출판부, 1986
· 유희경, 한국복식문화사, 교문사, 1997
· 전선정 외, 미용미학과 미용문화사, 2001
· 김영자, 한복의 미적고찰-한국의 복식, 한국문화재보호협회, 1982
· 김미자, 개화기의 복식-한국의 복식, 한국문화재보호협회, 1982
· 박경자, 일제시대의 복식-한국의 복식, 한국문화재보호협회, 1982
· 이능희, 태평양 50년사, (주)태평양화학, 1995
· 한국장업사, 대한화장품공업협회, 1986
· 유승옥 이은영 황선진 공저, 복식문화, 교문사, 1996
· 이선재, 의상학의 이해, 학문사, 1998
· 밸러리멘데스, 에이미 드 라 헤이 지음 김정은 옮김, 20세기 패션 : 1900년대초 S자형 실루엣에서 1990년대 말 범스터까지, 시공사, 2003
· Rouse, Elizabeth 이재한 옮김, 코르셋에서 펑크까지, 시지락, 2003
· 20세기 패션, David Bond 정현숙 역, 경춘사, 1996
· 정흥숙, 서양복식 문화사, 서울, 교문사, 2003

· 백영자, 유효순, 서양의 복식문화, 서울, 경춘사, 2003
· 차하순, 서양사 총론 Ⅰ, Ⅱ, 서울 탐구당, 2002
· 신상옥, 서양 복식사, 서울, 수학사, 1993
· 박보영, 이 수경, 이진용, [Make up Art] ,서울, 청구문화사, 2002
· Beauty & Health 연구회 By KATE de Castelbajac, 메이크업 & 스타일 100년사, 서울, 현문사, 2000
· 전선정, 안현경, 이귀영, 문윤경, 미용미학과 미용문화사, 서울, 청구문화사, 2000
· E.H 곰브리치, 백승길, 이종숭 옮김, 서양미술사, 서울, 예경, 1999
· 곽형심, 모발 미용학, 서울, 정문각, 1999
· Bethsabee Blumel, HISTOIRE DE LA COIFFURE ET DES COIFFEURS, Paris, LA ROUSSE, 1995
· Francois Boucher, A HISTORY OF COSTUME IN THE WEST, New York, THAMES AND HUDSON, 1997
· Nathalie Chahine, Catherine Jazdaewski, Marie-Pierre Lannelongue, Francois Mohrt, Fabienne Rousso, Francine Vormese, BEAUTY(The Twentieth century), New York, UNIVERSE, 2000
· 김수진, 패션과 메니크업 경향에 관한 연구-1900년대를 중심으로, 상명대학교 대학원 ,석사학위논문
· 안현경, 20세기 서구여성의 머리형태의 변천에 관한 연구, 이화여자대학교 교육대학원 석사학위논문, 1994
· 임석종, 패션트랜드와 헤어스타일 변천의 상관성 연구, 1920년대 이후 패션과 헤어컷을 중심으로, 한성대학교 예술대학교 석사학위 논문, 2002
·고영주, 헤어칼라가 이미지 변화에 미치는 영향 및 인구 통계적 변수에 따른 헤어칼라 선호도와의 관계, 조선대학교 산업대학원 석사학위 논문, 2003
· 황미영, 현대 메이크업에 나타난 에로티시즘 표현에 관한연구, 대구가톨릭대학교 디자인대학원 석사학위논문, 2002
· 김경득, 서양현대 연기자의 헤어스타일에 관한연구, 대구가톨릭대학교 디자인 대학원 석사학위 논문, 2002
· 송근, 헤어컬러 디자인의 배색 계획, 한성대학교 예술대학원 석사학위논문, 2003
· 박윤심, 1950년대 영화의상과 메이크업의 분석에 관한 연구-헐리우드 영화스타를 중심으로, 한성대학교 예술대학원 석사학위논문, 2000

저자소개

곽형심(동원대학교)
김용임(SD패션디자인전문학교)
안인희(동원대학교)
조정문(동원대학교)

미용문화사

2003년 12월 30일 초판 발행
2006년 8월 20일 개정판 발행
2014년 3월 10일 개정판 2쇄발행
2019년 3월 10일 개정판 3쇄발행

지은이 : 곽형심·김용임·안인희·조정문
펴낸이 : 이상태
펴낸곳 : 청구문화사
주소 : 서울특별시 서대문구 성산로11길 15
전화 : 332-0541(代) FAX : 337-9577
등록 : 1990년 11월 2일 제9-247호

가격 25,000원

ISBN 978-89-5616-587-5 93590